信息化辦公基礎

主 編◎冉 文　胡常建
副主編◎魯秋菊　鄭　海　張飛雁

崧燁文化

前　言

隨著計算機科學和信息技術的飛速發展以及計算機教育的普及，國內高校的計算機基礎教育已踏上了新的臺階，步入了一個新的發展階段，各專業對學生的計算機應用能力提出了更高的要求。大學計算機基礎是非計算機專業高等教育的公共必修課程，是學習其他計算機相關技術課程的基礎課程，課程考核從基礎理論正逐步向實踐能力轉變。為此，許多學校修訂了計算機基礎課程的教學大綱，以適應需求。

本套教材包含《信息化辦公基礎》和《信息化辦公基礎試題》兩本書。《信息化辦公基礎》以計算機基礎理論為主，重點講解計算機的基本理論和應用技術。《信息化辦公基礎試題》的內容與《信息化辦公基礎》的內容相對應，配合相關試題，力求理論與實踐相結合。書中內容編排循序漸進，逐步培養學生分析問題和解決問題的能力。

本書編寫的宗旨是使讀者較全面、系統地掌握計算機基礎知識和計算機基礎實踐應用能力，並能為學生今後在各自的專業領域較好地應用計算機進行學習提供有效的幫助。同時，教材力求照顧不同專業、不同層次學生的需要，並加強了計算機網路技術、多媒體技術和數據庫技術等方面的基本內容，使讀者在數據處理和多媒體信息處理等方面的能力得到擴展。

全書共12章，第1、2章介紹了計算機的基本知識、Windows 7的使用；第3、4、5章講解了辦公自動化基本知識，以及常用辦公自動化軟件Office 2010中文字處理軟件、電子表格處理軟件和演示文稿軟件的使用；第6、7、8章講解了計算機網路技術及應用基礎知識、Internet基礎知識與應用、多媒體的概念、多媒體技術的應用和發展及電子商務與電子政務基礎；第9、10、11章講解了信息檢索與利用、信息安全基礎、數據庫系統基本概念以及數據庫技術的新發展；第12章介紹了計算機軟件技術基礎。

參加本書編寫的作者是多年從事一線教學的教師，具有較為豐富的教學經驗，在

編寫時注重原理與實踐緊密結合，注重實用性和可操作性；案例的選取上注重從讀者日常學習和工作的需要出發，文字敘述深入淺出，通俗易懂。

由於本教材涉及知識面較廣，將眾多的知識點很好地貫穿起來，難度較大，不足之處在所難免。為便於以后教材的修訂，懇請專家、教師及讀者多提寶貴意見！

目 錄

第1章 計算機基礎概述 ………………………………………………（1）

1.1 計算機的發展及應用 …………………………………………（2）
1.2 計算機系統的組成 ……………………………………………（10）
1.3 計算機的工作原理 ……………………………………………（17）
1.4 微型計算機的基本配置 ………………………………………（18）
1.5 計算機中信息的表示與存儲 …………………………………（33）
1.6 計算思維概述 …………………………………………………（40）

第2章 Windows 7 的使用 ……………………………………………（43）

2.1 Windows 7 的特性 ……………………………………………（44）
2.2 Windows 7 桌面及基本操作 …………………………………（45）
2.3 Windows 7 的文件管理 ………………………………………（69）
2.4 Windows 7 的程序和任務管理 ………………………………（75）
2.5 Windows 7 的系統管理 ………………………………………（78）
2.6 Windows 7 的實用工具 ………………………………………（83）
2.7 Windows 7 的幫助和支持 ……………………………………（87）

第3章 Word 2010 基礎及高級應用 …………………………………（88）

3.1 Word 2010 基本操作 …………………………………………（89）
3.2 文本格式編排 …………………………………………………（97）
3.3 使用樣式 ………………………………………………………（108）
3.4 圖文混排 ………………………………………………………（111）

3.5 表格的製作 ……………………………………………………（122）
3.6 文檔版式設置 ……………………………………………………（129）
3.7 腳註、尾註、修訂與批註 ………………………………………（133）
3.8 其他高級應用 ……………………………………………………（137）
3.9 文檔打印 …………………………………………………………（148）

第 4 章　Excel 2010 基礎及高級應用 ……………………………（150）

4.1 Excel 2010 概述 …………………………………………………（151）
4.2 Excel 2010 基本操作 ……………………………………………（152）
4.3 公式與單元格地址的引用 ………………………………………（169）
4.4 函數的使用 ………………………………………………………（175）
4.5 圖表操作 …………………………………………………………（201）
4.6 數據分析 …………………………………………………………（209）
4.7 凍結窗格與表格保護 ……………………………………………（221）

第 5 章　PowerPoint 2010 基礎及高級應用 ………………………（224）

5.1 PowerPoint 2010 基本操作 ………………………………………（225）
5.2 創建與保存 PowerPoint 2010 演示文稿 …………………………（228）
5.3 製作和編輯幻燈片 ………………………………………………（232）
5.4 演示文稿的格式化 ………………………………………………（237）
5.5 製作多媒體幻燈片 ………………………………………………（242）
5.6 設置幻燈片的動畫與超連結 ……………………………………（245）
5.7 演示文稿的放映 …………………………………………………（253）
5.8 打印演示文稿 ……………………………………………………（255）
5.9 演示文稿創建視頻文件 …………………………………………（256）

第 6 章　計算機網路技術及應用基礎 ………………………………（259）

6.1 計算機網路概述 …………………………………………………（259）
6.2 局域網技術基礎 …………………………………………………（261）
6.3 網路操作系統與網路管理 ………………………………………（265）
6.4 Internet 基礎 ………………………………………………………（269）

6.5 網頁製作基礎 …………………………………………………… (276)
6.6 互聯網發展概述 …………………………………………………… (280)

第 7 章　多媒體技術及應用基礎 ……………………………… (286)

7.1 多媒體技術概述 …………………………………………………… (286)
7.2 多媒體素材及數字化 ……………………………………………… (289)
7.3 Photoshop 圖像處理初步 ………………………………………… (299)
7.4 Flash 動畫設計初步 ……………………………………………… (310)

第 8 章　電子商務與電子政務基礎 …………………………… (319)

8.1 電子商務基本概念 ………………………………………………… (320)
8.2 電子支付與電子銀行 ……………………………………………… (329)
8.3 電子政務基本知識 ………………………………………………… (334)

第 9 章　信息檢索與利用 ……………………………………… (338)

9.1 信息時代的學習與信息檢索 ……………………………………… (339)
9.2 計算機信息檢索 …………………………………………………… (344)
9.3 中文數據庫檢索 …………………………………………………… (348)
9.4 西文數據庫檢索 …………………………………………………… (351)
9.5 信息綜合利用 ……………………………………………………… (354)

第 10 章　信息安全基礎 ………………………………………… (358)

10.1 信息安全概述 ……………………………………………………… (359)
10.2 計算機病毒及其防範 ……………………………………………… (363)
10.3 網路的社會責任與立法 …………………………………………… (367)
10.4 安全軟件應用案例 ………………………………………………… (371)

第11章 數據庫應用基礎 (375)

11.1 數據庫系統基礎 (375)
11.2 關係數據庫標準語言 SQL (385)

第12章 軟件技術基礎 (399)

12.1 算法與程序設計 (399)
12.2 軟件工程概述 (404)
12.3 可視化程序設計基本知識 (407)

第1章　計算機基礎概述

【學習目標】
- 瞭解計算機的產生、發展、類型及其應用領域。
- 瞭解計算機系統的組成及主要技術指標。
- 瞭解計算機的工作原理。
- 熟悉微型計算機的基本配置。
- 瞭解計算機中信息的表示與存儲。
- 瞭解計算思維的定義及特徵。

【知識架構】

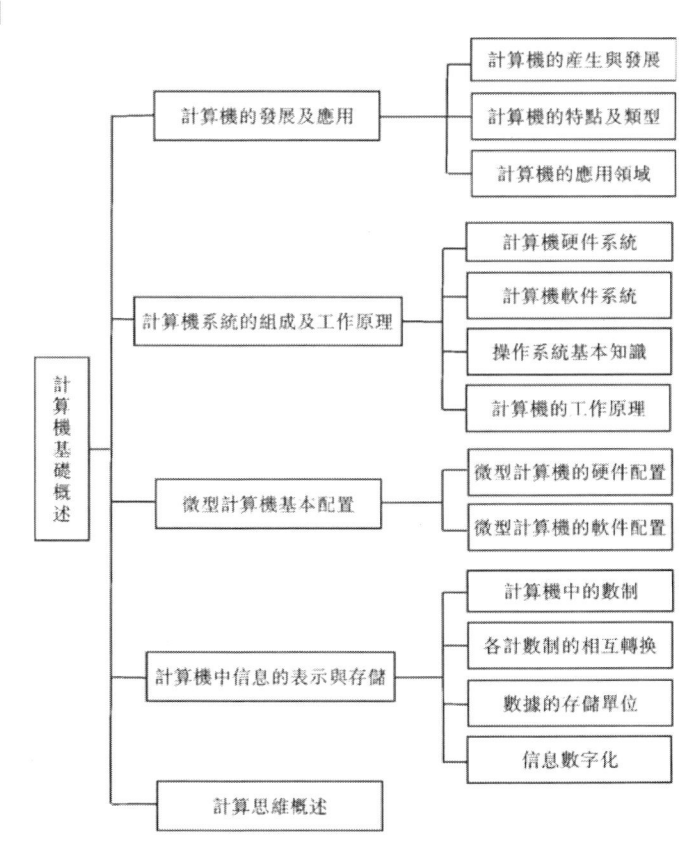

```
                                    ┌── 計算機的產生與發展
                    計算機的發展及應用 ──┼── 計算機的特點及類型
                                    └── 計算機的應用領域

                                          ┌── 計算機硬件系統
                    計算機系統的組成及工作原理 ──┼── 計算機軟件系統
計算機                                      ├── 操作系統基本知識
基礎        ─────┤                         └── 計算機的工作原理
概述
                                    ┌── 微型計算機的硬件配置
                    微型計算機基本配置 ──┤
                                    └── 微型計算機的軟件配置

                                          ┌── 計算機中的數制
                    計算機中信息的表示與存儲 ──┼── 各計數制的相互轉換
                                          ├── 數據的存儲單位
                                          └── 信息數字化

                    計算思維概述
```

1.1 計算機的發展及應用

計算機又稱「電腦」，是一種用於高速計算的電子計算機器。計算機是 20 世紀人類最偉大的科學技術發明之一，引發了信息技術革命，極大地推動了人類社會的進步與發展，對人類的生產活動和社會活動產生了極其重要的影響。

1.1.1 計算機的誕生

世界上第一臺計算機誕生於 1946 年，取名為 ENIAC（Electronic Numerical Integrator and Calculator，電子數字積分計算機），主要是為了解決彈道計算問題而研製的，由美國賓夕法尼亞大學莫爾電氣工程學院的莫奇萊（J. W. Mauchly）和埃克特（J. P. Eckert）主持設計。ENIAC 計算機（如圖 1-1 所示）使用了 18,000 多個電子管，10,000 多個電容器，7,000 個電阻，1,500 多個繼電器，耗電 150 千瓦，重量達 30 噸，占地面積為 170 平方米。它的加法速度為每秒 5,000 次。ENIAC 不能存儲程序，只能存 20 個字長為 10 位的十進制數。ENIAC 計算機的問世，宣告了計算機時代的到來。

圖 1-1　ENIAC──世界上第一臺計算機

1944 年 7 月，美籍匈牙利科學家馮·諾依曼在莫爾電氣工程學院參觀了正在組裝的 ENIAC 計算機，這臺計算機的問世和不足，促使他開始構思一個更完整的計算機體系方案。1946 年，他撰寫了《關於電子計算機邏輯結構初探》的報告，提出「存儲程序」的全新概念，奠定了存儲程序式計算機的理論基礎，確立了現代計算機的基本結構，即馮·諾依曼體系結構。這份報告是計算機發展史上的一個里程碑。根據馮·諾依曼提出的改進方案，科學家研製出世界上第一臺具有存儲程序功能的計算機──EDVAC。EDVAC 計算機由運算器、控制器、存儲器、輸入設備和輸出設備五部分組成，使用二進制進行運算操作，將指令和數據存儲到計算機中，計算機按事先存入的程序自動執行。

EDVAC 計算機的問世，使馮·諾依曼提出的存儲程序的思想和結構設計方案成為現實。時至今日，現代的計算機仍然被稱為馮·諾依曼計算機。

1.1.2 計算機的發展階段

從 1946 年第一臺計算機誕生至今，計算機技術以驚人的速度發展，經歷了由簡單到複雜、從低級到高級的不同階段。未來計算機性能應向著巨型化、微型化、網路化、智能化和多媒體化的方向發展。計算機的發展經歷可分為五個階段。

1. 第一代計算機

1946—1957 年為計算機發展的第一階段，計算機採用的電子器件是電子管，如圖 1-2 所示。電子管計算機的體積巨大，耗電量大，存儲容量小，運算速度為每秒幾千次至幾萬次。軟件使用機器語言和匯編語言，主要採用二進制編碼的機器語言編寫程序。第一代計算機的應用領域以軍事和科學計算為主。

圖 1-2　電子管 　　　　　　　　　　圖 1-3　晶體管

2. 第二代計算機

1958—1964 年為計算機發展的第二階段，計算機採用的電子器件是晶體管，如圖 1-3 所示。晶體管計算機的體積縮小，容量擴大，功能增強，可靠性提高，運算速度為每秒幾萬次至幾十萬次。主存儲器採用磁芯存儲器，外存儲器開始使用磁盤，提供較多的外部設備，可使用接近於自然語言的高級程序設計語言方便地編寫程序，應用領域擴大到數據處理與事務管理，逐步應用於工業控制。

3. 第三代計算機

1965—1970 年為計算機發展的第三階段，計算機採用小規模集成電路和中規模集成電路，集成電路芯片如圖 1-4 所示。計算機的體積大大縮小，內存容量進一步增加，耗電量減少，功能更加強大，運算速度提高到每秒幾十萬次至幾百萬次。在軟件方面，出現了多種高級程序設計語言，開始使用操作系統，使得計算機的管理和使用更加方便，應用領域拓展到文字處理、企業管理、自動控制等方面。

4. 第四代計算機

從 1971 年起到現在為計算機發展的第四階段，計算機採用大規模集成電路（Large Scale Integrated Circuit，簡稱 LSI，如圖 1-5 所示）和超大規模集成電路（Very Large Scale Integrated Circuit，簡稱 VLSI）。計算機的性能大幅度提高，運算速度達到每秒幾千萬次到千百億次，提供的硬件和軟件更加豐富和完善。軟件方面出現了數據庫管理系統、網路管理系統和面向對象語言等。在這個階段，計算機向巨型和微型兩極發展。1971 年，世界上第一臺微處理器在美國誕生，開創了微型計算機時代。微型計算機的出現，使計算機的應用進入了突飛猛進的發展時期，開始進入辦公室和家庭，廣泛應用於社會的各個領域。

图 1-4　集成電路芯片

图 1-5　大規模集成電路

5. 第五代計算機

目前，大多數計算機仍然是馮·諾依曼型計算機，我們所使用的計算機雖然能以驚人的信息處理能力來完成人類難以完成的工作，能在一定程度上配合、輔助人類的腦力勞動，開始具備一定的「智能」，但是，其並不能真正聽懂人的說話，尚不真正具備聯想、推論、學習等人類頭腦最普通的思維活動能力，還不能滿足某些科技領域的高速、大量的計算任務的要求。因此，科學家正努力突破馮·諾依曼設計思想，研製真正智能化的非馮·諾依曼型計算機。

第五代計算機的發展與人工智能、知識工程和專家系統等的研究緊密相聯，必將突破傳統的馮·諾依曼體系結構的概念，其基本結構通常由問題求解與推理、知識庫管理和智能化人機接口等子系統組成，真正構成把信息採集、存儲、處理、通信與人工智能結合在一起的智能計算機系統，主要面向知識處理，具有形式化學習、思維、聯想、推理、解釋、解決複雜問題並得出結論的能力，人機之間可以直接通過自然語言（聲音、文字）、圖形、圖像交換信息，幫助人們進行判斷、決策、開拓未知領域和獲得新的知識。第五代計算機是計算機發展史上的一次重要革命，與前四代計算機有著本質的區別，將更加適應未來社會信息化的要求。

1.1.3　微型計算機的發展

微型計算機的發展史實際上就是微處理器的發展歷程。微處理器所帶來的計算機

和互聯網革命，改變了整個世界。

微型計算機誕生於 20 世紀 70 年代。人們通常把微型計算機叫做 PC（Personal Computer）機或個人電腦。微型計算機以微處理器為基礎，配置內存儲器及輸入輸出（I/O）接口，體積小，價格便宜，安裝和使用十分方便。一臺微型計算機的邏輯結構同樣遵循馮·諾依曼體系結構，由運算器、控制器、存儲器、輸入設備和輸出設備五部分組成。其中，運算器和控制器（CPU）被集成在一個芯片上，稱為微處理器。微處理器的性能決定微型計算機的性能。

1971 年，Intel 公司推出了全球第一款微處理器。根據微處理器的字長和功能，可將微型計算機的發展劃分為以下幾個階段：

1. 第一階段——4 位和 8 位微處理器時代

1971—1972 年是 4 位和 8 位低檔微處理器時代。1971 年，Intel 公司研製出 4004 微處理器，字長為 4 位，利用該微處理器組成了世界上第一臺微型計算機 MCS-4。Intel 公司於 1972 年推出 8008 微處理器，字長為 8 位，其基本特點是採用 PMOS 工藝，集成度低（4,000 個晶體管/片），系統結構和指令系統都比較簡單，主要採用機器語言或簡單的匯編語言，指令數目較少（20 多條指令），基本指令週期為 20~50μs。

2. 第二階段——8 位微處理器時代

1973—1977 年是 8 位微處理器時代，典型產品是 Intel 8080/8085、Zilog 公司的 Z80 等，8008 處理器擁有相當於 4004 處理器兩倍的處理能力，其特點是採用 NMOS 工藝，集成度提高約 4 倍，運算速度提高 10~15 倍（基本指令執行時間 1~2μs），指令系統比較完善，具有典型的計算機體系結構和中斷、DMA 等控制功能。軟件方面除了匯編語言外，出現了 BASIC、FORTRAN 等高級語言和相應的解釋程序和編譯程序，在后期出現了操作系統。

3. 第三階段——16 位微處理器時代

1978—1984 年是 16 位微處理器時代，典型產品是 Intel 公司的 8086/8088 微處理器、Motorola 公司的 M68000、Zilog 公司的 Z8000 等微處理器，其特點是採用 HMOS 工藝，集成度（20,000~70,000 晶體管/片）和運算速度（基本指令執行時間是 0.5μs）都比 8 位微處理器時代提高了一個數量級。指令系統更加豐富和完善，採用多級中斷、多種尋址方式、段式存儲機構、硬件乘除部件，並配置了軟件系統。

1981 年 8 月，IBM 公司推出第一臺個人計算機，採用 Intel 8088 微處理器，配置了微軟公司的 MS-DOS 操作系統。緊接著推出了擴展型的個人計算機 IBM PC/XT，對內存進行了擴充，並增加了一個硬磁盤驅動器。1982 年，Intel 80286 問世，這是一種標準的 16 位微處理器。1984 年，IBM 公司推出了以 Intel 80286 處理器為核心、帶有 10M 硬盤的 16 位增強型個人電腦 IBM PC/AT。

4. 第四階段——32 位微處理器時代

1985—1992 年是 32 位微處理器時代。1985 年，Intel 公司推出了 32 位的微處理器 80386，在其芯片上集成了 275,000 個晶體管/片。

1989 年，Intel 80486 問世，這是一種完全 32 位的微處理器。在 Intel 80486 處理器中首次增加了一個內置的數學協處理器，將複雜的數學功能從中央處理器中分離出來，從而大幅度提高了計算速度。Motorola 公司的典型產品有 M69030/68040 等。32 位微處

理器採用 HMOS 或 CMOS 工藝，集成度高達 100 萬個晶體管/片，具有 32 位地址線和 32 位數據總線，每秒鐘可執行 600 萬條指令。微型計算機的功能已經達到甚至超過超級小型計算機，具有多任務處理能力，也就是說可以同時運行多種程序。同期，如 AMD、TEXAS 等微處理器生產廠商也推出了 80386/80486 系列的芯片。

5. 第五階段——64 位微處理器時代

1993—2005 年是 Pentium（奔騰）系列微處理器時代。1993 年，Intel 公司推出新一代微處理器 Pentium，雖然 Pentium 處理器仍然屬於 32 位芯片（32 位尋址，64 位數據通道），但具有 RISC，擁有超級標量運算，雙五級指令處理流水線，再配上更先進的 PCI 總線使性能大為提高。Intel 公司於 1995 年、1997 年、1998 年、1999 年分別推出了 Pentium Pro 高能奔騰處理器、Pentium II 處理器、Pentium II Xeon 至強處理器、賽揚（Celeron）處理器、Pentium III 處理器以及 Pentium III Xeon 至強處理器。Intel 在 Pentium 系列處理器中不斷引進多種新的設計思想，能夠讓電腦更加輕松地整合「真實世界」中的數據（如講話、聲音、筆跡和圖片），支持電子商務應用及高端商業計算，使微處理器的性能提高到一個新的水平。

2000 年 11 月，Intel 推出 Pentium 4 微處理器，集成度高達每片 4,200 萬個晶體管/片，主頻為 1.5GHz。2002 年 11 月，Intel 推出的 Pentium 4 微處理器的時鐘頻率達到 3.06GHz。隨著多媒體擴展結構技術的 MMX（Multi Media eXtension）微處理器的出現，極大提高了計算機在多媒體和通信應用方面的性能，使個人計算機在網路應用以及處理複雜的圖形、圖像、動畫、MPEG 視頻、音樂合成、語音壓縮、語音識別以及虛擬技術等方面的功能得到了新的提升。

6. 第六階段——多核微處理器時代

2005 年至今是酷睿（Core）系列微處理器時代。「酷睿」是一款新型微架構。2005 年，Intel 公司推出 Intel Core 處理器，向酷睿架構邁進第一步，酷睿使雙核技術在移動平臺上第一次得到實現。2006 年，Intel 公司發布全新雙核的 Intel Core 2（酷睿 2）和賽揚 Duo 處理器。雙核處理器（Dual Core Processor）是指在一個處理器上集成兩個運算核心，使同頻率的雙核處理器比單核處理器性能提高 30%～50%，極大地提高了計算能力。

2007 年，Intel 公司推出 Intel 四核處理器，接著又推出了 Intel QX9770 四核至強 45nm 處理器。

2008 年 11 月，Intel 公司發布 Intel Core i7 處理器，這是一款 45nm 原生四核處理器，採用 LGA 1366 針腳設計，擁有 8MB 三級緩存，支持三通道 DDR3 內存，支持第二代超線程技術，處理器能以八線程運行。

2010 年 3 月，八核處理器誕生，Intel 公司宣布推出 Intel 至強處理器 7500 系列，該系列處理器可用於構建從雙路到最高 256 路的服務器系統。此後，Intel 公司推出的服務器芯片擁有更多的內核。

在提高處理器內部指令處理流水線的數量、增加緩存容量等方法紛紛用盡之後，似乎殘酷的現實告訴設計者們：單核心處理器已經走到盡頭，雙核/多核技術是目前提升處理器性能的解決方案。

在單一處理器上安置兩個或更多強大的計算核心的創舉開拓了一種簡單的和全新

的提升 CPU 性能的方式。工程師們開發了多核芯片，理論上讓一個核心完成一個任務，從而實現多任務同步執行，提高性能。

多核技術是處理器發展的必然，近 20 年來，半導體工藝技術的飛速進步和體系結構的不斷發展，推動了微處理器性能不斷提高。半導體工藝技術的每一次進步都為微處理器體系結構的研究提出了新的問題，開闢了新的領域。體系結構的發展又在半導體工藝技術發展的基礎上進一步提高了微處理器的性能。

通過更強的製造工藝，讓單芯片中容納更多的核心，這已經是處理器體系結構發展的一個重要趨勢，雙核處理器已經普及，四核處理器已經在市面上出現，未來的處理器將向多核方面發展，一代更比一代強。隨著電子技術的發展，微處理器的集成度越來越高，運行速度成倍增長。微處理器的發展使微型計算機高度微型化、快速化、大容量化和低成本化。

1.1.4 計算機的特點及主要技術指標

1. 計算機的特點

計算機能進行高速運算，具有超強的記憶（存儲）功能和靈敏準確的判斷能力。計算機具有以下基本特點：

（1）運算速度快——運算速度是計算機的一個重要性能指標。通常計算機以每秒完成基本加法指令的數目表示計算機的運行速度。

（2）具有存儲和記憶功能——計算機具有「記憶」功能，是與傳統計算工具的一個重要區別。計算機的存儲器可以「記憶」（存儲）大量的計算機程序和數據。隨著計算機的廣泛應用，計算機存儲器的存儲容量越來越大。

（3）自動化程度高——計算機能夠存儲程序，一旦向計算機發出指令，它會自動、快速地按指定的步驟完成任務，一般無須人工干預。計算機能夠高度自動化運行是與其他計算工具的本質區別。

（4）計算精度高——計算機內部採取二進制數字進行運算，可以滿足各種計算精度的要求。例如，利用計算機可以計算出精確到小數點后 200 萬位的 π 值。

（5）可靠性高——隨著大規模和超大規模集成電路的發展，計算機的可靠性也大大提高，計算機連續無故障的運行時間可以達幾個月，甚至幾年。

（6）具有邏輯判斷能力——計算機的運算器除了能夠完成基本的算術運算外，還具有進行比較、判斷等邏輯運算的功能。這種能力是計算機處理邏輯推理問題的前提。

2. 計算機的主要技術指標

評價一臺計算機的性能時，通常根據該機器的字長、時鐘頻率、運算速度、內存及硬盤容量等主要技術指標來進行綜合考慮。

（1）字長——一般說來，計算機在同一時間內處理的一組二進制數稱為一個計算機的「字」，而這組二進制數的位數稱為「字長」。簡言之，字長是指計算機一次能夠同時處理的二進制數字的位數。所以，通常稱處理字長為 8 位數據的 CPU 為 8 位 CPU，處理字長為 32 位數據的 CPU 為 32 位 CPU。字長是衡量計算機性能的一個重要因素，它直接關係到計算機的計算精度、速度和功能。字長越長，計算機處理數據的能力越強。

（2）時鐘頻率（主頻）——是提供計算機定時信號的一個源，它產生不同頻率的基準信號，用來同步 CPU 的每一步操作，通常簡稱為頻率。頻率的標準計量單位是 Hz（赫）。時鐘頻率又稱主頻。CPU 的主頻，即 CPU 內核工作的時鐘頻率，是評價 CPU 性能的重要指標。一般說來，一個時鐘週期完成的指令數是固定的，因此主頻越高，CPU 的速度就越快。由於各種 CPU 的內部結構不盡相同，所以並不能完全用主頻來概括 CPU 的性能。但 CPU 主頻的高低可以決定計算機的檔次和價格水平。

（3）運算速度——指計算機每秒鐘能夠執行的指令條數，常用「百萬條指令/秒」（MIPS）或「百萬條浮點指令/秒」（MFLOPS）為單位來描述。

（4）內存容量——指內存儲器中的 RAM（隨機存儲器）與 ROM（只讀存儲器）的容量總和。內存容量以 MB 作為單位，它反應了計算機的內存儲器存儲信息的能力，是影響整機性能和軟件功能發揮的重要因素。內存容量越大，運算速度越快，處理數據的能力越強。

1.1.5 計算機的類型

計算機可按照其規模以及用途等不同進行分類。

1. 按照計算機的規模進行分類

（1）巨型機——其為體積最大、運行速度最高、功能最強、價格最貴的計算機，運行速度達到每秒 10 億以上浮點運算。巨型機可以被許多人同時訪問，對尖端科學、戰略武器、氣象預報、社會經濟現象模擬等新科技領域的研究都具有極為重要的意義。

（2）大型機——其運算速度可以達到每秒幾千萬次浮點運算。大型主機系統強大的功能足以支持遠程終端幾百用戶同時使用。

（3）微型計算機——簡稱微機，以大規模集成電路芯片製作的微處理器為 CPU 的個人計算機。按性能和外形大小，可分為臺式計算機、筆記本電腦和掌上電腦。

（4）智能手機——由掌上電腦演變而來，像個人電腦一樣，擁有獨立的操作系統和獨立的運行空間，可以由用戶自行安裝軟件、游戲、導航等第三方服務商提供的程序，可以通過移動通訊網路來實現無線網路接入。

智能手機同傳統手機的外觀和操作方式類似，不僅包含觸摸屏，也包含非觸摸屏數字鍵盤手機和全尺寸鍵盤操作的手機。智能手機比傳統的手機具有更多的綜合性處理能力功能。

智能手機具有以下五大特點：

① 具備無線接入互聯網的能力。

② 具有 PDA 功能，包括 PIM（個人信息管理）、日程記事、任務安排、多媒體應用、瀏覽網頁等。

③ 具有開放性的操作系統。擁有獨立的核心處理器（CPU）和內存，可以安裝更多的應用程序，使智能手機的功能可以得到無限擴展。

④ 人性化。可以根據個人需要即時擴展機器內置功能，在軟件升級時，可以智能識別軟件的兼容性，實現了軟件市場同步的人性化功能。

⑤ 功能強大。擴展性能強，第三方軟件支持多。

智能手機除了具備手機的通話功能外，還具備了 PDA 的大部分功能，比如可進行

個人信息管理，可使用基於無線數據通信的瀏覽器、GPS和電子郵件等功能。

2. 按照計算機的用途進行分類

（1）通用計算機——具有廣泛的用途和使用範圍，可以應用於科學計算、數據處理和過程控制等。

（2）專用計算機——適用於某一特殊的應用領域，如智能儀表、生產過程控制、軍事裝備的自動控制等。

1.1.6 計算機的應用領域

計算機的三大傳統應用是科學計算、數據處理和過程控制。隨著計算機技術突飛猛進的發展，計算機的功能越來越強大，應用更加廣泛。計算機的應用領域大致可分為以下幾個方面：

1. 科學計算

科學計算又稱為數值計算，是指用於科學研究和工程技術的數學問題的計算。目前，科學計算仍然是計算機應用的一個重要領域。現代科學技術工作中的科學計算問題十分巨大而複雜。利用計算機的快速、高精度、連續的運算能力，可以完成各種科學計算，解決人力或其他計算工具無法解決的複雜計算問題，例如同步通訊衛星的發射、衛星軌道計算、高能物理、工程設計、地震預測、天氣預報等。

2. 信息處理

信息是以適合於通信、存儲或處理的形式來表示的知識或消息。數據處理是指信息的收集、轉換、分類、整理、加工、存儲、檢索等一系列活動的總稱。信息處理是目前計算機應用最為廣泛的領域，如企業管理、物資管理、人口統計、報表統計、帳目計算、辦公自動化、郵政業務、機票訂購、信息情報檢索、圖書管理、醫療診斷等。

3. 辦公自動化

辦公自動化（Office Automation，OA）主要表現即是「無紙辦公」。在計算機、通信與自動化技術飛速發展並相互結合的今天，一個以計算機網路為基礎的高效人—機信息處理系統可以全面提高管理和決策水平。現代的OA系統通過Internet/Intranet平臺，為企業員工提供信息共享和交換。

4. 生產自動化

生產自動化是計算機在現代生產中的應用，利用計算機對工業生產過程中的某些信號自動進行檢測，並把檢測到的數據存入計算機，再根據需要對這些數據進行處理。其包括以下幾個方面：

（1）即時控制

即時控制又稱為過程控制，是指即時採集、檢測數據並進行加工后，按最佳值對控制對象進行控制。應用計算機進行即時控制可大大提高生產自動化水平，提高勞動效率與產品質量，降低生產成本，縮短生產週期，有力促進工業生產的自動化。

（2）輔助工程

計算機輔助設計（Computer Aided Design，CAD）是指利用計算機幫助人們進行產品和工程設計，使設計過程自動化、設計合理化、科學化、標準化，大大縮短設計週期，提高設計自動化水平和設計質量。CAD技術已廣泛應用於建築工程設計、服裝設

計、機械製造設計、船舶設計等行業。

計算機輔助製造（Computer Aided Manufacturing，CAM）是指利用計算機來進行生產規劃、管理和控制產品製造的過程。利用 CAM 技術，可完成產品的加工、裝配、檢測、包裝等生產過程，實現對工藝流程、生產設備等的管理與生產裝置的控制和操作。

CAD/CAM 技術推動了幾乎一切領域的設計革命，廣泛地影響到機械、電子、化工、航天、建築等行業。現在我們周圍的商品，大到飛機、汽車、輪船、火箭，小到運動鞋、髮夾都可能是使用 CAD/CAM 技術生產的產品。

計算機輔助測試（Computer Aided Testing，CAT）是指利用計算機輔助進行產品測試。利用計算機進行輔助測試，可以提高測試的準確性、可靠性和效率。

5. 人工智能

人工智能是計算機科學的一個分支，是研究和開發用於模擬、延伸和擴展人的智能的理論、方法、技術及應用系統的一門新的技術科學。除了計算機科學以外，人工智能還涉及信息論、控制論、自動化、仿生學、生物學、心理學、數理邏輯、語言學、醫學和哲學等多門學科。該領域的研究主要包括：知識表示、自動推理和搜索方法、機器學習和知識獲取、知識處理系統、自然語言理解、計算機視覺、專家系統、智能機器人、自動程序設計等方面。

6. 在人類生活中的應用

把計算機的超級處理能力與通信技術結合起來就形成了計算機網路。隨著網路建設的進一步完善，計算機越來越成為人類生活的必需品，主要用於人們的通信（電子郵件、傳真、網路電話）、思想交流（網路會議、專題討論、聊天、博客）、新聞、電子公告、電子商務、影視娛樂、信息查詢、教育等。

在教育領域，除計算機輔助教學外，計算機遠程教育發展非常快，已經發展為一種重要的教學形式。操作模擬系統（如飛機、艦船、汽車操作模擬系統）大大提高了訓練效果，節約了訓練經費。數字投影儀的使用改變了理論課中黑板加粉筆的模式，大大提高了教學效率。

在商業領域，電子商務早已進入實際應用。電子商務是利用開放的網路系統進行的各項商務活動。它採用了一系列以電腦網路為基礎的現代電子工具，如電子數據交換（EDI）、電子郵件、電子資金轉帳、數字現金、電子密碼、電子簽名、條形碼技術、圖形處理技術等。電子商務可以實現商務過程中的產品廣告、合同簽訂、供貨、發運、投保、通關、結算、批發、零售、庫存管理等環節的自動化處理。

在藝術領域，有電腦繪畫、音樂合成、數字影像合成、虛擬演員等技術應用；在交通及軍事領域，衛星定位系統和交通導航系統也得到了較廣泛的應用。

總之，計算機已經應用到人類生活、生產及科學研究的各個領域中，以後的應用還將更深入、更廣泛，其自動化程度也將會更高。

1.2　計算機系統的組成

一個完整的計算機系統是由硬件系統和軟件系統兩部分組成。計算機硬件是指系統中可觸摸到的設備實體，即構成計算機的有形的物理設備，是計算機工作的基礎，

如馮·諾依曼計算機中提到的五大組成部件都是硬件。計算機軟件是指在硬件設備上運行的各種程序和文檔。如果計算機不配置任何軟件，計算機硬件無法發揮其作用。只有硬件沒有軟件的計算機稱為裸機。硬件與軟件的關係是相互配合，共同完成其工作任務。

1.2.1 計算機系統的層次結構

計算機系統中的硬件系統和軟件系統按照一定的層次關係進行組織。硬件處於最內層，然后是軟件系統中的操作系統。操作系統是系統軟件中的核心，將用戶和計算機硬件系統隔離開來，用戶對計算機的操作轉化為對系統軟件的操作，所有其他軟件（包括系統軟件與應用軟件）都必須在操作計算的支持和服務下才能運行。操作系統之外是其他系統軟件，最外層為用戶應用軟件。每層完成各自的任務，層間定義接口。這種層次關係為軟件的開發、擴充和使用提供了強有力的手段。計算機系統的層次結構如圖1-6所示。

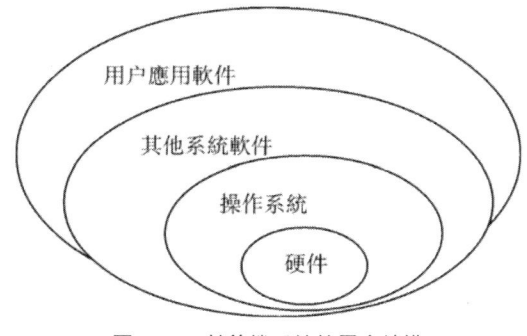

圖1-6 計算機系統的層次結構

1.2.2 計算機硬件系統

計算機的硬件系統通常由運算器、控制器、存儲器、輸入設備和輸出設備五部分組成，如圖1-7所示。

利用計算機加工處理數據，首先通過輸入設備將程序和數據輸入計算機，存放在存儲器中，然后由控制器對程序的指令進行解釋執行，調動運算器對相應的數據進行算術或邏輯運算，將中間結果和最終結果送回存儲器中，這些結果又可通過輸出設備輸出。在整個處理過程中，由控制器控制各部件協調統一工作。

1. 運算器

運算器又稱算術邏輯部件，是進行算術運算和邏輯運算的部件，由算術邏輯運算部件、移位器和若干暫存數據的寄存器組成。算術運算按照算術規則進行運算，如加、減、乘、除等。邏輯運算是指非算術的運算，如與、或、非、異或、比較、移位等。

2. 控制器

控制器主要由程序計數器、指令寄存器、指令譯碼器和操作控制器等部件組成。控制器是分析和執行指令的部件，是計算機的神經中樞和指揮中心，負責從存儲器中讀取程序指令並進行分析，然后按時間先后順序向計算機的各部件發出相應的控制信

註：⟹代表數據流，→代表控制流

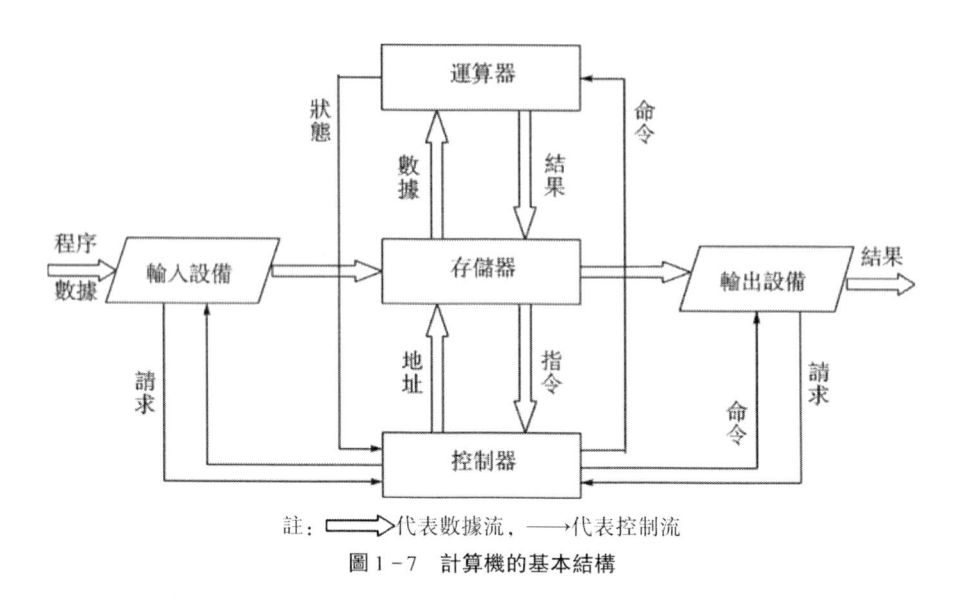

圖 1-7　計算機的基本結構

號，以協調、控制輸入輸出操作和對內存的訪問。

3. 存儲器

存儲器是存儲各種信息（如程序和數據等）的部件或裝置。存儲器分為主存儲器（或稱內存儲器，簡稱內存）和輔助存儲器（或稱外存儲器，簡稱外存）。

4. 輸入設備

輸入設備是用來把計算機外部的程序、數據等信息送入到計算機內部的設備。常用的輸入設備有鍵盤、鼠標、光筆、掃描儀、數字化儀、麥克風等。

5. 輸出設備

輸出設備是將計算機的內部信息傳遞出來（稱為輸出），或在屏幕上顯示，或在打印機上打印，或在外部存儲器上存放。常用的輸出設備有顯示器和打印機等。

1.2.3　計算機軟件系統

1. 軟件的概念

軟件是指為方便使用計算機和提高使用效率而編寫的程序以及用於開發、使用和維護的有關文檔。程序是指為了得到某種結果可以由計算機等具有信息處理能力的裝置執行的代碼化指令序列。文檔是指用自然語言或者形式化語言所編寫的文字資料和圖表，用來描述程序的內容、組成、設計、功能規格、開發情況、測試結果及使用方法，如程序設計說明書、流程圖、用戶手冊等。

2. 軟件的分類

軟件可分為系統軟件和應用軟件兩大類。

（1）系統軟件

系統軟件是指負責管理、監控和維護計算機硬件和軟件資源的一種軟件，用於發揮和擴大計算機的功能及用途，提高計算機的工作效率，方便用戶的使用。系統軟件主要包括操作系統、程序設計語言及其處理程序（如匯編程序、編譯程序、解釋程序等）、數據庫管理系統、系統服務程序以及故障診斷程序、調試程序、編輯程序等工具

軟件。

（2）應用軟件

應用軟件是指利用計算機和系統軟件為解決各種實際問題而編製的程序。從其服務對象的角度，又可分為通用軟件和專用軟件兩類。常見的應用軟件有科學計算程序、圖形與圖像處理軟件、自動控制程序、情報檢索系統、工資管理程序、人事管理程序、財務管理程序以及計算機輔助設計與製造、輔助教學軟件等。

3. 程序設計語言及其處理程序

為了利用計算機解決實際問題，使計算機按照人的意圖進行工作，人們主要通過用計算機能夠「懂」得的語言和語法格式編寫程序並提交計算機執行來實現。編寫程序所採用的語言就是程序設計語言。程序設計語言一般分為機器語言、匯編語言和高級語言。

（1）機器語言

機器語言的每一條指令都是由 0 和 1 組成的二進制代碼序列。機器語言是最底層的面向機器硬件的計算機語言，用機器語言編寫的程序稱為機器語言程序。機器語言程序可被機器直接執行，不需任何翻譯，程序執行效率高；但機器指令數目太多，且都是二進制代碼，用機器語言編寫的程序難於辨認、記憶、調試、修改，不易移植。

計算機只能接受以二進制形式表示的機器語言，所以任何非機器語言程序最終都要翻譯成由二進制代碼構成的機器語言程序才能執行。

（2）匯編語言

將二進制形式的機器指令代碼序列用符號（或稱助記符）來表示的計算機語言稱為匯編語言。匯編語言實質上是符號化了的機器語言。比如，在 Intel 8086/8088 匯編語言中，用 ADD 來表示「加」，用 MOV 表示「傳送」，用 OUT 表示「輸出」等。用匯編語言編寫的程序（稱匯編語言源程序）計算機不能直接執行，必須由機器中配置的匯編程序將其翻譯成機器語言目標程序后，計算機才能執行。將匯編語言源程序翻譯成機器語言目標程序的過程稱為匯編。

（3）高級語言

機器語言和匯編語言都是面向機器的語言，而高級語言則是面向問題的語言。高級語言與具體的計算機硬件無關，其表達方式接近於人們對求解過程或問題的描述方法、容易理解、掌握和記憶。用高級語言編寫的程序的通用性和可移植性好。用高級語言編寫的程序通常稱為源程序。計算機不能直接執行源程序，用高級語言編寫的源程序必須被翻譯成二進制代碼組成的機器語言后，計算機才能執行。高級語言源程序有編譯和解釋兩種執行方式。

① 解釋方式——在解釋方式下，源程序由解釋程序邊「解釋」邊執行，不生成目標程序，如圖 1-8 所示。早期的 BASIC 源程序的執行即採用這種方式，在運行 BASIC 源程序時，「解釋程序」負責將 BASIC 源程序語句逐條進行解釋和執行，不保留目標程序代碼，即不產生可執行文件。解釋方式執行程序的速度較慢。

```
源程序 → 解釋程序 → 運行結果
```

圖 1-8　解釋過程

② 編譯方式——在編譯方式下，源程序必須經過編譯程序的編譯處理來產生相應的目標程序，然后再通過連接和裝配生成可執行程序。因此，把用高級語言編寫的源程序變為目標程序，必須經過編譯程序的編譯。編譯過程如圖 1-9 所示。

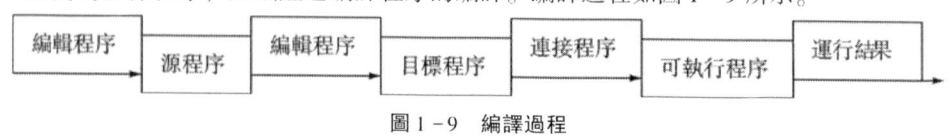

```
編輯程序 → 源程序 → 編輯程序 → 目標程序 → 連接程序 → 可執行程序 → 運行結果
```

圖 1-9　編譯過程

4. 數據庫管理系統

數據庫管理系統（DataBase Management System，DBMS）是計算機數據處理發展到高級階段而出現的專門對數據進行集中處理的系統軟件，負責數據庫的定義、建立、操作、管理和維護，在保證數據完全可靠的同時提高數據庫應用時的簡明性和方便性。

數據庫管理系統通常包含：數據庫的定義和建立、數據庫的操作、數據庫的控制、數據庫的維護、故障恢復、數據通信等。為完成這些功能，數據庫管理系統需要提供語言處理程序，向用戶提供數據庫的定義、操作等功能，最典型的是數據描述語言（DDL）和數據操縱語言（DML），前者負責描述和定義數據的各種特性，后者說明對數據的操作。數據庫管理系統提供相應的運行控制程序，負責數據庫運行時的管理、調度和控制；同時還提供一些服務性程序，完成數據庫中數據的裝入和維護等服務性功能，稱為實用程序或例行程序。

目前常見的數據庫大多為關係型數據庫，如小型桌面系統常用的 Access，中小型企業常用的 SQL Server，大型企業常用的 Oracle、DB2 等。

5. 軟件的知識產權保護

知識產權是一種無形財產，與有形財產一樣，可作為資本投資、入股、抵押、轉讓、贈送等，但具有專有性、地域性和時間性三個主要特性。專有性是指知識產權的獨占性、壟斷性、排他性。例如，同一內容的發明創造只給予一個專利權，由專利權人所壟斷，未經許可任何單位和個人不得使用，否則就構成侵權。地域性是國家所賦予的知識產權權利只在本國國內有效，如要取得某國的保護，必須要得到該國的授權。時間性是指知識產權都有一定的保護期限，保護期一旦失去，便進入公有領域，即它保護的知識產權就屬於社會公共財產。

知識產權是國家通過立法使其地位得到確認，並通過知識產權法律的施行才使知識產權權利人的合法權益得到法律保障。

保護知識產權有利於調動人們從事智力成果創造的積極性；有利於促進智力成果的傳播，促進經濟和文化事業的發展；有利於國際間科學技術和文化事業的交流與協作。

計算機軟件是一種智力勞動產品，具有很高的附加值，對勞動生產率的提高也有著不可估量的作用。中國主要通過《中華人民共和國著作權保護法》和《計算機軟件

保護條例》（以下簡稱《條例》）依法對計算機軟件產品提供知識產權保護。

《條例》規定：中國公民和單位對其所開發的軟件，不論是否發表，均可以按規定享有著作權。外國人的軟件首先在中國境內發表的，也享有著作權。外國人在中國境外發表的軟件，依照其所屬國同中國簽訂的協議或者共同參加的國際條約享有的著作權，受《條例》保護。作為軟件的開發者，應該到軟件登記管理機構（版權局）進行登記並交納登記費用才能獲得法律保護。軟件的保護期限為25年，如果版權所有人要求延長保護時間最長不超過50年。作為計算機軟件的使用者，要主動遵守國家的法令，自覺維護知識產權所有人的合法權益。

1.2.4 操作系統概述

1. 操作系統的功能

操作系統是系統軟件中最重要的一種軟件，負責控制和管理計算機系統的各種硬件和軟件資源，合理地組織計算機系統的工作流程，提供用戶與操作系統之間的軟件接口。

操作系統的主要功能如下：

① 進程管理（即處理機管理）——在多用戶、多任務的環境下，主要解決對CPU進行資源的分配調度，有效地組織多個作業同時運行。

② 存儲管理——主要是管理內存資源，合理地為程序的運行分配內存空間。

③ 文件管理——有效地支持文件的存儲、檢索和修改等操作，解決文件的共享、保密與保護。

④ 設備管理——負責外部設備的分配、啟動和故障處理，讓用戶方便地使用外部設備。

⑤ 作業管理——提供使用系統的良好環境，使用戶能有效地組織自己的工作流程。

操作系統可以增強系統的處理能力，使系統資源得到有效利用，為應用軟件的運行提供支撐環境，讓用戶方便地使用計算機。

2. 操作系統的分類

操作系統主要有單用戶操作系統、批處理操作系統、分時操作系統、即時操作系統、網路操作系統、分佈式操作系統六種類型。

（1）單用戶操作系統：系統主要面向單個用戶專用，功能比較簡單，但能提供方便友好的用戶操作界面以及功能豐富的配套系統軟件。隨著個人計算機的普及應用，單機操作系統應用十分廣泛。

（2）批處理操作系統：系統可以對用戶作業成批輸入並處理，以便減少人工操作，提高系統處理效率。

（3）分時操作系統：系統可以使多個用戶同時對系統資源進行共享，CPU採用輪流分配「時間片」的方式為各個用戶服務。每個用戶都仿佛「獨占」了整個計算機系統。

（4）即時操作系統：系統可以對輸入的信息作出快速及時的反應，進行無時間延誤的處理，常用於自動控制系統中。

（5）網路操作系統：系統可以在局域網範圍內來管理網路中的軟件、硬件資源和

為用戶提供網路服務功能。網路操作系統既可以管理本機資源，也可以管理網路資源，既可以為本地用戶提供服務，也可以為遠程網路用戶提供網路服務。其主要服務包括網路通信和資源共享。

（6）分佈式操作系統：分佈式系統是通過網路來聯結物理上分散的、具有「自治」功能的計算機系統。分佈式操作系統可以統一管理、調度、分配、協調、控制分佈式系統中所有的計算機系統資源，實現它們相互之間的信息交換、資源共享以及分佈式計算與處理。所謂「分佈式計算與處理」，即是調度多個計算機系統協作完成一項任務。

3. 常用的操作系統

目前，操作系統主要有 Windows、Unix、Linux、Android 等。

（1）Windows 操作系統

20 世紀 90 年代中期，微軟公司推出了單用戶多任務操作系統 Windows 95，之后又相繼推出了 Windows 98、Windows Me、Windows 2000、Windows NT、Windows XP、Windows Vista 等操作系統。2009 年下半年，Windows 7 發布。Windows 7 可供家庭及商業工作環境、筆記本電腦、平板電腦、多媒體中心等使用。

2012 年，微軟公司發布了 Windows 8 預覽版，這是一個具有革命性變化的操作系統，支持來自 Intel、AMD 和 ARM 的芯片架構，即支持個人電腦（Intel 平臺系統）以及平面電腦（Intel 平臺系統或 ARM 平臺系統），將全面支持 USB 3.0 接口。USB 3.0 的傳輸速度將是 USB 2.0 的傳輸速度的 10 倍左右（5Gbps）。Windows 8 正式版目前包括四個版本：Windows 8（普通版）、Windows 8 Professional（專業版）、Windows 8 RT 以及 Windows 8 Enterprise（企業版），甚至將推出 Windows 8 China（中國版）版本。

Windows 8 新系統畫面與操作方式變化極大，大幅改變以往的操作邏輯，採用全新的 Metro 風格操作界面（稱為「開始屏幕」），提供更佳的屏幕觸控支持，各種應用程序、快捷方式等能以動態方塊的樣式呈現在屏幕上，用戶可自行將常用的瀏覽器、社交網路、游戲等添加到這些方塊中。Windows 8 旨在提供高效易行的工作環境，讓人們的日常電腦操作更加簡單和快捷。

（2）Unix 操作系統

Unix 是一個支持多任務、多用戶的通用操作系統，由 AT&T 貝爾試驗室於 1969 年開發成功。Unix 有多種不同的版本，可以應用於商業管理和圖像處理，成為工作站和高檔微機上標準的操作系統。

Unix 提供了功能強大的命令程序編程語言 Shell，具有良好的用戶界面。Unix 還提供了多種通信機制以及豐富的語言、數據庫管理系統等。Unix 的文件系統是按層次式的樹形分級結構，有良好的安全性和可維護性，因此 Unix 能歷盡滄桑而經久不衰。其中 IBM 公司的 Unix－AIX 是一個重要的產品。曾經廣泛使用的 Unix 系統還有 Sun 公司的 Solaris、HP 公司的 HP－UX 和 SCO 公司的 Open Server。

（3）Linux 操作系統

Linux 是一種可以運行在 PC 機上的免費的 Unix 操作系統，由芬蘭赫爾辛基大學的學生林納斯·托瓦茲（Linus Torvalds）於 1991 年開發推出。Oracle、Sybase、Novell、IBM 等公司都有自己的 Linux 產品，許多硬件廠商也推出了預裝 Linux 操作系統的服務

器產品。

（4）Android 開源移動操作系統

Android（稱為「安卓」）是 Google 於 2007 年 11 月 5 日宣布的一種基於 Linux 平臺的開源移動操作系統，主要用於移動設備，如智能手機和平板電腦。第一部 Android 智能手機發布於 2008 年 10 月。Android 逐漸擴展到平板電腦及其他領域，如電視、數碼相機、游戲機等。

Android 平臺由操作系統、中間件、用戶界面和應用軟件組成，採用了分層架構，從高層到低層分別為「應用程序層」「應用程序框架層」「系統運行庫層」和「Linux 內核層」。Android 系統是對第三方軟件完全開放的平臺，允許任何移動終端廠商加入到 Android 聯盟中來。顯著的開放性可以使其擁有更多的開發者。

1.3 計算機的工作原理

計算機的基本原理是存儲程序和程序控制。計算機根據人們預定的安排，自動地進行數據的快速計算和加工處理。計算機在運行時，先從內存中取出指令，通過控制器的譯碼，按指令的要求從存儲器中取出數據進行指定的運算和邏輯操作等加工，然后再按地址把結果送到內存中去。

1.3.1 存儲程序原理

基於馮·諾依曼體系結構的現代計算機設計的一個最基本的思想是「存儲程序」的原理。存儲程序的原理主要包括以下一些內容：

（1）所有數據和指令均應以二進制形式表示。

（2）所有數據和由指令組成的程序必須事先存放在主存儲器中，然後按順序執行。

（3）計算機的硬件系統由存儲器、運算器、控制器、輸入設備和輸出設備五部分組成。在控制器的統一控制下，完成程序所描述的處理工作。

當計算機工作時，有兩種信息在流動，即數據信息和指令信息。數據信息是指原始數據、中間結果、結果數據、源程序等；指令信息是指規定的計算機能完成的某一種基本操作，例如加、減、乘、除、存數、取數等。

1.3.2 指令系統與程序執行過程

1. 指令系統

一條指令規定計算機執行一個基本操作。一臺計算機可識別許多指令，所有這些指令的集合稱為計算機的指令集合或指令系統。指令系統依賴於計算機，即不同類型的計算機指令系統是不同的，因此所能執行的基本操作也是不同的。

指令系統是計算機基本功能具體而集中的體現。從計算機系統結構的角度看，指令是對計算機進行控制的最小單位。當一臺機器的指令系統確定後，軟件設計師在指令系統的基礎上建立程序系統，擴充和發揮機器的功能。程序就是計算機指令的有序序列。

2. 程序執行過程

計算機的工作過程實際上就是快速地執行指令的過程。數據信息從存儲器讀入運算器進行運算，所得的計算結果再存入存儲器或傳送到輸出設備。指令控制信息是由控制器對指令進行分析、解釋后向各部件發出的控制命令，並指揮各部件協調地工作。

指令執行是由計算機硬件來實現的。計算機執行程序的過程實際上是依次逐條執行指令的過程，所以，計算機的基本工作原理可以通過程序的執行過程來描述，即程序首先裝入計算機內存，CPU 從內存中取出一條指令，分析識別指令，最后執行指令，從而完成了一條指令的執行週期。然后，CPU 按次取出下一條指令，繼續下一個指令執行週期，周而復始，直到執行完成程序中的所有指令。

1.4 微型計算機的基本配置

一個完整的微型計算機系統包括硬件系統和軟件系統兩大部分。硬件系統由運算器、控制器、存儲器（內存、外存和緩存）、輸入設備和輸出設備組成。軟件系統分為系統軟件和應用軟件。

1.4.1 微型計算機的硬件配置

一臺微型計算機的硬件系統主要由中央處理器（CPU）、主版、機箱、存儲器、輸入設備和輸出設備組成，如圖 1-10 所示。

微型計算機又稱微機、個人計算機或個人電腦，包括臺式機（Desktop）、電腦一體機、筆記本電腦（Notebook 或 Laptop）、掌上電腦（PDA）以及平板電腦等。

筆記本電腦的形狀很像一個筆記本，體積小，攜帶方便，如圖 1-11 所示。

圖 1-10　個人電腦　　　　　圖 1-11　筆記本電腦

1. 中央處理器——CPU

CPU 即中央處理器，是英文 Central Processing Unit 的縮寫，稱之為微處理器，是一塊超大規模集成電路芯片，內部是由幾千萬個到幾億個晶體管元件組成的十分複雜的電路。CPU 主要由運算器和控制器組成，是微型計算機硬件系統中的核心部件。CPU 處理數據速度的快慢，直接影響到整臺計算機性能的發揮。CPU 品質的高低決定一臺計算機的檔次。

世界上生產 CPU 芯片的公司主要有 Intel、AMD 和 VIA 等。Intel 公司是目前世界上最大的 CPU 芯片製造商之一，最近幾年先后推出了酷睿2、酷睿 i3、酷睿 i5、酷睿 i7 等微處理器芯片。Intel 公司的 CPU 芯片如圖 1-12 所示。

CPU 性能的主要參數包括內核數量、運行頻率、緩存、指令集、接口方式、工作

圖 1-12　Intel 生產的 CPU 芯片

電壓和製造工藝等。

（1）內核數量

內核數量是指一個芯片內集成的核心數。例如，雙核處理器是將兩個物理處理器核心整合入一個內核中。目前逐步向四核、八核等多核心發展。多核處理器也稱為單芯片多處理器，其設計思想是將大規模並行處理器中的對稱多處理器集成到同一芯片內，各個處理器並行執行不同的進程。

（2）運行頻率

CPU 的運行頻率是決定處理器性能的核心指標，主要由主頻參數表示。CPU 的主頻是指 CPU 的工作時鐘頻率，它是衡量 CPU 性能的一個重要指標。一般說來，主頻越高的 CPU 在單位時間裡完成的指令數越多，相應的處理器速度也越快。目前，CPU 的主頻單位都是 GHz（1MHz = 1000Hz，1GHz = 1000MHz），例如酷睿雙核 E7400 處理器的主頻是 2.80GHz。而外頻是 CPU 的外部工作頻率，也就是系統總線的工作頻率。CPU 的工作主頻則是通過倍頻系數乘以外頻得到。

（3）緩存

緩存是可以進行高速存取的存儲器，又稱 Cache，用於內存和 CPU 之間的數據交換。緩存的大小也是 CPU 的重要指標之一，緩存的結構和大小對 CPU 速度的影響非常大，CPU 內緩存的運行頻率極高。緩存容量的增大，可以大幅度提升 CPU 內部讀取數據的命中率，而不用再到內存或者硬盤上尋找，以此提高系統性能。

（4）指令集

CPU 依靠指令來指揮計算和控制系統，CPU 在設計時規定了一系列與其硬件電路相配合的指令系統。指令的強弱也是 CPU 的重要指標，指令集是提高微處理器效率的最有效工具之一。

（5）接口方式

CPU 必須通過主板相對應的接口才能與其他部件進行正常通訊。目前，CPU 與主板的接口方式主要有插針式和觸點式兩種，並以觸點式為發展方向。

（6）工作電壓

CPU 的工作電壓，即 CPU 正常工作所需的電壓，分為兩方面：CPU 的核心電壓與 I/O 電壓。核心電壓是指驅動 CPU 核心芯片的電壓；I/O 電壓是指驅動 I/O 電路的電壓。通常 CPU 的核心電壓小於等於 I/O 電壓。隨著 CPU 製造工藝的提高，目前臺式機使用的 CPU 核心電壓通常在 2V 以內，筆記本專用 CPU 的工作電壓相對更低。

（7）製造工藝

通常所說的 CPU 的「製作工藝」是指在生產 CPU 過程中，要進行加工各種電路和電子元件，並製造導線連接各個元器件。通常其生產的精度以微米（長度單位，1 微米等於千分之一毫米）來表示，未來有向納米（1 納米等於千分之一微米）發展的趨勢，精度越高，生產工藝越先進。在同樣的材料中可以製造更多的電子元件，連接線也越細，不僅提高了 CPU 的集成度，使 CPU 的功耗也越小。

2. 主板

主板是計算機中各個部件工作的一個平臺，將各個部件緊密連接在一起，這些部件通過主板進行數據傳輸。主板又稱「母版」，是其他硬件的載體，CPU、內存、硬盤驅動器、軟盤驅動器、光盤驅動器、顯示卡等都插接在主板上。

主板是用來承載 CPU、內存、擴展卡等部件的基礎平臺，同時擔負各種計算機部件之間的通信、控制和傳輸任務。主板起著硬件資源調度中心的作用。影響整個計算機硬件系統的穩定性、兼容性及性能。主板外形如圖 1-13 所示。

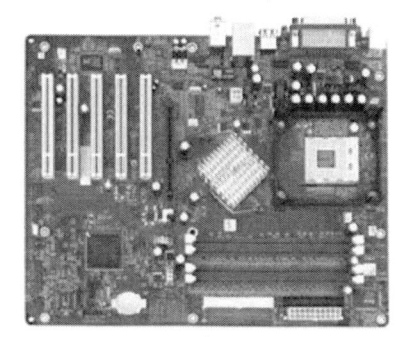

圖 1-13　主板外形圖

微機主板上有 CPU 插座、內存條插槽、電源插座、各種擴展槽（PCI 插槽、ISA 插槽、AGP 插槽、AMR 插槽、CNR 插槽等）、其他各類接口（串行接口、並行接口、USB 接口、1394 總線接口、軟盤驅動器接口、硬盤接口等）以及控制主板工作的主板芯片組等。

（1）主板結構

主板主要由 CPU 插槽、內存插槽、PCI-E（或 AGP）擴展插槽、PCI 插槽、南北橋芯片、電源接口、電源供電模塊、外部接口、SATA 接口和 PATA 接口、USB 接口、功能芯片（聲卡、網卡、硬件偵測、時鐘發生器）等組成。

（2）主板佈局

所謂主板佈局，就是根據主板上各元器件的排列方式、尺寸大小、形狀、所使用的電源規格等制定出的通用標準，所有主板廠商都必須遵循。主板佈局分為 ATX、MicroATX、LPX、NLX、FlexATX、EATX、WATX 以及 BTX 等結構。ATX 是目前最常見的主板佈局，此類型的佈局使主板的長邊緊貼機箱后部，外設接口可以集成到主板上。ATX 佈局中具有標準 I/O 面板插座，提供兩個串行口和一個並行口，一個 PS/2 鼠標接口和一個 PS/2 鍵盤接口，這些 I/O 接口信號直接從主板引出，取消了邊接線纜，可以使主板集成更多的功能，也消除了電磁輻射和爭奪空間等弊端，進一步提高了系統的

穩定性和可維護性。

（3）接口

CPU 需要通過接口與主板連接才能工作。CPU 經過多年的發展，採用的接口方式有引腳式、卡式、觸點式、針腳式等。目前 CPU 的接口都是觸點式或針腳式接口，對應到主板上，就有相應的插槽類型。不同類型的 CPU 具有不同的 CPU 插槽，因此選擇 CPU，就必須選擇帶有與之對應插槽類型的主板。主板 CPU 插槽類型不同，在插孔數、體積、形狀都有變化，所以不能互相接插。

主板上有很多插槽，都是系統單元和外部設備的連接單元，稱為接口。接口有如下幾種：

① 串行接口，簡稱串口，如 COM1、COM2 等，主要用於連接鼠標、鍵盤、調制解調器等設備。串口在單一的導線上以二進制的形式一位一位地傳輸數據。該方式適用於長距離的信息傳輸。

② 並行接口，簡稱並口，如 LPT1、LPT2 等，主要用於連接需要在較短距離內高速收發信息的外部設備，如連接打印機。它們在一個多導線的電纜上以字節為單位同時進行數據傳輸。

③ PCI－E 由英特爾公司提出，是一種新的總線和接口標準，取代 PCI 和 AGP。其主要特點是數據傳輸速率高，支持熱拔插，規格較多，能滿足現在和將來一定時間內的各種設備的需求。

④ 通用串行總線口，簡稱 USB 接口，是串口和並口的最新替換技術。一個 USB 能連接多個設備到系統單元，並且速度更快。利用這種端口可以提供鼠標、鍵盤、移動硬盤、U 盤、數碼相機、USB 打印機、USB 掃描儀等設備的即插即用連接。

⑤「火線」接口，又稱為 IEEE1394 總線接口，是一種最新的連接技術，用於高速打印機、數碼相機和數碼攝像機到系統單元的連接。火線接口的傳輸速度高於 USB 接口，主要用於數碼錄象機與計算機的數據交換。

（4）總線結構

所謂總線（Bus），是指連接微機系統中各部件的一簇公共信號線，這些信號線構成了微機各部件之間相互傳送信息的公用通道。現在的微型計算機系統多採用總線結構，如圖 1－14 所示。在微機系統中採用總線結構，可以減少機器中信號傳輸線的根數，大大提高系統的可靠性。同時，還可以提高擴充內存容量以及外部設備數量的靈活性。

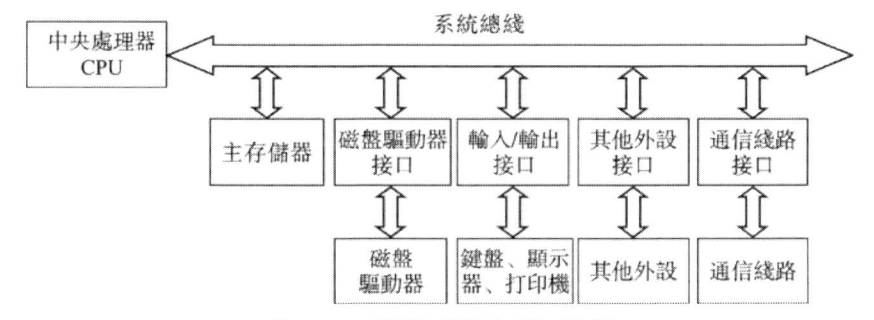

圖 1－14　微型計算機的系統結構圖

CPU（包括內存）與外部設備、外部設備與外部設備之間的數據交換都是通過總線來進行的。總線通常由地址總線、數據總線和控制總線三部分組成。地址總線用於傳送地址信號，地址總線的數目決定微機系統存儲空間的大小；數據總線用於傳送數據信號，數據信號的數目反應了 CPU 一次可接收數據的能力；控制總線用於傳送控制器的各種控制信號。

3. 機箱與電源

機箱一般包括外殼、支架、面板上的各種開關、指示燈等，外殼用硬度高的鋼板和塑料結合制成。機箱不僅是主機的整體外觀，而且還起著保護和固定主板、CPU、顯卡、內存、硬盤以及電源等內部組件的重要作用，同時還有防壓、防衝擊、防塵、防電磁干擾、輻射等功能，提供許多便於使用的面板開關指示燈等。

機箱中的電源是能起到變壓、整流、穩壓的電子設備，能夠將市電轉化成 +12V、+5V 的直流電源。電源是計算機的動力來源，直接影響到計算機的穩定運行和整體性能的發揮。隨著近年來硬件設備特別是 CPU 和顯卡的高速發展及更新換代，計算機對電源供電的要求大幅提高，電源對整個系統的穩定性發揮著越來越重要的作用。

常見的機箱有兩大類：立式（塔式）和臥式。立式又有大立式與小立式之分，臥式有大、小、厚、扁（薄）的區別。不論什麼形式，其構成基本是一致的，外表看到的構件是薄鐵板等硬質材料壓制成的外殼、面板和背板，面板上有電源開關、復位開關等基本功能鍵，還有由電源燈、硬盤燈等組成的狀態顯示板，用於表明微機的運行狀態；此外還可以看到商標以及軟（光）驅的入口、栅條狀的通風口等。背板上可看到許多由活動鐵條遮擋的槽口以及通風口等，主機與外電源、輸入設備、輸出設備連接的線纜多從背板的槽口接入。機箱如圖 1-15 所示。

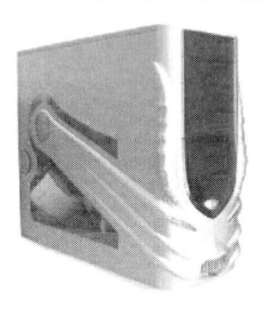

圖 1-15　機箱

4. 內存儲器

內存儲器簡稱內存（又稱主存），通常安裝在主板上。內存與運算器和控制器直接相連，能與 CPU 直接交換信息，其存取速度極快。內存分為隨機存儲器（RAM）和只讀存儲器（ROM）兩部分。

RAM（Random Access Memory）的存儲單元可以進行讀寫操作。目前有靜態隨機存儲器（SRAM）和動態隨機存儲器（DRAM）。SRAM 的讀寫速度快，但價格高昂，主要用於高速緩存存儲器（Cache）。DRAM 相對於 SRAM 而言，讀寫速度較慢，價格較低廉，因而用於大容量存儲器。

ROM（Read Only Memory）是一種只能讀出不能寫入的存儲器，其中的信息被永久

地寫入，不受斷電的影響，即使在關掉計算機的電源后，ROM 中的信息也不會丟失。因此，它常用於永久地存放一些重要而且是固定的程序和數據。

為了提高速度並擴大容量，內存以獨立的封裝形式出現，即「內存條」。內存條外形如圖 1-16 所示。衡量內存條性能最主要的指標包括內存速度和內存容量。內存條種類包括 EDO、SDRAM、RDRAM 和 DDR（如 DDR、DDR 2 和 DDR3）等。

根據內存條上的引腳的多少，可把內存條分為 30 線、72 線、168 線等類別；按內存條的接口形式，內存條可分為單列直插內存條（SIMM）和雙列直插內存條（DIMM）；按內存的工作方式，內存條又有 FPA EDO DRAM 和 SDRAM（同步動態 RAM）等形式。評價內存條的性能指標主要包括存儲容量、存取速度（存儲週期）、存儲器的可靠性以及性能價格比。

圖 1-16　內存條外形圖

5. 硬盤

硬盤是計算機中主要的存儲部件，可用於存儲聲音、圖像、視頻及文檔等大量數據。硬盤大多是固定硬盤，被永久性地密封固定在硬盤驅動器中。硬盤有固態硬盤（SSD）、機械硬盤（HDD）和混合硬盤（HHD）。

硬盤的主要技術參數包括容量、轉速、平均訪問時間、傳輸速率、緩存以及接口類型等。其接口有 ATA、IDE、RAID、SATA、SATA Ⅱ、SATA Ⅲ、SCSI 以及光纖通道等。硬盤的容量以兆字節（MB）、千兆字節（GB）或百萬兆字節（TB）為單位，常見的換算式為：

1MB = 1,024KB

1GB = 1,024MB

1TB = 1,024GB

硬盤廠商通常使用的是 GB，也就是 1G = 1,024MB。硬盤外形如圖 1-17 所示。

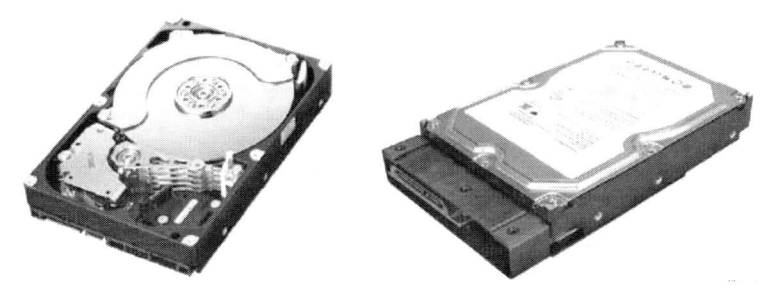

圖 1-17　硬盤

6. 聲卡

聲卡又稱音頻卡，由各種電子器件和連接器組成，用於實現聲波/數字信號相互轉換的一種硬件，是組成多媒體電腦必不可少的一種硬件設備。聲卡從話筒中獲取聲音模擬信號，通過模數轉換器（ADC）將聲波振幅信號採樣轉換成一串數字信號，存儲到計算機中。重放時，這些數字信號送到數模轉換器，以同樣的採樣速度還原為模擬波形，放大后送到揚聲器發聲。聲卡主要分為板卡式、集成式和外置式三種接口類型。

7. 顯卡

顯卡全稱顯示接口卡，又稱為顯示適配器，是連接顯示器和個人電腦主板的重要元件，它將計算機系統所需要的顯示信息進行轉換驅動，向顯示器提供掃描信號。顯卡是「人機對話」的重要設備之一。

8. 網卡

網卡即網路接口板，又稱為網路適配器或網路接口卡，是計算機局域網中最重要的連接設備，計算機主要通過網卡連接網路。網卡工作在鏈路層，是局域網中連接計算機和傳輸介質的接口。網卡上面裝有處理器和存儲器（包括 RAM 和 ROM）。網卡和局域網之間的通信是通過電纜或雙絞線以串行傳輸方式進行的，而網卡和計算機之間的通信則通過計算機主板上的 I/O 總線以並行傳輸方式進行。根據傳輸介質的不同，網卡的接口類型包括 AUI 接口（粗纜接口）、BNC 接口（細纜接口）和 RJ-45 接口（雙絞線接口）。

網卡充當電腦與網線之間的橋樑，是用來建立局域網並連接到 Internet 的重要設備之一。在整合型主板中常把聲卡、顯卡、網卡部分或全部集成在主板上。

9. 調制解調器

調制解調器（Modem）是一種計算機硬件，如圖 1-18 所示。所謂調制，就是把數字信號轉換成電話線上傳輸的模擬信號。所謂解調，則是把模擬信號還原為計算機能識別的數字信號。計算機內的信息是由「0」和「1」組成的數字信號，而在電話線上傳遞的是模擬電信號。因此，當兩臺計算機要通過電話線進行數據傳輸時，就需要調制解調器負責數模的轉換。通過這樣一個「調制」與「解調」的數模轉換過程，從而實現兩臺計算機之間的遠程通信。

根據其形態和安裝方式，調制解調器可分為外置式 Modem、內置式 Modem、PCM-CIA 插卡式、機架式 Modem、ISDN 調制解調器、Cable Modem 調制解調器、ADSL 調制解調器以及 USB 接口調制解調器。

圖 1-18　調制解調器

10. 顯示器

顯示器是將一定的電子文件通過特定的傳輸設備顯示到屏幕上再反射到人眼的一種顯示工具，通常也被稱為監視器。顯示器外形如圖1-19所示。

圖1-19 顯示器

顯示器可分為CRT（陰極射線管）顯示器、LCD（液晶顯示器）顯示器、LED（發光二極管）顯示器、3D顯示器以及PDP（等離子）顯示器等類型，其接口有VGA、DVI兩類。CRT是應用最廣泛的顯示器之一。CRT純平顯示器具有可視角度大、無壞點、色彩還原度高、色度均勻、可調節的多分辨率模式、回應時間極短等優點。

顯示器屏幕上所顯示的字符或圖形是由一個個的像素（Pixel）組成的。像素的大小直接影響顯示的效果，像素越小，顯示結果越細緻。假設一個屏幕水平方向可排列640個像素，垂直方向可排列480個像素，則我們稱這時該顯示器的分辨率為640×480。顯示器分辨率越高，其清晰度越高，顯示效果越好。

11. 鍵盤

鍵盤是計算機中最常用的輸入設備，是用戶同計算機進行交流的主要工具。計算機操作者通過鍵盤將英文字母、數字、標點符號等輸入到計算機中，向計算機輸入各種指令、程序和數據，指揮計算機進行工作。

鍵盤有多種形式，如101鍵鍵盤、帶鼠標或軌跡球的多功能鍵盤以及一些專用鍵盤等。常規的鍵盤有機械式按鍵和電容式按鍵兩種。鍵盤的外形分為標準鍵盤、人體工程學鍵盤和多媒體鍵盤。人體工程學鍵盤目前使用最為廣泛的是101鍵的標準鍵盤，其外形如圖1-20所示。

若按照應用分類，鍵盤可分為臺式機鍵盤、筆記本電腦鍵盤、工控機鍵盤、速錄機鍵盤、雙控鍵盤、超薄鍵盤、手機鍵盤等。按工作原理分類，鍵盤可分為機械鍵盤、塑料薄膜式鍵盤、導電橡膠式鍵盤以及無接點靜電電容鍵盤等。鍵盤的按鍵數出現過83鍵、87鍵、93鍵、96鍵、101鍵、102鍵、104鍵、107鍵等。鍵盤的接口有AT接口、PS/2接口和USB接口。

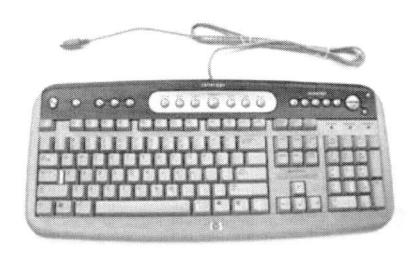

圖1-20 鍵盤

12. 鼠標器

鼠標器（Mouse）即鼠標，是一種用來移動光標和實現選擇操作的輸入設備，外形如圖 1-21 所示。鼠標的基本工作原理是：當移動鼠標時，它把移動距離及方向的信息轉換成脈衝送到計算機，計算機再把脈衝轉換成鼠標光標的坐標數據，從而達到指示位置的目的。鼠標分有線和無線兩種。

鼠標按接口類型可分為串行鼠標、PS/2 鼠標、總線鼠標和 USB 鼠標（多為光電鼠標）。其中，總線鼠標的接口在總線接口卡上，USB 鼠標通過 USB 接口直接插在計算機的 USB 口上。

鼠標按其工作原理及其內部結構的不同可分為機械式鼠標、光機式鼠標、光電式鼠標和光學鼠標。機械鼠標主要由滾球、輥柱和光柵信號傳感器組成。光學鼠標將成為光機鼠標的接替者。

圖 1-21　鼠標

13. 光盤與光盤驅動器

（1）光盤

光盤（Optical Disk）是一種利用激光技術存儲信息的裝置。目前常用的光盤有三類：只讀型光盤、一次寫入型光盤和可抹寫（可擦寫型）光盤。

① 只讀型光盤（CD-ROM：Compact Disk-Read Only Memory）是一種小型光盤。它的特點是只能寫一次，而且是在製造時由廠家用衝壓設備把信息寫入的。寫好後信息將永久保存在光盤上，用戶只能讀取，不能修改和寫入。CD-ROM 最大的特點是存儲容量大，一張 CD-ROM 光盤，其容量為 650 MB 左右。

② 一次寫入型光盤（WORM：Write Once Read Memory，簡稱 WO）可由用戶寫入數據，但只能寫一次，寫入後不能擦除修改。

③ 可擦寫型光盤有磁光盤與相變光盤兩種。可擦寫型光盤可反覆使用，保存時間長，具有可擦性、高容量和隨機存取等優點，但速度較慢。

現在使用數字化視頻光盤（DVD：Digital Video Disk）作大容量存儲器的也越來越多，一張 DVD 盤片的容量大約為 4.7GB，可容納數張 CD 盤片存儲的信息。目前已有雙倍存儲密度的 DVD 光盤面世，其容量是普通 DVD 盤片存儲容量的 2 倍左右。

（2）光盤驅動器

① CD-ROM 驅動器。對於不同類型的光盤盤片，所使用的讀寫驅動器也有所不同。普通 CD-ROM 盤片，一般採用 CD-ROM 驅動器來讀取其中存儲的數據。CD-ROM 驅動器只能從光盤上讀取信息，不能寫入，要將信息寫入光盤，須使用光盤刻錄機（CD Writer）。CD-ROM 驅動器的主要性能指標包括速度和數據傳輸率等。其

中速度常見的為40X、50X。CD－ROM 光盤和光盤驅動器外形如圖1－22 所示。

圖1－22　光盤和 CD－ROM 光盤驅動器

② DVD－ROM 驅動器。要讀取 DVD 盤片中存儲的信息，則要求使用 DVD－ROM 驅動器，這是因為其存儲介質與數據的存儲格式與 CD 盤片不一樣。現在使用數字化視頻光盤（DVD：Digital Video Disk）作大容量存儲器的也越來越多，其外形和 CD－ROM 類似。DVD 驅動器外形如圖1－23 所示。

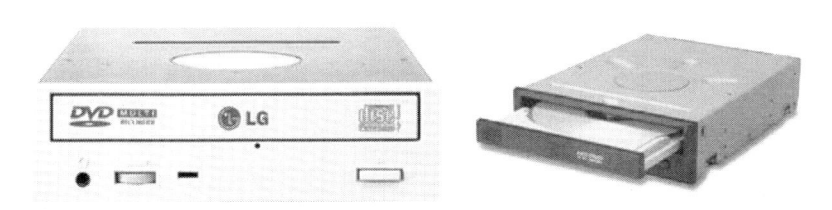

圖1－23　DVD 驅動器

用 DVD 驅動器可以讀取 CD 盤片中存儲的數據。同樣，要將數據寫入到 DVD 盤片中，要用專門的 DVD 刻錄機來完成。另外，有一種集 CD 盤片和 DVD 盤片的讀取功能於一體的新型光盤驅動器，被稱為「康寶（Combo）」，可讀取 CD、DVD 盤片中的信息，還可用來刻錄 CD 盤片。

14. 音箱

音箱是多媒體計算機中一種必不可少的音頻設備。音箱一般由放大器、分頻器、箱體、揚聲器和接口等部分組成。其中放大器是將微弱音頻信號加以放大，推動喇叭正常發音；分頻器是將音頻信號按頻率高低分為兩個或多個頻段分別送到相應的揚聲器去播放，以便獲得較好的音響效果；接口實現聲卡與放大器相連。音箱外形如圖1－24 所示。

圖1－24　音箱

15. 優盤

優盤也稱 U 盤，是一種基於 USB 接口的無需驅動器的微型高容量移動存儲設備，它以閃存作為存儲介質（故也可稱為閃存盤），通過 USB 接口與主機進行數據傳輸。

優盤可用於存儲任何格式的數據文件和在電腦間方便地交換數據，是目前流行的一種外形小巧、攜帶方便、能移動使用的移動存儲產品。優盤採用 USB 接口，可與主機進行熱拔插操作。接口類型包括 USB1.1 和 USB2.0 兩種。USB2.0 的傳輸速度快於 USB1.1。Windows 2000 及 以上的版本都包含了常見優盤的驅動程序，系統可以自動識別並進行安裝。優盤沒有機械讀寫裝置，避免了移動硬盤容易碰傷、跌落等原因造成的損壞。從安全上講，它具有寫保護，部分款式優盤具有加密等功能，令用戶使用更具個性化。優盤外形如圖 1-25 所示。

圖 1-25　優盤

16. 打印機

打印機是計算機系統的主要輸出設備之一。它用於將計算機中的信息打印出來，便於用戶閱讀、修改和存檔。按其工作原理，打印機可分為擊打式打印機和非擊打式打印機兩類。擊打式打印機包括點陣式打印機和行式打印機，而激光打印機、噴墨打印機、靜電打印機以及熱敏打印機等則屬於非擊打式打印機。

① 針式打印機——針式打印機打印的字符和圖形是以點陣的形式構成的。它的打印頭由若干根打印針和驅動電磁鐵組成。打印時使相應的針頭接觸色帶擊打紙面來完成。目前使用較多的是 24 針打印機。針式打印機的主要特點是價格便宜、使用方便，但打印速度較慢、噪音大。

② 噴墨打印機——噴墨打印機（如圖 1-26 所示）是直接將墨水噴到紙上來實現打印。噴墨打印機價格低廉、打印效果較好，但噴墨打印機使用的紙張要求較高，墨盒消耗較快。

③ 激光打印機——激光打印機（如圖 1-27 所示）是激光技術和電子照相技術的複合產物。激光打印機的技術來源於複印機，但複印機的光源是用燈光，而激光打印機用的是激光。由於激光光束能聚焦成很細的光點，因此，激光打印機能輸出分辨率很高且色彩很好的圖形。激光打印機具有速度快、分辨率高、無噪音等優勢。

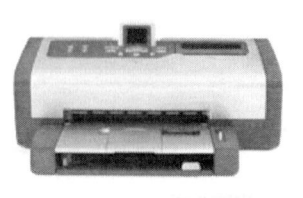

圖 1-26　噴墨打印機　　　　圖 1-27　激光打印機

17. 掃描儀

掃描儀是一種桌面輸入設備，用於掃描或輸入平面文檔，比如紙張或者書頁等。大多數平板掃描儀和小型影印機一樣都能掃描彩色圖形。但那些老式的廉價平板掃描

儀只能掃描灰階或黑白圖形。現在一般的桌上型平板掃描儀都能掃描 8.5 英吋×12.7 英吋（1 英吋＝2.54 厘米，下同）或者 8.5 英吋×14 英吋的幅面，較高檔的則能掃描 11 英吋×17 英吋或者 12 英吋×18 英吋幅面。掃描儀外形如圖 1－28 所示。

掃描儀經常和 OCR 聯繫在一起，OCR 是「光學字符識別」的意思。沒有 OCR 的時候，掃描進來的所有東西（包括文字在內）都以圖形格式存儲，不能對其中包含的單個文字進行編輯。但在採用了 OCR 以後，系統可以即時分辨出單個文字，並以純文本格式保存下來，以后便可像普通文檔那樣進行編輯了。市場上的掃描儀有 EPP、SCSI 和 USB 三種接口。USB 接口的掃描儀使用最為廣泛。

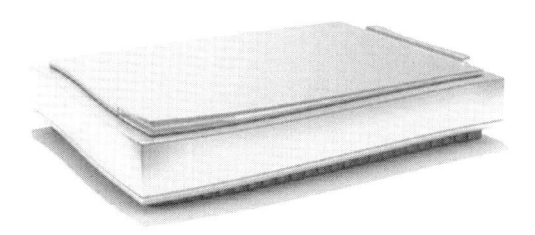

圖 1－28　掃描儀

18. 繪圖儀

用打印機作為電子計算機的輸出設備，雖能打印出數據、字符、漢字和簡單的圖表，但遠遠不能滿足使用要求，例如在計算機輔助設計（CAD）中要求輸出高質量的精確圖形，也就是希望在輸出離散數據的同時，能用圖形的形式輸出連續模型。所以，只有採用繪圖儀才可以在利用計算機進行數據計算和處理時也輸出圖形。繪圖儀的主要性能指標有幅面尺寸、最高繪圖速度、加速時間和精度等。

在實際應用中，凡是用到圖形、圖表的地方都可以使用繪圖儀。計算機輔助設計則是利用程序系統及繪圖設備，通過人機對話進行工程設計的。它在機電工業中可用於繪製邏輯圖、電路圖、布線圖、機械工程圖、集成電路掩膜圖，在航空工業中可用於繪製導彈軌跡圖、飛機、宇宙飛船、衛星等特殊形狀零件的加工圖，在建築工業中可用於繪製建築平面及主體圖等。

1.4.2　微型計算機的軟件配置

1. 安裝操作系統

微型計算機中必須安裝操作系統，目前普遍使用的是微軟公司的 Windows 操作系統。

2. 安裝辦公軟件

辦公自動化是微型計算機最基礎的應用。辦公軟件通常使用的是微軟公司開發的基於 Windows 操作系統的 Microsoft Office 辦公軟件套裝，目前普遍安裝的是 Microsoft Office 2003/2007/2010，最新版本是 Microsoft Office 2013。Microsoft Office 2010 是 Microsoft Office 2007 的升級版，為新一代智能商務辦公軟件。

Microsoft Office 2010 主要包括以下組件：

（1）Microsoft Word 2010——圖文編輯工具，用來創建和編輯具有專業外觀的文檔（包括文字、圖片、表格等），如信函、論文、報告和小冊子。

（2）Microsoft Excel 2010——數據處理程序，用來執行計算、分析信息以及可視化電子表格中的數據。Excel 提供了豐富的宏命令和函數，可實現統計、財務、數學、字符串等操作以及各種工程上的分析與計算。它還提供了一組現成的數據分析工具，稱為「分析工具庫」，這些分析工具為建立複雜的統計或計量分析工作帶來極大的方便。

（3）Microsoft PowerPoint 2010——幻燈片製作程序，用來創建和編輯用於幻燈片播放、會議和網頁的演示文稿。在幻燈片中可以充分利用多媒體（文字、聲音、圖片、圖像）等展示表現的內容。PowerPoint 內置豐富的動畫、過渡效果和數十種聲音效果，並有強大的超級連結以及由此帶來的交互功能，可直接調用外部媒體文件。

（4）Microsoft Access 2010——數據庫管理系統，用來創建數據庫和程序以便跟蹤與管理信息。使用標準的 SQL（Structured Query Language，結構化查詢語言）作為其數據庫語言，具有強大的數據處理能力和通用性。

（5）Microsoft Outlook 2010——電子郵件客戶端，用來發送和接收電子郵件，管理日程、聯繫人和任務以及記錄活動。

（6）Microsoft InfoPath Designer 2010——用來設計動態表單，以便在整個組織中收集和重用信息。

（7）Microsoft Publisher 2010——出版物製作程序，用來創建新聞稿和小冊子等專業品質出版物及行銷素材。

（8）Microsoft InfoPath Filler 2010——用來填寫動態表單，以便在整個組織中收集和重用信息。

（9）Microsoft OneNote 2010——筆記程序，用來搜集、組織、查找和共享使用者的筆記和信息。

3. 安裝常用工具軟件

為了幫助用戶更方便、更快捷地操作計算機，通常需要安裝一些常用工具軟件。工具軟件種類繁多，按照其用途一般可分為文本工具類、圖形圖像工具類、多媒體工具類、壓縮工具類、磁盤光盤工具類、網路應用工具類、系統安全工具類、翻譯漢化工具類、系統工具類等。工具軟件多為共享軟件和免費軟件，可在一些官方網站或普通網站上下載。

（1）文本工具

· Adobe Reader——PDF 閱讀軟件，用於查看、閱讀及打印 PDF 文件的一種文檔閱讀工具。PDF 文件是常見的一種電子圖書格式，能圖文並茂地再現紙質書籍的效果，便於用戶很快適應電子圖書的閱讀，同時由於其不依賴於具體的操作系統，極大地方便了用戶進行網上閱讀。

· SSReader——超星閱讀器，一種電子圖書瀏覽器，支持 PDG、PDF 和 HTM 格式的文件。

· CAJViewer——期刊網專用全文閱讀器，是目前使用的較為廣泛的中國期刊網專用全文閱讀器，支持的文件格式包括 CAJ、CAS、KDH、CAA、NH、PDF 等。

（2）圖形圖像工具

· ACDSee——圖片瀏覽軟件，是常用的一款高性能圖片瀏覽軟件，支持 BMP、JPEG、GIF 等格式的圖片文件，成為裝機必備的工具軟件之一。ACDSee 的主要功能是

瀏覽圖片和編輯圖片。圖片瀏覽提供了圖片縮放、旋轉、自動播放等功能。它還提供了一些功能強大的圖片編輯工具，利用這些工具可以方便地設置圖片的大小、圖像的曝光度、圖像的對比度等。

·Photoshop——圖形圖像處理軟件，是圖像創意廣告設計、插圖設計、網頁設計等領域普遍應用的一種功能強大的圖形創建和圖像合成軟件，其功能完善，性能穩定，使用方便。

·HyperSnap-DX——一款功能強大的抓圖工具，除了可以進行常規的標準的桌面抓圖外，還支持 DirectX、3Dfx Glide 環境下的抓圖，能將抓到的圖保存為通用的 BMP、JPG 等文件格式，方便用戶瀏覽和編輯。

(3) 多媒體工具

·豪杰超級解霸——豪杰超級解霸是豪杰公司開發的一款集影音娛樂、媒體文件轉換製作、BT 資源下載、媒體搜索、IP 通信和電子商務於一體的多功能娛樂服務平臺。可以播放多種格式的電影和音樂，支持的格式包括 AVI、ASF、WMV、RM、RM-VB、MOV、SWF、MP3PRO、WMA 等。除了循環播放、抓圖、指定播放等常用功能外，該軟件還提供一系列的實用工具，如完成多種音視頻文件格式之間的轉換（如將 AVI 格式轉換為 MPG）；輕鬆地從影音文件分離聲音數據，把卡拉 OK 制成 CD 或 MP3；搭載網路電話，實現個人電腦與座機、手機或小靈通之間的通話等。

·RealPlayer——媒體播放器。RealPlayer 媒體播放器是一款網上多媒體播放軟件，支持 RM、AVI、MP3、DAT 等文件格式。用戶可以使用它在網上收聽、收看即時的音頻和視頻節目，還可以用其自帶的瀏覽器查看互聯網信息。

·音頻轉化大師——音頻轉換軟件。音頻轉化大師是一款功能強大的音頻轉化工具，既可在 WAV、MP3、WMA、Ogg Vorbis、RAW、VOX、CCIUT u-Law、PCM、MPC（MPEG plus/MusePack）、MP2（MPEG 1 Layer 2）、ADPCM、CCUIT A-LAW、AIFC、DSP、GSM、CCUIT G721、CCUIT G723、CCUIT G726 格式之間互相轉化，也同時支持同一種音頻格式在不同壓縮率的轉化。

(4) 壓縮工具

·WinRAR 壓縮工具——為了節省磁盤空間和提高互聯網上文件傳輸速度，文件壓縮技術的應用越來越廣泛，WinRAR 是當前最常用的壓縮工具之一，經過其壓縮後生成的文件格式為 RAR，它完全兼容 ZIP 壓縮文件格式，壓縮比例比 ZIP 文件還要高出許多。同時，WinRAR 還支持 CAB、ARJ、TAR、JAR 等壓縮文件格式。WinRAR 具有創建文件的壓縮包、將指定的文件添加到壓縮包、創建自解壓文件、解壓縮文件、修復壓縮文件等功能，還可以對壓縮包進行加密處理，保證壓縮文件數據的安全。

·WinZip 壓縮工具——WinZip 是一個功能強大並且易於使用的壓縮工具軟件，操作簡便，運行速度快。WinZip 支持多種文件壓縮方法，支持目前常見的 ZIP、CAB、TAB、GZIP 等壓縮文件格式。

(5) 磁盤工具

·VoptXP——磁盤整理工具。計算機經過長時間使用后會產生各種垃圾文件、重複文件和文件碎片等，這會影響到硬盤存取資料的速度，降低計算機的工作效率。用戶應定期對計算機進行磁盤整理和系統優化工作，雖然 Windows 系統自身也提供了磁

盤整理程序，但速度很慢。VoptXP 能快速和安全的重整分散在硬盤上不同扇區的文件，全面支持 FAT、FAT32 和 NTFS 格式的分區，操作簡單方便。

・PartitionMagic——硬盤分區管理工具。PartitionMagic 是一款硬盤分區管理工具，可以在不破壞硬盤數據的情況下進行數據無損分區，並對現有分區進行合併、分割、複製、調整，並可進行轉換分區格式、隱藏分區、多系統引導等操作。

・Symantec Ghost——硬盤備份/恢復工具。Symantec Ghost 是由 Symantec 公司開發的一款系統備份和恢復工具軟件，可以把一個硬盤上的內容原樣複製到另一個硬盤上，還可以在系統意外崩潰的時候利用其鏡像文件進行快速恢復。Symantec Ghost 支持多種硬盤分區格式如 FAT16、FAT32、NTFS、HPFS 等，支持服務器/工作站模式，可以快速地對多臺計算機進行系統安裝和升級。

（6）光盤工具

・Virtual Drive——虛擬光碟，可用於產生一臺虛擬的光驅，然后利用由光盤內容壓縮而形成的虛擬光盤文件來仿真實體光驅，具有 CD/DVD 刻錄、虛擬光碟和虛擬快碟等功能。該軟件操作簡便，不再需要原始的光盤，可以有效地減少實體光驅的使用時間，延長其使用壽命。虛擬光碟具有能自動識別光盤格式、數據壓縮比率高、支持 MP3 光盤製作、音軌導出等特點。

・Nero - Burning Rom——光盤刻錄工具，可刻錄數據光盤、刻錄音樂光盤、刻錄 VCD 光盤、光盤複製、製作光盤封面。

（7）網路應用工具

・騰訊 QQ——網路即時通信服務軟件。它不僅僅是一種網上文字聊天的工具，新版的騰訊 QQ 還具有視頻電話、點對點斷點續傳文件、共享文件、網路硬盤、自定義面板、QQ 郵箱、QQ 游戲等多種功能，可與移動通訊設備等實現互聯，實現短信、彩信互發。

・Foxmail——郵件處理工具。Foxmail 郵件處理工具是一款著名的電子郵件客戶端軟件，提供基於 Internet 標準的電子郵件收發功能。它支持 SSL 協議，使用完善的安全機制，在郵件接收和發送過程中對傳輸的數據進行嚴格的加密，能夠有效地保證數據安全。Foxmail 具有郵件編輯、郵件分組管理、RSS 閱讀、多語言支持、垃圾郵件過濾、數字簽名和加密等功能。

・NetAnts 和 FlashGet——下載工具。互聯網上提供了相當多的資源可供用戶下載，用 IE 瀏覽器進行下載的缺點是速度慢而且容易斷線，這時用戶就需要用專門的下載工具來提高下載速度。NetAnts（網路螞蟻）和 FlashGet（網際快車）是專門解決互聯網下載問題的工具軟件，其採用將一個文件分成幾個部分同時下載的技術，以提高下載速度。它們都具有斷點續傳、多點連接、下載任務管理、自動撥號等功能。這兩款工具軟件的功能和操作也很相似，用戶一般只需安裝其中一種即可。

・CuteFTP——上傳下載軟件。CuteFTP 基於文件傳輸協議，是廣泛應用於 FTP 文件傳送的工具軟件。CuteFTP 採用類似資源管理器的界面，分欄列出本地資源和服務器資源，支持斷點續傳和多線程傳輸，可以上傳和下載整個目錄，並能支持遠程編輯和管理功能，方便用戶直接對服務器上的資源進行修改。

・BitTorrent——BT 下載軟件。BitTorrent（简稱 BT, 俗稱 BT 下載）是一個多點下

載的源碼公開的 P2P 軟件，採用了多點對多點的傳輸原理，適於下載電影等較大的文件。使用 BT 下載與使用傳統的 HTTP 站點或 FTP 站點下載不同，隨著下載用戶的增加，下載速度反而會越快。其使用也非常方便，在已安裝該軟件的前提下，只需在網上找到與所要下載文件相應的種子文件（ *. torrent），即可開始下載。

（8）翻譯軟件——金山詞霸、東方網譯、東方快車

金山詞霸是金山公司的產品。該軟件具有簡體中文、英文、繁體中文、日文四種語言的安裝和使用界面。四種語言的詞彙可以相互翻譯，並可以朗讀單詞，還可以屏幕取詞，即將鼠標指向需要翻譯的字詞，就可以顯示相對應語種的詞意。金山詞霸的詞來源於權威辭典，特別是收集了 70 余個專業詞庫，用戶可以根據需要設置自己要求的專業辭典和語言辭典。

東方網譯、東方快車是能夠整篇翻譯外文文章的軟件，在互聯網上可以將英、日網頁翻譯為簡體中文網頁，支持中日韓十余種內碼轉換。

（9）系統優化軟件——超級兔子

超級兔子可以設置 Windows 系統加速，包括開機加速、自動運行程序加速、屏幕菜單加速、文件加速、光驅硬盤加速、上網加速。超級兔子可以清除垃圾文件、垃圾註冊表，還可以設置部分應用軟件的最佳設置。

1.5　計算機中信息的表示與存儲

計算機內部是一個二進制的數字世界，一切信息的存取、處理和傳送都是以二進制編碼形式進行的。二進制只有 0 和 1 這兩個數字符號，0 和 1 可以表示器件的兩種不同的穩定狀態，即用 0 表示低電平，用 1 表示高電平。二進制是計算機信息表示、存儲、傳輸的基礎。在計算機中，對於數字、文字、符號、圖形、圖像、聲音和動畫都是採用二進制來表示。計算機採用二進制，其特點是運算器電路在物理上很容易實現，運算簡便、運行可靠、邏輯計算方便。

1.5.1　計算機中的數制

1. 進位計數制

日常生活中，人們最熟悉的是十進制，但是在計算機中，會接觸到二進制、八進制、十進制和十六進制，無論是哪種進制，其共同之處都是進位計數制。

所謂進位計數，就是在該進位數制中，可以使用的數字符號個數。R 進制數的基數為 R，能用到的數字符號個數為 R 個，即 0、1、2、…、R-1。R 進制數中能使用的最小數字符號是 0，最大數字符號是 R-1。

2. 二進制、八進制、十進制、十六進制

計算機中常用到二進制、八進制、十進制和十六進制，它們的基本符號集如表 1-1 所示。

表 1-1　　　　　　　　　　幾種進位數制

進制	計數原則	基本符號
二進制	逢二進一	0, 1
八進制	逢八進一	0, 1, 2, 3, 4, 5, 6, 7
十進制	逢十進一	0, 1, 2, 3, 4, 5, 6, 7, 8, 9
十六進制	逢十六進一	0, 1, 2, 3, 4, 5, 6, 7, 8, 9, A, B, C, D, E, F

註：十六進制的數符 A~F 分別對應十進制的 10~15。

1.5.2　各計數制的相互轉換

1. 十進制數轉換成二進制數

把十進制整數轉換成二進制整數的規則是「除 2 取余」，即將十進制數除以 2，得到一個商數和餘數；再將其商數除以 2，又得到一個商數和餘數；以此類推，直到商數等於零為止。每次所得的餘數（0 或 1）就是對應二進制數的各位數字。在最後得到二進制數時，將第一次得到的餘數作為二進制數的最低位，最後一次得到的餘數作為二進制數的最高位。

【例 1-1】將十進制數 56 轉換成二進制數。

將十進制數 56 轉換成二進制數的過程如下：

```
2 | 56  ……… 餘數爲 0  ← 二進制數的最低位
2 | 28  ……… 餘數爲 0      倒
2 | 14  ……… 餘數爲 0      序
2 |  7  ……… 餘數爲 1      取
2 |  3  ……… 餘數爲 1      餘
2 |  1  ……… 餘數爲 1  ← 二進制數的最高位
     0  ……… 商數爲 0，轉換結束。
```

因此，十進制數 56 的二進制數是 111000。

2. 十進制數轉換成八進制數

將十進制整數轉換成八進制數與轉換成二進制數的方法相似，但採用的規則是「除 8 取余」。八進制數計數的原則是「逢八進一」。在八進制數中不可能出現數字符號 8 和 9。

【例 1-2】將十進制數 59 轉換成八進制數。

將十進制數 59 轉換成八進制數的過程如下：

```
8 | 59  ……… 余数为 3
8 |  7  ……… 余数为 7
     0  ……… 商数为 0，转换结束。
```

因此，十進制數 59 轉換成八進制數是 73。

3. 十進制數轉換成十六進制數

將十進制整數轉換成十六進制整數的規則是「除 16 取余」。十六進制數計數的原則是「逢十六進一」。在十六進制數中，用 A 表示 10，B 表示 11，C 表示 12，D 表示

13，E 表示 14，F 表示 15。

【例 1-3】 將十進制數 89 轉換成十六進制數。

將十進制數 89 轉換成十六進制數的過程如下：

```
16 | 89  ············ 余數為 9
16 | 6   ············ 余數為 5
      0  ············ 商數為 0，轉換結束。
```

因此，十進制數 89 轉換成十六進制數是 59。

4. 將二進制數轉換成十進制數、八進制數與十六進制數

（1）將二進制數轉換成十進制數

【例 1-4】 將二進制數 1111100 轉換成十進制數。

$(1111100)_2 = 1 \times 2^6 + 1 \times 2^5 + 1 \times 2^4 + 1 \times 2^3 + 1 \times 2^2 + 0 \times 2^1 + 0 \times 2^0$

$= 64 + 32 + 16 + 8 + 4 = (124)_{10}$

因此，二進制數 1111100 的十進制數為 124。

（2）將二進制數轉換成八進制數

將一個二進制整數轉換為八進制數的方法是：將該二進制數從右向左每三位分成一組，組間用逗號分隔。每一組代表一個 0~7 的數。表 1-2 中表示二進制數與八進制數的對應關係。

表 1-2　　　　　　　　　　　　　進制的對應關係

二進制數	八進制數
000	0
001	1
010	2
011	3
100	4
101	5
110	6

【例 1-5】 將二進制數 110100 轉換成八進制數。

將二進制數 110100 轉換成八進制數的方法如下：

110，100

　↓　　↓

　6　　4

因此，二進制數 110100 轉換成八進制數是 64。

（3）將二進制數轉換成十六進制數

將一個二進制數轉換為十六進制數的方法是：將該二進制數從右向左每四位分成一組，組間用逗號分隔。每一組代表一個 0~9、A、B、C、D、E、F 之間的數。表 1-3 中列出了二進制數與十六進制數的對應關係。

表1-3　　　　　　　　　　二進制數與十六進制數的對應關係

二進制數	十六進制數	二進制數	十六進制數
0000	0	1000	8
0001	1	1001	9
0010	2	1010	A
0011	3	1011	B
0100	4	1100	C
0101	5	1101	D
0110	6	1110	E
0111	7	1111	F

【例1-6】將二進制數111010011轉換成十六進制數。

將二進制數111010011轉換成十六進制數的方法如下：

0001，1101，0011

　↓　　↓　　↓

　1　　D　　3

因此，二進制數111010011轉換成十六進制數是1D3。

5. 八進制數、十六進制數轉換成十進制數

【例1-7】將八進制數413轉換成十進制數。

將八進制數413轉換成十進制數的方法如下：

$(413)_8 = 4 \times 8^2 + 1 \times 8^1 + 3 \times 8^0 = 256 + 8 + 3 = (267)_{10}$

因此，八進制數413的十進制數為267。

【例1-8】將十六進制數1A8F轉換成十進制數。

將十六進制數1A8F轉換成十進制數的方法如下：

$(1A8F)_{16} = 1 \times 16^3 + 10 \times 16^2 + 8 \times 16^1 + 15 \times 16^0 = 4,096 + 2,560 + 128 + 15 = (6,799)_{10}$

因此，十六進制數1A8F的十進制數為6,799。

1.5.3 數據的存儲單位

計算機中數據和信息的常用單位有位、字節和字長。

1. 位（bit）

位是計算機中最小的數據單位。它是二進制的一個數位，簡稱位。一個二進制位可表示兩種狀態（0或1）；兩個二進制位可表示四種狀態（00、01、10、11）；n個二進制位可表示2n種狀態。

2. 字節（Byte）

字節是表示存儲空間大小最基本的容量單位，也被認為是計算機中最小的信息單位。8個二進制位為一個字節。除了用字節為單位表示存儲容量外，通常還用到KB（千字節）、MB（兆字節）、GB（千兆字節，或吉字節）、TB（千千兆字節）等單位來

表示存儲器（內存、硬盤、軟盤等）的存儲容量或文件的大小。存儲容量是指存儲器中能夠包含的字節數。

字節是在硬盤或內存中存儲信息或通過網路傳輸信息的單位，最小的基本單位是 Byte，表示信息單位的順序為 bit、Byte、KB、MB、GB、TB、PB、EB、ZB、YB 等，它們之間的單位換算關係如下：

1Byte = 8bit

1KB = 1,024Bytes

1MB = 1,024KB = 1,048,576 Bytes

1GB = 1,024MB = 1,048,576 KB = 1,073,741,824 Bytes

1TB = 1,024GB = 1,048,576 MB = 1,073,741,824 KB = 1,099,511,627,776 Bytes

1PB = 1,024TB = 1,048,576 GB = 1,125,899,906,842,624 Bytes

1EB = 1,024PB = 1,048,576 TB = 1,152,921,504,606,846,976 Bytes

1ZB = 1,024EB = 1,180,591,620,717,411,303,424 Bytes

1YB = 1,024ZB = 1,208,925,819,614,629,174,706,176 Bytes

3. 字長

字長是計算機存儲、傳送、處理數據的信息單位，用計算機一次操作（數據存儲、傳送和運算）的二進制位最大長度來描述，如 8 位、16 位等。字長是計算機性能的重要指標，字長越長，在相同時間內就能傳送更多的信息，從而使計算機運算速度更快；字長越長，計算機就有更大的尋址空間，從而使計算機的內存儲器容量更大；字長越長，計算機系統支持的指令數量就越多，功能就越強。不同檔次的計算機字長不同。按字長可以將計算機劃分為 8 位機、16 位機（如 286 機、386 機）、32 位機（如 586 機）、64 位機等。計算機的字長是在設計機器時規定的。

1.5.4 字符在計算機中的表示——ASCII 碼

ASCII（American Standard Code for Information Interchange）編碼稱為「美國信息交換標準代碼」，其本身為美國的字符代碼標準，於 1968 年發表，被國際標準化組織（ISO）認定為國際標準，成為了一種國際上通用的字符編碼。ASCII 碼是目前計算機中普遍採用的一種字符編碼。

1. 基本 ASCII 碼

每個 ASCII 碼占用一個字節，由 8 個二進制位組成，每個二進制位為 0 或 1。ASCII 碼中的二進制數的最高位（最左邊一位）為數字 0 的稱為基本 ASCII 碼，其範圍為 0 ~ 127。基本 ASCII 碼代表 128 個不同的字符，其中有 94 個可顯示字符（10 個數字字符、26 個英文小寫字母、26 個英文大寫字母、32 個各種標點符號和專用符號）和 34 個控制字符。基本 ASCII 碼在各種計算機上都是適用的。

在 ASCII 編碼中，10 個數字字符是按從小到大的順序連續編碼的，而且它們的 ASCII 碼也是從小到大排列的。因此，只要知道了一個數字字符的 ASCII 碼，就可以推算出其他數字字符的 ASCII 碼。例如，已知數字字符 2 的 ASCII 碼為十進制數 50，則數字字符 5 的 ASCII 碼為十進制數 50 + 3 = 53。

在 ASCII 編碼中，26 個英文大寫字母和 26 個英文小寫字母是按 A ~ Z 與 a ~ z 的先

后順序分別連續編碼的。因此，只要知道了一個英文大寫字母的 ASCII 碼，就可以根據字母順序推算出其他大寫字母的 ASCII 碼。例如，已知英文大寫字母 A 的 ASCII 碼為十進制數 65，故英文大寫字母 E 的 ASCII 碼為十進制數 65 + 4 = 69。

2. 擴充 ASCII 碼

ASCII 碼的 8 位二進制數的最高位（最左邊一位）為數字 1 的稱為擴充 ASCII 碼，擴充部分的範圍為 128～255，代表 128 個擴充字符。8 位 ASCII 碼總共可以代表 256 個字符。其擴充部分（128～255）在不同的計算機上可能會有不同的字符定義。通常各個國家都把擴充的 ASCII 碼作為自己國家語言文字的代碼。例如，中國把 ASCII 碼擴充部分作為漢字的編碼。

1.5.5 漢字編碼

漢字由於是象形文字，字的數目多達 6 萬餘個，常用漢字就有 3,000～5,000 個，漢字的形狀和筆畫多少差異極大。

計算機漢字處理是以中國國家標準局所頒布的一些常見漢字編碼為基礎，計算機軟硬件開發商根據該標準開發漢字的輸入方法程序、計算機內漢字的表示、處理方法程序、漢字的輸出顯示程序等。漢字的編碼涉及漢字的交換碼、機內碼、外碼和輸出碼。

1. 《信息交換用漢字編碼字符集——基本集》

《信息交換用漢字編碼字符集——基本集》是中國於 1980 年制定的國家標準，其標準代號為 GB2312－80。它是國家規定用於漢字信息處理所用代碼的依據。GB2312－80 標準規定了信息交換用的 6,763 個漢字和 682 個非漢字圖形符號（包括幾種外文字母、數字和符號）的代碼。6,763 個漢字又按其使用頻度、組詞能力以及用途大小分成一級常用漢字 3,755 個和二級常用漢字 3,008 個。一級漢字按拼音字母順序排列；若遇同音字，則按起筆的筆形順序排列；若起筆相同，則按第二筆的筆形順序排列，依次類推。二級漢字按部首順序排列。

GB2312－80 標準對漢字進行編碼是用兩個字節來表示一個漢字或圖形符號。每個字節只用低 7 位。在進入計算機後，第八位固定為 1。漢字被排列成 94 行、94 列。其行號稱為區號，列號稱為位號，即在雙字節中，用高字節表示區號，低字節表示位號。非漢字圖形符號置於第 1～11 區，一級漢字 3,755 個置於第 16～55 區，二級漢字 3,008 個置於第 56～87 區。

為避開控制符，漢字的二進制編碼從 $(1000000)_2$（即十進制的 32）開始。因此，要把區位碼轉換為二進制或十六進制的國標碼，只需要分別在區號和位號上加上十進制數的數 32。例如，漢字「啊」的區位碼為 1601，則它的二進制編碼的高位字節編碼為 $(16)_{10} + (32)_{10} = (48)_{10} = (110000)_2 = (30)_{16}$，它的低位為 $(01)_{10} + (32)_{10} = (33)_{10} = (100001)_2 = (21)_{16}$。故漢字「啊」的國標碼（用十六進制表示）為 3021。

2. 漢字的機內碼

漢字的機內碼是供計算機系統內部進行漢字的存儲、加工處理、傳輸統一使用的代碼，又稱為漢字內部碼或漢字內碼。不同的系統使用的漢字機內碼有可能不同。目

前使用最廣泛的一種為兩個字節的機內碼，是變形的國標碼。這種格式的機內碼是將國標 GB2312-80 交換碼的兩個字節的最高位分別設置為 1 而得到的。其最大優點是機內碼表示簡單，且與交換碼之間有明顯對應關係，同時也解決了中西文機內碼存在二義性的問題。例如，漢字「啊」的機內碼二進制編碼為 1011000010100001，十六進制編碼為 B0A1。

3. 漢字的輸入碼（外碼）

漢字輸入碼是為了將漢字通過鍵盤輸入計算機而設計的代碼。漢字輸入碼一般有數碼輸入法（如區位碼）、拼音類輸入法（如智能全拼輸入碼、智能雙拼等）、拼形類輸入法（如五筆字型輸入法）和音形結合類輸入法（如自然碼）等。

4. 漢字的字形碼

在計算機中，屏幕顯示漢字用點陣來表示。它將漢字寫在同樣大小的方塊中，每個方框有 m 行 n 列，簡稱點陣。一個 m×n 列的點陣共有 m×n 個點。例如 16×16 點陣的漢字，每個方塊有 16 行，每行有 16 個點，每個漢字共 256 個點。例如，漢字「大」的點陣圖如圖 1-29 所示。在計算機中用二進制數來表示漢字的點陣，有點處用 1 表示，無點處用 0 表示。這就是漢字的字形（字模）碼，或稱為漢字的輸出碼。

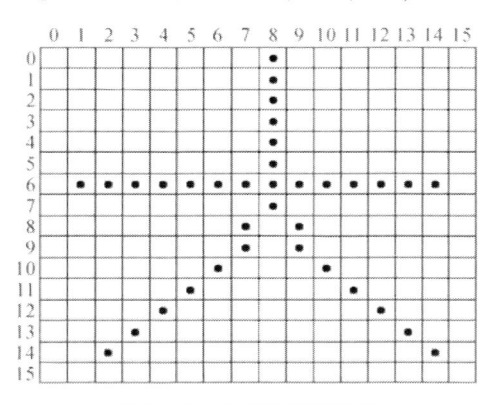

圖 1-29　計算機屏幕點陣

對一個漢字而言，行列數越多，描繪的漢字越精細，字體就越漂亮，但占用的存儲空間也越多。現在常用的漢字字形點陣有 16×16 點陣、24×24 點陣、32×32 點陣等。

對某一種點陣，某一種字體漢字的數值化編碼集合為漢字字庫。如 16×16 點陣的宋體字庫，24×24 點陣的黑體字庫等。

存儲漢字的字形還可以採用矢量表示存儲技術，它是存儲描述漢字字形的輪廓特徵，當要輸出漢字時通過計算機計算，由漢字字形描述生成所需大小和形狀的漢字點陣。矢量化字形描述與終端文字顯示大小、分辨率無關，因此漢字輸出的質量高。Windows 中使用的 TrueType 技術就是採用的矢量漢字技術。

5. 漢字的其他編碼

（1）ISO10646 漢字編碼方案——國際標準化組織 10646 號標準為 UCS（Universal Character Set）編碼，是世界通用的一種漢字編碼方案，或稱之為「大字符集」或通用

多八位編碼字符集。該方案採用4個字節的編碼來表示一個漢字，可容納20億個漢字。在編碼中，將中、日、朝文字中的漢字統一編碼。

（2）Unicode 編碼——由幾家計算機公司提出的漢字編碼方案，得到了 Microsoft、Sun、Next、Novell 和 Adobe 公司的支持。該方案採用16位編碼方案來進行漢字編碼，建立了通用漢字子集，把中、日、朝文字中的常用漢字統一起來編碼，在互連網上得到了廣泛的應用。GB 13000.1-93「信息技術 通用多八位編碼字符集」等同於 Unicode 1.1 版本。

（3）BIG5 編碼——是一種繁體漢字的編碼標準，包括440個符號，一級漢字5,401個、二級漢字7,652個，共計13,060個漢字。

（4）GB12345-90《信息交換用漢字編碼字符集：第一輔助集》——是漢字繁體字的編碼標準，共收錄6,866個漢字，純繁體的字大概有2,200餘個。

（5）GBK 碼——全國信息技術化技術委員會於1995年12月1日發布《漢字內碼擴展規範》。其共收入21,886個漢字和圖形符號，GBK 向下與 GB2312 完全兼容，向上支持 ISO-10646 國際標準，在前者向後者過渡過程中起到的承上啓下的作用。

1.6 計算思維概述

21世紀科學上最重要的、經濟上最有前途的研究前沿都有可能通過熟練掌握先進的計算技術和運用計算科學而得到解決。計算普遍存在於我們的日常生活之中。

1.6.1 科學與科學思維

科學是反應現實世界各種現象的本質和客觀規律的分科知識體系。一般認為，科學具有理性客觀、可證偽、存在一個適用範圍、普遍必然性等特徵。

科學思維一般是指理性認識及其過程，對感性階段獲得的大量材料進行加工處理，形成概念、判斷和推理，以反應事物的本質和規律。簡言之，科學思維是指在人類科學活動中所使用的思維方式。科學思維必須遵守三個基本原則：邏輯性原則、方法論原則、歷史性原則。科學思維是一切科學研究和技術發展的起點，始終貫穿於科學研究和技術發展的全過程，是創新的靈魂。

計算機科學是科學的一個組成部分，是研究計算機系統結構、程序系統（即軟件）、人工智能以及計算本身的性質和問題的學科。計算機科學是一門包含各種各樣與計算和信息處理相關主題的系統學科，如從抽象的算法分析、形式化語法等，到更具體的編程語言、程序設計、軟件和硬件等。計算機科學分為理論計算機科學和實驗計算機科學兩個部分。計算機科學涵蓋了從算法的理論研究和計算的極限，到如何通過硬件和軟件實現計算系統。

1.6.2 計算思維的內涵與概念

2006年3月，時任美國卡內基·梅隆大學計算機科學系主任的周以真（Jeannette M. Wing）教授在美國計算機權威期刊《Communications of the ACM》上發表了《Computational Thinking》（計算思維）一文，首次給出了計算思維的定義。周以真教授認

為：計算思維是運用計算機科學的基礎概念去求解問題、設計系統和理解人類的行為，它包括了涵蓋計算機科學之廣度的一系列思維活動。同時指出，計算思維代表著一種普遍的認識和一類普適的技能，每一個人（不僅僅是計算機科學家）都應熱心於它的學習和運用。周以真教授提出，教授計算機科學的老師應當為大學新生開一門「怎麼像計算機科學家一樣思維」的課程，面向所有專業，而不僅僅是計算機科學專業的學生，使剛進入大學的學生接觸計算的方法和模型，激發公眾對計算機領域科學探索的興趣，積極傳播計算機科學的快樂、崇高和力量，致力於使計算思維成為常識。

計算思維是構成現代科學大廈的最基本的思維模式之一，是人類科學思維活動的組成部分。在 21 世紀，計算思維將會像數學和物理那樣成為人類學習知識和應用知識的基本組成和基本技能，必將滲透到我們每個人的生活之中，人們利用啓發式推理來尋求問題的解答，成為每個人都要使用的理解世界的基本工具。計算思維能力培養是大學通識教育的重要組成部分，計算思維將促使科學與工程領域產生革命性的創新成果。

1.6.3 計算思維的特徵

周以真教授在論述計算思維的文章中指出了計算思維的主要特徵，包括以下六個方面：

（1）概念化，不是程序化

計算機科學不是計算機編程。像計算機科學家那樣去思維，意味著遠不止能為計算機編程，還要求能夠在抽象的多個層次上思維。

（2）根本的，不是刻板的技能

根本技能是每個人為了在現代社會中發揮職能所必須掌握的。刻板技能意味著機械的重複。

（3）是人的，不是計算機的思維方式

計算思維是人的，不是計算機的思維方式。計算思維是人類求解問題的一條途徑，但決非要使人類像計算機那樣去思考。

（4）數學和工程思維的互補與融合

計算機科學在本質上源自數學思維，因為像所有的科學一樣，其形式化基礎建築於數學之上。計算機科學又從本質上源自工程思維，因為我們建造的是能夠與實際世界互動的系統，基本計算設備的限制迫使計算機學家必須計算性地思考，不能只是數學性地思考。

（5）是思想，不是人造物

不只軟件、硬件等人造物將以物理形式到處呈現，並時時刻刻觸及我們的生活，更重要的是還要有我們用以接近和求解問題、管理日常生活、與他人交流和互動的計算概念。

（6）面向所有的人，所有地方

當計算思維真正融入人類活動的整體，以致不再表現為一種顯式之哲學的時候，它就將成為一種現實。

【本章小結】

　　電子計算機是一種能自動、高速地處理信息的電子設備，又稱「電腦」，簡稱「計算機」。計算機是 20 世紀人類最偉大的科學技術發明之一，提高了人類對信息的利用水平，引發了信息技術革命，極大地推動了人類社會的進步與發展。在未來，還會更深入地與其他學科相結合，對科學技術的進步產生極大的影響。因此，計算機知識也就成為 21 世紀人類知識結構中不可缺少的組成部分。

　　本章主要介紹計算機的產生、發展及應用、計算機中的信息表示方式、計算機系統的組成、微型計算機的基本配置以及互聯網的發展趨勢等內容。

【思考與討論】

1. 計算機的發展分為幾個階段，每個階段具有哪些特徵？
2. 按照微處理器的字長和功能劃分，微型計算機經歷了幾個發展階段？
3. 簡述計算機的特點及類型？
4. 簡述計算機硬件系統的五大組成部分的基本功能。
5. 簡述計算機的軟件系統。舉例說明系統軟件和應用軟件。
6. 簡述計算機的基本工作原理。
7. 簡述操作系統的基本功能。
8. 在計算機中，信息如何表示？
9. 什麼是計算思維？計算思維有哪些基本特徵？

第 2 章　Windows 7 的使用

【學習目標】
- 瞭解 Windows 7 操作系統的特性。
- 瞭解 Windows 7 的實用工具。
- 瞭解 Windows 7 的幫助與支持。
- 瞭解 Windows 7 系統管理。
- 掌握 Windows 7 操作系統的基本操作。
- 掌握 Windows 7 操作系統的環境設置。
- 掌握 Windows 7 文件管理、程序和任務管理。

【知識架構】

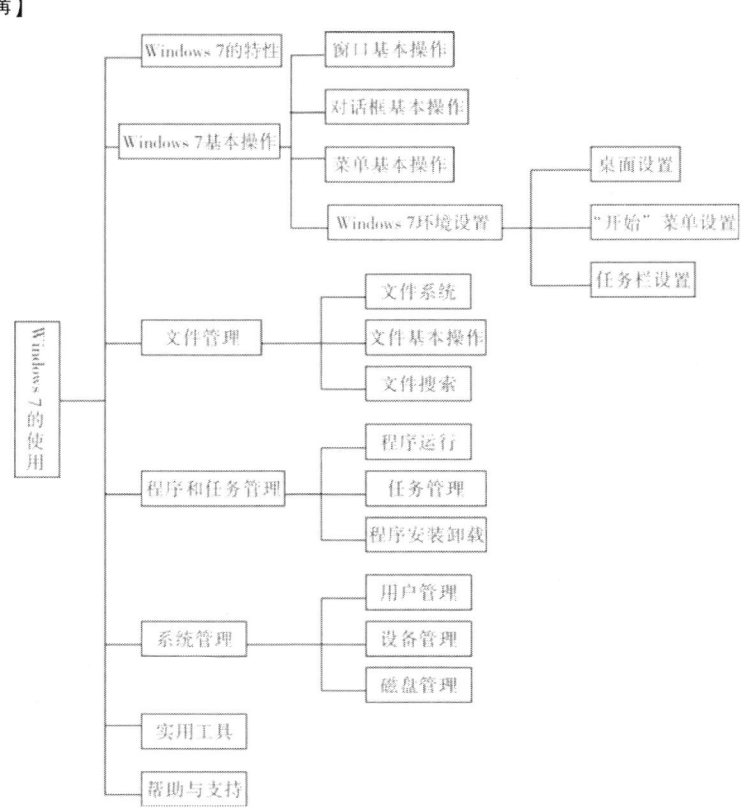

```
                    ┌── Windows 7的特性
                    │
                    │                  ┌── 窗口基本操作
                    │                  ├── 对话框基本操作
                    ├── Windows 7基本操作 ┤
                    │                  ├── 菜单基本操作
                    │                  │                 ┌── 桌面设置
                    │                  └── Windows 7环境设置 ├── "开始"菜单设置
                    │                                    └── 任务栏设置
                    │
                    │              ┌── 文件系统
Windows 7的使用 ─────┤── 文件管理 ───┤── 文件基本操作
                    │              └── 文件搜索
                    │
                    │                  ┌── 程序运行
                    ├── 程序和任务管理 ─┤── 任务管理
                    │                  └── 程序安装卸载
                    │
                    │              ┌── 用户管理
                    ├── 系统管理 ───┤── 设备管理
                    │              └── 磁盘管理
                    │
                    ├── 实用工具
                    │
                    └── 帮助与支持
```

2.1 Windows 7 的特性

Windows 7 作為微軟繼 Windows XP 和 Windows Vista 之後重要的操作系統，呈現出全新的簡潔視覺設計，眾多功能特性以及更加安全穩定的性能讓用戶眼前一亮。Windows 7 主要新增特性如下：

1. 系統運行更快速

Windows 7 不僅在系統啟動時間上得到了大幅度改進，對休眠模式喚醒系統這樣的細節也進行了改善，成為反應更快速、令人感覺清爽的操作系統。據實測，在中低端配置 PC 機中運行 Windows 7，系統啟動時間一般不超過 20 秒。而在相同配置下，啟動 Windows Vista 系統則需要 40 秒左右。

2. 更個性化的桌面

用戶可以對自己的桌面進行個性化設置。Windows 7 提供了桌面大圖標和更具視覺衝擊的內置主題包。桌面壁紙、面板色調、系統聲音更具個性化。

3. 革命性的任務欄設計

進入 Windows 7 系統，最引人注目的就是屏幕的底部經過全新設計的「任務欄」。「任務欄」中所有應用程序採用大圖標模式，不再有文字提示，同一個程序的不同窗口將自動群組。「任務欄」增加了窗口的預覽功能，同時可以在預覽窗口中進行相應操作。為了便於訪問經常使用的程序或文檔，Windows 7 還提供了「跳轉列表」功能，讓用戶輕松快捷地訪問經常使用的程序或文檔。

「跳轉列表」是 Windows 7 的新增功能，通過它，用戶能夠快速查看、訪問最近常用的文檔、圖片、歌曲或網站等。右鍵單擊 Windows 7「任務欄」上的程序圖標，即可打開「跳轉列表」（Jump List）；也可以通過「開始」菜單，單擊程序名稱旁的箭頭，訪問「跳轉列表」。

4. 智能化的窗口縮放

半自動化的窗口縮放是 Windows 7 的另一項有趣功能，把窗口拖到屏幕最上方，窗口將自動最大化，把已經最大化的窗口往下拖一點，就會自動還原。這對需要經常處理文檔的用戶來說，是一項十分實用的功能。用戶可以輕松直觀地在不同的文檔之間進行對比、複製等操作。Windows 7 還擁有一項貼心的小設計：當打開大量文檔工作時，如果需要專注在其中一個窗口，只需要在該窗口上按住鼠標左鍵並輕微晃動鼠標，其他所有的窗口便會自動最小化，重複該動作，所有窗口又重新出現。

5. 無處不在的搜索框

在 Windows 7 中，用戶可以通過窗口中的搜索框輕松地搜索、訪問需要的文檔、圖片、音樂、電子郵件和其他文件等資源。從「開始」菜單和「Windows 資源管理器」中都可以進行搜索。

Windows 7 改進了搜索相關性，用戶的搜索結果將更加精準。

（1）搜索結果按類別分組，搜索所使用的關鍵字高亮顯示在文件內容片段或文件路徑中，用戶可以更方便地從排列有序的搜索結果中發現想要找到的文件。

（2）搜索更加智能，根據用戶最近的搜索提示輸入建議，動態過濾這些建議來縮

小搜索範圍，幫助用戶更快地搜索到所需資源。

6. 無縫的多媒體體驗

Windows 7 提供了遠程媒體流控制功能，可以幫助用戶從家庭以外的 Windows 7 個人電腦安全地遠程訪問家裡的 Windows 7 電腦中的數字媒體中心，隨心欣賞保存在家庭電腦中的任何數字、娛樂內容。

Windows 7 中的綜合娛樂平臺和媒體庫 Windows Media Center 不但可以讓用戶輕松管理電腦硬盤上的音樂、圖片和視頻，更是一款可定制化的個人電視。只要將電腦與網路連接，或插上一塊電視卡，便可隨時隨處享受 Windows Media Center 上豐富多彩的互聯網視頻內容或高清的地面數字電視節目。

7. 超強的硬件兼容性

Windows 7 廣泛兼容 Windows Vista 支持的各類硬件與外部設備。在軟件兼容性方面，來自第三方的測試報告指出，91%的主流應用程序與 Windows 7 兼容；在硬件兼容性方面，92%的硬件與 Windows 7 兼容。

8. Windows XP 模式

Windows 7 體現出超強的兼容性，但仍然有些程序在 XP 模式下可以正常工作，在 Windows 7 下卻無法運行。為了讓用戶，尤其是中小企業用戶過渡到 Windows 7 平臺時減少程序兼容性顧慮，微軟在 Windows 7 中增加了 Windows XP 兼容模式。

2.2　Windows 7 桌面及基本操作

2.2.1　個性化桌面

桌面，即屏幕的整個背景區域，是一切工作的平臺。啓動 Windows 7 后，屏幕上出現 Windows 7 桌面。用戶可以同時選中多張桌面壁紙，讓它們在桌面上像幻燈片一樣播放，播放速度可以自己決定。另外，桌面壁紙、面板色調、系統聲音可以根據自己的習慣和喜好來自定義這些主題元素，即個性化主題包。

Windows 7 桌面主要由桌面壁紙、桌面圖標、「開始」按鈕和「任務欄」等部分組成，如圖 2-1 所示。

1. 桌面圖標

在 Windows 7 中，圖標以一個小圖形的形式來代表程序、文件或文件夾，也可以表示磁盤驅動器、打印機以及網路中的計算機等。圖標由圖形符號和名字兩部分組成。系統中的所有資源分別由以下幾種類型的圖標所表示：

（1）應用程序圖標

應用程序圖標表示具體完成某一功能的可執行程序。

（2）文件夾圖標

文件夾圖標表示可用於存放其他應用程序、文檔或子文件夾的「容器」。

（3）文檔圖標

文檔圖標表示由某個應用程序所創建的文檔信息。

左下角帶有弧形箭頭的圖標代表快捷方式。快捷方式是一種特殊的文件類型，可以對系統中的某些對象進行快速訪問。快捷方式圖標是原對象的「替身」圖標。快捷

圖 2-1　Windows 7 桌面

方式圖標十分有用，是進行快速訪問常用應用程序和文檔的最主要的方法。

在默認狀態下，Windows 7 安裝後，在桌面左上角只保留了「回收站」圖標。在 Windows 7 中，將 Windows XP 的「我的電腦」更名為「計算機」，「網上鄰居」更名為「網路」，「我的文檔」更名為「用戶的文件」。

2. 任務欄

Windows 7 的「任務欄」是位於屏幕底部的水平長條。Windows 7 將快速啓動按鈕與活動任務結合在一起，形成任務欄按鈕區。「任務欄」主要包括「開始」按鈕、任務欄按鈕區、語言欄和通知區域，如圖 2-2 所示。

圖 2-2　Windows 7 的「任務欄」

「開始」按鈕在桌面左下角。任務欄按鈕區顯示桌面當前打開的程序窗口，用戶可以快速啓動、切換和關閉程序。

語言欄顯示用戶當前輸入法狀態。在通知區域中，顯示系統常駐程序的圖標、系統時間等系統信息。在通知區域的最右端是顯示桌面按鈕。

用戶可以隱藏「任務欄」，或將其移至桌面的兩側或頂部。「任務欄」也是狀態欄，可在任務之間切換。所有正在運行的應用程序、打開的文件夾，均以凸起的按鈕形式顯示在「任務欄」中。單擊「任務欄」中某一按鈕，可切換到相應的應用程序或文件夾。「任務欄」為用戶提供了快速啓動和切換應用程序、文檔及其他已打開窗口的方法。

3. 桌面背景

屏幕上主體部分顯示的圖像稱為桌面背景，其作用是美化屏幕。用戶可以選擇不同圖案和不同色彩的背景來修飾桌面。

4.「開始」菜單

「任務欄」的最左端就是「開始」按鈕。單擊「開始」按鈕，打開「開始」菜單。「開始」菜單是使用和管理計算機的起點，可運行程序、打開文檔及執行其他常規任務。通過它，用戶可以完成系統使用、管理和維護等工作。「開始」菜單的便捷性簡化

了頻繁訪問程序、文檔和系統功能的常規操作方式。

2.2.2 窗口及其基本操作

Windows 7 沿用了一貫的 Windows 窗口式設計，可以同時打開多個窗口，窗口可以關閉、改變尺寸、移動、最小化到「任務欄」上，或最大化到整個屏幕上。Windows 7 中的幾乎所有的應用程序和文檔打開後，都以一個窗口的形式出現在桌面上。

窗口操作是 Windows 7 中最基本的操作模式。

1. 窗口的組成

一個典型的 Windows 7 窗口由「工作區」「標題欄」「控制菜單按鈕」「菜單欄」「工具欄」「窗口控制按鈕」「滾動條」「狀態欄」和「邊框」組成，如圖 2-3 所示。

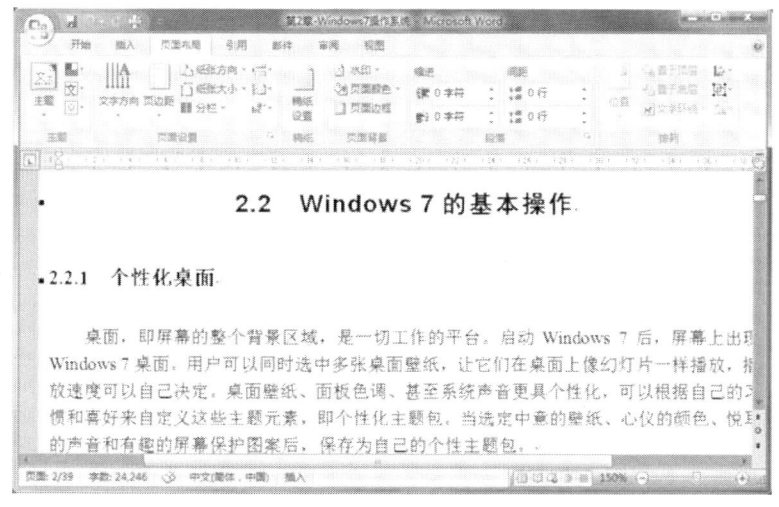

圖 2-3　Windows 7 應用程序窗口

（1）工作區——指當前應用程序可使用的屏幕區域，顯示和處理各種工作對象的信息。

（2）標題欄——位於窗口頂部的第一行，顯示應用程序的名稱及已打開的文件名稱。拖動「標題欄」，可使窗口在桌面上移動。如果在桌面上同時打開了多個窗口，其中某一窗口的「標題欄」處於深色顯示狀態，說明該窗口當前可以與用戶交互，為活動窗口，也稱為當前窗口。

（3）控制菜單按鈕——位於「標題欄」左邊的小圖標。單擊該圖標（或按 Alt＋空格鍵）即可打開控制菜單。選擇菜單中的相關命令，可改變窗口的大小、位置或關閉窗口。

（4）菜單欄——位於「標題欄」的下方，列出了應用程序的各種功能命令，用戶可方便地使用這些命令。

（5）工具欄——位於「菜單欄」的下方，包含有多個圖標和按鈕。它為應用程序的常用命令提供了一種實現相應功能的快捷方式。

（6）窗口控制按鈕——在窗口的右上角有 3 個控制按鈕，即「最小化」按鈕、

「最大化」按鈕和「關閉」按鈕。單擊「最小化」按鈕，窗口尺寸縮小為一個圖標放在「任務欄」上；單擊「任務欄」上的對應按鈕，窗口又恢復成原來狀態。單擊「最大化」按鈕，窗口放大至整個屏幕，該按鈕變成「還原」按鈕；單擊「還原」按鈕，窗口恢復到前一個狀態。單擊「關閉」按鈕，則關閉窗口。

（7）滾動條——當一個窗口內的信息超過窗口而無法顯示全部內容時，可以通過移動「滾動條」來查看窗口中尚未顯示出的信息。窗口中有「垂直滾動條」和「水平滾動條」兩種，通過單擊滾動箭頭或拖動滾動塊，可控制窗口中的內容上下或左右滾動。

（8）狀態欄——位於窗口底部，用於顯示當前窗口的有關狀態信息和提示信息。

（9）邊框——可以用鼠標指針拖動邊框及邊框角更改窗口的大小。

2. 窗口的類型

Windows 7 的窗口分為「應用程序窗口」和「文檔窗口」。

（1）應用程序窗口

應用程序窗口簡稱為窗口，是應用程序運行時的人機交互界面。應用程序窗口包含一些與該應用程序相關的「菜單欄」「工具欄」以及被處理的文檔名字等信息。應用程序的數據輸入及數據的處理都在此窗口。

（2）文檔窗口

文檔是運行應用程序時所生成的文件。文檔窗口是指在應用程序運行時向用戶顯示文件內容的窗口。文檔窗口只出現在應用程序窗口中。文檔窗口不含「菜單欄」，與應用程序窗口共享菜單。

3. 窗口的操作

（1）窗口的打開與關閉

雙擊桌面上的程序快捷圖標，或選擇「開始」菜單中的「所有程序」命令，或在「計算機」和「Windows 資源管理器」中雙擊某個程序或文檔圖標，打開程序或文檔所對應的窗口。

可用下列方法關閉窗口：

① 單擊窗口右上角的「關閉」按鈕。

② 雙擊程序窗口左上角的「控制菜單按鈕」圖標。

③ 單擊程序窗口左上角的「控制菜單按鈕」圖標，或按組合鍵「Alt + 空格鍵」，然后選擇「關閉」命令。

④ 按組合鍵「Alt + F4」。

⑤ 選擇窗口的「文件」菜單中的「關閉」或「退出」命令。

⑥ 將鼠標指向「任務欄」中的該窗口圖標按鈕，單擊鼠標右鍵，選擇「關閉」命令。

（2）打開多個窗口

Windows 7 是一個多任務操作系統，允許同時打開多個窗口。打開窗口的個數不限，但要視所用計算機的內存大小而定。打開的窗口太多，會影響系統運行速度。打開多個窗口的情況如圖 2 - 4 所示。

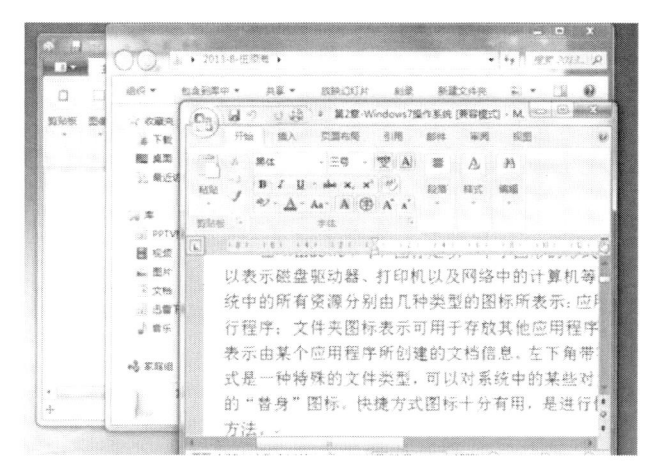

圖 2-4 打開多個窗口

（3）不同窗口的切換

窗口的「標題欄」顯示程序的名稱和當前打開的文檔名稱。如果在桌面上同時打開多個窗口，只有一個窗口的「標題欄」呈深色顯示，並且在「任務欄」中代表此程序的圖標處於凸起、透明狀態，表示其為當前窗口，也稱活動窗口。活動窗口總是在其他所有窗口之上。

可用下列方法進行不同窗口的切換：

① 使用組合鍵「ALT + Tab」「ALT + Shift + Tab」或「Alt + Esc」進行窗口切換。按組合鍵「Alt + Esc」切換窗口時，切換面板被調出，在切換面板中顯示所有窗口的縮略圖，此時，可以通過不斷按切換組合鍵，或直接將鼠標指針移動到切換面板中對應的縮略圖標上，選擇需要切換為活動的窗口。

② 用鼠標左鍵單擊某非活動窗口能看到的部分，該窗口即切換為當前活動窗口。

③ 對於打開的不同程序的窗口，在「任務欄」中都有一個代表該程序窗口的圖標按鈕。當同一程序啟動多個窗口時，分組顯示在同一圖標按鈕，該圖標表現為不同層次。若要切換窗口，單擊「任務欄」中對應圖標按鈕。

（4）窗口的基本操作

窗口的基本操作有移動窗口、改變窗口的大小、滾動窗口內容、最大（小）化窗口、還原窗口、關閉窗口等。

① 移動窗口：將鼠標指針指向窗口的「標題欄」，按住左鍵不放，拖動鼠標到所需要的地方，然后松開鼠標按鈕，窗口被移動到所需位置。另外，也可使用鍵盤操作進行窗口的移動：按組合鍵「Alt + 空格鍵」，彈出窗口控制菜單，利用鍵盤的箭頭鍵選擇「移動」命令，鼠標指針移到標題欄，利用鍵盤上的箭頭鍵「→」「←」「↑」和「↓」來移動窗口到所需位置，並按回車鍵。

② 改變窗口的大小：將鼠標指針向窗口的邊框或窗口的4個角，鼠標指針變為↕、↔、↖或↗，按住鼠標左鍵拖動到所需大小。

③ 排列窗口：如果同時打開了多個窗口，用戶面臨的是一些雜亂無章的窗口。將窗口按一定方法組織，可使桌面整潔。通過窗口的重新排列，可使窗口變得組織有序，

把藏得很深的窗口找出來。窗口的排列方式有「層疊窗口」「堆疊顯示窗口」和「並排顯示窗口」三種。右擊「任務欄」的任意空白處，彈出如圖2-5所示的快捷菜單，然後從中選擇相應的窗口排列方式來排列窗口。

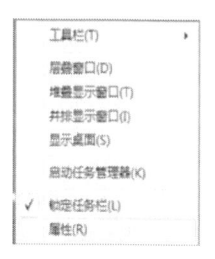

圖2-5 排列窗口命令

2.2.3 對話框的基本操作

對話框是一種特殊的窗口，是系統或應用程序與用戶進行交互、對話的重要途徑。對話框包含的各種元素如圖2-6所示。

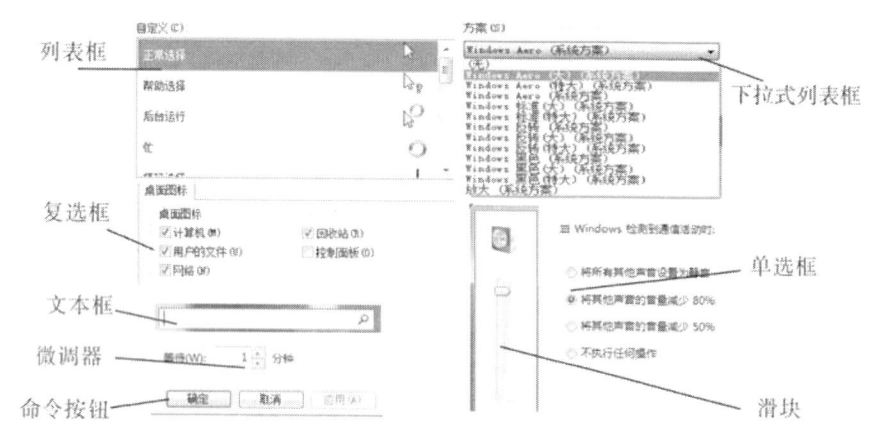

圖2-6 對話框中常見幾種組成元素

（1）命令按鈕——用來執行某種任務的操作，單擊即可執行某項命令。

（2）單選框——為一組有多個互相排斥的選項，在某一時間只能選擇其中一項。單擊即可選中其中一項。

（3）復選框——當復選框內有一個符號「√」時，表示該選項被選中。若再單擊一次，變為未選中狀態。很多對話框列出了多個復選框，允許用戶一次選擇多項。

（4）文本框——用於輸入文本信息的一個矩形方框，可讓用戶輸入簡單信息。

（5）下拉式列表框——它與列表框的不同之處在於：其初始狀態只包含當前選項（默認選項）。單擊列表框右側的箭頭，可以查看並單擊選中列表中的選項。

（6）列表框——可以顯示多個選項，用戶可選擇其中的一項或幾項。如果窗口尺寸容納不下裡面的內容，窗口旁的滾動條可以幫助用戶在列表中瀏覽和選擇。

（7）微調器——位於文本框的左側，有一對箭頭用於增減數值。單擊向上或向下

箭頭，可以增加或減少其中的數值。用戶也可以直接從鍵盤輸入數值。

（8）滑塊——使用滑塊時，通常向上（右）移動，值增加；向下（左）移動，值減少。

（9）頁面式選項卡——有些對話框窗口不止一個頁面，而是將具有相關功能的對話框組合在一起形成一個多功能對話框。每項功能的對話框稱為一個選項卡，選項卡是對話框中疊放的頁，單擊對話框選項卡標籤，可顯示相應的內容，稱為頁面式選項卡。帶有頁面式選項卡的對話框如圖2-7所示。

如果對話框有標題欄，可以像移動窗口那樣移動對話框的位置。對話框和窗口最根本的區別在於：對話框的大小不能改變。

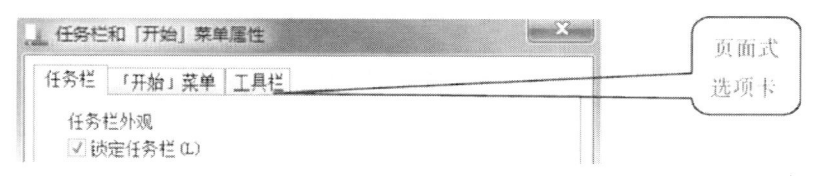

圖2-7　頁面式選項卡對話框

2.2.4　菜單的基本操作

Windows 7提供了「開始」菜單、下拉式菜單和彈出式菜單等多種形式的菜單。

1. 下拉式菜單

一般應用程序或文件夾窗口中均採用下拉式菜單，其位於窗口菜單欄的下方，在菜單中有若干條命令，這些命令按功能分組，分別放在不同的菜單項裡，如圖2-8所示。選擇某一菜單項，即可展開其下拉菜單。

2. 彈出式快捷菜單

將鼠標指向某個選中的對象或鼠標在屏幕的某個位置時，單擊鼠標右鍵，彈出快捷菜單，該菜單列出了與用戶正在執行的操作直接相關的命令。鼠標單擊時，若指向的對象和位置不同，彈出的菜單命令內容也不一樣，如圖2-9所示，分別是鼠標在桌面上單擊右鍵時彈出的快捷菜單和在「任務欄」的空白位置單擊右鍵時彈出的快捷菜單。

圖2-8　下拉式菜單　　　　圖2-9　彈出式快捷菜單

2.2.5 「外觀和個性化」設置

「外觀和個性化」設置用於改善用戶界面的總體外觀，包括桌面主題、桌面圖標、鼠標指針、帳戶圖片、修改各種顯示設置等。

1. 桌面主題

桌面主題包括桌面背景、窗口顏色、系統聲音和屏幕保護程序等。用戶可以根據自己的喜好選擇中意的壁紙、心儀的顏色、悅耳的聲音、有趣的屏幕保護圖案，保存為自己的個性主題。Windows 7 中集成了桌面壁紙自動更換的功能，用戶可以同時選中多張桌面壁紙，讓桌面像幻燈片一樣自由播放。

【例2-1】設置個性化的主題。

操作步驟如下：

（1）設置「桌面背景」

① 鼠標右鍵單擊桌面背景，在彈出的菜單中單擊「個性化」命令，出現「個性化」窗口，如圖2-10所示。

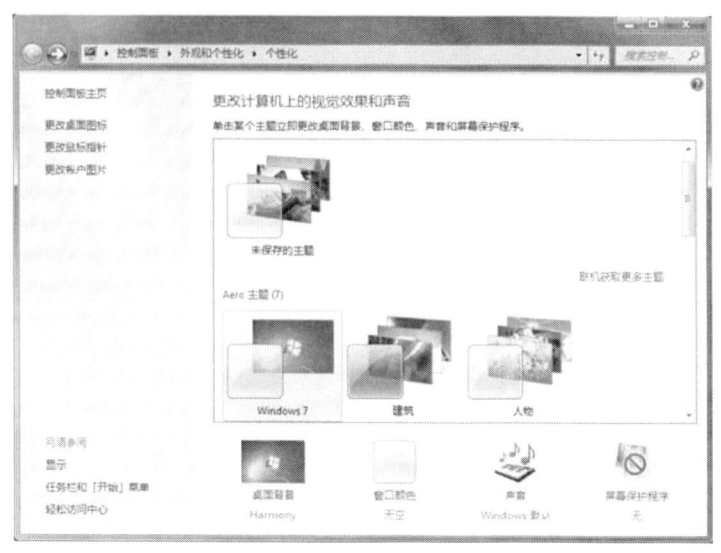

圖2-10　「個性化」窗口

② 單擊「桌面背景」圖標，出現「選擇桌面背景」窗口，如圖2-11所示。單擊某個圖片，使其成為桌面背景；或單擊「瀏覽」按鈕，選擇多個圖片，創建一個幻燈片。通過設置「更改圖片時間間隔」和「無序播放」，來實現桌面背景自動變換。

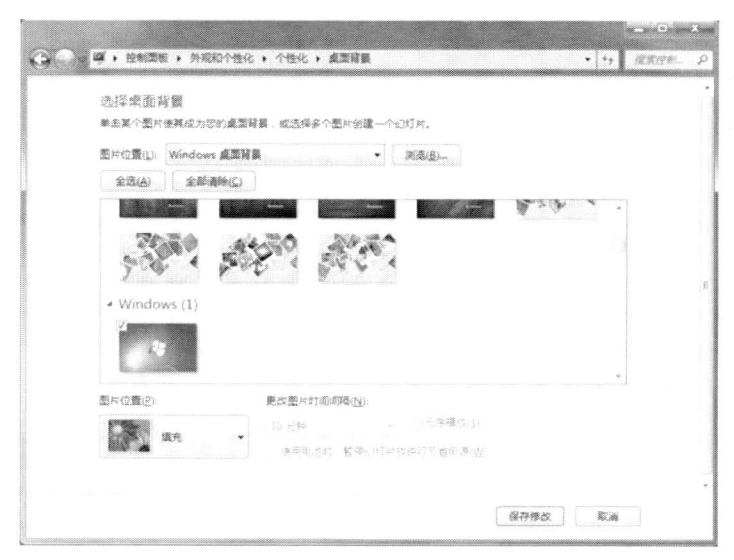

圖 2-11 「選擇桌面背景」窗口

③ 單擊「保存修改」按鈕,回到「個性化」窗口,完成「選擇桌面背景」設置。
(2) 設置「窗口顏色」
① 在「個性化」窗口,單擊「窗口顏色」圖標,打開「窗口顏色」窗口,如圖 2-12 所示,可選取顏色來設置窗口邊框、「開始」菜單和「任務欄」的顏色。

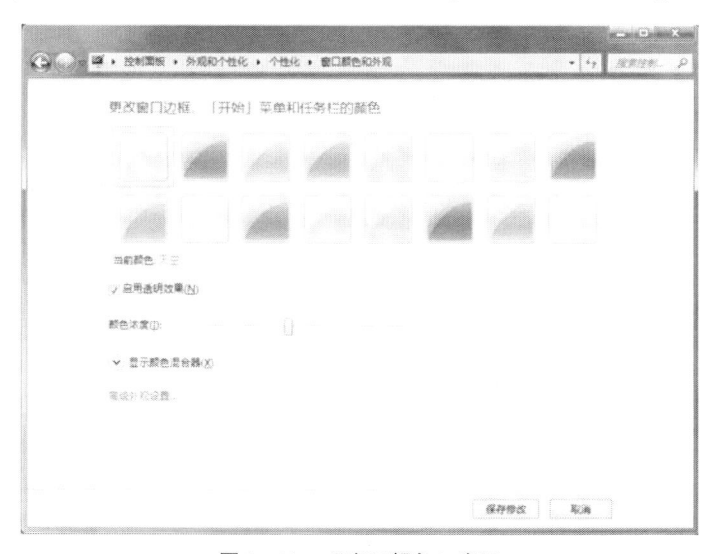

圖 2-12 「窗口顏色」窗口

② 勾選「啟用透明效果」項,實現透視效果。單擊「高級外觀設置」項,打開「窗口顏色和外觀」對話框,可調整窗口的字體類型、字體大小和字體顏色等,如圖 2-13 所示。

圖 2-13 「窗口顏色和外觀」對話框

③ 調整完窗口顏色和外觀，單擊「確定」按鈕，回到「窗口顏色」窗口，單擊「保存修改」按鈕，完成「窗口顏色」設置。

(3) 設置「聲音」

① 在「個性化」窗口，單擊「聲音」圖標，打開「聲音」對話框，如圖 2-14 所示。

圖 2-14 「聲音」對話框

② 修改「程序事件」列表框中每個事件對應的提示聲音。選擇其中一個需要修改聲音的事件，在「聲音」欄中出現對應的聲音；單擊「瀏覽」按鈕，則可選擇其他聲音文件，此時，在「聲音」欄中出現選定的聲音。單擊「測試」按鈕，試聽聲音播放效果。

③ 單擊「確定」按鈕，完成「聲音」設置。

(4) 設置「屏幕保護程序」

① 在「個性化」窗口，單擊「屏幕保護程序」圖標，打開「屏幕保護程序設置」對話框，如圖 2-15 所示。

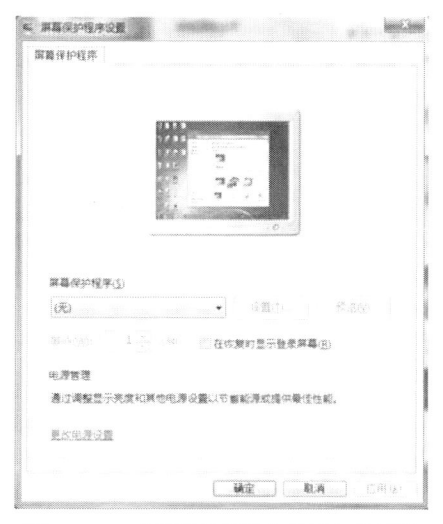

圖 2-15　「屏幕保護程序設置」對話框

② 單擊「屏幕保護程序」的下拉按鈕，選擇某個屏保圖案，單擊「設置」按鈕，可查看該屏幕保護程序的可設置選項。

③ 通過時間微調器，可修改屏幕保護等待時間。當計算機空閒一定時間後（「等待」指定的分鐘數），屏幕保護程序將會自動啓動。

④ 單擊「預覽」按鈕，查看所選定屏幕保護程序的顯示效果。移動鼠標或按任意鍵，結束預覽。

⑤ 單擊「更改電源設置」項，設置監視器、計算機處於空閒狀態下一段時間後進行相關操作。

⑥ 單擊「確定」按鈕，完成「屏幕保護程序」設置。

通過上述操作，完成「桌面背景」「窗口顏色」「聲音」和「屏幕保護程序」設置，即選擇個性化主題，將主題命名。可設置多個主題，不同需求時，選擇對應的主題。

2. 桌面圖標

在默認狀態下，Windows 7 在桌面左上角只保留了「回收站」圖標。為了便於操作，可以通過使用「更改桌面圖標」來重新排列桌面圖標。

【例 2-2】重新排列桌面圖標，如圖 2-16 所示。

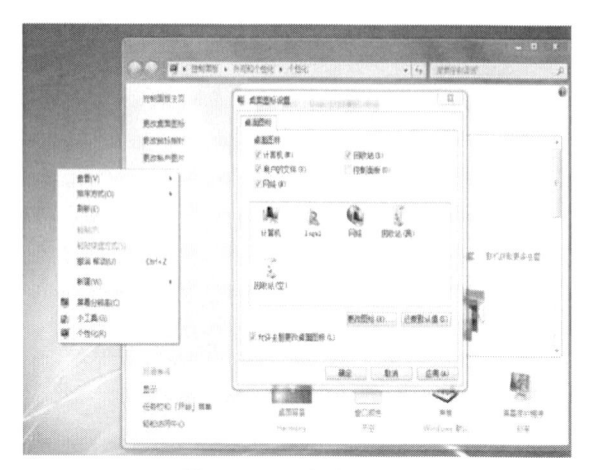

圖 2-16 重設桌面圖標

操作步驟如下：

（1）在桌面空白處，單擊鼠標右鍵，在彈出的菜單中，單擊「個性化」命令，打開「個性化」窗口。

（2）在「個性化」窗口，單擊「更改桌面圖標」項，打開「桌面圖標設置」對話框，如圖 2-17 所示。

圖 2-17 「桌面圖標設置」對話框

（3）在「桌面圖標設置」對話框，選中需要添加到桌面的圖標復選框，然後單擊「確定」按鈕，完成更改桌面圖標設置。

Windows 7 系統的桌面圖標可以設置成超炫的大圖標，使其的美觀、精致一覽無余。在桌面上的空白處單擊鼠標右鍵，在彈出的菜單中，依次選擇「查看」「大圖標」命令，可以看到，其清晰和美觀的效果是 Windows XP 無法比擬的。

3. 設置屏幕分辨率

屏幕分辨率是屏幕圖像的精密度，指顯示器所能顯示像素的多少。分辨率越高，屏幕中的像素點也越多，畫面就越精細。

【例2-3】設置屏幕分辨率。

操作步驟如下：

（1）在桌面空白處單擊鼠標右鍵，在彈出的菜單中，單擊「屏幕分辨率」命令，打開「更改顯示器的外觀」窗口，如圖2-18所示。

圖2-18　「更改顯示器的外觀」窗口

（2）單擊「分辨率」欄的下拉箭頭，拖動下拉框中的滑塊，選擇當前顯示器所支持的分辨率。

（3）單擊「確定」按鈕，完成「屏幕分辨率」設置。

4. 設置屏幕刷新率

當用戶要運行運動類程序時，需要提高顯示器的刷新率。

【例2-4】設置屏幕刷新率。

操作步驟如下：

（1）在桌面空白處單擊鼠標右鍵，在彈出的菜單中，單擊「屏幕分辨率」命令，打開「更改顯示器的外觀」窗口。

（2）單擊「高級設置」按鈕，打開「屏幕刷新率」對話框，如圖2-19所示。

（3）單擊「監視器」選項卡，單擊「屏幕刷新頻率」欄的下拉箭頭，選擇合適的刷新頻率數值，單擊「確定」按鈕，完成「屏幕刷新率」設置。

圖 2-19 「屏幕刷新率」對話框

2.2.6 「開始」菜單基本操作

Windows 7 的「開始」菜單如圖 2-20 所示。「開始」菜單是 Windows 7 桌面的重要組成部分，是計算機程序、文件夾和設置的主門戶。絕大多數操作都可以通過「開始」菜單來啟動和完成，它是一切工作的起點，同時又是系統管理和維護的中心。為了幫助用戶更好地使用「開始」菜單，系統允許用戶根據自己的喜好及需要自定義「開始」菜單。

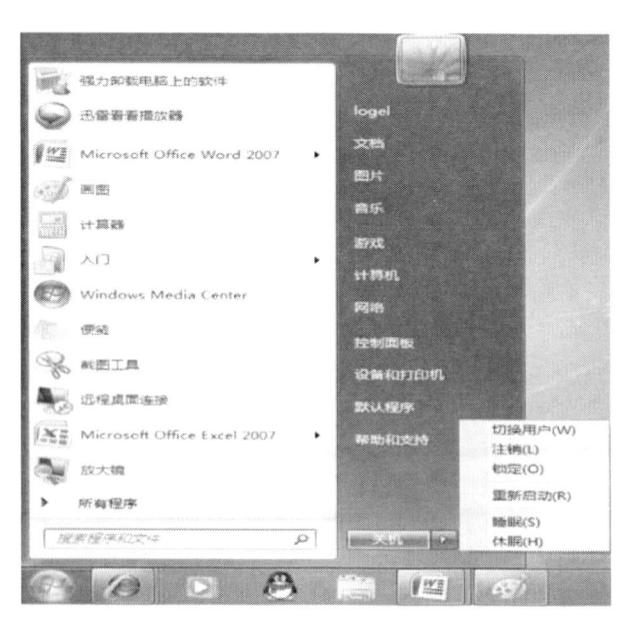

圖 2-20 Windows 7 的「開始」菜單

「開始」菜單主要由常用程序列表、「所有程序」、搜索框、用戶帳戶按鈕、系統功能列表和「關機」按鈕等組成。

1. 從「開始」菜單啟動程序

「開始」菜單最常見的用途是打開計算機上安裝的程序。若要打開「開始」菜單中顯示的程序，單擊某程序，即可打開該程序，且「開始」菜單隨之關閉。

Windows 7 的「開始」菜單的程序列表放棄了 Windows XP 中層層遞進的菜單模式，而是直接將所有內容置放到「開始」菜單中，通過單擊下方的「所有程序」來進行切換。

2. 「開始」菜單的跳轉列表

Windows 7 為「開始」菜單引入了「跳轉列表」功能，如圖 2-21 所示。

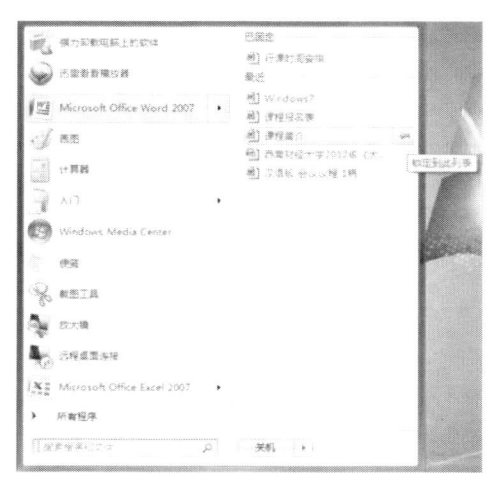

圖 2-21　開始菜單中的「跳轉列表」

在默認情況下，「開始」菜單中不會鎖定任何便於啟動的程序或文件。第一次打開某個程序或文件後，該程序或文件出現在「開始」菜單中。用戶可以選擇從列表中刪除程序或文件，也可以將程序或文件鎖定到「開始」菜單，以便它始終出現在此處；也可以將不需要的文檔解除鎖定，或從跳轉列表中刪除。

以鎖定 Word 文檔為例，將程序或文件鎖定到「開始」菜單的跳轉列表的操作如下：

（1）單擊「開始」菜單，將鼠標移動到需要鎖定的程序「Microsoft Office Word 2010」。

（2）彈出跳轉列表，將鼠標移動到需要鎖定的文件，在文件列表項後面出現一個「鎖定到此列表」圖標，單擊該圖標，即可將所選文檔鎖定到跳轉列表中，即在「已固定」分組中出現。

3. 程序快捷方式附加到「開始」菜單

在「開始」菜單中，最近運行的程序列表總是會變化的。對於某些經常使用的程序，也可以將其固定在「開始」菜單上。具體方法是：在程序上單擊鼠標右鍵，單擊「附到開始菜單」命令。該程序的圖標顯示在「開始」菜單的頂端區域，與臨時列表

區域用分隔符分開，如圖2-22所示。

圖2-22 快捷方式附加到「開始」菜單

4. 搜索框

「開始」菜單包含一個搜索框，用戶可以通過這個搜索框查找存儲在計算機上的文件、文件夾、程序以及電子郵件。在搜索框中鍵入單詞或短語，即可自動開始搜索，搜索的結果會臨時填充搜索框上面的「開始」菜單空間。

【例2-5】通過搜索框，查找微軟配置程序，設置 Windows 7 啟動時需要的 CPU 數量。

操作步驟如下：

（1）單擊「開始」按鈕，在「開始」菜單的搜索框中鍵入「msconfig」命令，如圖2-23所示。

圖2-23 在搜索框中鍵入「msconfig」命令

（2）單擊搜索結果中的「msconfig」程序，打開「系統配置」對話框，如圖 2-24 所示。

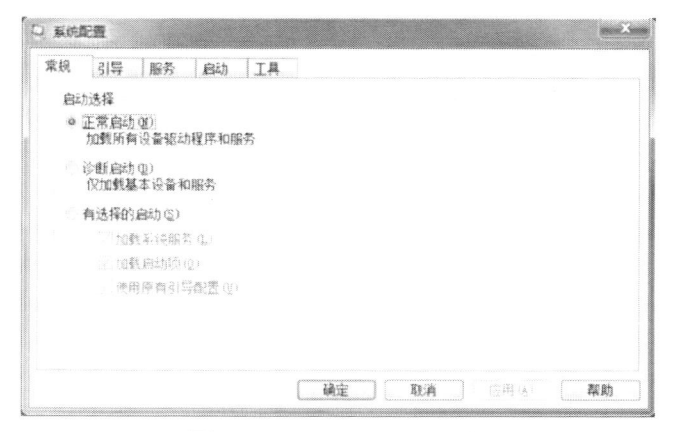

圖 2-24 「系統配置」對話框

（3）在「系統配置」對話框中，單擊「引導」選項卡，如圖 2-25 所示。

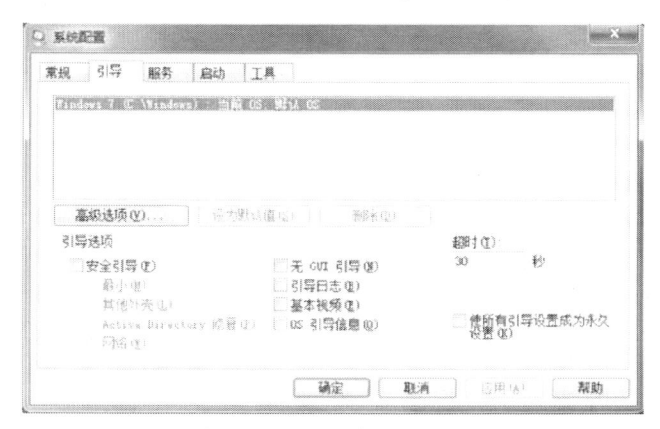

圖 2-25 「引導」選項卡

（4）單擊「高級選項」按鈕，打開「引導高級選項」對話框，勾選「處理器數」項，單擊「處理器數」的下拉箭頭，選擇啓動系統時的 CPU 數量，如圖 2-26 所示。
（5）單擊「確定」按鈕，完成對啓動時 CPU 數量的設置。

如果用戶不知道準確的命令，也可以通過輸入「系統」「系統配置」等相近關鍵字進行搜索，同樣能找到系統配置程序。

5.「關機」按鈕

在「開始」菜單的右下角是「關機」按鈕。單擊「關機」按鈕，即可關閉計算機。若單擊「關機」按鈕旁邊的箭頭，彈出擴展菜單，可使用菜單中的命令來切換用戶、註銷、鎖定、重新啓動計算機，也可以使計算機處於睡眠、休眠狀態，如圖 2-27 所示。

圖 2-26　設置處理器數

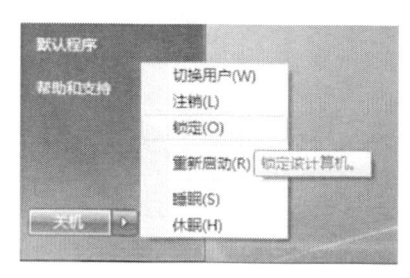

圖 2-27　關機按鈕

6. 自定義「開始」菜單

用戶根據使用習慣，可以自定義「開始」菜單中需要顯示的項目及其顯示方式等；可以自定義常用程序的顯示數量、跳轉列表顯示數量；也可以自定義「開始」菜單的系統功能列表。為了防止個人的隱私，可刪除「開始」菜單中的使用記錄，快速清除最近使用的項目，如圖 2-28 所示。

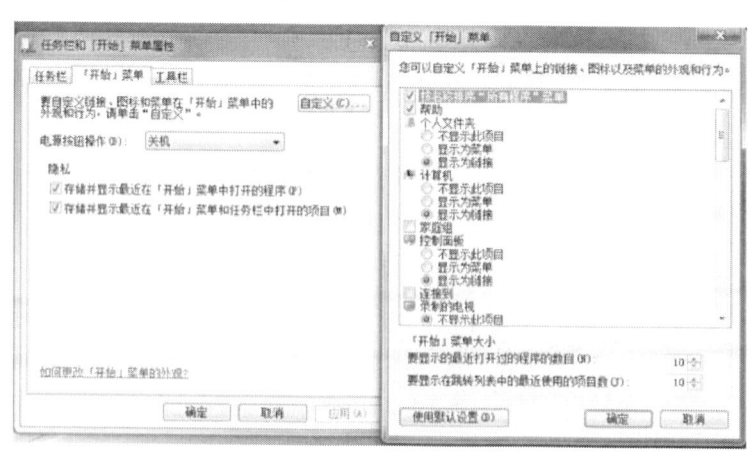

圖 2-28　自定義「開始」菜單

2.2.7 「任務欄」的基本操作

Windows 7「任務欄」中的圖標以按鈕形式存在。在默認情況下，任務欄按鈕區分組顯示相似活動任務。

1.「任務欄」的預覽功能

與 Windows XP 不同的是，將鼠標移動到「任務欄」中的活動任務按鈕上稍微停留，可預覽各個已打開窗口的內容，在預覽窗口上顯示正在瀏覽的窗口信息，如圖 2-29 所示。

從任務欄按鈕區中，用戶可以很容易分辨出已打開的程序窗口按鈕和未打開程序的圖標。有凸起的透視圖標為已打開的程序窗口按鈕。當同時打開多個相同程序窗口時，任務欄按鈕區的該程序圖標按鈕右側會出現層疊的邊框進行標示。

圖 2-29 「任務欄」預覽效果

「任務欄」除了基本的預覽功能外，還可以在預覽的窗格中進行操作。以「Windows Media Player」為例，將歌曲或視頻加入播放列表，把鼠標移動到其任務欄圖標上，可看到一組播放控制按鈕，如圖 2-30 所示。在預覽中，可以進行「暫停」「播放」「上一個」「下一個」等操作。

圖 2-30 WMP 11 在「任務欄」中的「預覽窗口操作」

和其他 Windows 系統一樣，用戶可根據習慣對任務欄按鈕區中的項目重新排序。操作方法為：按住鼠標左鍵不放，將需要調整的圖標按鈕拖到易於操作的位置，然後松開鼠標即可。

2. 任務欄圖標按鈕的鎖定與解鎖

在默認情況下，「任務欄」只有「Internet Explorer」「Windows Media Player」和「Windows 資源管理器」三個程序按鈕圖標。用戶可將經常使用的程序添加到任務欄按鈕區，也可以將使用頻率低的程序從任務欄按鈕區中刪除。

對於未打開的程序，可以將程序的快捷方式圖標直接拖到「任務欄」的空白處，此時會出現「附到任務欄」提示框，如圖 2-31 左所示；松開左鍵，將此程序鎖定到「任務欄」。當拖到按鈕圖標上，則會出現一個類似禁手的圖標 ⊘，如圖 2-31 右所示。

圖 2-31　將 QQ 附到任務欄

對於已打開的程序，可右擊此程序的圖標，單擊「跳轉列表」中的「將此程序鎖定到任務欄」命令，此程序即常駐「任務欄」。

右擊任務欄按鈕區圖標，單擊「跳轉列表」中的「將此程序從任務欄中解鎖」，可將該程序從任務欄按鈕區中移除。

3. 「任務欄」的「跳轉列表」

「任務欄」的「跳轉列表」使用非常方便，只需要右鍵單擊任務欄按鈕區中的圖標，即可使用跳轉功能。例如，將鼠標移動到「Word」的圖標上，單擊鼠標右鍵，出現「Word」跳轉列表菜單，如圖 2-32 所示。

在 Word 的「跳轉列表」菜單中，在「已固定」欄中有一個名為「行課時間安排」的文檔，這個文檔被固定到跳轉列表，並長期存在。在「最近」列表欄中，列出最近打開過的程序文件，隨著時間的變化，「最近」列表中的文檔也會發生變化。

（1）為了便於快速訪問常用文檔，用戶可將常用文檔鎖定到「跳轉列表」中，如將名為「花銷清單」的文檔鎖定到「跳轉列表」的操作方法為：將鼠標移到「花銷清單」，此時，出現文檔的所在位置，且在最右端出現「鎖定到此列表」圖標，單擊此圖標，即把該文檔固定到「跳轉列表」。

（2）當某個程序不再需要經常使用，可以將該程序從「跳轉列表」中解鎖，如將「跳轉列表」中的「行課時間安排」解鎖，如圖 2-33 所示。操作方法為：將鼠標移到「行課時間安排」，此時，出現文檔的所在位置，且在最右端會出現「從此列表解鎖」圖標，單擊此圖標，即把該文檔從已固定欄中刪除，此文檔出現在「最近」列表中，如圖 2-34 所示。

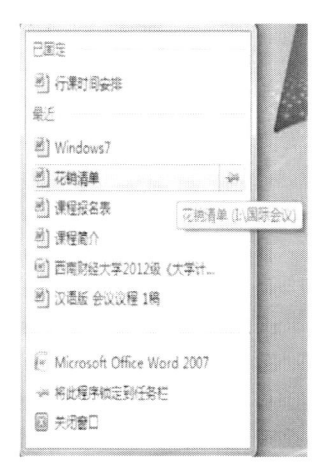

圖 2-32　將文檔鎖定
到跳轉列表

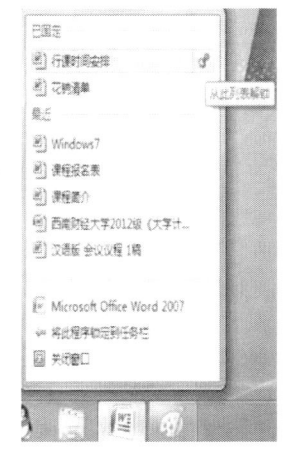

圖 2-33　將文檔從
跳轉列表中解鎖

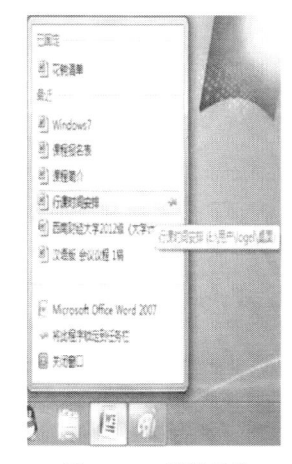

圖 2-34　解鎖后的
文檔位置

4. 通知區域

Windows 7「任務欄」的通知區域（即系統托盤區域，如圖 2-35 所示）有一個小改變，在默認狀態下，大部分圖標都是隱藏的，如果要使某個圖標始終顯示，單擊通知區域的倒三角按鈕，然后單擊「自定義」按鈕，接著在彈出的窗口中找到要設置的圖標，選擇「顯示圖標和通知」即可，如圖 2-36 所示。

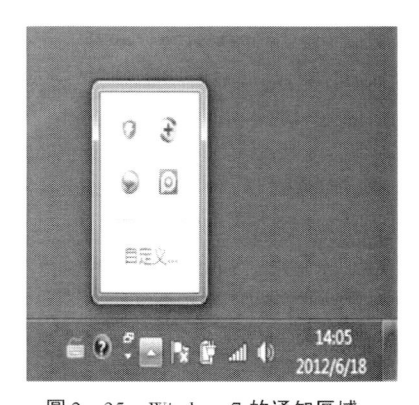

圖 2-35　Windows 7 的通知區域

圖 2-36　自定義 Windows 7 的通知區域圖標

5.「顯示桌面」按鈕

在 Windows 7 中，用戶比較熟悉的「顯示桌面」按鈕已「進化」成 Windows 7「任務欄」最右側的那一小塊半透明的區域，其作用不僅僅是單擊后即可顯示桌面、最小化所有窗口，而且當把鼠標移動到上面，即可透視桌面上的所有東西，查看桌面的情況；鼠標離開后，即恢復原狀，如圖 2-37 所示。

圖 2-37　顯示桌面的進化功能

6. 指示器

（1）時間指示器

在「任務欄」通知區域有一個電子時鐘顯示器，鼠標指向該指示器時將顯示當前日期。Windows 7 延續了 Windows Vista 的多時鐘功能，可以在「時間/日期」對話框中調整系統日期時間和設置不同時區的附加時鐘，如圖 2-38 所示。

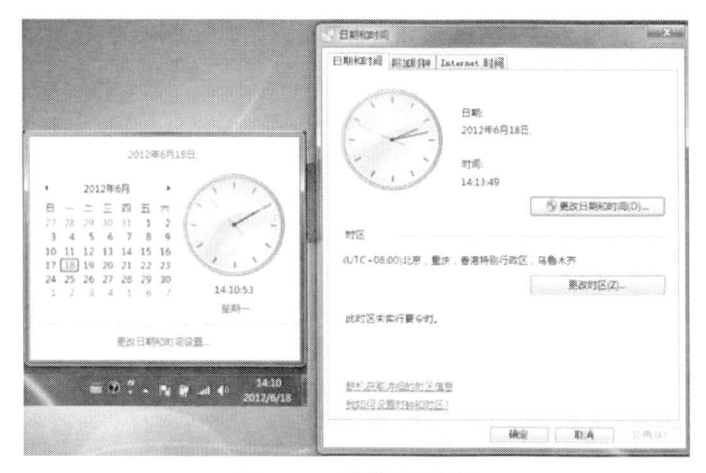

圖 2-38　設置附加時鐘

（2）音量指示器

音量指示器是一個喇叭圖標，單擊該圖標，打開「揚聲器調整」對話框，如圖 2-39 所示。拖動滑塊可以增大或降低音量。單擊「合成器」按鈕，可以調整揚聲器、系統聲音、Internet Explorer 聲音的大小，如圖 2-40 所示；單擊 圖標，打開「揚聲器屬性」對話框，可以對揚聲器進行設置，如圖 2-41 所示。

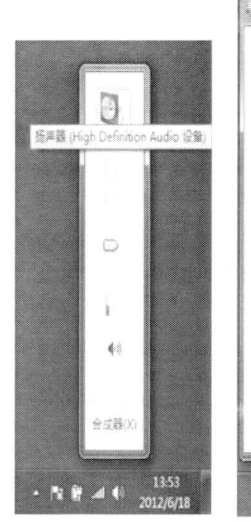

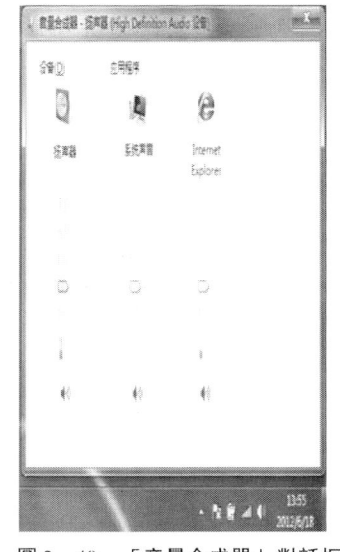

圖 2-39　揚聲器　　圖 2-40　「音量合成器」對話框　　圖 2-41　「揚聲器」屬性

(3) 輸入法指示器

輸入法指示器幫助用戶快速選擇輸入法。單擊「輸入法指示器」，打開輸入法選擇菜單供用戶選擇需要的輸入法；也可以按組合鍵「Ctrl+Shift」或「Ctrl+Space」來切換輸入法。對於不需要的輸入法，可以從輸入法指示器中刪除。右擊「輸入法指示器」，如圖 2-42 左所示，單擊「設置」命令，打開「文本服務和輸入語言」對話框，如圖 2-42 右所示。在「鍵盤」欄中，選中需要刪除的輸入法，單擊「刪除」按鈕，接著單擊「確定」按鈕，完成設置。

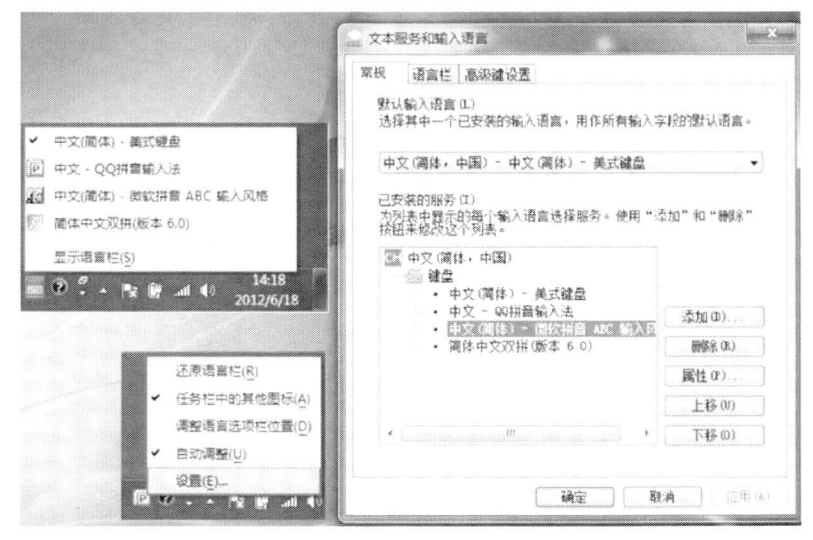

圖 2-42　輸入法的設置

7. 自定義「任務欄」

將鼠標指向「任務欄」的空白處,單擊右鍵,選擇快捷菜單中的「屬性」命令,打開「任務欄與開始菜單屬性」對話框。

在「任務欄」選項卡的「任務欄外觀」方框中,可作以下選擇:

(1) 隱藏「任務欄」

有時需要將「任務欄」進行隱藏,以使桌面顯示更多的信息。若要隱藏「任務欄」,單擊「自動隱藏任務欄」復選框。

(2) 移動「任務欄」

如果要將「任務欄」移動到其他位置,取消選中「鎖定任務欄」復選框,解除鎖定,然後將鼠標指向「任務欄」空白處,並按住鼠標拖動。

(3) 改變「任務欄」的大小

若要改變「任務欄」的大小,解除「鎖定任務欄」復選框后,將鼠標移到「任務欄」的邊上,鼠標指針變為雙箭頭形狀,然后按住並拖動鼠標到合適位置。

(4) 添加工具欄

在「任務欄」中,除了任務欄按鈕區外,系統還定義了「地址」「連結」和「桌面工具欄」三個工具欄。如果需要在「任務欄」中顯示工具欄,右擊「任務欄」的空白處,打開「任務欄」快捷菜單,選擇「工具欄」菜單項,在展開的「工具欄」子菜單中選擇相應的選項,如圖 2-43 所示。

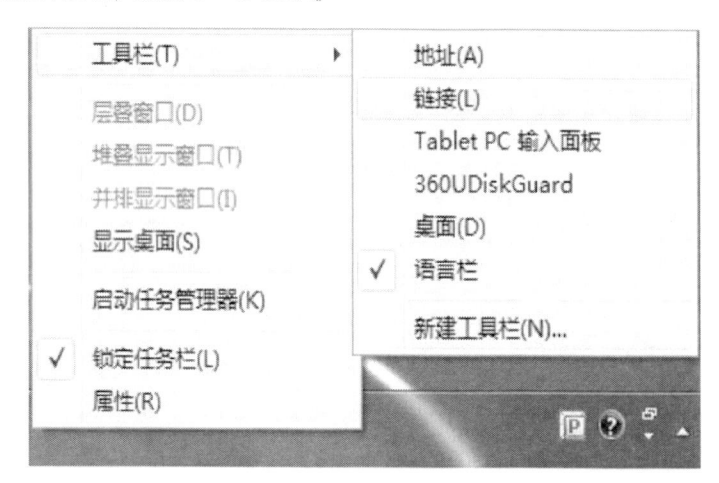

圖 2-43 「任務欄」中的工具欄快捷菜單

(5) 創建工具欄

可以在「任務欄」中定義個人的工具欄。若要在「任務欄」中創建工具欄,可在「任務欄」的工具欄快捷菜單中,單擊「新建工具欄」命令,打開「新建工具欄」對話框,如圖 2-44 所示。在列表框中,選擇新建工具欄的文件夾,單擊「選擇文件夾」按鈕,即可在「任務欄」中創建個人的工具欄。

(6) 創建新的工具欄后,打開「任務欄」快捷菜單,執行「工具欄」命令,可以發現新建工具欄名稱出現在其子菜單中,且在工具欄的名稱前有一個符號「√」。

圖 2-44 「新建工具欄」對話框

2.3 Windows 7 的文件管理

文件和文件夾是計算機中存放、管理各類信息的基本要素。Windows 7 將所有的軟硬件資源都當作文件或文件夾，按照統一的模式進行管理。

2.3.1 文件系統簡介

文件是按一定形式組織的一個完整的、有名稱的信息集合，是計算機系統中數據組織的基本存儲單位。操作系統的一個基本功能就是數據存儲、數據處理和數據管理，即文件管理。文件中可以存放應用程序、文本、多媒體等數據信息。

計算機中可以存放很多文件。為便於管理文件，把文件進行分類組織，並把有著某種聯繫的一組文件存放在磁盤中的一個文件項目下，該項目稱為文件夾或目錄。一個文件夾就是存放文件和子文件夾的容器，文件夾中還可以存放子文件夾，這樣逐級地展開下去，整個文件目錄（或稱文件夾結構）就呈現一種樹狀的組織結構，因此也稱為「樹狀結構」。「Windows 資源管理器」中的左窗格顯示的文件夾結構就是樹狀結構，如圖 2-45 所示。

文件由文件名和圖標兩部分組成，文件名又是由文件主名和擴展名兩部分組成。

1. 文件的命名

在計算機中，系統以「按名存取」的方式來使用文件，所以每個文件必須有一個確定的名字。文件通常存放在軟盤或硬盤等外部存儲器介質中的某一位置上，通過文件名來進行管理。對一個文件的所有操作都是通過文件名來進行的。文件名一般由文件主名和擴展名兩部分組成。文件主名和擴展名之間用小圓點「.」隔開。文件名可以由最長不超過 255 個合法的可見字符組成，擴展名由 1~4 個合法字符組成，文件的擴展名說明文件所屬的類別。文件名英文字符不區分大小。系統規定在同一個文件夾內不能有相同的文件名，而在不同的文件夾中則可以重名。

圖 2-45　Windows 7 的文件夾結構組織圖

2. 文件的類型和圖標

為了更好地管理和控制文件，系統將文件分成若干類型，每種類型有不同的擴展名與之對應。文件類型可以是應用程序、文本、聲音、圖像等，如程序文件（.com、.exe和.bat）、文本文件（.txt）、多媒體文件（.wav、.mp3）、圖像文件（.bmp、.jpeg）、字體文件（.fon）、Word 文檔（.doc）等。每種類型的文件都對應一種圖標，區別一個文件的格式有兩種方法：一種是根據文件的擴展名，另一種根據文件的圖標。

3. 文件的屬性

一個文件包括兩部分內容：一是文件所包含的數據；二是有關文件本身的說明信息，即文件屬性。每一個文件（文件夾）都有一定的屬性，不同文件類型的「屬性」對話框中的信息也各不相同，如文件夾的類型、文件路徑、佔用的磁盤、修改和創建時間等。一個文件（文件夾）通常為只讀、隱藏、存檔等幾個屬性。

4. 路徑

在多級目錄的文件系統中，用戶要訪問某個文件時，除了文件名外，一般還需要知道該文件的路徑信息，即文件放在什麼盤的什麼文件夾下。所謂路徑，是指從此文件夾到彼文件夾之間所經過的各個文件夾的名稱，兩個文件夾名之間用分隔符「\」分開。經常需要在「資源管理器」中的地址欄鍵入要查詢文件（文件夾）或對象所在的地址，如 C:\Documents and Settings\user\My Documents，按回車鍵后，系統即可顯示該文件夾的內容。如果鍵入一個具體文件名，則可在相應的應用程序中打開一個文件。

5. 特殊的組織形式

「庫」是 Windows 7 的一個比較抽象的文件組織，集中提供相關文件的合併視圖。通過「庫」可以快速訪問所需文件，即使這些文件在不同文件夾或不同系統中時也是如此。「庫」類似於文件夾，庫中可以包含文件夾，但與文件夾不同的是，「庫」只是

存儲文件或文件夾的位置，而不會以任何方式複製、存儲這些文件或文件夾。對「庫」中的文件、文件夾進行刪除操作，就像刪除快捷方式一樣不會影響原文件。

「用戶的文檔」是一個特殊的文件夾，它是在安裝系統時建立的，用於存放用戶的文件。一些程序常將此文件夾作為存放文件的默認文件夾。

2.3.2 「Windows 資源管理器」與系統文件夾

1. 打開「Windows 資源管理器」

「Windows 資源管理器」是 Windows 7 中一個重要的文件管理工具。在「Windows 資源管理器」中可顯示出計算機上的文件、文件夾和驅動器的樹狀結構，同時顯示映射到計算機上的所有網路驅動器名稱。使用「Windows 資源管理器」，可以快速進行複製、移動、重新命名以及搜索文件和文件夾等操作。

打開「開始」菜單，依次選擇「所有程序」「附件」命令，然後選擇「Windows 資源管理器」命令，或右鍵單擊「開始」按鈕，選擇「打開 Windows 資源管理器」命令，打開「Windows 資源管理器」窗口。

「Windows 資源管理器」的窗口如圖 2-46 所示，除了包含 Windows 7 窗口的一般元素，如菜單欄、狀態欄等外，還有功能豐富的工具欄和地址欄。在默認情況下，如「文件」「編輯」「查看」「工具」等菜單項被隱藏。依次單擊「組織」「佈局」「菜單欄」命令，可以顯示菜單欄。

「Windows 資源管理器」的工作區由左右兩個窗格組成：左窗格為文件夾列表框，系統中所有資源以樹狀結構顯示出來，並清晰地展示出磁盤文件的層次結構；右窗格為文件夾內容列表框。左右窗格之間有一個分隔條，用鼠標拖動分隔條左右移動，可調整左右窗格框架的大小。如果選擇「預覽窗格」，在文件夾內容列表框右邊還有一個窗格，可以預覽所選中文件的內容。

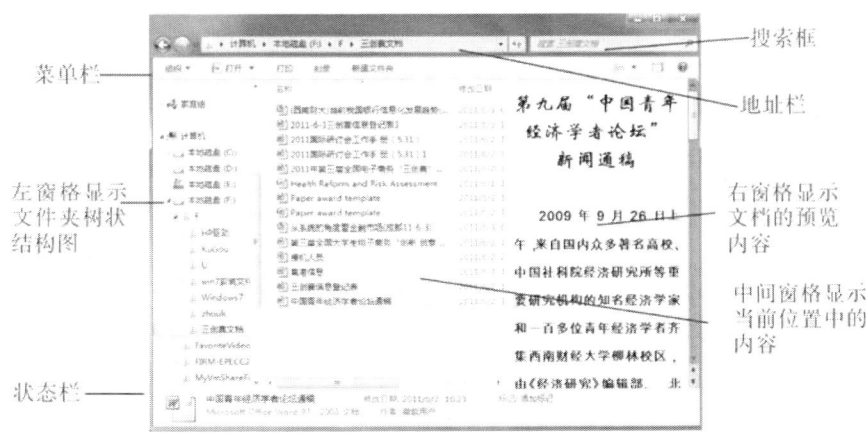

圖 2-46　「Windows 資源管理器」窗口

2. 利用「Windows 資源管理器」操作文件和文件夾

（1）展開和折疊文件夾

在文件夾列表窗格中，大部分文件夾前面有符號「▷」，表明此文件夾中還有下一

級子文件夾。利用這個符號可以顯示或關閉子文件夾。

(2) 打開一個文件夾

將打開的文件夾（即當前文件夾，包含文件及文件夾）的內容在「Windows 資源管理器」的右窗格中顯示出來，文件夾圖標變為打開狀態。使用菜單或工具欄的「查看」命令，可以使文件（文件夾）的排列方式按用戶的要求進行排列。

(3) 選定文件（文件夾）或對象

為了完成對一個文件（文件夾）或其他對象的操作，如創建、重命名、複製、移動和刪除等，首先進行選定操作，以明確操作對象。被選定的文件（文件夾）或對象的顏色呈高亮度顯示。

(4) 文件夾選項的設置

單擊「Windows 資源管理器」中的「組織」菜單，在下拉菜單中，選擇「文件夾和搜索選項」命令，打開「文件夾選項」對話框，如圖 2-47 所示。

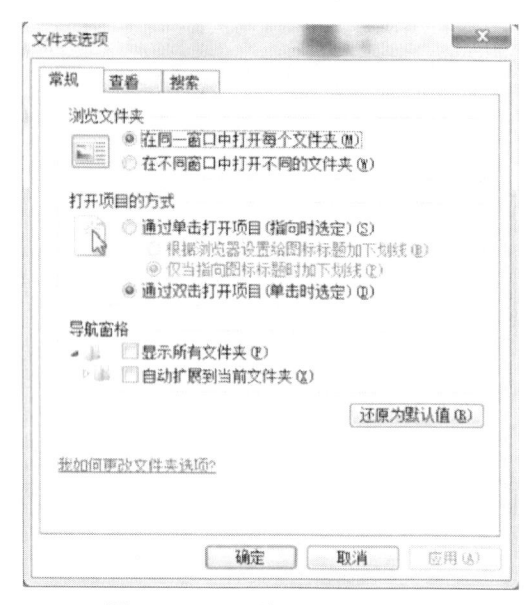

圖 2-47　「文件夾選項」對話框

2.3.3　文件與文件夾的基本操作

文件與文件夾的管理是 Windows 7 的一項重要功能，包括新建文件（文件夾）、文件（文件夾）的重命名、複製與移動、刪除、查看屬性等基本操作。

1. 新建文件或文件夾

文件通常是由應用程序來創建，啟動一個應用程序後就進入創建新文件的過程；或從應用程序的「文件」菜單中，選擇「新建」命令，新建一個文件。

在「計算機」「桌面」或「Windows 資源管理器」的任一文件夾中都可以創建新的空文檔文件或空文件夾。創建一個空文件或空文件夾有以下兩種方法：

(1) 在「計算機」「Windows 資源管理器」窗口選中一個驅動器符號，雙擊打開該

驅動器窗口，找到需要創建文件的位置，然后選擇「文件」菜單中的「新建」命令，在展開的下一級菜單中，選擇新建文件類型或新建一個文件夾。

（2）在「桌面」、某個「庫」或某個文件夾中單擊右鍵，在彈出的快捷菜單中選擇「新建」命令，在下級菜單中選擇文件類型或新建文件夾，如圖 2‐48 所示。新建文件（文件夾）時，系統自動為新建的文件（文件夾）取一個名字，默認的文件名類似為「新建文件夾」「新建文件夾（2）」等，用戶可以修改文件或文件夾的名稱。

使用上述方法創建新文件時，系統並不啟動相應的應用程序。雙擊文件圖標，啟動應用程序進行文件編輯工作。

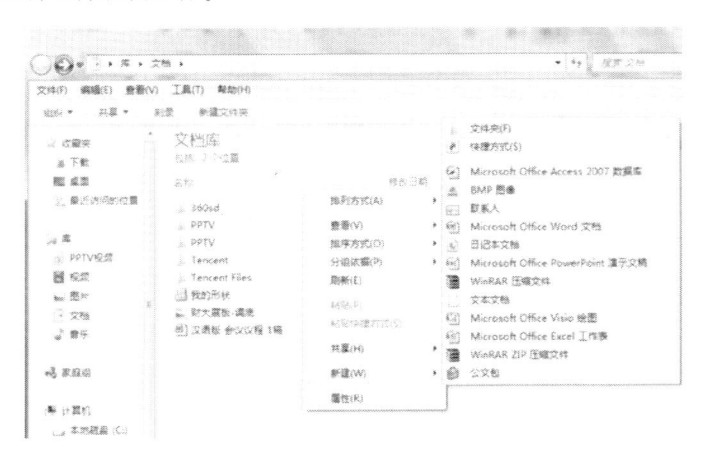

圖 2‐48　新建文件（文件夾）

2. 文件（文件夾）的重命名

經常需要對文件或文件夾重新命名，即重新給文件或文件夾取一個名稱。重命名的方法有以下幾種：

（1）單擊需要重新命名的文件（文件夾），選擇「文件」菜單中的「重命名」命令。

（2）選中文件（文件夾）后單擊右鍵，在彈出的快捷菜單選擇「重命名」命令。

（3）將鼠標指向某文件（文件夾）名稱處，單擊鼠標，稍停一會，再單擊左鍵，即可進行重命名。

（4）選中要重命名的文件（文件夾），按 F2 鍵，也可進行重命名。

當名稱被藍色填充后，直接輸入名稱。輸入文件名后按回車鍵，或在其他空白處單擊鼠標，即可完成文件的重命名。

3. 複製與移動文件（文件夾）

為了更好地管理和使用文件（文件夾），經常需要使用複製與移動文件（文件夾）的功能，即對文件（文件名）進行備份或將一個文件（文件夾）從一個地方移動到另一個地方。

（1）複製文件或文件夾

複製文件或文件夾有以下幾種方法：

① 使用「剪貼板」。選擇需要複製的文件或文件夾，選擇「編輯」菜單中的「複

製」命令（或單擊鼠標右鍵，在彈出的快捷菜單中選擇「複製」命令；或按組合鍵「Ctrl + C」)，然後定位到文件複製的目標位置，選擇「編輯」菜單中的「粘貼」命令（或單擊鼠標右鍵，在彈出的快捷菜單中選擇「粘貼」命令；或按組合鍵「Ctrl + V」)。

② 選擇需要複製的文件或文件夾，按住鼠標右鍵並拖動到目標位置，釋放鼠標，在彈出的快捷菜單中選擇「複製到當前位置」命令，如圖2-49所示。

在「Windows 資源管理器」中選擇需要複製的文件或文件夾，按住 Ctrl 鍵，拖動到目標位置。

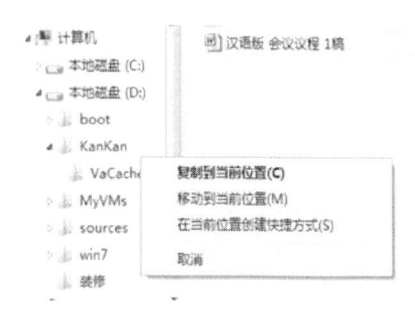

圖 2-49　拖動複製文件（夾）到目標文件夾

（2）移動文件或文件夾

移動文件或文件夾的步驟如下：

① 選擇需要移動的文件或文件夾。

② 選擇「編輯」菜單中的「剪切」命令；或單擊鼠標右鍵，在彈出的快捷菜單中選擇「剪切」命令；或按組合鍵「Ctrl + X」。

③ 定位到目標位置，選擇「編輯」菜單中的「粘貼」命令；或單擊鼠標右鍵，在彈出的快捷菜單中選擇「粘貼」命令，或按組合鍵「Ctrl + V」。

4. 刪除和恢復文件（文件夾）

刪除文件（文件夾）的方法有以下幾種：

（1）選擇需要刪除的文件（文件夾），按 Delete（Del）鍵。

（2）選擇需要刪除的文件（文件夾），單擊鼠標右鍵，選擇「刪除」命令。

（3）選擇需要刪除的文件（文件夾），選擇「文件」菜單中的「刪除」命令。

（4）在「計算機」或「Windows 資源管理器」中，單擊「組織」菜單中的「刪除」命令。

如果通過以上方法不小心誤刪除了文件（文件夾），可以利用「回收站」進行補救，來恢復刪除的文件（文件夾）。系統在硬盤中專門開闢了一定的空間作為「回收站」使用。刪除文件（文件夾）時，通常是將刪除的文件（文件夾）放入到「回收站」。如果需要恢復此文件，可以從「回收站」中將文件還原回去。但從軟盤或網路驅動器刪除的文件項目不受「回收站」保護，被永久刪除。

恢復文件（文件夾）時，雙擊桌面上的「回收站」圖標，打開「回收站」窗口。選中要還原的文件或文件夾，單擊「文件」菜單中的「還原」命令（或單擊鼠標右鍵，在彈出的快捷菜單中選擇「還原」命令)，選中的文件（文件夾）被恢復到原來的位置。

如果要真正刪除一個文件（文件夾），在回收站中選中一個或多個文件（文件夾），單擊鼠標右鍵，在彈出的快捷菜單中，選擇「刪除」命令（也可選擇「文件」菜單中的「刪除」命令），還可按組合鍵「Shift + Del」直接刪除。

2.3.4 文件的搜索

Windows 7 無處不在的搜索框可以幫助用戶快速地找到不知道位置的某個文件或對象，甚至不知道要查找的文件的全名。「搜索」功能十分強大，可以快速搜索文件或文件夾。

1. 打開搜索框

在任意一個非程序窗口或「開始」菜單中，Windows 7 提供了便捷的搜索框。可以通過按組合鍵「⊞ + F」打開搜索框。

2. 搜索文件或文件夾

用戶可將「全部或部分文件名」、文件中出現的單詞等關鍵字輸入搜索框進行搜索，搜索結果顯示在窗口的右窗格，雙擊其中的文件或文件夾，可打開這些文件或文件夾。隨著輸入關鍵字的變化，窗口中搜索結果也隨之發生變化。在搜索結果中將著重顯示搜索的關鍵字，並顯示該文件或文件夾的其他信息。系統保留每次搜索的關鍵字，以便下次搜索時進行輸入提示，如圖 2-50 所示。

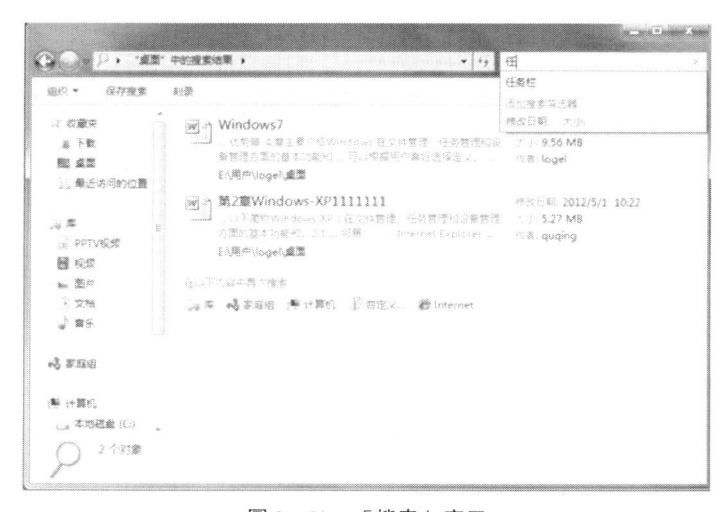

圖 2-50　「搜索」窗口

還可以通過設置一些高級選項，縮小查找範圍，如「修改日期」「大小」；也可以通過選擇窗口左窗格中不同的搜索範圍來提高搜索效率。

2.4　Windows 7 的程序和任務管理

Windows 7 除了提供實現程序和硬件之間的通信以及內存管理等基本功能外，並為其他應用程序提供基礎工作環境。

2.4.1 運行程序

1. 應用程序的啓動

除了從「開始」菜單的「所有程序」中啓動應用程序，還可用以下方法啓動應用程序：

（1）快捷圖標方式：雙擊桌面或文件夾中的應用程序圖標。

（2）在「開始」菜單的搜索框中，輸入程序名稱，單擊搜索到的該程序或直接按「回車」鍵。

（3）按組合鍵「⊞+R」，打開「運行」對話框，如圖2-51所示。輸入程序的路徑名、文件名，單擊「確定」按鈕。

圖2-51　「運行」程序對話框

（3）雙擊某個文檔，可直接打開編輯該文檔的應用程序和該文檔。

（4）在「Windows任務管理器」的「應用程序」選項卡中，單擊「新任務」按鈕，在創建新任務對話框中輸入程序名，或通過「瀏覽」查找應用程序。

2. 關閉程序

（1）單擊程序窗口的「關閉」按鈕，或選擇「文件」菜單中的「退出」命令。

（2）雙擊程序窗口的左上角圖標。

（3）按組合鍵「Alt + F4」。

2.4.2 任務管理

「Windows任務管理器」顯示了計算機上所運行的程序和進程的詳細信息，並為用戶提供有關計算機性能的信息，如查看 CPU、內存使用情況以及程序的描述等。如果計算機已聯網，還可以使用「Windows任務管理器」查看網路狀態。

1. 啓動「Windows任務管理器」

啓動「Windows任務管理器」的操作方法是：按組合鍵「Ctrl + Alt + Del」；或右鍵單擊「任務欄」中的空白區域，在彈出的快捷菜單中選擇「啓動任務管理器」命令，打開「Windows任務管理器」窗口，如圖2-52所示。

2. 管理應用程序

在「Windows任務管理器」窗口，單擊「應用程序」選項卡，可看到系統中已啓動的應用程序及當前狀態。在該窗口中，可以關閉正在運行的應用程序，或切換到其

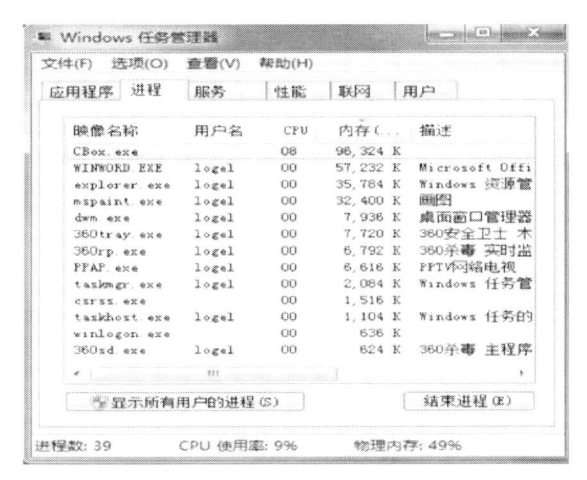

圖 2-52 「Windows 任務管理器」窗口

他應用程序及啓動新的應用程序。

（1）結束任務：用鼠標單擊選中某個任務后，單擊「結束任務」按鈕，可關閉一個應用程序。如果某個程序停止回應，可用「結束任務」來強行終止它。

（2）切換任務：單擊選中某個任務，單擊「切換至」按鈕，系統切換到該程序窗口。

（3）啓動新任務：單擊「新任務」按鈕（或選擇「文件」菜單中的「新建任務」命令），打開「創建新任務」對話框，在「打開」文本框内，輸入要運行的程序，單擊「確定」按鈕，打開應用程序。

2.4.3　程序的安裝與卸載

「控制面板」提供了一個添加和刪除應用程序的工具——「程序」。「添加/刪除程序」可以幫助用戶管理計算機上的程序和組件。

通過「添加/刪除程序」，可以完成以下工作：

（1）添加新程序

可從光盤安裝新的應用程序，或從 Internet 上添加 Windows 7 的新功能、設備驅動程序和進行系統更新。

（2）卸載或更改程序

打開「控制面板」窗口，雙擊「卸載程序」圖標，打開如圖 2-53 所示的「卸載或更改程序」窗口。若要卸載某個應用程序，在列表框中選擇需要卸載的程序，然后單擊「卸載/更改」按鈕，啓動卸載程序。

（3）添加/刪除 Windows 7 組件

Windows 7 在安裝時，將文件全部複製到硬盤上，因此，添加或刪除 Windows 7 組件時，不需要提供 Windows 7 系統光盤，只需在 Windows 7 功能列表框中選擇需要添加或刪除的組件即可。

添加組件的步驟如下：

① 依次單擊「開始」「控制面板」「程序」「打開或關閉 Windows 功能」項。

圖 2-53 「添加或刪除程序」窗口

② 在 Windows 7 功能列表框中找到想要添加的 Windows 7 組件，單擊組件名稱的復選框，將其選中。

③ 單擊「確定」按鈕，安裝組件。

如果不再需要某些組件，可通過取消勾選列表框中組件名稱的復選框來刪除這些組件。

2.5 Windows 7 的系統管理

使計算機處於一種良好的工作狀態，需要經常對系統進行管理。在執行某些管理任務時，可能需要以 Administrators 組成員身分登錄。通過一個統一的桌面工具，即「計算機管理」，可幫助用戶管理本地或遠程計算機，將多個 Windows 7 管理工具合併到一個控制器中，輕鬆地訪問特定計算機的管理屬性和工具。

2.5.1 用戶管理

Windows 7 是一個多任務多用戶的操作系統，但在某一時刻只能有一個用戶使用計算機，也就是說，一臺單機可以在不同的時刻供多人使用，因此，不同的人可以建立不同的用戶帳戶及密碼。用戶帳戶定義了用戶可以在系統中執行的操作，即用戶帳戶確定了分配給每個用戶的特權。

Windows 7 有「系統管理員帳戶」「來賓（Guest）帳戶」和「標準（受限）帳戶」三種類型的用戶帳戶。

1. 系統管理員帳戶

系統管理員帳戶可以對計算機進行最高級別的控制，可以安裝程序並訪問計算機中的所有文件，擁有創建、更改和刪除帳戶等權限。

2. 來賓帳戶

來賓帳戶為那些沒有用戶帳戶臨時使用的人所設置，如果沒有啟用來賓帳戶，不能使用來賓帳戶。

3. 標準帳戶

標準帳戶適用於日常計算，可操作計算機，可以查看和修改自己創建的文件，查看共享文檔文件夾中的文件，更改和刪除自己的密碼，更改屬於自己的圖片、主題及「桌面」設置，但不能安裝程序或對系統文件及設置進行更改。

在 Windows 7 中，每一個文件都有一個所有者，即創建該文件的帳戶名，而其他人不能對不屬於自己的文件進行「非法」操作。「系統管理員」可以看到所有用戶的文件，而受限帳戶和來賓帳戶則只能看到和修改自己創建的文件。

Windows 7 還提供了「家長控制」功能。使用「家長控制」功能對兒童使用計算機的方式進行協助管理，例如可以限制兒童使用計算機的時段、允許玩的游戲類型以及可以運行的程序。此時，家長具有管理員帳戶，而將標準帳戶分配給兒童。

創建新用戶的方法：在「控制面板」中，雙擊「添加或刪除用戶帳戶」圖標，打開「管理帳號」對話框，選擇「創建一個新帳戶」，輸入帳戶名，指定帳戶的類型為標準帳戶或計算機管理員，帳戶建立后，在「用戶帳號」對話框中雙擊該帳戶名（圖標），即可對帳戶的信息（如密碼等）進行設置和更改操作。

在 Windows 7 中，所有用戶帳戶可以在不關機的狀態下隨時登錄，也可以同時在一臺計算機上打開多個帳戶，並在打開的帳戶之間進行快速切換。註銷和切換帳戶的方法：選擇「開始」菜單中的「註銷」命令，打開「註銷 Windows」對話框，單擊「切換用戶」按鈕，即可切換帳戶。

2.5.2 設備管理

在使用計算機時，經常要給計算機增加一個新設備（如打印機、網卡等），或要重裝操作系統，這些都涉及硬件設備的安裝。一個硬件設備通常帶有自己的驅動程序，硬件設備的驅動程序在操作系統與該設備之間建立起一種連結關係，使操作系統能指揮硬件設備完成指定任務。在安裝「即插即用」設備時，Windows 7 自動配置該設備，它能和計算機上安裝的其他設備一起正常工作。

在安裝非「即插即用」設備時，設備的資源設置不是自動配置的。通常操作系統自帶了多數廠家的各種常用硬件設備的驅動程序，在安裝系統時，安裝程序自動找到並安裝這些設備的驅動程序，但系統也經常會找不到相應的驅動程序，用戶可根據所安裝設備的類型，手動安裝驅動程序。

一般的硬件設備附帶的光盤及手冊提供了該設備的驅動程序及如何進行配置安裝操作的指導。用戶只需將光盤插入驅動器，啟動驅動程序的安裝向導，然後按提示順序執行即可完成安裝。

2.5.3 磁盤管理

1. 查看磁盤的屬性

如果要瞭解磁盤的有關信息，可查看磁盤的屬性。磁盤的屬性包括磁盤的類型、文件系統類型、卷標、容量大小、已用和可用的空間、共享設置等。

查看磁盤屬性的操作方法如下：

（1）打開「計算機」或「Windows 資源管理器」窗口，選中磁盤符號（如 D:)，

在狀態欄中查看基本屬性。

(2) 選擇「文件」菜單中的「屬性」命令；或單擊鼠標右鍵，在彈出的快捷菜單中選擇「屬性」命令，打開「本地磁盤屬性」對話框。

在「本地磁盤屬性」對話框中，可以詳細地查看該磁盤的使用信息，如該磁盤的已用空間、可用空間以及文件系統的類型，還可進行一些必要的設置，如更改卷標名、設置磁盤共享等。

2. 磁盤清理

在計算機使用過程中，由於各種原因會產生許多「垃圾文件」，如系統使用的臨時文件、「回收站」中已刪除文件、Internet 緩存文件以及一些不需要的文件等。隨著時間的推移，這些垃圾文件越來越多，占據了大量的磁盤空間，並影響計算機的運行速度，因此必須定期清除。磁盤清理程序是系統為清理垃圾文件提供的一個實用程序。

磁盤清理程序的使用方法如下：

(1) 打開「開始」菜單，依次選擇「所有程序」「附件」「系統工具」項，然後選擇「磁盤清理」命令，打開「選擇驅動器」對話框，如圖 2-54 所示。

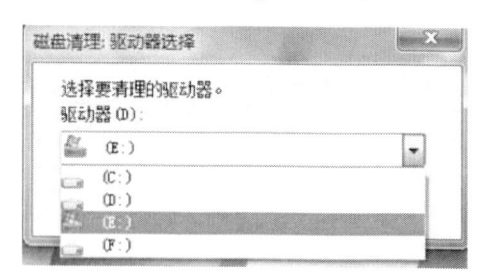

圖 2-54　「選擇驅動器」對話框

(2) 單擊「驅動器」的下拉箭頭，選擇需要清理的驅動器符號（如 E:），單擊「確定」按鈕，打開「磁盤清理」對話框，如圖 2-55 所示。

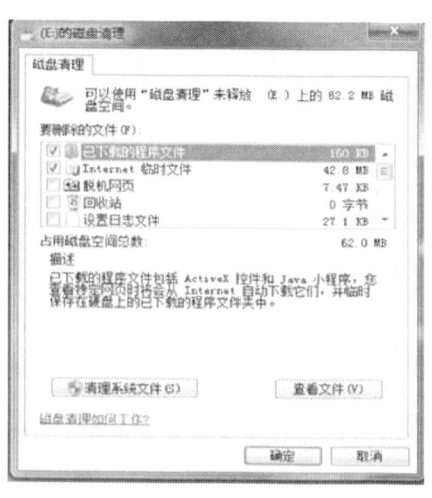

圖 2-55　「磁盤清理」對話框

(3) 在「磁盤清理」對話框中，選擇需要清理的文件（文件夾）。單擊「查看文件」按鈕，可以查看文件的詳細信息。

(4) 單擊「確定」按鈕，打開「磁盤清理」確認對話框，單擊「確定」按鈕，開始清理並刪除不需要的垃圾文件（文件夾）。

用戶也可右鍵單擊磁盤盤符，選擇「屬性」命令。在「屬性」對話框中，選擇「常規」選項卡，單擊「磁盤清理」按鈕，打開「磁盤清理」對話框。單擊「確定」按鈕，完成磁盤清理操作。

3. 磁盤碎片整理

在使用磁盤的過程中，用戶經常要創建和刪除文件及文件夾、安裝新軟件或從Internet下載文件，經過一段時間后，磁盤上會產生一些物理位置不連續的文件，這就形成了磁盤碎片。通常情況下，計算機存儲文件時會將文件存放在足夠大的第一個連續可用的存儲空間上。如果沒有足夠大的可用空間，會盡量將文件數據保存在最大的可用空間上，然后將剩余數據保存在下一個可用空間上，依次類推。不管如何存放數據，計算機系統都能找到並讀取數據，但讀寫數據的速度不一樣。

當磁盤中的大部分空間都被用作存儲文件和文件夾后，有些新文件則被存儲在磁盤的碎片中。刪除文件后，在存儲新文件時剩余的空間將隨機填充。磁盤中的碎片越多，計算機的文件輸入/輸出系統性能就越會降低。

「磁盤碎片整理程序」可以分析磁盤碎片，合併碎片文件和文件夾，以便每個文件或文件夾都可以占用單獨而連續的磁盤空間，並將最常用的程序移到訪問時間最短的磁盤位置。這樣，系統可以更有效地訪問和保存文件和文件夾，從而提高程序運行、打開和讀取文件的速度。

使用磁盤碎片整理程序的方法有下列幾種：

(1) 打開「開始」菜單，依次選擇「所有程序」「附件」「系統工具」項，然后選擇「磁盤碎片整理程序」命令。

(2) 打開「我的電腦」或「Windows 資源管理器」窗口，在該窗口中找到需要進行碎片整理的磁盤（如 D:）。選擇「屬性」命令，打開「屬性」窗口，在「工具」選項卡中，選擇「立即進行碎片整理」，單擊「開始整理」按鈕，打開「磁盤碎片整理程序」窗口，如圖 2-56 所示。

選中需要分析或整理的磁盤，如選擇（E:）盤，單擊「磁盤碎片整理」按鈕，系統開始整理磁盤。磁盤碎片整理的時間比較長，在整理磁盤前一般先進行分析，以確定磁盤是否需要進行整理。所以，單擊「分析磁盤」按鈕，系統開始對當前磁盤進行分析，分析完成后出現磁盤分析對話框，用戶可以看到分析結果，並決定是否對磁盤進行整理。

用戶可以通過「配置計劃」按每天、每週、每月設置定期磁盤碎片整理，系統將自動執行磁盤碎片整理，無需用戶手動執行。

圖 2-56　「磁盤碎片整理程序」窗口

2.5.4　系統註冊表

　　註冊表中包含了有關計算機如何運行的信息。註冊表數據庫包含了應用程序和計算機系統的配置、系統和應用程序的初始化信息、應用程序和文檔文件的關聯關係、硬件設備的說明狀態和屬性、計算機性能記錄和底層的系統狀態信息以及其他數據等。在啟動時，系統從註冊表中讀取各種設備的驅動程序及其加載順序信息，而設備驅動程序從註冊表中獲得配置參數，同時還要收集動態的硬件配置信息保存在註冊表中。

　　註冊表編輯器是用來查看和更改系統註冊表設置的高級工具。Windows 7 將配置信息存儲在以樹狀組織形式的數據庫（註冊表）中。註冊表的路徑用來說明某個鍵值在註冊表中的位置，與文件系統中的文件路徑類似，一個完整的路徑是從根鍵開始的。註冊表編輯器的定位區域顯示文件夾，每個文件夾表示本地計算機上的一個預定義的項。訪問遠程計算機的註冊表時，只出現兩個預定義項：HKEY_USERS 和 HKEY_LOCAL_MACHINE。註冊表的根鍵如表 2-1 所示。

表 2-1　　　　　　　　　　　　　　註冊表的根鍵

文件夾/預定義項	說　明
HKEY_CURRENT_USER	包含當前登錄用戶的配置信息的根目錄。用戶文件夾、屏幕顏色和「控制面板」設置存儲在此處。該信息被稱為用戶配置文件
HKEY_USERS	包含計算機上所有用戶的配置文件的根目錄。HKEY_CURRENT_USER 是 HKEY_USERS 的子項
HKEY_LOCAL_MACHINE	包含針對該計算機（對於任何用戶）的配置信息
HKEY_CLASSES_ROOT	是 HKEY_LOCAL_MACHINE\Software 的子項。此處存儲的信息可以確保使用「Windows 資源管理器」打開文件時，打開正確的程序
HKEY_CURRENT_CONFIG	包含本地計算機在系統啟動時所用的硬件配置文件信息

在「開始」菜單的搜索框中鍵入「regedit」並回車，打開「註冊表編輯器」窗口，如圖 2-57 所示。文件夾表示註冊表中的根鍵（項），並顯示在註冊表編輯器窗口左側的定位區域中。在右側的主題區域中，則顯示項中的鍵值項（值項）。這些值從默認值開始，按字母順序排列，當前所選鍵名稱顯示在狀態欄上，雙擊鍵值項（值項）時，打開編輯對話框。

圖 2-57 「註冊表編輯器」窗口

在對註冊表中的值進行編輯時，注意系統對用戶的修改立刻生效，而不會給任何提示，因此要特別小心。一般高級用戶能夠編輯和還原註冊表，高級用戶可以安全地使用註冊表編輯器清除重複項或刪除已被卸載或刪除的程序項。

儘管可以用註冊表編輯器查看和修改註冊表，但是要注意，不要輕易更改註冊表，因為編輯註冊表不當，可能會嚴重損壞系統，導致系統徹底癱瘓，不得不重裝系統。如果一定要修改，在更改註冊表前，應備份計算機上任何有價值的數據，並備份註冊表。

備份註冊表的操作步驟如下：

（1）選擇「開始」菜單，在搜索框中鍵入「regedit」並回車，打開「註冊表編輯器」窗口。

（2）選擇「文件」菜單中的「導出…」命令，打開「導出註冊表文件」對話框。

（3）在對話框中，選擇註冊表備份存放的磁盤路徑，輸入註冊表備份文件的名稱，單擊「保存」按鈕，完成註冊表的備份操作。

恢復註冊表時，打開註冊表編輯器，選擇「文件」菜單中的「導入…」命令，找到已備份的註冊表文件即可。

2.6 Windows 7 的實用工具

Windows 7 的「附件」中提供了「記事本」「寫字板」「計算器」「圖畫」等多個

實用工具，方便用戶使用。

2.6.1 記事本

Windows 7 提供了「記事本」和「寫字板」兩個字處理實用程序。它們都提供了基本文本編輯功能，不同的任務，可以選擇不同的編輯器。

「記事本」是一個純文本編輯器，如圖 2-58 所示。「記事本」可用於編輯簡單的文檔或創建網頁，但不能處理諸如字體的大小、類型、行距和字間距等格式。若要創建和編輯帶格式的文件，可以使用「寫字板」。「記事本」是一種基本的文本編輯器，通常用來查看或編輯文本文件，例如自動批處理文件 Autoexe.bat、系統配置文件 Config.sys 和 Windows 軟件中提供的 Readme.txt 文件。如果要和使用其他操作系統（例如 UNIX）的用戶共享文檔，則純文本文件非常重要。

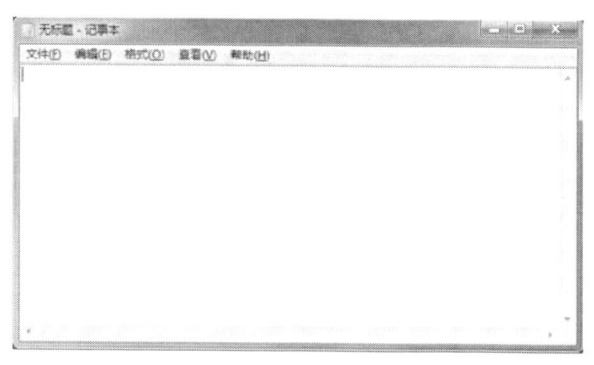

圖 2-58　「記事本」窗口

2.6.2 寫字板

「寫字板」是 Windows 7 提供的另一個文本編輯器，如圖 2-59 所示。使用「寫字板」，可以創建比較複雜的文檔、創建和編輯帶格式的文件、提供字處理器的大部分功能（如更改整個文檔或文檔中某些字的字體）。在「寫字板」中，可在文本中插入項目符號以及將段落左對齊或右對齊。

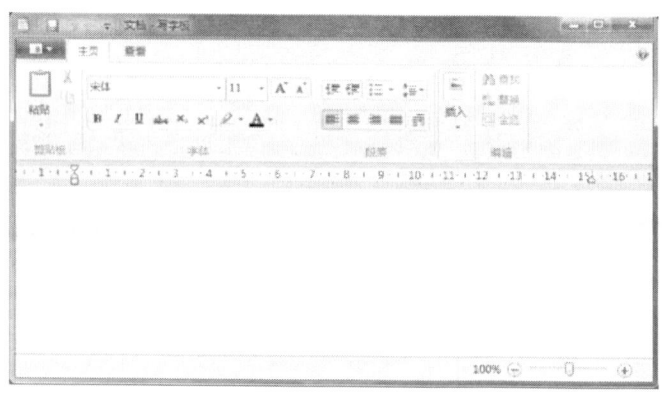

圖 2-59　「寫字板」窗口

字處理器比記事本和寫字板提供了更多的文檔控制功能。它可以添加腳註、註釋，甚至生成文檔的目錄。一些字處理器還提供宏和模板以幫助用戶自動執行重複性的任務，例如鍵入用戶名稱或格式化標題。通常字處理器會自動檢查文檔中的拼寫和語法錯誤。字處理器提供更多的文本格式選項，例如自動對文本行進行編號、創建列或插入圖像及文本框等。

2.6.3 計算器

使用「計算器」可以完成通常借助手持計算器來完成的標準運算。「計算器」可用於基本的算術運算，同時還具有科學計算、進制換算、統計等功能，比如對數運算和階乘運算等。在運行其他 Windows 應用程序過程中，如需要進行相關運算，用戶可隨時調用計算器。若要把計算結果直接調到相關的應用程序中，在「計算器」窗口中選擇「編輯」菜單中的「複製」命令，然後轉到目標應用程序窗口，將插入點移到準備插入計算結果的位置，接著選擇「編輯」菜單中的「粘貼」命令，或按組合鍵「Ctrl + V」。

打開「開始」菜單，依次選擇「所有程序」「附件」項，最后選擇「計算器」命令，打開「計算器」窗口。選擇「查看」菜單中的「科學型」「程序員」「統計信息」等命令，可進行統計、對數、階乘、進制換算、單位換算、日期計算等運算，如圖 2-60 所示。

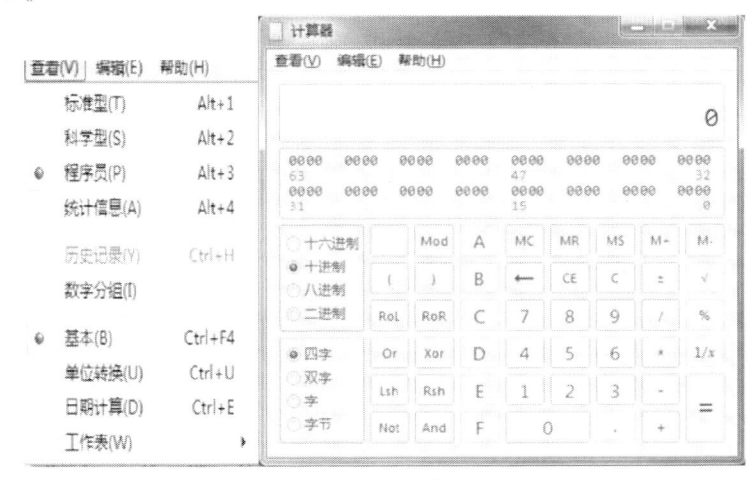

圖 2-60 「計算器」窗口

Windows 7 計算器的格式和使用方法與一般計算器基本相同。例如，在標準型計算器中，用鼠標單擊計算器的各個按鈕，如同手指在一般計算器上按鍵操作。用戶也可使用小鍵盤進行輸入。

2.6.4 畫圖

Windows 7 提供了位圖繪製程序——「畫圖」。「畫圖」程序可用來創建簡單而精美的圖片，可以查看和編輯已有圖片。這些圖片可以是黑白或彩色的，並可以存為位圖文件。利用「畫圖」，可以創建商業圖形、公司標誌、示意圖以及其他類型的圖形

等，還可以處理其他格式的圖片，例如 JPG、GIF 或 BMP 格式的文件。另外，還可以將「畫圖」中的圖片粘貼到其他已有文檔中，也可以將其用作桌面背景。

1. 「畫圖」的啓動

打開「開始」菜單，依次選擇「所有程序」「附件」項，然后選擇「畫圖」命令，打開「畫圖」窗口，如圖 2-61 所示。將「畫圖」程序附到「開始」菜單或鎖定到「任務欄」，可以方便啓動「畫圖」程序。

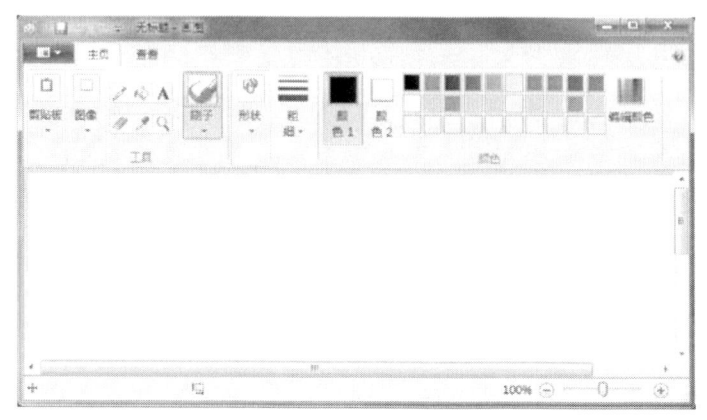

圖 2-61 「畫圖」窗口

2. 新建一個圖片文件

進入「畫圖」窗口，即創建一個新的位圖文件；如果需要再新建一個文件，可選擇「文件」菜單中的「新建」命令，在新建一個位圖文件時，如果「畫圖」有未保存過的內容，則系統將提示位圖文件是否保存；如果要對一個舊位圖文件進行編輯，可選擇「文件」菜單中的「打開」命令。

3. 「畫圖」工作區窗口

「畫圖」主窗口中有一白色區域，稱為畫布。將鼠標移動到右、下或右下角處，指針變為「↔」「↕」或「↖」形狀，按住鼠標左鍵不放，拖動即可改變畫布的大小。當畫布大小確定后，用戶即可用畫圖工具畫圖。使用「圖像」中的「重新調整大小」命令，同樣可調整畫布尺寸。

4. 調色板

在「畫圖」窗口頂部右邊有一組顏色柵格稱為調色板。單擊某一顏色柵格，該顏色就會出現在調色板左邊的「顏色1」的選擇框內，該顏色為前景色；單擊「顏色2」，在調色板中選擇某種顏色出現在「顏色2」的背景色框中，該顏色稱為背景色。

5. 畫圖工具和形狀

「畫圖」窗口頂部的左側是畫圖工具和形狀圖形。可以通過下拉菜單，選擇不同的工具和形狀在畫布上繪製各種圖形及對圖形做各種處理。單擊其中的某一圖形，即選中該工具，然后指向畫布，可通過單擊或拖動鼠標來繪製出相應的圖形。

2.7　Windows 7 的幫助和支持

　　Windows 7 為用戶提供了一個幫助學習使用 Windows 7 的完整資源，包括各種實踐建議、教程和演示。用戶可使用搜索特性、索引或目錄查看所有 Windows 7 的幫助資源，甚至包括 Internet 上的資源。Windows 7 的幫助系統以 Web 頁面風格顯示幫助內容，具有一致性的幫助系統的風格、組織和術語，擁有更少的層次結構和更大規模的全面索引，對於每一個問題還增加了「相關主題」的連結查詢等功能。

　　選擇「開始」菜單中的「幫助和支持」命令（或按 F1 鍵），即可打開「幫助和支持中心」。另外，在 Windows 7 的很多窗口，如「資源管理器」「計算機」等的「幫助」菜單下或單擊 圖標或按 F1 鍵，可以打開與該窗口相關的幫助窗口；也可以在搜索框中輸入關鍵字尋求幫助。

【本章小結】

　　Windows 7 是繼 Windows XP 和 Windows Vista 之后推出的又一個 Microsoft Windows 版本，其核心版本號為 Windows NT 6.1。該系統相對 Windows XP，內核幾乎全部重寫，帶來了大量的新功能，但與 Vista 相比，差別很小，主要是進行了優化和升級。

　　Windows 7 提供了不同的產品版本，可供家庭及商業工作環境、筆記本電腦、平板電腦、多媒體中心等使用，即 Windows 7 Starter（初級版）、Windows 7 Home Basic（家庭普通版）、Windows 7 Home Premium（家庭高級版）、Windows 7 Professional（專業版）、Windows 7 Enterprise（企業版）以及 Windows 7 Ultimate（旗艦版）。

　　本章主要介紹了 Windows 7 的特性以及在文件管理、任務管理和設備管理方面的基本功能和使用方法。

【思考與討論】

1. 文件的概念是什麼？如何定義文件名和文件擴展名？
2. 文件夾的概念是什麼？文件在 Windows 7 中是以什麼形式組織的？
3. 為什麼要使用「控制面板」的「卸載/更改程序」工具來安裝和卸載應用程序？
4. 對磁盤可以進行哪些管理操作？這些管理工具各有什麼作用？
5. 在 Windows 7 中，應用程序之間交換數據有些什麼形式及每種形式的特點？
6. 簡述 Windows 7 註冊表的功能。如何備份註冊表？
7. 什麼是庫？庫與文件夾有什麼區別？

第3章　Word 2010 基礎及高級應用

【學習目標】
- 熟悉 Word 2010 的界面。
- 掌握文檔的基本操作：新建、保存、關閉和打開。
- 瞭解文檔保護的方法。
- 掌握基本的編輯操作：選擇、刪除、複製、粘貼、剪切文本。
- 掌握字符和段落格式設置。
- 掌握查找和替換的使用。
- 熟悉表格的創建和編輯。
- 掌握圖片和剪貼畫的插入與設置首字下沉。
- 熟悉圖形繪製和藝術字的插入。
- 掌握 SmartArt 圖形的插入和編輯。
- 熟悉封面的製作。
- 掌握頁面佈局的設置。
- 掌握頁眉和頁腳的插入。
- 瞭解分節符的作用，掌握不同節的頁眉、頁腳的設置。
- 掌握郵件合併的過程。
- 瞭解樣式的使用。
- 掌握目錄的添加。
- 掌握題註、腳註和尾註的插入。
- 瞭解拼寫檢查和自動更正。
- 掌握批註和修訂的插入。
- 掌握文檔的打印。

【知識架構】

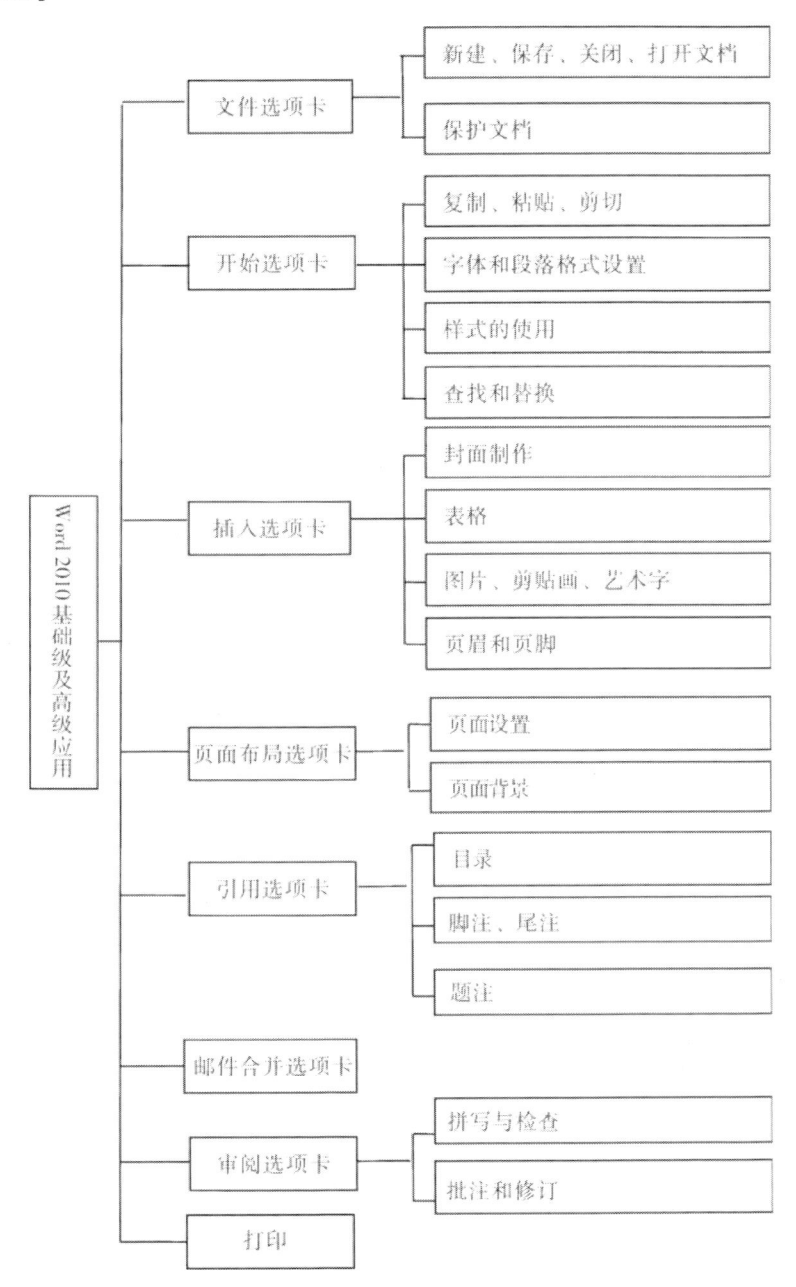

```
                          ┌─ 新建、保存、关闭、打开文档
              ┌─ 文件选项卡 ─┤
              │            └─ 保护文档
              │
              │            ┌─ 复制、粘贴、剪切
              │            │
              │            ├─ 字体和段落格式设置
              ├─ 开始选项卡 ─┤
              │            ├─ 样式的使用
              │            │
              │            └─ 查找和替换
              │
              │            ┌─ 封面制作
              │            │
Word 2010     │            ├─ 表格
基础级及    ──┤─ 插入选项卡 ─┤
高级应用      │            ├─ 图片、剪贴画、艺术字
              │            │
              │            └─ 页眉和页脚
              │
              │              ┌─ 页面设置
              ├─ 页面布局选项卡 ─┤
              │              └─ 页面背景
              │
              │            ┌─ 目录
              │            │
              ├─ 引用选项卡 ─┤─ 脚注、尾注
              │            │
              │            └─ 题注
              │
              ├─ 邮件合并选项卡
              │
              │            ┌─ 拼写与检查
              ├─ 审阅选项卡 ─┤
              │            └─ 批注和修订
              │
              └─ 打印
```

3.1　Word 2010 基本操作

Word 2010 是一種功能強大的圖文編輯工具，用來創建和編輯具有專業外觀的文檔（包括文字、圖片、表格等），如信函、論文、報告和小冊子。

3.1.1　Word 2010 的啓動與退出

1. 啓動 Word 2010

（1）從「開始」菜單中啓動 Word 2010

打開「開始」菜單，依次選擇「所有程序」「Microsoft Office」項，然後選擇「Microsoft Word 2010」命令，即可啓動 Word 2010。

（2）按快捷方式啓動 Word 2010

如果桌面上已有 Word 的快捷圖標，可以使用快捷方式啓動 Word 2010，操作方法爲：雙擊桌面上的 Word 2010 的快捷方式圖標，即可啓動 Word 2010。

2. 退出 Word 2010

退出 Word 2010，返回到 Windows 7 系統下，可採用以下任何一種方法：

（1）單擊 Word 2010 應用程序窗口標題欄右上角的「關閉」按鈕。

（2）選擇「文件」主選項卡的「退出」命令。

（3）按組合鍵「Alt + F4」。

3. Word 2010 主窗口的組成

啓動 Word 2010 后，屏幕上顯示 Word 2010 主窗口，如圖 3-1 所示。

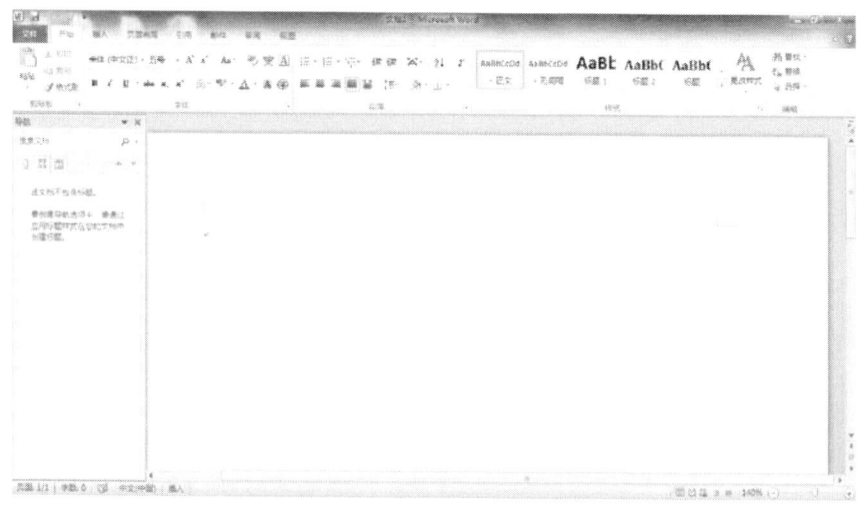

圖 3-1　Word 2010 主窗口

Word 2010 主窗口由「快速啓動按鈕」「標題欄」「窗口操作按鈕」「主選項卡欄」「功能區」「工作區」「狀態欄」等部分組成。

其中，主選項卡欄中橫向排列若干個主選項卡的名稱，包括「文件」「開始」「插入」「頁面佈局」「引用」「郵件」「審閱」和「視圖」。選擇某個主選項卡，出現與之相應的功能區。

・「開始」主選項卡的功能區：包含「剪貼板」「字體」「段落」「樣式」和「編輯」。

・「插入」主選項卡的功能區：包含「頁」「表格」「插圖」「連結」「頁眉和頁

腳」「文本」和「符號」。

・「頁面佈局」主選項卡的功能區：包含「主題」「頁面設置」「頁面背景」「段落」和「排列」。

・「引用」主選項卡的功能區：包含「目錄」「腳註」「引文與書目」「題註」「索引」和「引文目錄」。

・「郵件」主選項卡的功能區：包含「創建」「開始郵件合併」「編寫與插入域」「預覽結果」和「完成」。

・「審閱」主選項卡的功能區：包含「校對」「語言」「中文簡繁轉換」「批註」「修訂」「更改」「比較」和「保護」。

・「視圖」主選項卡的功能區：包含「文檔視圖」「顯示」「顯示比例」「窗口」和「宏」。

功能區中排列若干個選項，單擊它們，可執行其對應的命令。有的選項還有對應的下拉菜單，可從中選擇相應的命令。功能區中各個選項都有一個圖標，如果圖標顯示呈現灰色，表示此功能暫時不能使用。

3.1.2 文檔的基本操作

1. 新建文檔

在進行文本輸入與編輯之前，首先要新建一個文檔。每次啓動 Word 2010 時，系統自動建立一個名為「文檔1」的空文檔。

新建文檔的操作步驟如下：

選擇「文件」主選項卡的「新建」命令，在「新建文檔」任務窗格中，單擊「空白文檔」，單擊「創建」按鈕，建立一個空文檔。

2. 保存文檔

在編輯文檔時，為了避免出現意外而導致未存盤的信息丟失，需要保存文檔。保存文檔，就是將文檔從內存寫到外存。

可使用下列方法保存文檔：

(1) 保存未命名的文件

① 選擇「文件」主選項卡的「保存」命令，或單擊「快速啓動按鈕」中的「保存」按鈕，或按組合鍵「Ctrl+S」，打開「另存為」對話框。

② 在「另存為」對話框的「保存位置」下拉列表框中，選擇保存位置；在「文件名」文本框中，輸入文件名，例如「邀請」。單擊「保存」按鈕，保存文件。

(2) 保存已有的文檔

保存已有文檔的操作方法類似與保存未命名文檔，但不再出現「另存為」對話框。

(3) 將已有文檔保存為其他的文件名

選擇「文件」主選項卡的「另存為」命令，打開「另存為」對話框。其他操作步驟同保存未命名的文件。

(4) 設置自動保存文件

設置自動保存文件后，系統按設定的時間間隔來自動保存文件。操作步驟如下：

① 選擇「文件」主選項卡的「選項」命令，打開「Word 選項」窗口，如圖 3-2

所示。

②選中「保存自動恢復信息時間間隔」復選框,在其右側的「分鐘」列表框中輸入兩次保存之間的時間間隔,單擊「確定」按鈕。

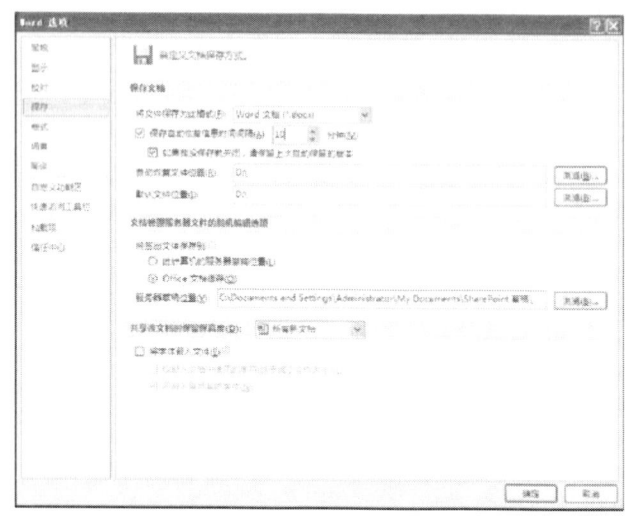

圖 3-2 「Word 選項」窗口

3. 打開文檔

可使用下列方法打開文檔:

(1)選擇「文件」主選項卡中最近使用的文件,或單擊快速啟動按鈕欄上的「打開」按鈕,快速打開最近使用的文檔。

(2)選擇「文件」主選項卡的「打開」命令,或按組合鍵「Ctrl + O」,出現「打開」窗口,如圖 3-3 所示。在「查找範圍」下拉列表框中,選擇文檔所在的文件夾,在文檔列表中雙擊文檔名,打開文檔。

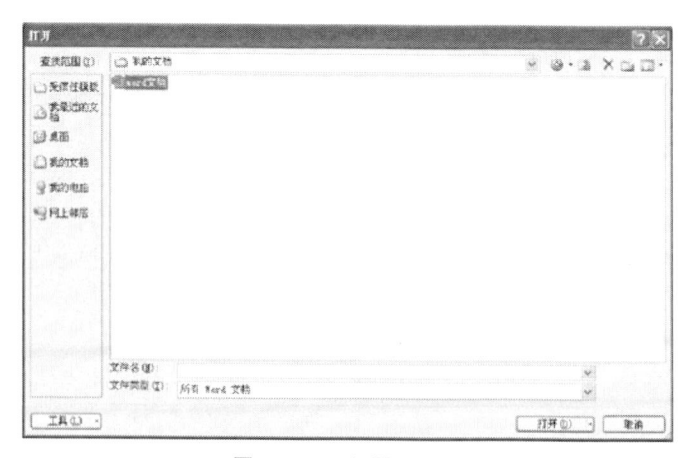

圖 3-3 「打開」窗口

4. 保護文檔

在 Word 2010 中，設置文檔的安全性後，當打開或修改文檔時，必須使用密碼，以達到保護文檔的目的。設置打開文檔的密碼和修改文檔的密碼的操作步驟如下：

（1）設置打開文檔的密碼

① 選擇「文件」主選項卡的「信息」命令，在「權限」中單擊「保護文檔」按鈕，單擊「用密碼進行加密」項，如圖 3-4 所示。

圖 3-4 「保護」設置

② 在「加密文檔」對話框中，輸入密碼，如圖 3-5 所示。

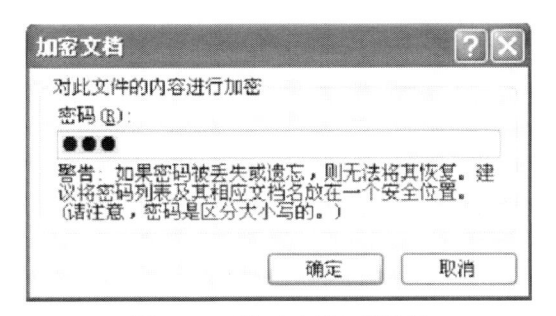

圖 3-5 「加密文檔」對話框

③ 在「確認加密」對話框中，重新輸入相同的密碼，如圖 3-6 所示。

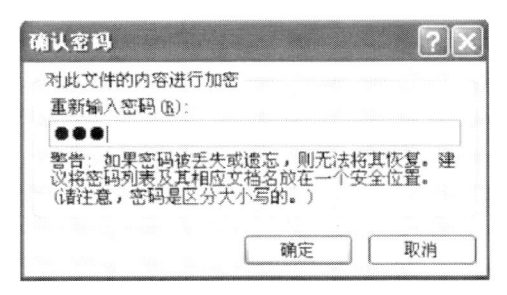

圖 3-6 「確認密碼」對話框

④ 關閉文檔后，需要輸入密碼才能打開文檔，如圖 3-7 所示。

圖 3-7 「密碼」對話框

（2）設置修改文檔的密碼

選擇「文件」主選項卡的「信息」命令，在「權限」中單擊「保護文檔」按鈕，單擊「限制編輯」項，在文檔右側彈出「限制格式和編輯」對話框，可以進行格式設置、編輯限制、啓動強制保護等操作，選擇應用該設置並輸入密碼。

5. 關閉文檔

單擊文檔窗口右上角的「關閉」按鈕，或按組合鍵「Ctrl + F4」，或選擇「文件」主選項卡的「關閉」命令，關閉文檔。

3.1.3 文本的輸入

建立新文檔后，即可在工作區中的插入點輸入文本。輸入文本時，插入點自動后移。當輸入的文本到達右邊界，Word 2010 自動換行。

注意：為了便於排版，輸入文本的各行結尾處不要按回車鍵。當一個段落結束時，才能按回車鍵。按回車鍵表示一個段落結束，新段落開始。在段落的開頭不要用空格鍵，而採用縮進方式對齊文本。

1. 輸入中文

Word 2010 默認為英文輸入狀態。按組合鍵「Ctrl + Space」，在中文和英文輸入法之間進行切換。在中文輸入狀態下，單擊「語言欄」中的 按鈕，或按組合鍵「Ctrl + Shift」，進行輸入法的切換；單擊「語言欄」中的 按鈕，進行中文標點符號輸入和英文標點符號輸入的切換。

2. 輸入英文

在 Word 2010 中輸入英文，系統啓動自動更正功能。例如，輸入「i am a student」，系統自動更正為「I am a student」。

在英文狀態下，可以快速更正已輸入的英文字母或英文單詞的大小寫。操作方法如下：

（1）選定需要更新的文本。

（2）按住 Shift 鍵的同時，不停地按 F3 鍵。每次按 F3 鍵，英文單詞的格式在全部大寫、單詞首字母大寫和全部小寫格式之間進行切換。

3. 輸入特殊符號

在文檔中可輸入一些特殊的符號，例如： 、 、Φ、Ω等。操作步驟如下：

（1）將光標定位到需要插入字符的位置。

（2）選擇「插入」主選項卡的「符號」功能區，單擊「符號」按鈕，在「符號」

下拉列表中，選擇「其他符號（M）」命令，打開「符號」對話框，如圖3-8所示。

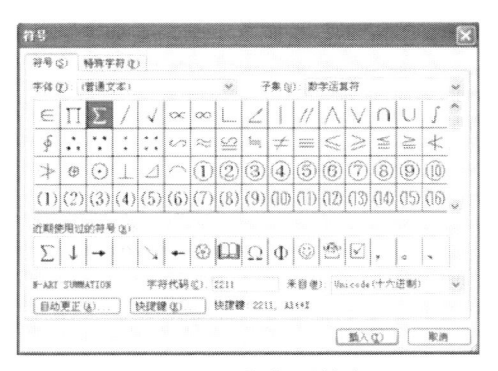

圖3-8 「符號」對話框

（3）單擊「符號」選項卡，在「字體」下拉列表框中選擇符號集。在選定的符號集中，又可以選擇不同的子集。

（4）選擇需要插入的字符，單擊「插入」按鈕，在文檔的光標處插入字符。

如果需要插入常用的印刷符號，例如：「©」「§」「¶」等，可在「符號」對話框的「特殊字符」選項卡中進行選擇。

4. 輸入日期和時間

在文檔中可以插入固定的日期和時間，也可插入自動更新的日期和時間。操作步驟如下：

（1）單擊需要插入日期和時間的位置。

（2）選擇「插入」主選項卡的「文本」功能區，單擊「日期和時間」按鈕，打開「日期和時間」對話框，如圖3-9所示。

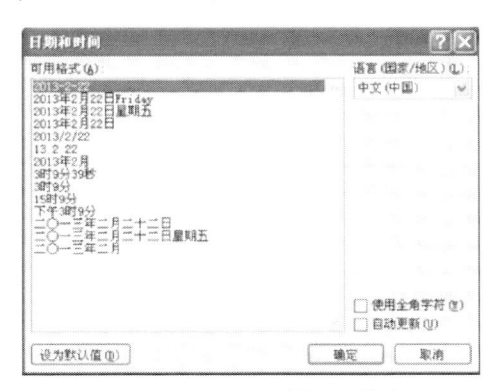

圖3-9 「日期和時間」對話框

（3）在「可用格式」列表框中，選擇某種格式。

（4）選中「自動更新」復選框，在打印文檔時，自動更新日期和時間。

（5）單擊「確定」按鈕。

【例3-1】在「故事」文檔中輸入下列文本，如圖3-10所示。

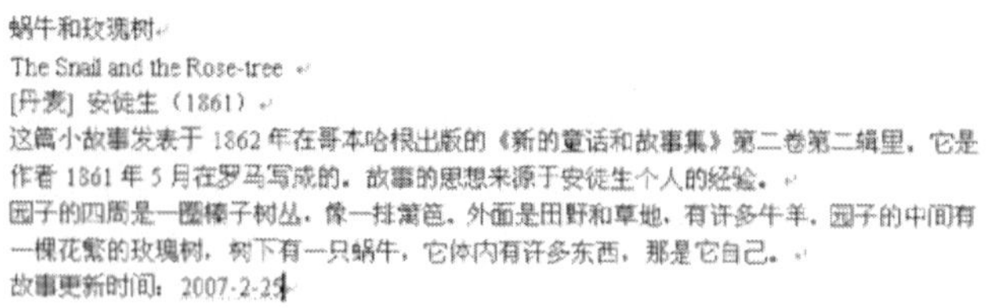

蝸牛和玫瑰樹

The Snail and the Rose-tree

[丹麥] 安徒生（1861）

這篇小故事發表於 1862 年在哥本哈根出版的《新的童話和故事集》第二卷第二輯裡，它是作者 1861 年 5 月在羅馬寫成的。故事的思想來源於安徒生個人的經驗。

園子的四周是一圈榛子樹叢，像一排籬笆。外面是田野和草地，有許多牛羊。園子的中間有一棵花繁的玫瑰樹，樹下有一隻蝸牛，它體內有許多東西，那是它自己。

故事更新時間：2007-2-24

圖 3-10　文本內容

3.1.4　文本的編輯和修改

1. 插入和改寫方式

在默認狀態下，輸入文本為「插入」狀態，即將已輸入的文本右移，以便插入新輸入的字符。可以切換到「改寫」狀態，使新輸入的文本替換已有文本；可按 Insert 鍵，在「插入」和「改寫」狀態之間切換。

2. 選擇文本

選擇文本是對文本進行編輯和修飾的前提。選擇文本的方法有：

(1) 鼠標拖動

當鼠標變成 I 形，即可在選定的文本塊中拖動。

(2) 使用選定區

將鼠標移到文檔左邊的選定區，鼠標變成白色的箭頭 ⇗。此時，單擊鼠標左鍵，選定一行；雙擊鼠標左鍵，選定一個段落；連續三次單擊鼠標左鍵，選定整篇文檔。

(3) 使用快捷鍵

將光標定位到正在編輯的文檔的任意位置，按組合鍵「Ctrl + A」，選定整篇文檔。

(4) 使用鍵盤加鼠標

將光標定位到任意文本前，按住 Shift 鍵，將光標移到要選定文本的末尾處，單擊鼠標左鍵，松開 Shift 鍵，選定文本。

(5) 選定矩形文本

將光標定位到要選定文本前，按住 Alt 鍵不放，將鼠標移到定位的文本處，按下鼠標左鍵拖動，選定矩形文本。

3. 刪除文本

使用 BackSpace 鍵，可刪除光標前的一個字符；使用 Delete 鍵，可刪除光標后的一個字符；如果先選定文本，再按 Delete 鍵，則刪除選定文本。

4. 複製和移動文本

(1) 複製文本

操作步驟如下：

① 選擇需要複製的文本。

② 選擇「開始」主選項卡的「剪貼板」功能區，單擊「複製」按鈕；或按組合鍵「Ctrl + C」。

③ 將光標定位到目標位置。在「剪貼板」功能區，單擊「粘貼」按鈕；或按組合鍵「Ctrl + V」，將選定的文本複製到目標位置。

（2）移動文本

操作步驟如下：

① 選擇需要移動的文本。

② 選擇「開始」主選項卡的「剪貼板」功能區，單擊「剪切」按鈕；或按組合鍵「Ctrl + X」。

③ 將光標定位到目標位置。在「剪貼板」功能區，單擊「粘貼」按鈕；或按組合鍵「Ctrl + V」，將選擇的文本移動到目標位置。

5. 撤銷、恢復和重複操作

（1）「撤銷」操作：單擊快速啟動按鈕上的「撤銷」按鈕，或按組合鍵「Ctrl + Z」。

（2）「恢復」操作：單擊快速啟動按鈕上的「恢復」按鈕，或按組合鍵「Ctrl + Y」。

（3）「重複」操作：按組合鍵「Ctrl + Y」，重複輸入上一次鍵入的文本。

3.2 文本格式編排

文本格式編排包括字符格式、中文版式、段落格式、邊框和底紋、格式刷、查找和替換等。

3.2.1 設置字符格式

字符格式包括字體、字符大小、形狀、顏色以及陰影、陽文、動態等特殊效果。如果用戶在沒有設置格式的情況下輸入文本，則 Word 按照默認格式設置。

設置字符格式的方法如下：

（1）選定文本。

（2）選擇「開始」主選項卡的「字體」功能區，字符格式設置命令的功能如圖 3-11 所示。

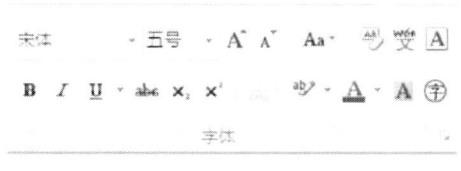

圖 3-11　字符格式設置

（2）選定文本，單擊「字體」功能區中的「打開」按鈕，打開「字體」對話框，如圖 3-12 所示。在該對話框中可進行格式的設置。

（3）選定文本，可使用下列組合鍵：

Ctrl + B：設置加粗。

Ctrl + I：設置斜體。

Ctrl + +：設置下標。

Ctrl + Shift + +：設置上標。

图 3-12 「字體」對話框

【例 3-2】將例 3-1 的前 3 行的文本設置為如圖 3-13 所示的格式。其中,設置「蝸牛和玫瑰樹」的格式為幼圓、四號、加粗、下劃線,設置「The Snail and the Rose-tree」的「發光和柔化邊緣」為「橄欖色」。

图 3-13 文本格式的設置效果

操作步驟如下:
(1) 選定文本「蝸牛和玫瑰樹」。
(2) 選擇「開始」主選項卡的「字體」功能區,在「字體」下拉列表框,選擇「幼圓」;單擊「字號」下拉列表框,選擇「四號」;單擊「加粗」按鈕;單擊「下劃線」按鈕。
(3) 選定文本「(1861)」,在英文輸入狀態下按組合鍵「Ctrl + Shift + +」。
(4) 選定文本「The Snail and the Rose-tree」。
(5) 選擇「開始」主選項卡的「字體」功能區,單擊「字體」按鈕,打開「字體」對話框。在「文字效果」選項卡中,單擊「發光和柔化邊緣」選項中的「橄欖色」,單擊「確定」按鈕。

【例 3-3】在文檔中,利用字符間距輸入「㮾」字。
操作步驟如下:
(1) 在光標處輸入文本「明空」,選定「明空」,設置字號為「六號」。
(2) 選定「明」,選擇「開始」主選項卡的「字體」功能區,單擊「字體」按鈕,打開「字體」對話框,單擊「高級」選項卡,如圖 3-14 所示。
(3) 在字符間距區域的「位置」下拉列表框中選擇「提升」,在「磅值」微調器中輸入「7」,單擊「確定」按鈕,將「明」字提升 7 磅。

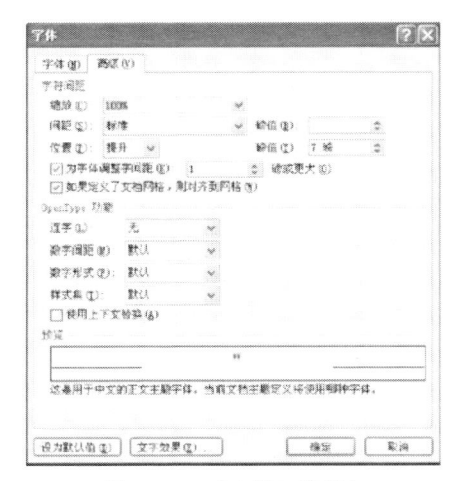

圖 3-14 「高級」選項卡

(4) 選定「明空」，選擇「開始」主選項卡的「字體」功能區，單擊「字體」按鈕，打開「字體」對話框，單擊「字符間距」選項卡，在「間距」下拉列表框中選擇「緊縮」，在間距「磅值」微調器中輸入「10」。

(5) 單擊「確定」按鈕，將「明」字和「空」字的間距緊縮 10 磅。

3.2.2 設置中文版式

排版文檔時，某些格式是中文特有的，例如給中文加拼音、字符合併、雙行合一等。

【例 3-4】給例 3-2 的第 1 行文本「蝸牛和玫瑰樹」加註拼音，將「新的童話和故事集」排版為 和故事集。

操作步驟如下：

(1) 選定文本「蝸牛和玫瑰樹」。
(2) 選擇「開始」主選項卡的「字體」功能區，單擊「拼音指南」按鈕文。
(3) 選定文本「新的童話和故事集」。
(4) 選擇「開始」主選項卡的「段落」功能區，單擊「中文版式」下拉菜單
X，選擇「雙行合一」命令，單擊「確定」按鈕。

3.2.3 設置段落格式

段落格式是以段落為單位的格式設置。設置一個段落的格式之前不需要選定段落，只需要將光標定位在某個段落即可。如果要設置多個段落的格式，則需要選定多個段落。段落格式包括段落縮進、段落對齊、段落間距和行距等。

1. 段落縮進

縮進決定段落到左頁或右頁邊距的距離。在 Word 2010 中，可利用水平標尺設置段落的首行縮進、左縮進、右縮進、懸掛縮進，如圖 3-15 所示。

首行縮進▽：拖動該滑塊，可調整首行文字的開始位置。

左縮進 □：拖動該滑塊，可同時調整段落首行和其餘各行的開始位置。

右縮進 △：拖動該滑塊，可調整段落右邊界。

懸掛縮進 △：拖動該滑塊，可調整段落中首行以外其餘各行的起始位置。

另外，可以單擊「開始」菜單，「段落」功能區中的「減少縮進量」或者「增加縮進量」，所選文本段落的所有行將減少或增加一個漢字的縮進量。

圖 3-15　標尺中各縮進標誌的作用

2. 段落對齊

水平對齊方式決定段落邊緣的外觀和方向，Word 2010 中有左對齊、居中對齊、右對齊和兩端對齊，選擇「開始」主選項卡的「段落」功能區，設置對應的對齊按鈕。

3. 段落間距和行距

段落間距決定段落的前後空白距離的大小。行距決定段落中各行文本間的垂直距離，其默認值是單倍行距。

設置段落間距和行距的操作方法如下：

（1）選擇「開始」主選項卡的「段落」功能區，單擊「段落」按鈕，打開「段落」對話框，如圖 3-16 所示。

圖 3-16　「段落」對話框

（2）選擇「縮進和間距」選項卡，在「間距」設置區，可設置段前間距和段后間

距；在「行距」設置區，可以設置行距的類型和設置值。

4. 段落的其他格式

在「段落」對話框的「換行和分頁」選項卡，可以控制換行和分頁的方法。例如是否段前分頁、是否確定段中不分頁等。在「段落」對話框的「中文版式」中，可以設置中文段落的格式，例如段落換行方式和段落字符間距的自動調整方式等。

【例 3-5】對例 3-1 的文本進行下列設置：將第 1 段和第 2 段設置為「居中對齊」，第 3 段設置為右對齊，第 4 段的段後設置為 0.5 行，第 4 段和第 5 段設置為首行縮進兩個漢字，如圖 3-17 所示。

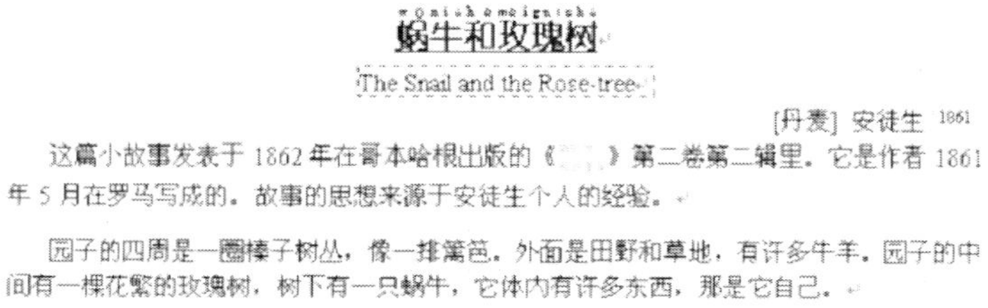

圖 3-17　段落格式的設置效果

操作步驟如下：

(1) 選定第 1 段和第 2 段，單擊「段落」功能區的「居中對齊」按鈕。

(2) 光標定位在第 3 段，單擊「段落」功能區的「右對齊」按鈕。

(3) 選定第 4 段和第 5 段，將「水平標尺」的首行縮進按鈕向右拖動兩個漢字。

(4) 光標定位在第 4 段，在「段落」功能區，單擊「段落」按鈕，打開「段落」對話框，在「間距」設置區的「段後」微調器中輸入 0.5。

【例 3-6】建立 Word 文檔，輸入文檔內容如圖 3-18 所示，保存文檔為「邀請.docx」，然後將該文檔設置成如圖 3-19 所示的文檔格式。

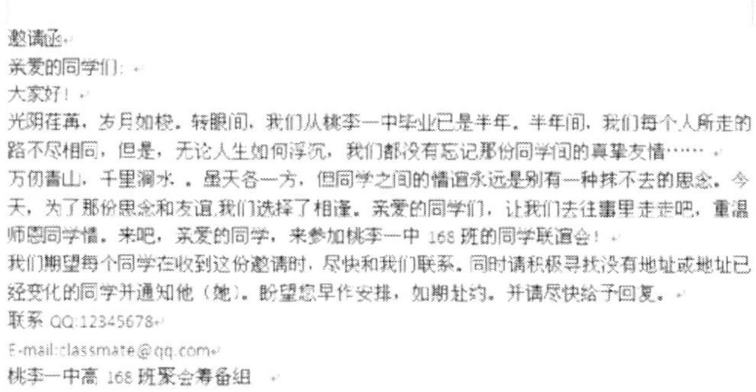

圖 3-18　邀請.docx 內容

操作步驟如下：

(1) 選擇「文件」主選項卡的「新建」命令，在「新建文檔」任務窗格中，單擊「空白文檔」，單擊「創建」按鈕，建立一個空文檔。

邀請函

親愛的同學們：

大家好！

光陰荏苒，歲月如梭，轉眼間，我們從桃李一中畢業已是半年。半年間，我們每個人所走的路不盡相同。但是，無論人生如何浮沉，我們都沒有忘記那份同學間的真摯友情……

萬幼青山，千里湖水，風天各一方，但同學之間的情誼永遠是別有一種抹不去的思念。今天，為了那份思念和友誼,我們選擇了相逢。親愛的同學們，讓我們去往事里走吧。萬溫師恩同學情。來吧。親愛的同學，來參加桃李一中168班的同學聯誼會！

我們期望每個同學在收到這份邀請時。盡快和我們聯繫，同時請相根尋找沒有姓名或姓名已經變化的同學并通知他（她）。盼望您早作安排，如期赴約。并請盡快給予回復。

聯 系 QQ:12345678

E-mail:classmate@qq.com

桃李一中高 168 班聚會籌備組

圖 3-19　編輯「邀請函」的效果

（2）輸入文字內容。

（3）單擊「快速啓動按鈕」中的「保存」按鈕。在「另存為」對話框中，輸入文件名「邀請」。

（4）在「邀請」文檔中，選擇第一段文字。

（5）選擇「開始」主選項卡的「字體」功能區，選擇字體為「隸書」，字號為「二號」，如圖 3-20 所示。

圖 3-20　「字體」設置

（6）選擇其他段落的文字，設置字號為「小四」。

（7）按組合鍵「Ctrl + A」，選擇所有文檔。

（8）選擇「開始」主選項卡的的「字體」功能區，單擊「文本效果」按鈕，選擇「漸變填充－橙」，如圖 3-21 所示。

（9）選擇第一段，選擇「開始」主選項卡的「段落」功能區，單擊「居中」按鈕。

（10）選擇最后一段，選擇「開始」主選項卡的「段落」功能區，單擊「文本右對齊」按鈕。

（11）選擇其他段落，拖動「水平標尺」中的「首行縮進」按鈕，將文本設置首行縮進兩個漢字。

（12）選擇「開始」主選項卡的「段落」功能區，單擊「打開對話框」按鈕，

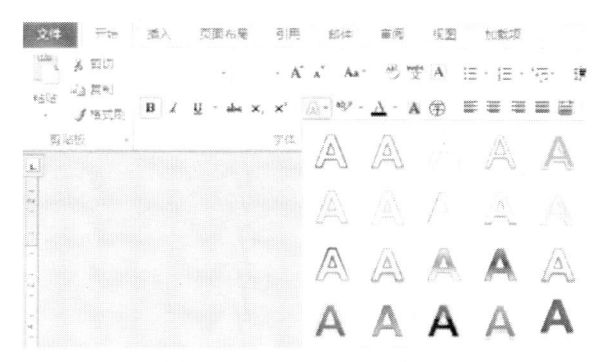

圖 3-21 「文本效果」設置

打開「段落」對話框，如圖 3-22 所示。設置段前「0.5 行」，設置行距為「多倍行距」，在「設置值」中輸入「1.3」。

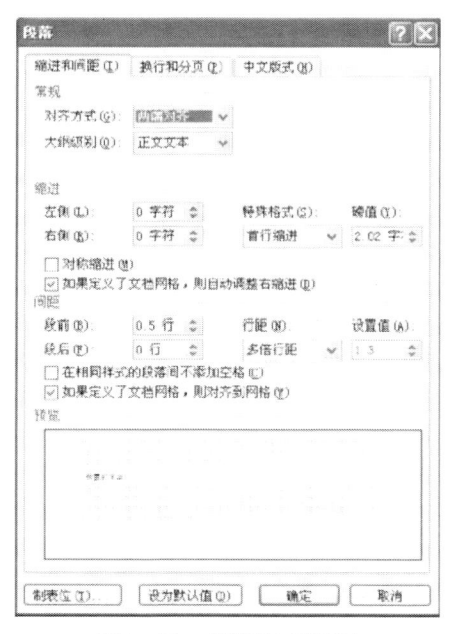

圖 3-22 「段落」對話框

5. 項目符號和編號

在 Word 2010 中，可以為段落添加項目符號和編號。操作步驟如下：

（1）將光標定位到需要添加項目符號的段落。

（2）單擊段落功能區中的「項目符號」 或「編號」 ，選擇某種項目符號或編號樣式，單擊「確定」按鈕，給該段落添加項目符號或編號。

6. 制表位

制表位是段落格式的一部分，決定了每次按下 Tab 鍵時插入點移動到的位置和兩個 Tab 鍵之間的文字對齊方式。Word 2010 提供了五種制表位，即左對齊、居中對齊、

103

右對齊、小數點對齊和豎線。

【例3-7】製作如圖3-23所示的會議日程列表。

日期	时间	会议内容	会议主持人
10月27日	全天	报到	刘兰
10月28日	上午	省内优秀课件展示	李阳
10月28日	下午	说课	丁锋
10月29日	上午	颁奖、大会总结	李阳
10月29日	下午	闭会	李军

圖3-23 「制表位」的應用效果

（1）將光標定位在需要輸入文字的位置。

（2）選擇「開始」主選項卡的「段落」功能區，單擊「打開段落對話框」按鈕，單擊左下方的「制表位」命令，打開「制表位」對話框（如圖3-24所示），選擇「對齊方式」為「左對齊」，單擊「確定」按鈕。注意：在這裡可以設置制表位的位置。

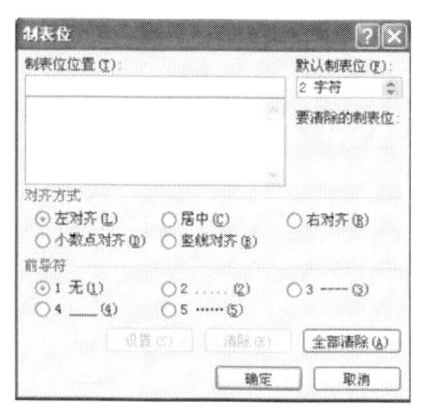

圖3-24 「制表位」對話框

（3）在水平標尺上的2、10、16、28處單擊鼠標，設定制表位，如圖3-25所示。注意：再次單擊制表位，可取消制表位的設置。

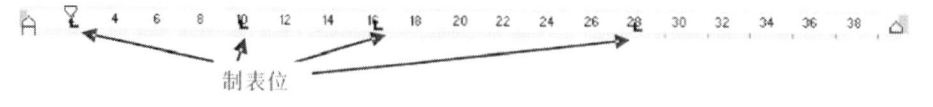

圖3-25 標尺上的制表位

（4）輸入第一行文本，注意「日期」「時間」「會議內容」「會議主持人」之間按Tab鍵分隔，依次輸入各行文本，文本中的各列按照制表位設置的位置自動左對齊。

7. 分欄

在Word 2010中，可將文本分為多欄顯示。設置分欄的操作步驟如下：

（1）選定需要分欄的段落。

（2）選擇「頁面佈局」主選項卡的「頁面設置」功能區，單擊「分欄」的下拉箭頭，在下拉菜單中選擇「更多分欄」命令，打開「分欄」對話框，如圖3-26所示。

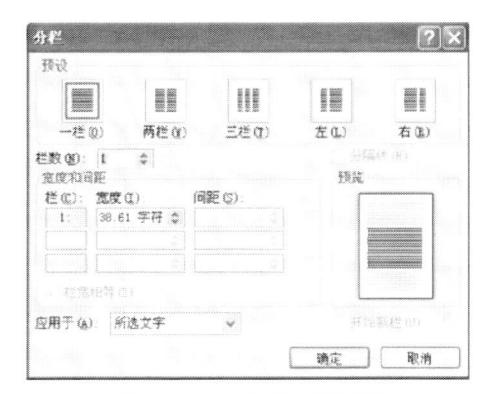

圖 3-26 「分欄」對話框

(3) 在「分欄」對話框中，在「預設」區選擇分欄格式；在「寬度和間距」設置區可以設置各欄的寬度和間距；如果選定「欄寬相等」，每個分欄寬度相同；如果選定「分隔線」，則各欄之間有一分隔線，單擊「確定」按鈕。分欄效果如圖 3-27 所示。

圖 3-27 「分欄」效果

3.2.4 設置邊框和底紋

在 Word 2010 中，可對文本和段落設置邊框和底紋。設置邊框和底紋的方法為：單擊「開始」菜單的「字體」功能區上的「邊框」按鈕 A 和「底紋」按鈕 A。在「段落」功能區中，單擊「邊框和底紋」按鈕，打開「邊框和底紋」對話框。

【例3-8】 將例 3-5 中的第 5 段設置成如圖 3-28 所示的格式。

圖 3-28 邊框和底紋設置的效果

操作步驟如下：
(1) 將光標定位在第 5 段。
(2) 單擊「邊框和底紋」按鈕，打開「邊框和底紋」對話框，如圖 3-29 所示。在「邊框和底紋」對話框中，打開「邊框」選項卡，在「設置」樣式中選擇邊框樣式為「陰影」，選擇線型為「=====」，並選擇線型的顏色和粗細，在「應用於」下拉列表框中選擇「段落」。單擊「確定」按鈕，給該段落設置邊框。
(3) 在「邊框和底紋」對話框中，選擇「底紋」選項卡，如圖 3-30 所示。在「填充」樣式中的調色板內，選擇某種底紋的顏色；在「應用於」下拉列表框中，選擇「段落」，單擊「確定」按鈕，給該段落添加底紋。

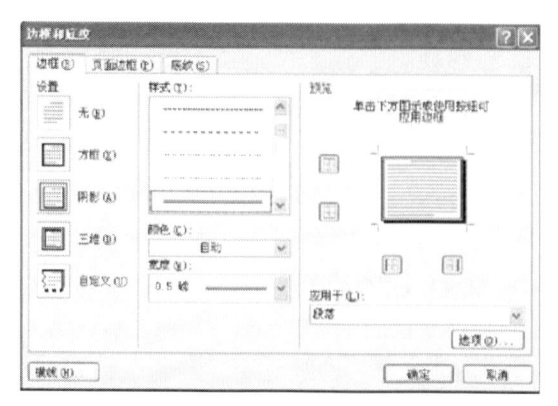

圖 3-29 「邊框和底紋」對話框的「邊框」選項卡

如果在「應用於」下拉列表框中選擇「文本」，則只對所選定的文本設置邊框和底紋。

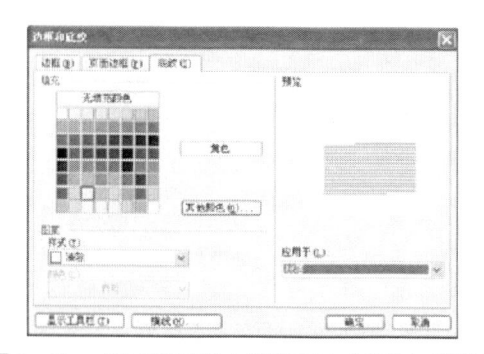

圖 3-30 「邊框和底紋」對話框的「底紋」選項卡

3.2.5 使用格式刷

通過格式刷，可將某一段落或文本的排版格式複製給另一段落或文本，從而達到將所有的段落或文本均設置為一種格式的目的。操作步驟如下：

（1）選定需要複製格式的段落的段落符號「↵」或文本。

（2）單擊「剪貼板」功能區上的「格式刷」按鈕，此時，鼠標指針變成一把小刷子。

（3）選定需要設置格式的段落的段落符號「↵」或文本，則格式複製完成。

3.2.6 查找和替換

1. 一般查找和替換

查找和替換是 Word 中非常有用的工具。查找功能能檢查某文檔是否包含所找內容。替換以查找為前提，可以實現用一些文本替換文檔中指定文本的功能。

【例 3-9】將例 3-1 文本中的「玫瑰」替換為「Rose」。

操作步驟如下：

（1）選擇「開始」主選項卡的「編輯」功能區，單擊「替換」按鈕，打開「查找和替換」對話框，如圖3-31所示。

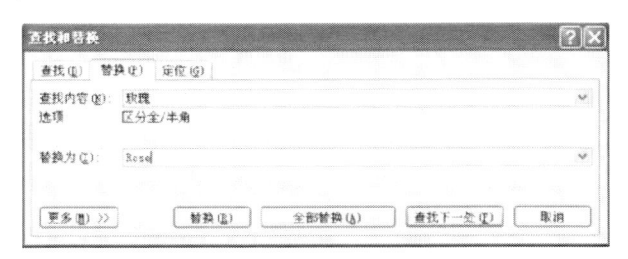

圖3-31　「查找替換」對話框

（2）單擊「替換」選項卡，在「查找內容」下拉列表框中，輸入文本「玫瑰」，在「替換為」下拉列表框中輸入替換文本「Rose」，單擊「全部替換」按鈕。說明：如果單擊「替換」，則僅替換最近查找的文本。

2. 特殊查找和替換

在Word 2010中，可使用「高級」查找替換功能，實現特殊字符的替換和格式的替換等。

【例3-10】將例3-1文本中的「玫瑰」替換為「玫瑰」（格式：紅色，加上著重號）。

操作步驟如下：

（1）選擇「開始」主選項卡的「編輯」功能區，單擊「替換」按鈕，打開「查找和替換」對話框，如圖3-32所示。

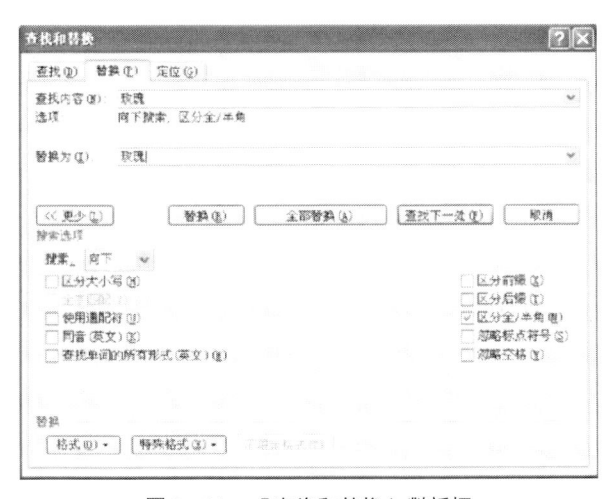

圖3-32　「查找和替換」對話框

（2）在「查找內容」列表中輸入「玫瑰」，在「替換為」列表中輸入「玫瑰」。將光標定位在「替換為」列表。

（3）單擊「更多」按鈕，出現「搜索選項」選項，單擊「格式」按鈕，在彈出的菜單中單擊「字體」，打開「替換字體」對話框，如圖3-33所示。

（4）選擇「字體顏色」為「紅色」，選擇「著重號」，單擊「確定」按鈕，返回

圖 3－33 「替換字體」對話框

「查找和替換」對話框。

（5）單擊「全部替換」按鈕，將文檔中所有的「玫瑰」替換為「玫瑰」（格式：紅色，加上著重號）。

3.3 使用樣式

樣式是字體、字號和縮進等格式設置特性的組合。樣式根據應用的對象不同，可以分為字符樣式和段落樣式。字符樣式是只包含字符格式的樣式，用來控制字符的外觀；段落樣式是同時包含字符、段落、邊框與底紋、製表位、語言、圖文框、項目列表符號和編號等格式的樣式，用於控制段落的外觀。另外，樣式根據來源不同，分為內置樣式和自定義樣式。

3.3.1 應用樣式

用戶在新建的文檔中所輸入的文本具有 Word 系統默認的「正文」樣式，該樣式定義了正文的字體、字號、行間距、文本對齊等。Word 系統默認內置樣式中除了「正文」樣式，還提供了其他內置樣式，例如標題 1、標題 2、默認段落字體等。

在文檔中應用樣式的方法如下：

（1）單擊需要設置樣式的段落，或選定要設置樣式的文本。

（2）選擇「開始」主選項卡的「樣式」功能區，單擊某種樣式，完成對段落或文本的樣式的設置。

3.3.2 創建新樣式

在編製文檔過程中，經常需要使一些文本或段落保持一致的格式，如章節標題、字體、字號、對齊方式、段落縮進等。如果將這些格式預先設定為樣式，再進行命名，並在編輯過程中應用到所需的文本或段落中，可使多次重複的格式化操作變得簡單快捷，且可保持整篇文檔的格式協調一致，美化文檔外觀。

下面以一個具體的例子來說明如何創建樣式。

【例 3-11】在撰寫畢業論文時，創建一個名字為「小節」的段落樣式，要求基準樣式是「標題 3」，后續段落樣式為「正文」，字體「黑體」，字號是「小三」，段落格式段前 13 磅，段后 6 磅，對齊方式是「左對齊」，行距是「單倍行距」。

操作步驟如下：

(1) 選擇「開始」主選項卡的「樣式」功能區，單擊「打開」按鈕，出現「樣式」任務窗格，如圖 3-34 所示。

圖 3-34　「樣式」任務窗格

(2) 單擊「新建樣式」按鈕，打開「根據格式設置創建新樣式」對話框，如圖 3-35 所示。

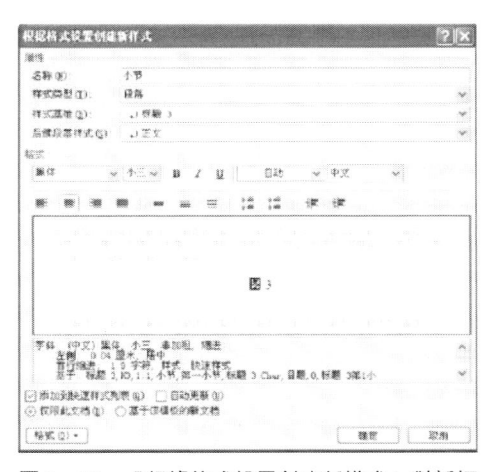

圖 3-35　「根據格式設置創建新樣式」對話框

（3）在「名稱」文本框中，鍵入新建樣式的名字「小節」。

（4）單擊「樣式類型」下拉列表框，有「段落」和「字符」兩個選項，分別用來定義段落樣式和字符樣式。這裡選擇「段落」。

（5）在「樣式基準」下拉列表框中，選擇一種樣式作為基準。默認情況下，顯示「默認段落字體」樣式。這裡選擇「標題3」。

（6）如果創建「段落」樣式，可在「后續段落樣式」下拉列表框為所創建的樣式指定后續段落樣式。后續段落樣式是指應用該樣式的段落的后續一個段落的默認段落樣式。這裡選擇「正文」樣式。

（7）在「格式」設置區，設置字體為「黑體」，字號為「小三」。

（8）單擊「格式」按鈕，出現一個菜單，選擇「段落」命令，打開「段落」對話框，如圖3－36所示。

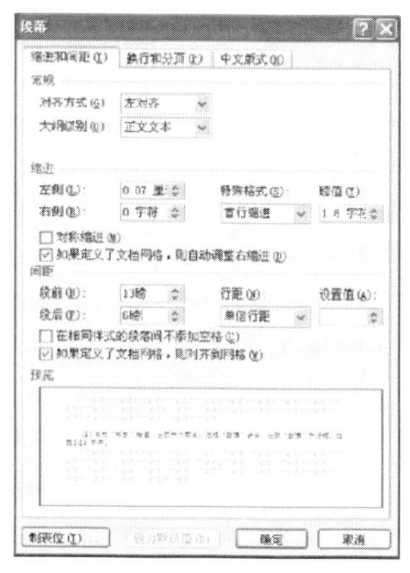

圖3－36　「段落」對話框

（9）在「段落」對話框中，設置「對齊方式」為「左對齊」，設置「段前」為「13磅」，段后為「6磅」，設置行距為「單倍行距」。從「預覽」區和「預覽」區下的說明，可看到所設置字體的效果。

（10）單擊「確定」按鈕，返回到「根據格式設置創建新樣式」對話框中。單擊「確定」按鈕，返回到「文檔」中。

（11）創建「小節」樣式后，輸入文檔時，若遇到小節標題，即可使用自定義的「小節」樣式進行格式的設置。

3.3.3　顯示樣式和管理樣式

1. 顯示樣式

將插入點移至段落中的任意處，在「樣式」功能區中可以顯示出當前段落的樣式。

2. 修改樣式

如果對某一已應用於文檔的樣式進行修改，那麼文檔中所有應用該樣式的字符或段落也將隨之改變格式。

修改樣式的操作步驟如下：

（1）選中含有該樣式的字符或段落，這時「樣式」功能區凸出顯示當前使用中的樣式。

（2）右鍵單擊「樣式」菜單中的某一樣式，選擇「修改」，即可修改樣式，如圖 3－37 所示。

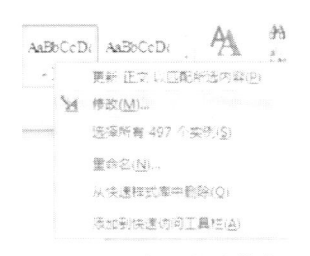

圖 3－37　選擇「修改樣式」

（3）打開「修改樣式」對話框（如圖 3－38 所示），可對樣式進行修改。修改完畢，單擊「確定」按鈕退出。

圖 3－38　「修改樣式」對話框

3. 刪除樣式

用戶自定義的樣式可以刪除。打開「樣式」任務窗格，選中需要刪除的樣式，右鍵單擊，在彈出的下拉列表框中選「刪除」，這時出現屏幕提示，單擊「是」按鈕，當前樣式被刪除，這時，文檔中所有應用此樣式的段落自動應用「正文」樣式。

3.4　圖文混排

Word 2010 是一個圖文混排軟件，在文檔中插入圖形，可以增加文檔的可讀性，使

文檔變得生動有趣。在 Word 2010 中，可以使用兩種基本類型的圖形，即圖形對象和圖片。圖形對象包括自選圖形、圖表、曲線、線條和藝術字等。這些對象都是 Word 2010 文檔的一部分。圖片是由其他文件創建的圖形，包括位圖、掃描的圖片、照片以及剪貼畫。

3.4.1 插入圖片或剪貼畫

在 Word 2010 中，可以向文檔插入剪貼畫和來自文件的圖片。

1. 插入剪貼畫

剪貼畫是一種矢量圖形。這種圖形的特點是：當圖形的比例大小發生改變時，圖形的顯示質量不會發生改變。在文檔中插入剪貼畫的操作步驟如下：

（1）將鼠標定位到需要插入圖片的位置。

（2）選擇「插入」主選項卡的「插圖」功能區，單擊「剪貼畫」按鈕，出現「剪貼畫」任務窗格，如圖 3-39 所示。

圖 3-39　「剪貼畫」任務窗格

（3）在「剪貼畫」任務窗格的「搜索」框中，鍵入描述所需剪貼畫的單詞或詞組，例如「植物」，或鍵入剪貼畫的全部或部分文件名。可使用通配符代替一個或多個真實字符。例如使用星號（*）代替文件名中的零個或多個字符，使用問號（?）代替文件名中的單個字符。

（4）單擊「搜索」按鈕，在「結果」框中，單擊某剪貼畫，該剪貼畫被插入到文件中。

2. 插入圖片

從文件中插入圖片的操作步驟如下：

（1）單擊需要插入圖片的位置。

（2）選擇「插入」主選項卡的「插圖」功能區，單擊「圖片」按鈕，打開「插入圖片」窗口，如圖 3-40 所示。

（3）單擊「查找範圍」下拉列表框，選擇需要插入圖片的位置，定位到所要插入的圖片，例如「蝸牛 1」。

（4）雙擊需要插入的圖片。

插入剪貼畫和圖片以后的效果如圖 3-41 所示。

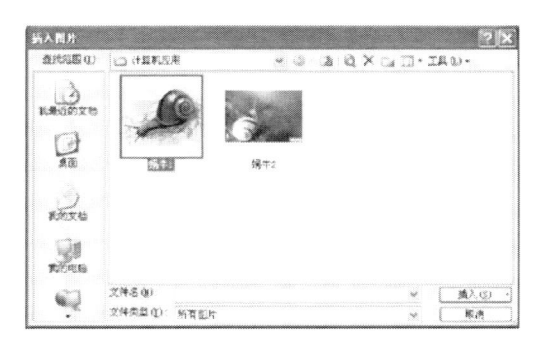

圖 3-40　「插入圖片」窗口

圖 3-41　插入剪貼畫和圖片的文檔效果

3.4.2　設置圖片格式

在文檔中插入圖片後，單擊圖片，使用「圖片工具」中的命令按鈕，如圖 3-42 所示，可對圖片進行樣式的修改、排列佈局和圖片大小的調整等操作。

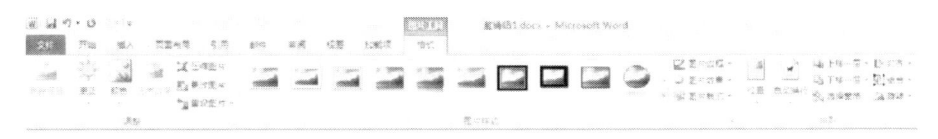

圖 3-42　「圖片」格式

1. 複製和移動圖片

在文檔中插入圖片後，單擊圖片，當鼠標變成白色箭頭　，按下 Ctrl 鍵，拖動鼠標到目的位置，可將圖片複製到目標位置。另外，可以使用「複製」和「粘貼」命令來複製圖片，操作方法同文本的複製。

在文檔中插入圖片後，單擊圖片，當鼠標變成白色箭頭　，拖動鼠標，可以移動圖片。另外，也可以使用「剪切」和「粘貼」命令來移動圖片。操作方法同文本的移動。

2. 設置圖片的大小

單擊圖片後，圖片周圍出現 8 個尺寸控制點，此時，用鼠標拖動控制點，可以調整圖片的大小。如果要精確設置圖片的大小，可以右擊圖片，選擇「設置圖片格式」，

打開「設置圖片格式」對話框，如圖 3-43 所示。選擇「大小」選項卡，即可設置圖片的大小。

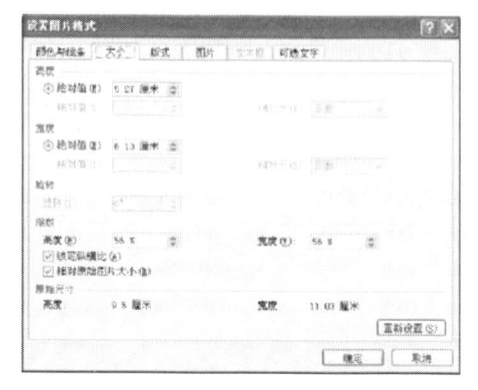

圖 3-43　「設置圖片格式」對話框

3. 設置圖片的環繞

在 Word 2010 中，系統默認的正文環繞的方式是「嵌入環繞」。用戶可另外設置環繞類型。

操作步驟如下：

在文檔中，右鍵單擊圖片，選擇「設置圖片環繞」，打開「設置圖片格式」對話框，單擊「版式」選項卡，選擇某種環繞方式，例如「嵌入型」，如圖 3-44 所示。

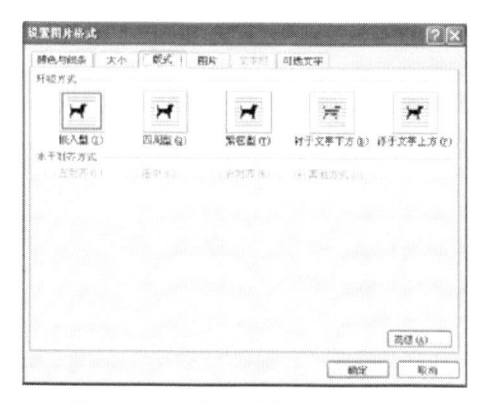

圖 3-44　「設置圖片格式」對話框

常見的幾種文字環繞效果如圖 3-45 所示。

3.4.3　繪製圖形

Word 2010 提供了專門的繪圖工具，主要用於繪製新的圖形對象，如線條、橢圓、立方體等。

1. 繪圖畫布

在 Word 2010 中插入一個圖形對象（藝術字除外）時，可以在圖形對象的周圍放置一塊畫布，畫布自動嵌入文檔文本。繪圖畫布可幫助用戶在文檔中安排圖形的位置。

圖 3-45　文字環繞的效果

當圖形對象包括幾個圖形時，繪圖畫布將圖形中的各部分整合在一起。繪圖畫布還在圖形和文檔的其他部分之間提供一條類似圖文框的邊界和黑色控制點，如圖 3-46 所示。

2. 繪製圖形

在文檔中可以繪製線條、矩形、橢圓等基本形狀，還可以繪製自選圖形。下面通過一個具體例子說明如何繪製圖形。

【例 3-12】在文檔中繪製如圖 3-47 所示的圖形。

圖 3-46　繪圖畫布控制點　　　　圖 3-47　圖形樣式

繪製圖形的操作步驟如下：

（1）單擊文檔中需要創建繪圖的位置。

（2）選擇「插入」主選項卡的「插圖」功能區，單擊「形狀」的下拉箭頭，在下拉列表中，選擇「新建繪圖畫布（N）」命令，將繪圖畫布插入到文檔中。

（3）添加所需的圖形或圖片。

（4）選擇「插入」主選項卡的「插圖」功能區，單擊「形狀」的下拉箭頭，在下拉列表中，在「基本形狀」區域中單擊「笑臉」圖形，在繪圖畫布中拖動，在「標註」區域中單擊「雲形標註」圖形，在繪圖畫布中拖動。在「線條」區域中單擊按鈕，在繪圖畫布上拖動。

（5）右鍵單擊繪圖畫布上的「雲形標註」圖形，在彈出的菜單中單擊「添加文字」命令，然后輸入「你好」，在圖形中添加文字。

（6）拖動繪圖畫布周圍的控制點，調整畫布大小。

3. 圖形移動、旋轉、對齊及尺寸

（1）移動圖形的操作方法：單擊圖形，將光標移到圖形編輯區，當鼠標變成形狀時，單擊並拖動圖形。

（2）旋轉圖形的操作方法：單擊圖形，將光標移到選定圖形，在綠色按鈕圓點處變成帶箭頭的環形后，單擊並拖動鼠標。

（3）對齊圖形的操作方法：單擊選中第一個圖形，按下 Shift 鍵，接著單擊選中其他圖形，單擊「繪圖工具」的「格式」命令，在「排列」功能區中單擊「對齊」，在彈出的菜單中選擇一種對齊方式。

（4）調整圖形尺寸的操作方法：單擊圖形，圖形周圍出現 8 格控制點，將光標移到這些控制點，光標變成雙向箭頭形狀 ↔ ↕ ↘ ↙，單擊並拖動鼠標，即可調整圖形尺寸。

4. 調整圖形的疊放次序

通過調整圖形的疊放次序，可獲得更靈活的圖形效果。調整圖形和圖形之間的疊放次序的操作方法：在「繪圖工具」的「格式」菜單中，選擇「排列」功能區中的「上移一層」或「下移一層」菜單，調整圖片位置，如圖 3-48 所示。

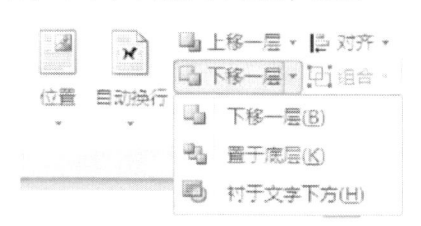

圖 3-48　疊放次序

5. 設置圖形的邊框、填充和文字顏色

在「繪圖工具」的「格式」菜單中，在「形狀樣式」功能區中可分別設置圖形的形狀填充、形狀輪廓以及形狀效果。

3.4.4　插入藝術字

藝術字具有特殊效果，Word 2010 把藝術字作為一種圖形來處理，除了顏色、字體格式外，還可以設置位置、形狀、陰影、三維、傾斜、旋轉等。利用 Word 2010 提供的藝術字功能，可以製作出精美絕倫的藝術字體。

【例 3-13】在文檔中插入如圖 3-49 所示的藝術字。

圖 3-49　藝術字效果

操作步驟如下：

（1）將光標定位到需要插入藝術字的位置。

（2）選擇「插入」主選項卡的「文本」功能區，單擊「藝術字」的下拉箭頭，出現「藝術字」下拉列表，如圖 3-50 所示。

（3）選擇一種要插入藝術字的樣式，在文本框中插入相應藝術字。

（4）在文本框中輸入要插入藝術字的內容「蝸牛與玫瑰」，單擊「確定」按鈕，在文檔中插入藝術字，如圖 3-51 所示。

（5）在「格式」主選項卡的「形狀樣式」功能區中選擇不同的形狀。

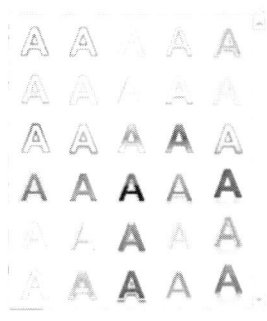

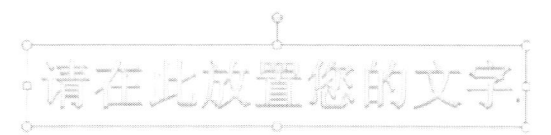

圖3-50　選擇藝術字樣式　　　　　圖3-51　編輯「藝術字」

【例3-14】製作如圖3-52所示的圖形和藝術字效果。

圖3-52　「佈局」的對話框

操作步驟如下：

(1) 選擇「插入」主選項卡的「插圖」功能區，選擇「形狀」中的「雲形標註」命令，拖動雲形標註最下方的橢圓中的黃色菱形到雲形的中間。設置「形狀輪廓」為「無輪廓」，設置「形狀填充」為「綠色」，如圖3-53所示。

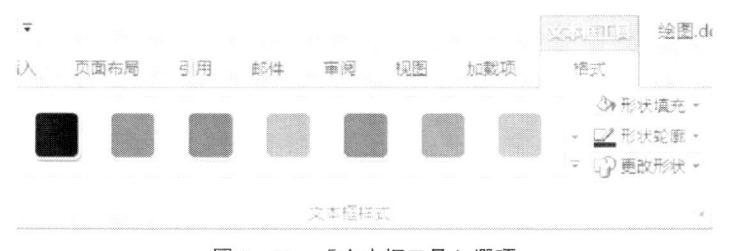

圖3-53　「文本框工具」選項

(2) 選擇「插入」主選項卡的「插圖」功能區，選擇「形狀」中的「矩形」命令，拖動矩形到雲形標註下方。設置矩形的「形狀輪廓」為「無輪廓」，設置「形狀填充」為「綠色」。

(3) 選擇「插入」主選項卡的「文本」功能區，選擇「藝術字」中的「藝術字樣式22」命令，打開「編輯藝術字文字」對話框，輸入文本「好大一棵樹」，如圖3-54所示。設置藝術字的環繞為「浮於文字上方」，調整藝術字到合適的位置。

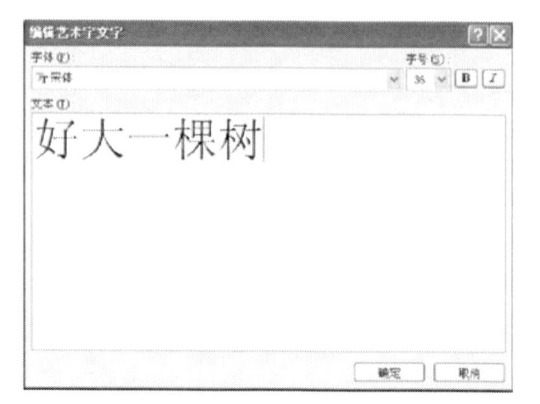

圖 3-54 「編輯藝術字文字」的對話框

3.4.5 插入 SmartArt 圖形

SmartArt 圖形是用戶信息的可視表示形式，用戶可以從多種不同佈局中進行選擇，從而快速輕松地創建所需形式，以便有效地傳達信息或觀點。

【例 3-15】利用 SmartArt 工具製作如圖 3-55 所示的組織結構圖。

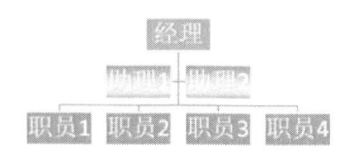

圖 3-55 組織結構圖示例

操作步驟如下：

（1）選擇「插入」主選項卡的「插圖」功能區，單擊「SmartArt」按鈕，打開「選擇 SmartArt 圖形」對話框，如圖 3-56 所示。

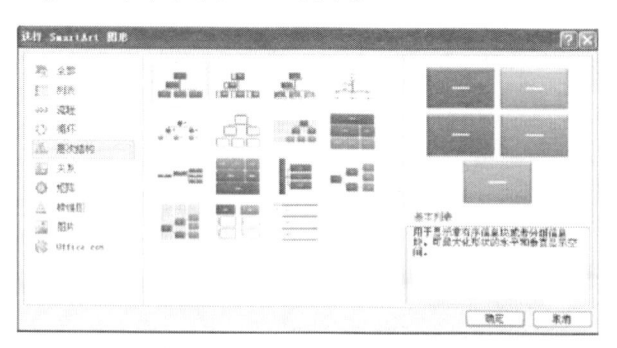

圖 3-56 「佈局」的對話框

（2）在「選擇 SmartArt 圖形」對話框，選擇「層次結構」中的「組織結構圖」，單擊「確定」按鈕，插入組織結構圖。

（3）選擇「SmartArt 工具」選項卡中的「更改顏色」按鈕，選擇其中的一種配色顏色，如圖 3-57 所示。

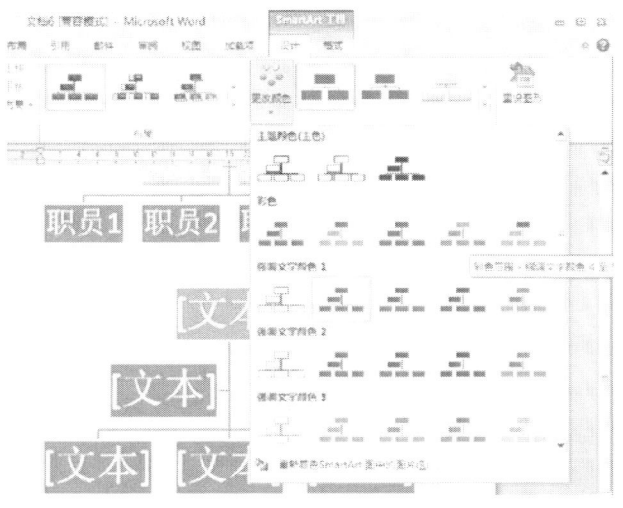

圖 3-57　「更改顏色」選項

（4）右鍵單擊組織結構圖的第二行的文本框，選擇「在后面添加形狀」，如圖 3-58 所示。

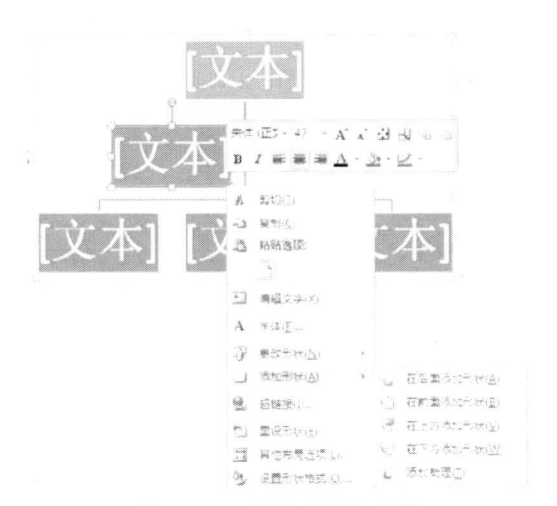

圖 3-58　「添加形狀」選項

（5）按照同樣的方法，在組織結構圖的第三行添加一個文本框。
（6）在文本框中依次輸入組織結構圖中的文本。

在「選擇 SmartArt 圖形」對話框中，選擇「圖片」中的 SmartArt 圖形，還可以繪製圖文並茂的 SmartArt 圖形，如圖 3-59 所示。

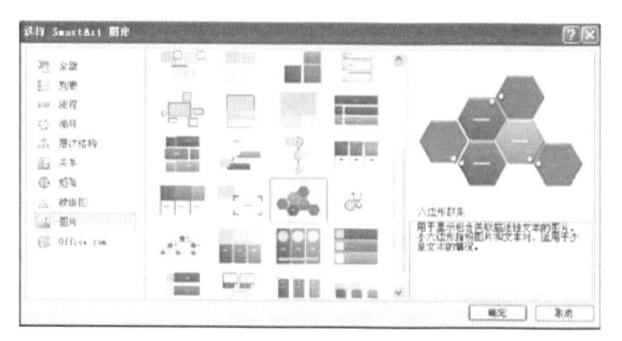

圖 3-59 「選擇 SmartArt 圖形」對話框

3.4.6 插入封面

通過使用插入封面功能，用戶可以借助 Word 2010 提供的多種封面樣式為 Word 文檔插入風格各異的封面，並且無論當前插入點光標在什麼位置，插入的封面總是位於 Word 文檔的第 1 頁。

【例 3-16】設計一個具有個性化風格的個人簡歷封面，如圖 3-60 所示。

圖 3-60 「個性化封面」效果

操作步驟如下：

（1）新建文檔。

（2）選擇「插入」主選項卡的「頁」功能區，單擊「封面」的下拉箭頭，在「封面」下拉列表中選擇「現代型」封面。

（2）插入一幅具有畢業學校特色的圖片，設置圖片的格式為「浮於文字上方」，調整圖片到合適的位置。

（3）在【鍵入文檔標題】中輸入「個人簡歷」。

（4）在【鍵入文檔副標題】中輸入「姓名」和「專業」。

（5）在【文檔摘要】中輸入個人具有個性的特徵信息。

（6）在【root】中輸入姓名。

（7）在【選取日期】中輸入日期。

3.4.7　文本框和文字方向

在「插入」菜單的「插圖」功能區中，單擊「形狀」，單擊「橫向文本框」按鈕或「豎排文本框」按鈕，可在文本框中輸入橫向文本或豎排文本，如圖3-61所示。

圖3-61　文本框和豎排文本框效果

3.4.8　首字下沉

首字下沉也稱為「花式首字母」，利用它，可以將段落的第一個字符變成大號字，從而使版面美觀。被設置為首字下沉的文字實際上已成為文本框中的獨立段落。

操作步驟如下：

（1）將光標定位到需要設置首字下沉的段落。

（2）選擇「插入」主選項卡的「文本」功能區，單擊「首字下沉」的下拉箭頭，在「首字下沉」下拉菜單中，選擇「首字下沉選項」命令，打開「首字下沉」對話框，如圖3-62所示。

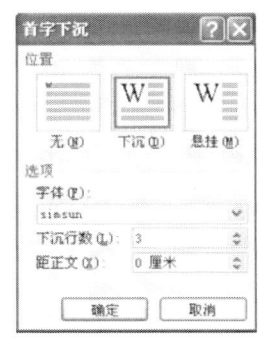

圖3-62　「首字下沉」對話框

（3）選擇下沉位置的樣式、字體、下沉行數、距正文的距離。設置完畢，單擊「確定」按鈕。

3.5 表格的製作

表格具有嚴謹的外觀和直觀的效果，可以使輸入的文本更簡明清晰。圖3-63是一個表格示例。

圖3-63 表格示例

3.5.1 創建表格

在Word 2010中，使用「表格」菜單中的「插入表格」，可方便地創建表格。

【例3-17】創建如圖3-64所示的表格。

圖3-64 一個5列10行的表格

操作步驟如下：

（1）設計表格的行列，按照整個表格的最大行數和最大列數來設計，需要5列10行。

（2）選擇「插入」主選項卡的「表格」功能區，單擊「表格」按鈕，在下拉列表中選擇「插入表格」命令，打開「插入表格」對話框，如圖3-65所示。輸入列數「5」和行數「10」，單擊「確定」按鈕，創建一個5列10行的表格。

3.5.2 編輯表格

1. 選定表格

對表格進行編輯操作前，需要選定單元格、行和列。

（1）選定一個單元格的方法：將光標置於單元格前，當光標變成➚，單擊即可選定單元格。

（2）選定一行單元格的方法：將光標置於一行單元格左側，當光標變成➷ 形狀，單擊即可選定一行單元格。

圖 3-65 「插入表格」對話框

（3）選定一列單元格的方法：將光標置於一列單元格上方，當光標變成↓形狀，單擊鼠標即可選定一列。

（4）選定相鄰幾個單元格的方法：當鼠標變成 I 形狀，使用鼠標拖動相鄰幾個單元格即可。

（5）選定整個單元格的方法：鼠標置於表格的左上角，當鼠標變成⊞形狀，單擊鼠標即可。

2. 刪除單元格

選定表格中的單元格或整個表格，選擇「表格工具」的「佈局」菜單，在「行和列」功能區中選擇「刪除」，選擇菜單中的菜單項，即可刪除相應的單元格。

3. 插入單元格

操作步驟如下：

（1）選定需要插入單元格的位置。這裡可以選定多個單元格。選定的單元格數目與插入單元格的數目相等。

（2）選擇「表格工具」中的「佈局」菜單，在「行和列」功能區中選擇相應選項。

4. 合併和拆分單元格

合併單元格：將兩個或兩個以上的單元格合併成一個單元格。

拆分單元格：將一個單元格拆分成若干小的單元格。

【例 3-18】將圖 3-64 所示的表格調整為如圖 3-66 所示的表格格式。

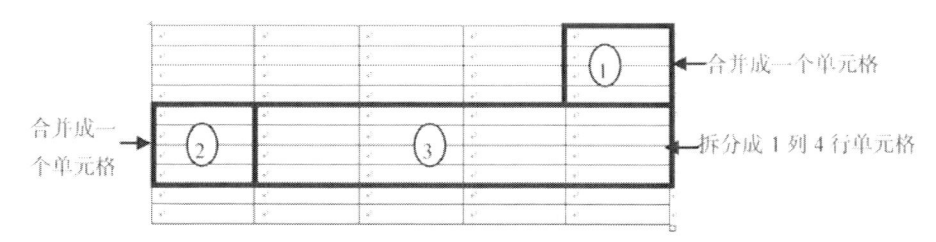

圖 3-66 表格的合併和拆分

操作步驟如下：

（1）選擇表格的①區，選擇「表格工具」的「佈局」菜單，在「合併」功能區中單擊「合併單元格」。

（2）選擇表格的②區，選擇「表格工具」的「佈局」菜單，在「合併」功能區中單擊「合併單元格」。

（3）選擇表格的③區，選擇「表格工具」的「佈局」菜單，在「合併」功能區中單擊「拆分單元格」，打開「拆分單元格」對話框，輸入「1」列和「4」行，單擊「確定」按鈕。

（4）同理，設置其他區域單元格的合併和拆分。

5. 表格中文本的處理

表格設計完成后，可以在表格中輸入文本。表格中文本的格式設置同文檔中文本格式設置的方法一致。這裡簡單介紹表格的文字方向和單元格對齊方式。

右鍵單擊需要設置格式的單元格，在快捷菜單中選擇「文字方向」命令，設置「豎排」文字。

右鍵單擊需要設置格式的單元格，在快捷菜單中選擇「單元格對齊方式」命令，設置單元格中文字的水平對齊和垂直對齊方式。例如，在圖3-63中的「學習經歷」單元格的文字設置了「垂直居中」和「水平居中」效果。

3.5.3　修飾表格

表格的修飾主要指設置表格的邊框和底紋等效果。表格修飾的操作步驟如下：

（1）使用「表格樣式」。選擇「設計」菜單，單擊「表格樣式」，如圖3-67所示。選擇已有的一種表格樣式。

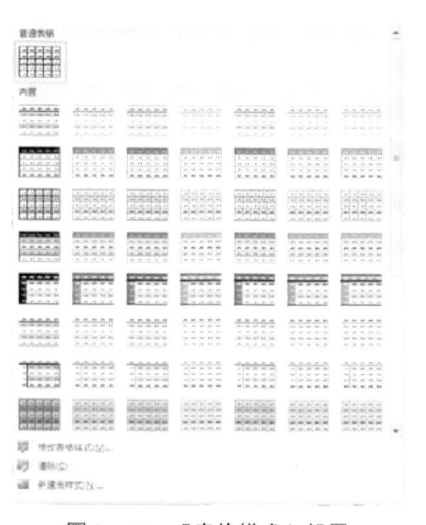

圖3-67　「表格樣式」設置

（2）右鍵單擊表格，在快捷菜單中選擇「邊框和底紋」命令，對表格中的單元格或整個表格進行「邊框和底紋」的修飾，如圖3-68所示。

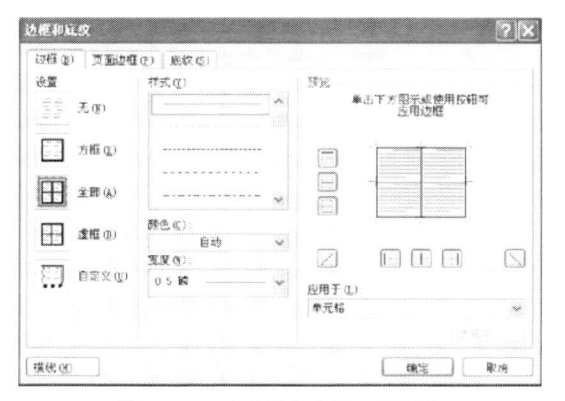

圖 3-68　「邊框和底紋」對話框

【例 3-19】使用表格製作一份個人求職簡歷，如圖 3-69 所示。

圖 3-69　「個人簡歷」效果

操作步驟如下：

（1）選擇「插入」主選項卡的「表格」功能區，單擊「表格」按鈕，在下拉菜單中選擇「插入表格」命令，打開「插入表格」對話框，如圖 3-70 所示。

（2）在「插入表格」對話框，輸入「列數」為「5」，「行數」為「13」，生成的表格如圖 3-71 所示。

（3）選擇表格的第 5 列的 1 至 4 行，右鍵單擊快捷菜單中的「合併單元格」命令，如圖 3-72 所示，合併單元格；選擇表格的第 5 至 7 行的 2 至 5 列，右鍵單擊快捷菜單

中的「合併單元格」命令，合併單元格。

圖 3-70 「插入表格」對話框

圖 3-71 表格效果

圖 3-72 「表格」快捷鍵

（4）右鍵單擊該單元格，選擇「拆分單元格」命令，打開「拆分單元格」對話框，輸入「列數」為 1，「行數」為「3」，如圖 3-73 所示。

（5）同樣的方法，將表格的 8 至 13 行的 1 至 5 列的單元格先合併再拆分為 1 列 6 行的單元，經過合併和拆分后的表格如圖 3-74 所示。

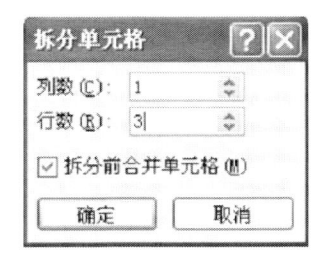

圖 3-73 「拆分單元格」對話框

圖 3-74 經過合併和拆分后的表格效果

（6）輸入文本。按住 Ctrl 鍵，不連續地選擇藍色的單元格區域，單擊右鍵，選擇「邊框和底紋」命令，打開「邊框和底紋」對話框，如圖 3-75 所示。選擇「底紋」選項卡，設置某種背景色。

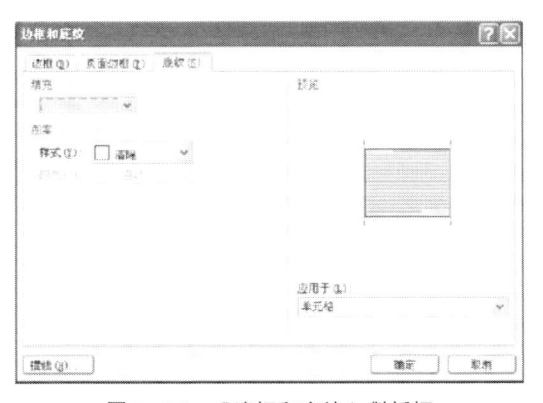

圖 3-75 「邊框和底紋」對話框

（7）右鍵單擊表格的最左上角的單元格，選擇「邊框和底紋」命令，選擇「邊框」選項卡，單擊對角線邊框設置 和 ，設置「應用於」為「單元格」，如圖 3-76 所示。

（8）按組合鍵 Ctrl + A，全選表格，設置表格的字體為四號。

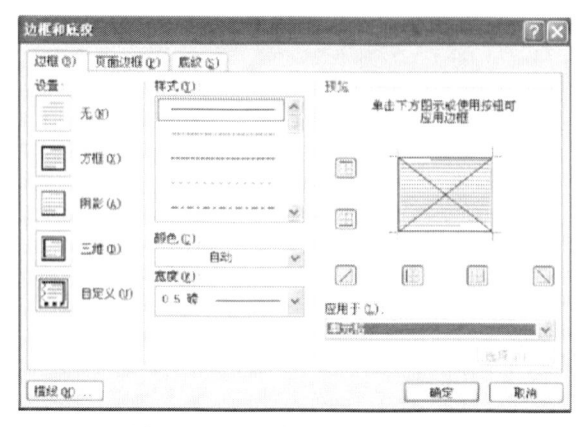

圖 3-76 「邊框和底紋」對話框

3.5.4 表格的排序和計算

1. 表格的排序

在 Word 2010 中，可以按照遞增或遞減的順序對表格的內容進行排序。

【例 3-20】將如圖 3-77 所示表格的內容按照「成績」降序排序。

圖 3-77 待排序的表格

操作步驟如下：

（1）將光標定位在表格的「成績」列。

（2）選擇「表格工具」的「佈局」選項卡，在「對齊方式」功能區，單擊「排序」按鈕，打開「排序」對話框，如圖 3-78 所示。

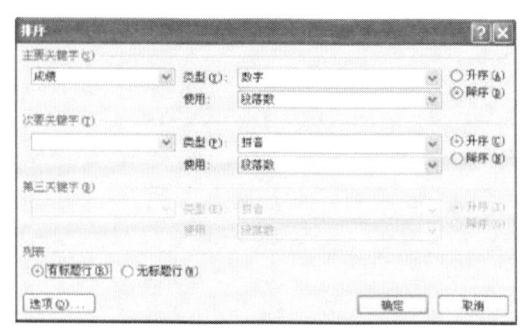

圖 3-78 「排序」對話框

（3）在「主要關鍵字」下拉列表框中，選擇「成績」，選中「降序」單選按鈕，接著選擇「有標題行」單選按鈕，然後單擊「確定」按鈕，返回文檔窗口，表格按照「成績」降序排序。說明：這裡還可以指定次要關鍵字排序和第三關鍵字排序。

另外，排序可能使表格的內容發生很大的改變，如果要取消排序，可按組合鍵 Ctrl＋Z，來取消操作。

2. 表格的計算

在表格中，可以對表格的數據進行簡單的計算。

【例3-21】將如圖3-79所示表格的內容計算合計。

課程名	成績	學分
會計學原理	90	2
金融學	89	2
語文	89	2
保險學原理	86	2
貨幣銀行學	78	2
政治	78	3
英語	67	3
合計		

圖3-79　待計算的表格

操作步驟如下：

（1）光標定位在「成績」列的「合計」行單元格。

（2）選擇「表格工具」的「佈局」選項卡，在「數據」功能區，單擊「公式」按鈕，系統自動顯示「＝SUM（ABOVE）」，單擊「確定」按鈕，在光標所在單元格計算出結果「577」。

（4）同理，在「學分」列的「合計」行單元格計算出結果「16」。

3.6　文檔版式設置

在實際工作中，用戶可能需要將文檔劃分為若干節（例如畢業論文分為多章，每一章可單獨設置為一節），以便為各節設置不同的頁眉、頁腳和版式。

3.6.1　分頁和分節

一般情況下，系統會對編輯的文檔自動分頁，但是用戶也可以對文檔進行強制分頁。

在Word 2010中，節是文檔格式化的最大單位，只有在不同的節中，才能設置不同的頁眉、頁腳、頁邊距等。用戶需要插入「分節符」才能對文檔進行分節。

插入「分頁符」和「分節符」的方法如下：

（1）選擇「頁面佈局」主選項卡的「頁面設置」功能區，單擊「分隔符」的下拉箭頭，出現「分隔符」下拉菜單，如圖3-80所示。

（2）選擇「分隔符類型」為「分頁符」，在文檔中從光標處強行分頁。

（3）在「分節符」選項中選擇，則插入分節符。

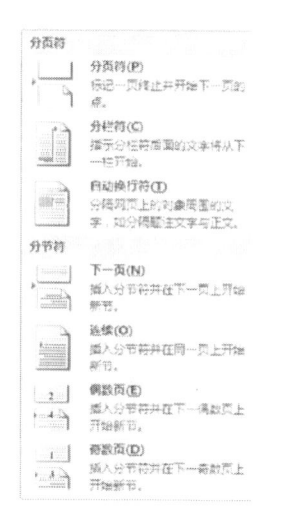

圖 3-80 「分隔符」對話框

3.6.2 頁眉和頁腳

1. 創建頁眉和頁腳

頁眉和頁腳出現在每一頁的上頁邊區和下頁邊區。編輯頁眉和頁腳時不能編輯正文；反之，編輯正文時不能編輯頁眉和頁腳。

插入頁眉和頁腳的操作方法如下：

（1）將光標定位到需要添加頁眉和頁腳的位置。

（2）選擇「插入」主選項卡的「頁眉和頁腳」功能區，單擊「頁眉」的下拉箭頭，在下拉菜單中選擇「編輯頁眉」命令，出現「頁眉」編輯框，如圖 3-81 所示。在「頁眉」編輯框中，輸入頁眉的內容，並在編輯框中插入其他內容，如頁碼、頁數等。

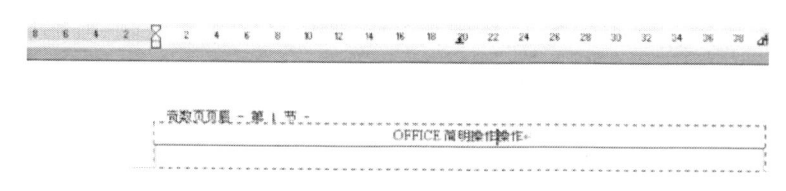

圖 3-81 「頁眉」編輯框

（3）選擇「頁眉和頁腳工具」的「設計」選項卡，選擇「導航」功能區，單擊「轉至頁腳」按鈕，切換到「頁腳」編輯框內進行頁腳的編輯，如圖 3-82 所示。

圖 3-82 「頁眉和頁腳」設置

2. 設置奇偶頁不同

在文檔中，可以設置奇數頁的頁眉頁腳與偶數頁的頁眉頁腳不相同。

操作方法如下：

（1）選擇「頁眉和頁腳工具」的「設計」選項卡，選擇「選項」功能區，選中「奇偶頁不同」復選框。

（2）設置文檔中任何一奇數頁的頁眉和頁腳以及任何一偶數頁的頁眉和頁腳，那麼，在文檔中奇數頁和偶數頁的頁眉頁腳就不同了。

3. 設置不同節的頁眉頁腳

在 Word 2010 中，可以將文檔分成若干節，對每一節設置不同的頁眉頁腳。具體方法是：在文檔中插入分節符，設置第 1 節的頁眉頁腳，在設置第 2 節的頁眉頁腳時，系統默認是「連結到前一條頁眉」的狀態，即后續的節和前面一節的頁眉頁腳相同，此時，單擊「導航」功能區上的「連結到前一條頁眉」按鈕，即可取消同前一節相同的頁眉頁腳，然後輸入第 2 節的頁眉頁腳，則第 2 節的頁眉頁腳同第 1 節的頁眉頁腳就不同了，后續節的頁眉頁腳的設置如法炮製即可。

【例 3-22】設文檔中有 30 頁，其中，1~10 頁為第 1 章，11~20 頁為第 2 章，21~30 頁為第 3 章。要求設置文檔的頁眉和頁腳：整個文檔的奇數頁的頁眉是「Office 簡明操作手冊」，第 1 章的偶數頁的頁眉是「Word 操作手冊」，第 2 章的偶數頁的頁眉是「Excel 操作手冊」，第 3 章的偶數頁的頁眉是「PowerPoint 操作手冊」。

操作步驟如下：

（1）插入分節符。光標定位在第 10 頁的末尾，選擇「頁面佈局」菜單中的「分隔符」，選擇「分節符」中的「連續」。光標定位在第 20 頁的末尾，選擇「插入」菜單中的「分隔符」，選擇「分節符」中的「連續」。這樣，文檔中 1~10 頁為第 1 節，11~20 頁為第 2 節，21~30 頁為第 3 節。

（2）輸入第 1 節的頁眉。鼠標雙擊第 1 頁的頁眉區域，進入「頁眉頁腳視圖」，在「頁眉」編輯框中輸入「Word 操作手冊」。

（3）輸入第 2 節的頁眉。光標定位在第 11 頁，在「頁眉和頁腳」功能區中，單擊「連結到前一條頁眉」按鈕，取消同前一節相同的頁眉設置，輸入第 2 節的頁眉「Excel 操作手冊」。

（4）輸入第 3 節偶數頁的頁眉。光標定位在第 21 頁，在「頁眉和頁腳」功能區上，單擊「連結到前一條頁眉」按鈕，取消同前一節相同的頁眉設置，輸入第 3 節的頁眉「PowerPoint 操作手冊」。

（5）在頁腳中插入頁碼，在「頁眉和頁腳」功能區單擊「頁碼」下拉菜單，在「頁面底端」中選擇「普通數字 2」。

（6）光標定位到第 11 頁的頁腳，在「頁眉和頁腳」功能區單擊「頁碼」，單擊「設置頁碼格式」，打開「頁碼格式」對話框，然後選擇「續前節」，單擊「確定」按鈕。

（7）光標定位到第 21 頁的頁腳，在「頁眉和頁腳」功能區單擊「頁碼」，單擊「設置頁碼格式」，打開「頁碼格式」對話框，然後選擇「續前節」，單擊「確定」按鈕。

3.6.3 頁面設置

頁面設置直接影響打印的效果。頁面設置主要包括設置紙型、紙張來源、版式、頁邊距和文檔網格等。

1. 頁邊距

頁邊距是文本到頁邊界的距離。

在 Word 2010 中，設置頁邊距的方法如下：

（1）選擇「頁面佈局」主選項卡下的「頁面設置」功能區，單擊「頁面設置」按鈕，打開「頁面設置」對話框，如圖 3-83 所示。單擊「頁邊距」選項卡。

（2）若要改變頁邊距，可通過在「上」「下」「內側」「外側」框中輸入頁邊距的尺寸來進行改變；如果需要設置裝訂線，則要指定裝訂線的位置和裝訂線的邊距。

（3）選擇方向為「縱向」或「橫向」。

（4）選擇「多頁」下拉列表框的「對稱頁邊距」，在雙面打印時，內側頁邊距和外側頁邊距都等寬。

（5）設置完成，可在「預覽」區看到設置的效果，單擊「確定」按鈕返回。

2. 紙張的設置

設置紙張的操作步驟如下：

（1）選擇「頁面佈局」主選項卡下的「頁面設置」功能區，單擊「頁面設置」按鈕，打開「頁面設置」對話框，單擊「紙張」選項卡，如圖 3-84 所示。

圖 3-83 「頁面設置」對話框　　　　圖 3-84 「紙張」選項卡

（2）在「紙張大小」下拉列表框中選擇一種紙張，也可以選擇「自定義大小」，輸入紙張的高度和寬度。

（3）在「應用於」下拉列表框中選擇紙張應用的範圍。

（4）設置完畢，單擊「確定」按鈕返回。

3. 文檔網格

在 Word 2010 中，可以設置文檔網格指定每行的字數和每列的字數。

操作步驟如下：

（1）選擇「頁面佈局」主選項卡的「頁面設置」功能區，單擊「頁面設置」按鈕，打開「頁面設置」對話框，單擊「文檔網格」選項卡，如圖 3-85 所示。

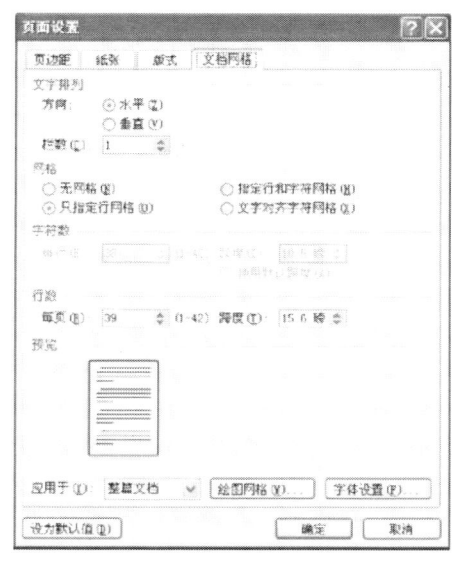

圖 3-85 「文檔網格」選項卡

（2）在「文字排列」選擇區，選擇方向為「水平」或「垂直」。
（3）在「字符」設置區，指定「每行」的字符數和跨度。
（4）單擊「確定」按鈕。

3.7 腳註、尾註、修訂與批註

3.7.1 腳註和尾註

1. 插入腳註和尾註

撰寫論文時，有時需要對正文的某些內容加上腳註和尾註，從而能更合理地佈局和排版，如圖 3-86 所示。

圖 3-86 插入腳註的效果

插入腳註和尾註的操作步驟如下：
（1）選定需要加上腳註和尾註的文本。
（2）選擇「引用」主選項卡的「腳註」功能區，單擊「腳註和尾註」按鈕，打開

「腳註和尾註」對話框，如圖 3-87 所示。

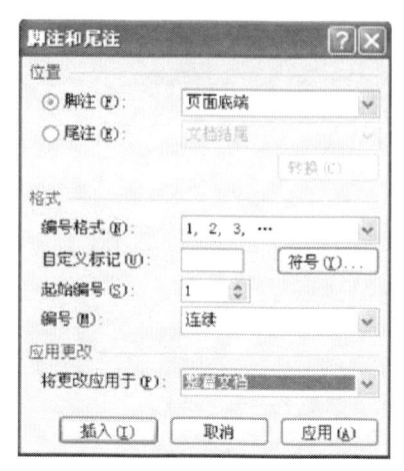

圖 3-87　「腳註和尾註」對話框

（3）選中「腳註」單選按鈕，插入所選文本的腳註；選中「尾註」單選按鈕，則插入所選文本的尾註。在「格式」設置相應的格式，單擊「確定」按鈕。

（4）在出現的腳註和尾註編輯框中輸入文本。

【例 3-23】為如圖 3-88 所示的圖片增加題註，題註標題為「花朵圖案」，腳註文字如圖 3-89 所示，尾註文字如圖 3-90 所示。

圖 3-88　設置題註的圖片、設置腳註尾註的文字

圖 3-89　腳註

儿歌是一种特别重视节奏、声韵的美感、文字流利自然、内容生动活泼、富有情趣、琅琅上口，很容易理解，幼儿一听就明白，不需要家长做过多的解释。

图 3-90　尾註

操作步驟如下：

（1）插入題註。將光標定位到第一幅圖片下方，選擇「引用」主選項卡的「題註」功能區，單擊「插入題註」按鈕，打開「題註」對話框，如圖 3-91 所示。

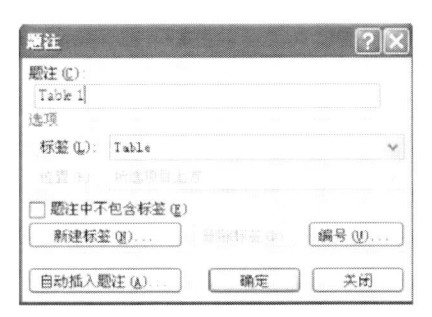

图 3-91　「題註」對話框

（2）單擊「新建標籤」按鈕，打開「新建標籤」對話框，輸入「花朵圖案」，如圖 3-92 所示。

图3-92　「新建標籤」對話框

（3）在「題註」中輸入「太陽花」，如圖 3-93 所示。

图 3-93　「題註」對話框

（4）將光標依次定位到第 3 和第 4 幅圖片下方，選擇「引用」選項卡，在「題註」中單擊「插入題註」，如圖 3-94 所示，依次插入其他圖片的題註。

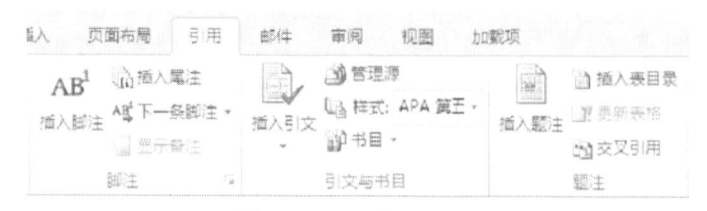

圖 3-94 「引用」選項

（5）插入腳註。將光標定位到「太陽花」，選擇「引用」主選項卡的「腳註」功能區，單擊「插入腳註」按鈕，在頁腳處出現腳註標號「1」，輸入腳註文字。按照同樣的方法，依次輸入其他腳註。

（6）插入尾註。將光標定位到「花朵兒歌集」，選擇「引用」主選項卡的「腳註」功能區，單擊「插入尾註」按鈕，在文檔末尾處出現尾註標號「1」，輸入尾註文字。按照同樣的方法，依次輸入其他尾註。

2. 刪除腳註或尾註

若要刪除腳註或尾註文本，刪除正文中的腳註或尾註的編號即可。

3.7.2 批註

1. 插入批註

在修改別人的文檔時，用戶需要在文檔中加上自己的修改意見，但是又不能影響原有文章的排版，這時可插入批註。

選定需要批註的文本，選擇「審閱」主選項卡的「批註」功能區，單擊「新建批註」按鈕，在出現的「批註」文本框中輸入批註信息。

2. 刪除批註

右鍵單擊批註文本框，在快捷菜單中單擊「刪除批註」命令。

3.7.3 修訂

啟用修訂功能時，用戶的每一次插入、刪除或格式更改都會被標記出來，如圖 3-95 所示。

圖 3-95 批註和修訂的效果

啟用/關閉修訂的方法如下：

選擇「審閱」主選項卡的「修訂」功能區，如果原來沒有啟動修訂功能，單擊

「修訂」按鈕，啟用修訂功能；如果原來已啟用修訂功能，單擊「修訂」命令，則關閉修訂功能。

當查看修訂時，可以接受或拒絕每處更改。方法是：右鍵單擊修訂的文本，在下拉菜單中選擇「接受修訂」或「拒絕修訂」命令。

【例3-24】對如圖3-96所示文檔添加批註，將文檔的審閱格式改成「修訂」，對文檔進行增加、刪除和修改操作。

圖3-96　批註和修訂

操作步驟如下：

（1）選擇需要添加批註的文字，例如「孔子」，選擇「審閱」主選項卡的「批註」功能區，單擊「新建批註」按鈕，如圖3-97所示。在「批註」文本框中輸入批註文字。

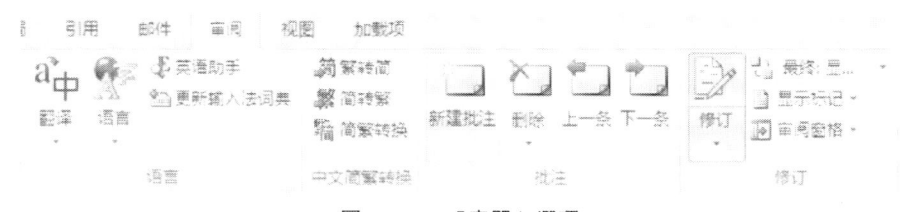

圖3-97　「審閱」選項

（2）選擇「審閱」主選項卡的「修訂」功能區，此時，文檔處於修訂狀態，在文檔中增加新的文本，新的文本變成「紅色」並加上「下劃線」；刪除文本時，被刪除的文本變成「紅色」並加上「刪除線」；修改文本時，原來的文本加上「刪除線」，新的文本加上「下劃線」。

（3）如果要確定修訂的內容，右鍵單擊修訂的文本，選擇「接受修訂」命令；若要取消修訂的內容，右鍵單擊修訂的文本，選擇「拒絕修訂」命令。

3.8　其他高級應用

3.8.1　拼寫檢查與自動更正

當輸入文本時，由於很難保證所輸入文本的拼寫及語法都完全正確，因此也就難

免將某些單詞拼錯或將某些詞語搞錯。可以利用 Word 的「拼寫和語法檢查」指出文本輸入過程中常見英文單詞或中文成語的輸入錯誤並「自動更正」，以提高辦公效率。另外，還可以使用自動更正為一些固定的長詞或長句設置縮寫輸入。

操作步驟如下：

（1）輸入文本。

（2）選擇「審閱」主選項卡的「校對」功能區，單擊「拼寫和語法」按鈕，打開「拼寫和語法」對話框。

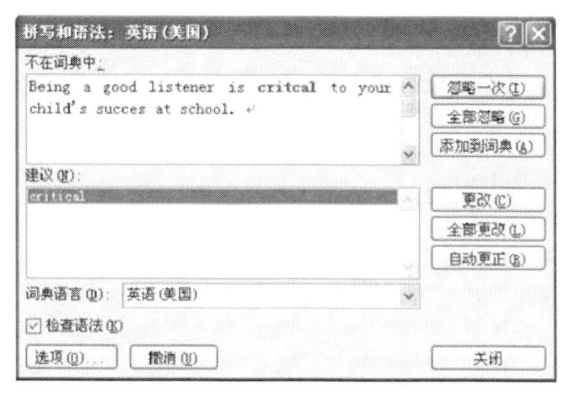

（3）在「拼寫和語法」對話框中顯示出錯的拼寫或語法，如圖 3－98 所示，單擊「自動更正」按鈕，完成對該錯誤的修改。然後 Word 轉向下一條錯誤。

圖 3－98　「拼寫和語法」對話框

【例 3－25】輸入如圖 3－99 所示的文檔，使用拼寫檢查和自動更正功能，對文字改錯。

圖 3－99　輸入英文文字

操作步驟如下：

（1）輸入文本，選擇「審閱」主選項卡的「校對」功能區，單擊「拼寫和語法」按鈕，如圖 3－100 所示。

圖 3－100　「拼寫和語法」選項

（2）在「拼寫和語法」對話框中，顯示出錯的拼寫或語法，如圖 3－101 所示。單

擊「自動更正」按鈕，完成對該錯誤的修改，然后 Word 轉向下一條錯誤。

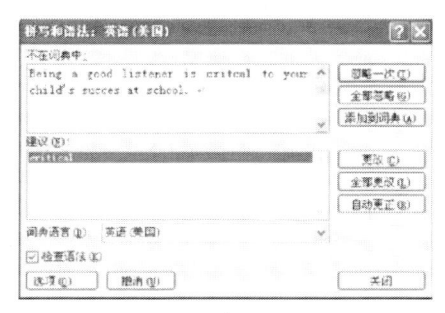

圖 3－101 「拼寫和語法」對話框

（3）如果是語法錯誤，則顯示如圖 3－102 所示。

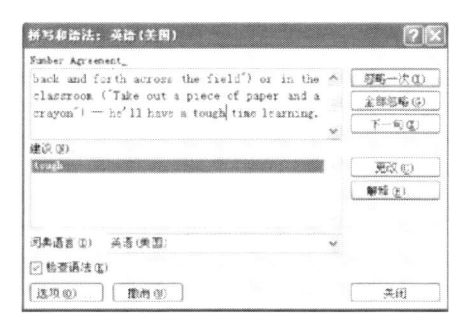

圖 3－102 語法錯誤

3.8.2 長文檔的編輯技巧

1. 建立綱目結構

在 Word 2010 中編輯文檔時，應用程序為用戶提供了能識別文章中各級標題樣式的大綱視圖，以方便作者對文章的綱目結構進行有效地調整，如圖 3－103 所示。

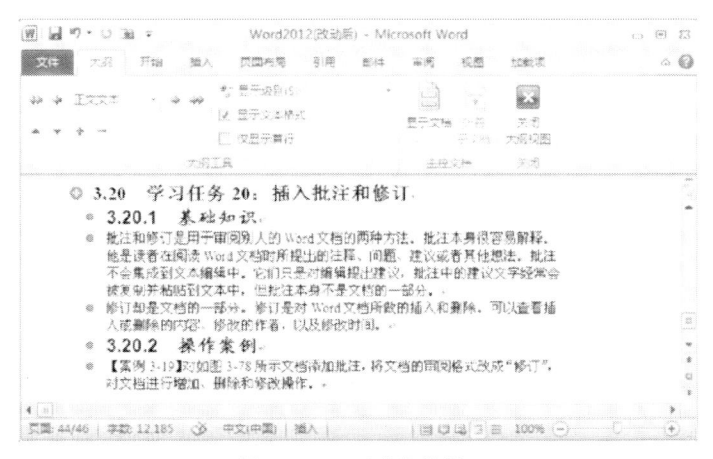

圖 3－103 「大綱視圖」

選擇「視圖」主選項卡的「文檔視圖」功能區，單擊「大綱視圖」按鈕，文檔顯示為大綱視圖。在大綱視圖中調整綱目結構，主要通過如圖3-104所示的大綱視圖中的「大綱」命令的功能來實現。

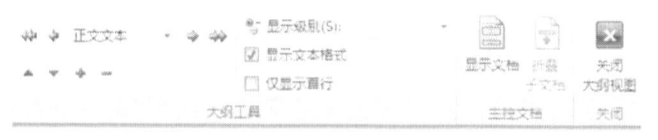

圖3-104 「大綱」命令

2. 生成目錄

編製目錄最簡單的方法是使用內置的標題樣式。如果已經使用了內置標題樣式，可按下列步驟操作生成目錄：

（1）單擊需要插入目錄的位置。

（2）選擇「引用」主選項卡的「目錄」功能區，單擊「目錄」的下拉箭頭，在下拉菜單中選擇「插入目錄」命令，打開「目錄」對話框，如圖3-105所示。

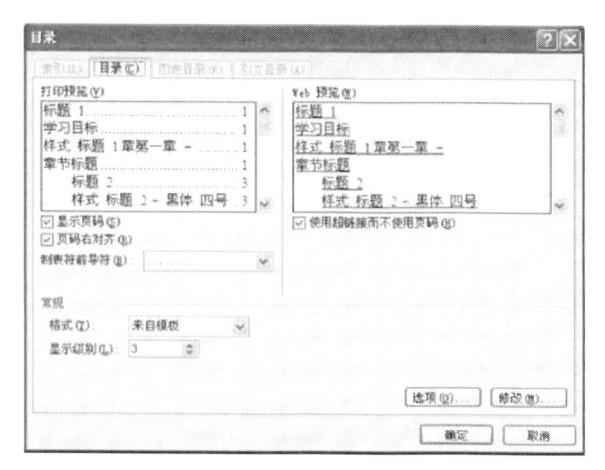

圖3-105 「目錄」對話框

（3）單擊「目錄」選項卡，選中「顯示頁碼」和「頁碼右對齊」兩個復選框，單擊「確定」按鈕，則系統在光標所在位置插入目錄。

對已經生成的目錄可以進行以下操作：

① 按住Ctrl鍵的同時，單擊目錄中的某一行，光標將定位到正文中相應位置。

② 如果正文的內容有所修改，需要更新目錄，則右鍵單擊目錄，在彈出的快捷菜單中選擇「更新域」命令，打開「更新目錄」對話框，然后選中「更新整個目錄」單選按鈕，單擊「確定」按鈕，則可以更新目錄，如圖3-106所示。

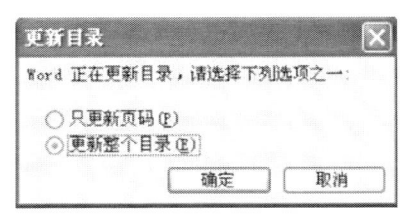

圖 3－106 「更新目錄」對話框

【例 3－26】 為如圖 3－107 所示的文檔添加目錄，添加的目錄如圖 3－108 所示。

圖 3－107 「添加目錄」原始文檔　　　　圖 3－108 「目錄」效果

操作步驟如下：

（1）將光標定位到「第 3 章」處的文字，選擇「引用」主選項卡的「目錄」功能區，單擊「添加文字」按鈕，選擇「1 級」，如圖 3－109 所示，將該段設置為「標題 1」樣式。

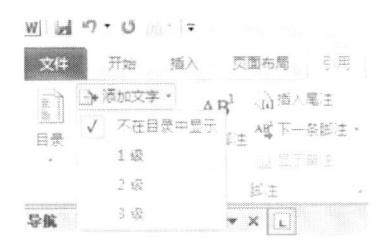

圖 3－109 設置目錄文字的級別

（2）將光標依次定位到「3.1」「3.2」「3.3」等處的文字，選擇「引用」選項卡的「添加文字」項，選擇「2 級」，將這些段的格式設置為「標題 2」樣式。

（3）光標依次定位到「3.1.1」「3.1.2」「3.2.1」等處的文字，選擇「引用」選項卡的「添加文字」，選擇「3級」，將這些段的格式設置為「標題3」樣式。

（4）選擇「引用」主選項卡的「目錄」功能區，選擇「自動目錄1」，自動產生文檔的目錄。

3.8.3 使用公式編輯器

在書寫論文時，經常要用到數學、物理公式或符號，在 Word 2010 中，利用公式編輯器可方便地實現數學公式等的插入，並能自動調整公式中各元素的大小、間距和格式編排等。產生的公式也可以和圖形處理方法進行各種圖形編輯操作。

【例3-27】利用公式編輯器輸入數學公式，如圖3-110所示。

$$x = \frac{-b \pm \sqrt{b^2 - 4ac}}{2a}$$

圖3-110 數學公式

操作步驟如下：

（1）將插入點定位於需要加入公式的位置。

（2）選擇「插入」主選項卡的「符號」功能區，單擊「公式」的下拉箭頭，在下拉菜單中選擇「插入新公式」命令，打開「設計」菜單，如圖3-111所示。

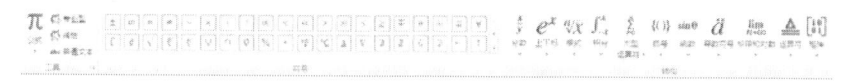

圖3-111 「設計」菜單

（3）進入公式編輯狀態，在模板中選擇相應的內容。

（4）公式建立結束後，單擊工作區以外的區域，返回到 Word 編輯環境。

公式作為「公式編輯器」的一個對象，可以如同處理其他對象一樣進行處理，如進行移動、縮放等操作。若要修改公式，雙擊公式對象，彈出「公式」工具，進入公式編輯狀態，即可對公式進行修改。

3.8.4 郵件合併

在實際工作中，常需要處理大量日常報表和信件。這些報表和信件的主要內容基本相同，只是具體數據有變化。為此，Word 2010 提供了非常有用的郵件合併功能。

創建一個郵件合併，通常包含以下步驟：

（1）創建主文檔，輸入內容不變的共有文本內容。

（2）創建或打開數據源，存放可變的數據。

（3）在主文檔中所需的位置插入合併域名字。

（4）執行合併操作，將數據源中的可變數據和主文檔的共有文本進行合併，生成一個合併文檔或打印輸出。

【例3-28】以成績通知單為例，介紹郵件合併的方法。

操作方法如下：
（1）建立郵件合併需要的數據文檔。
① 新建一個文件，其文件名為「成績」，在文檔中輸入如圖3-112所示的表格數據。

姓名	英語	計算機基礎	大學語文	高等數學
張三	89	89	90	78
李四	90	78	67	78
王五	67	90	78	90
趙六	56	67	67	56

圖3-112　郵件合併數據源

② 保存「成績」文檔，關閉該文檔。
（2）創建郵件合併需要的主文檔。
① 新建一個文件，文件名為「通知主文檔」，在文檔中輸入如圖3-113所示的文本。

同学的家长：
　你好！现将同学本学期的成绩单发送给你，以便你了解同学的学习进展。

课程	英语	计算机基础	大学语文	高等数学
成绩				

经济信息工程学院
2007年1月8日

圖3-113　郵件合併主文檔

② 選擇「頁面佈局」主選項卡的「頁面設置」功能區，單擊「頁面設置」按鈕，打開「頁面設置」對話框。單擊「紙張」選項卡，設置「紙張大小」為「自定義」，寬度設置為「21厘米」，高度設置為「13厘米」。
③ 保存文檔。
（3）進行郵件合併。
① 選擇「郵件」主選項卡的「開始郵件合併」功能區，單擊「開始郵件合併」的下拉箭頭，在下拉菜單中選擇「普通Word文檔」命令，如圖3-114所示。

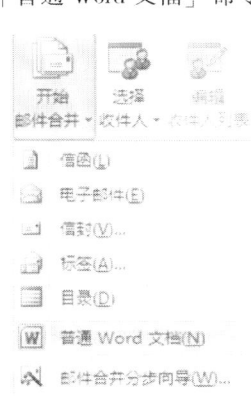

圖3-114　開始郵件合併

② 在「選擇收件人」中，選擇「使用現有列表」命令，如圖 3-115 所示。

圖 3-115　選擇收件人

③ 在「選取數據源」對話框中，選擇「成績.docx」文檔，如圖 3-116 所示。

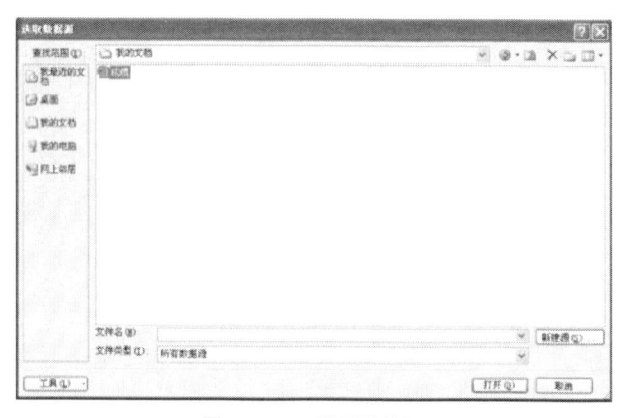

圖 3-116　選擇數據源

④ 單擊「插入合併域」，在「通知主文檔」中插入需要合併的數據域，如圖 3-117 所示。

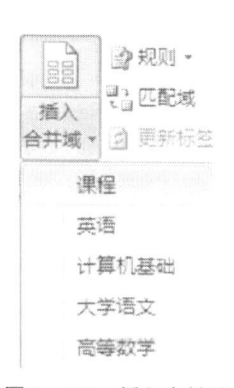

圖 3-117　插入合併域

⑤ 插入后，如圖 3-118 所示。

《姓名》同學的家长：

《姓名》你好！現將《姓名》同學本學期的成績單發送給你，以便你了解《姓名》同學的學習進展。

課程	英語	計算機基礎	大學語文	高等數學
成績	《英語》	《計算機基礎》	《大學語文》	《高等數學》

經濟信息工程學院
2007年1月8日

圖 3－118　插入合併域的主文檔

⑥ 單擊「完成並合併」，選擇「編輯單個文檔」命令，如圖 3－119 所示。

圖3－119　完成並合併

⑦ 在「合併到新文檔」中單擊「確定」按鈕，如圖 3－120 所示。

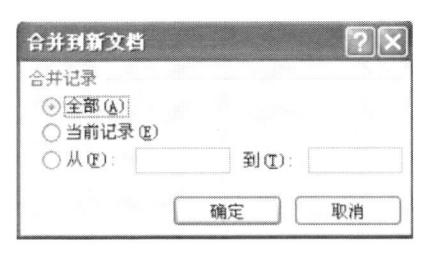

圖 3－120　「合併到新文檔」對話框

⑧ 在彈出的新標籤文檔中預覽文檔，可以看到合併以後的文檔效果，如圖 3－121 所示，既可以打印輸出，也可以保存新的標籤文件。

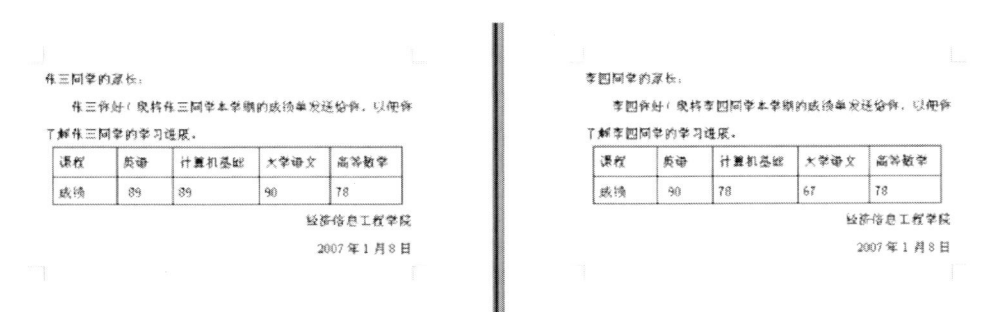

圖 3－121　合併到新文檔的實際效果

145

【例3-29】創建一個主文檔，如圖3-122所示，文件保存為「通知.docx」，其內容為大學錄取通知書。創建一個數據文檔，如圖3-123所示，其內容為錄取學生的信息，文件保存為「錄取.docx」。要求使用郵件合併，將數據合併到「通知.docx」中，合併結果如圖3-124所示。

圖3-122 「郵件合併」主文檔

圖3-123 「郵件合併」數據文檔

圖3-124 「郵件合併」效果

操作步驟如下：

（1）創建一個主文檔，設置頁面背景和頁面佈局，保存為「通知.docx」。關閉該文檔。

（2）創建一個數據文檔，數據文檔中只有一個5行6列的表格，輸入文本。該文檔保存為「錄取.docx」。關閉該文檔。

（3）打開「通知.docx」文檔。

（4）選擇「郵件」主選項卡的「開始郵件合併」功能區，單擊「開始郵件合併」的下拉箭頭，在下拉菜單中選擇「普通Word文檔」命令，如圖3-125所示。

（5）選擇「選擇收件人」的「使用現有列表」，打開「選取數據源」對話框，然后選擇「錄取.docx」文檔。

圖3-125　「郵件合併」選項

（6）單擊「插入合併域」，在「通知」文檔中插入需要合併的數據域，合併效果如圖3-126所示。

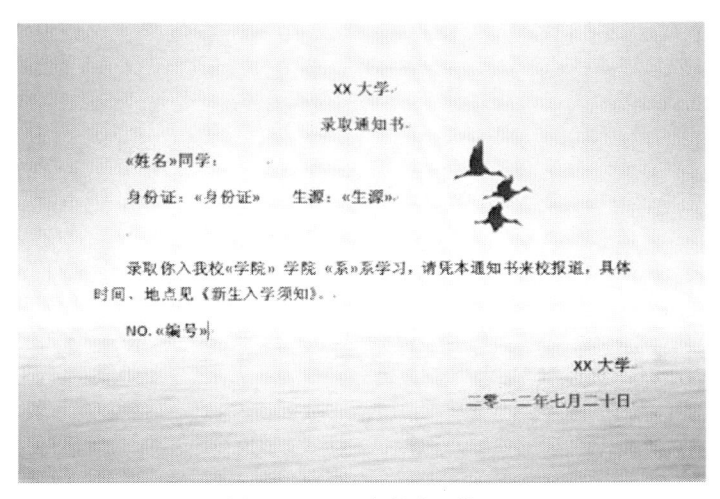

圖3-126　「合併域」效果

（7）單擊「完成並合併」，選擇「編輯單個文檔」，如圖3-127所示。

（8）在「合併到新文檔」中單擊「確定」按鈕，完成郵件合併，合併的文檔有4

頁，分別對應於4行數據。

圖 3-127 「完成並合併」選項

3.9 文檔打印

當文檔編輯完畢，可將所創建的文檔打印出來。

3.9.1 打印預覽

在打印前，用戶可通過打印預覽先看看文檔將要打印的效果。
操作步驟如下：

(1) 選擇「文件」主選項卡的「打印」命令，可在右側看到打印效果，如圖 3-128 所示。

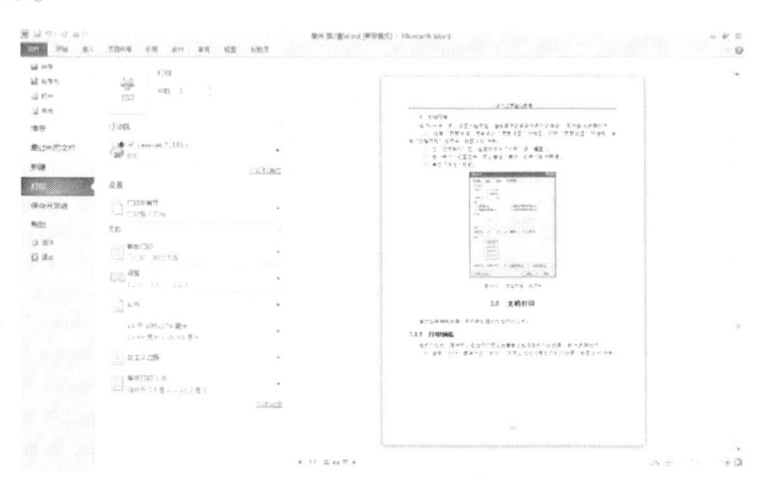

圖 3-128 「打印預覽」窗口

(2) 滑動滾輪，可預覽不同頁面。

3.9.2 打印文檔

在 Word 2010 中，既可以打印全部文檔，也可以打印部分文檔和打印多份文檔。
打印文件的步驟如下：

(1) 選擇「文件」主選項卡的「打印」命令，打開「打印」對話框，如圖 3-129 所示。

圖 3-129 「打印」對話框

（2）在「打印機」名稱下拉列表框中，選擇當前可用的打印機。如果本機沒有連接打印機，可選擇網路中共享的一臺打印機。

（3）在「設置」中，可選擇打印範圍。「打印所有頁」表示打印全部文檔；「打印當前頁」表示只打印光標所在的頁；在「頁碼範圍」中可輸入頁碼，頁碼之間以逗號分隔，例如：1、3、5、7、9。

（4）單擊「打印」按鈕，開始打印文檔。

【本章小結】

本章主要通過案例來介紹了 Word 2010 的基礎操作和高級應用功能，主要包括文件基本操作和文件保護、基本編輯操作、字體和段落格式設置、樣式的應用、查找和替換、封面設計、表格製作、插入圖片和藝術字、頁面佈局、目錄生成、插入腳註和尾註、郵件合併、文檔的審閱、文檔的打印等。通過綜合應用這些功能，可以創建和編輯具有專業外觀、圖文並茂的文檔。

【思考與討論】

1. 簡述文檔保護的功能是什麼？
2. 段落的對齊方式有哪些？各有什麼特點？
3. 什麼是樣式？如何使用樣式？
4. 簡述目錄創建的方法？
5. 什麼是題註、腳註、尾註、批註？
6. 如何實現雙面打印？

第 4 章　Excel 2010 基礎及高級應用

【學習目標】
☞掌握 Excel 2010 工作簿和工作表的基礎操作。
☞掌握 Excel 2010 單元格、行、列的基礎操作。
☞掌握 Excel 2010 公式基礎和單元格地址引用。
☞常用 Excel 2010 函數的使用方法和綜合應用。
☞掌握 Excel 2010 數據分析的基本方法和高級應用。
☞掌握 Excel 2010 圖表基本操作方法。

【知識架構】

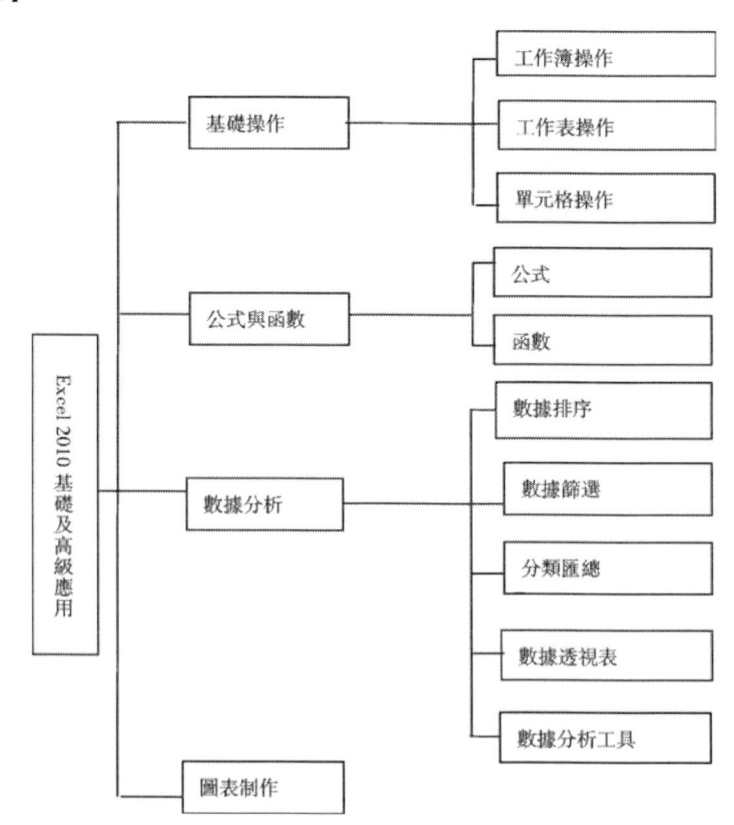

```
                            ┌─ 工作簿操作
              ┌─ 基礎操作 ──┼─ 工作表操作
              │              └─ 單元格操作
              │
              │              ┌─ 公式
              ├─ 公式與函數 ─┤
Excel 2010    │              └─ 函數
基礎及高級應用 ┤
              │              ┌─ 數據排序
              │              ├─ 數據篩選
              ├─ 數據分析 ──┼─ 分類匯總
              │              ├─ 數據透視表
              │              └─ 數據分析工具
              │
              └─ 圖表制作
```

4.1 Excel 2010 概述

Excel 2010 提供了強大的表格處理功能和高效率的數據分析工具，可用來執行計算、分析大型數據集以及可視化電子表格中的數據。使用新增的切片器功能，可快速、直觀地篩選大量信息，並增強數據透視表和數據透視圖的可視化分析。用戶可通過比以往更多的方法來分析、管理和共享信息。

利用全新的分析和可視化工具，可幫助用戶跟蹤和突出顯示重要的數據趨勢。Excel 2010成為用戶展示數據的主要軟件之一。

4.1.1 Excel 2010 主界面

啟動 Excel 2010 后，屏幕上顯示其主界面如圖 4-1 所示。

圖 4-1　Excel 2010 主界面

Excel 2010 的窗口主要包括「標題欄」「主選項卡」「工具選項卡」「編輯欄」「工作表」「狀態欄」和「任務窗格」等部分。其中，主選項卡包括「文件」「開始」「插入」「頁面佈局」「公式」「數據」「審閱」和「視圖」。選擇某個主選項卡，出現與之相應的功能區。

・「開始」主選項卡的功能區：包含「剪貼板」「字體」「對齊方式」「數字」「樣式」「單元格」和「編輯」。

・「插入」主選項卡的功能區：包含「表格」「插圖」「圖表」「迷你圖」「篩選器」「連結」「文本」和「符號」。

・「頁面佈局」主選項卡的功能區：包含「主題」「頁面設置」「調整為合適大小」「工作表選項」和「排列」。

・「公式」主選項卡的功能區：包含「函數庫」「定義的名稱」「公式審核」和「計算」。

・「數據」主選項卡的功能區：包含「獲取外部數據」「連接」「排序和篩選」「數據工具」和「分級顯示」。

・「審閱」主選項卡的功能區：包含「校對」「中文簡繁轉換」「語言」「批註」和「更改」。

・「視圖」主選項卡的功能區：包含「工作簿視圖」「顯示」「顯示比例」「窗口」和「宏」。

功能區中排列若干個選項，單擊它們，可執行其對應的命令。有的選項還有對應的下拉菜單，可從中選擇相應的命令。功能區中各個選項都有一個圖標，如果圖標顯示呈現灰色，表示此功能暫時不能使用。

4.1.2 Excel 2010 基礎知識

1. 工作簿

在 Excel 2010 中創建的文件稱為工作簿，其擴展名是.xlsx。建立 Excel 2010 工作簿時，默認創建三個工作表。

2. 工作表

工作表位於工作簿窗口的中央區域，由行號、列標和網格線組成。位於工作表左側區域的灰色編號區域為各行的行號，位於工作表上方的灰色字母區域為各列的列標，行和列相交形成單元格。Excel 2010 的一個工作表有 1,048,576 行、16,384 列，比 Excel 2003 大幅度增加，單元格的總數量是 Excel 2003 的 1,024 倍。Excel 2010 用戶界面相比 Excel 2003 也有很大的改變，從過去的菜單欄和工具欄改變為以菜單為標示的功能區，讓用戶更快捷方便地使用其功能，可大幅度提高工作和學習效率。

3. 單元格

每一張工作表由若干單元格組成。單元格是存儲數據和公式以及進行計算的基本單位。在 Excel 2010 中，用「列標行號」表示某個單元格，稱為單元格的地址，例如 B5 表示 5 行 B 列的單元格。光標所在的由粗線包圍的一個單元格稱為活動單元格或當前單元格。用鼠標單擊某個單元格，該單元格稱為活動單元格。此時，用戶可以在編輯框中輸入、修改或顯示活動單元格的內容。

4.2 Excel 2010 基本操作

工作簿和工作表的基礎操作是指使用 Excel 2010 進行數據處理的基本操作。工作簿的操作包括新建、打開、關閉、保存、另存為、恢復工作簿等；工作表的操作包括插入、刪除、移動、重命名、保護、格式化工作表、行操作、列操作、單元格操作以及凍結窗口等。

4.2.1 編輯單元格

在 Excel 2010 中，可以選定、插入、刪除、複製、移動單元格，還可以調整單元格的行高和列寬。

1. 選定單元格

選定單元格的方法如表 4-1 所示。

表 4－1　　　　　　　　　　　　　選定單元格

選定範圍	操作步驟
一個單元格	鼠標單擊某個單元格
連續的單元格	單擊起始單元格，按下鼠標左鍵，拖動鼠標到需要選定區域的終止單元格
不連續的單元格	選定單元格的同時按下 Ctrl 鍵
選定整行	單擊行首的行號
選定整列	單擊列首的列標
選定整個工作表	單擊工作表的左上角行號和列號交匯處的「全選」按鈕

2. 插入單元格

插入單元格、行或列之前，需要選定單元格。插入單元格的個數、行數或列數與選定單元格的個數、行數或列數一致。

3. 調整行高和列寬

調整行高和列寬的操作如表 4－2 所示。

表 4－2　　　　　　　　　　　　　調整行高和列寬

操作要點	操作步驟
鼠標拖動調整行高	將鼠標放在相鄰兩個行號之間，變成形狀，按下左鍵拖動鼠標
鼠標拖動調整列寬	將鼠標放在相鄰兩個列標之間，變成形狀，按下左鍵拖動鼠標
菜單方式調整行高	選擇「開始」選項卡的「單元格」功能區，單擊「格式」菜單的「行高」命令
菜單方式調整列寬	選擇「開始」選項卡的「單元格」功能區，單擊「格式」菜單的「列寬」命令

4. 複製和移動單元格、行或列

複製單元格就是將選定單元格的內容複製到其他單元格中。移動單元格則是將選定單元格的內容移動到另外的單元格中。複製單元格，可使用「開始」選項卡的「剪貼板」功能區的「複製」命令和「粘貼」命令來完成。移動單元格，可使用「開始」選項卡的「剪貼板」功能區的「剪切」命令和「粘貼」命令來完成。

4.2.2　工作表數據的錄入

在 Excel 2010 中，根據輸入的數據性質，可以將數據分為數值型數據、日期型數據、文本型數據、邏輯型數據等。數值型數據可以進行算術運算。日期型數據表示日期，由「年－月－日」組成。文本型數據由可以輸入的字符組成，表示文本信息。邏輯型數據用 TRUE 和 FALSE 表示兩種狀態，其中，TRUE 表示真，FALSE 表示假。

下面錄入的數據是「某公司一月份的工資表」，工作簿的名稱是「工資.xlsx」，工作表名稱為「Sheet1」，數據如圖 4－2 所示。

	A	B	C	D	E	F	G	H	I	J	K
1	某公司一月份的工资表										
2	财务部制										
3	编号	发放时间	姓名	部门	基本工资	奖金	住房补助	应发金额	其他扣款	所得税	实发工资
4	10932	2007-1-2	张珊	管理	1500	4000	230		30		
5	10933	2007-1-2	李思	软件	1200	5000	260		40		
6	10934	2007-1-2	王武	财务	1100	2000	250		50		
7	10935	2007-1-2	赵柳	财务	1050	1000	270		30		
8	10936	2007-1-2	钱棋	人事	1020	2000	240		60		
9	10941	2007-1-2	张明	管理	1360	4000	210		30		
10	10942	2007-1-2	赵敏	人事	1320	2500	230		40		
11	10945	2007-1-2	王红	培训	1360	2600	230		40		
12	10946	2007-1-2	李燕	培训	1250	2800	240		50		
13	10947	2007-1-2	孙科	软件	1200	3500	230		30		
14	10948	2007-1-2	刘利	软件	1420	2500	220		40		

Sheet1 / Sheet2 / Sheet3

圖 4－2　工資表的數據

1. 輸入數據

輸入數據的操作步驟如下：

(1) 選定需要輸入數據的單元格。

(2) 從鍵盤上輸入數據，按回車鍵，或單擊「編輯欄」中的「確定」按鈕✓，確定輸入；如果按 Esc 鍵，或單擊「編輯欄」中的「取消」按鈕✕，則取消輸入。

輸入數據時，應考慮數據的類型。

① 數值型數據。

數值型數據包括數字、正號、負號和小數點。科學記數法的數據表示形式的輸入格式是「尾數 E 指數」；分數的輸入形式是「分子/分母」。例如：234，12E3，－234，2/3，3/4。

② 文本型數據。

字符文本應逐字輸入。數字文本以 ' 開頭輸入，或輸入方式為：＝「數字」。例如輸入文本 32，可輸入：＝「32」或輸入：'32。注意：數值型數據 32 和數字文本 32 是有區別的，前者可以進行算術運算，后者只表示字符 32。

③ 日期型數據。

日期型數據的輸入格式為：yy－mm－dd 或 mm－dd，例如，06－12－31，3－8。通過格式化得到其他形式的日期，可減少數據的輸入。

④ 邏輯型數據。

邏輯型數據的輸入只有 TRUE 和 FALSE，其中，TRUE 表示真，FALSE 表示假。

2. 利用填充柄輸入相同的數據

可使用填充柄在一行或一列中輸入相同的數據。

【例 4－1】在「工資.xlsx」的「Sheet1」工作表中，在 B4 單元格到 B14 單元格內輸入數據「2007－1－2」。

操作步驟如下：

(1) 在一行或一列的開始單元格 B4 中輸入數據「2007－1－2」。

(2) 將鼠標放在 B4 單元格右下角，鼠標變成實心的「十」字形狀（即填充柄）。

(3) 按住 Ctrl 鍵，拖動鼠標到 B14 單元格，在 B4 單元格到 B14 單元格中輸入相同的數據「2007－1－2」。

3. 採用自定義序列自動填充數據

使用自定義序列填充數據的操作方法如下：

（1）選擇「文件」主選項卡的「選項」命令，打開「Excel 選項」窗口，單擊「高級」項，選擇「常規」區域，如圖 4-3 所示。

圖 4-3　編輯自定義列表選項

（2）單擊「編輯自定義列表」按鈕，打開「自定義序列」對話框，左側的「自定義序列」中列出了 Excel 2010 默認的自定義序列。

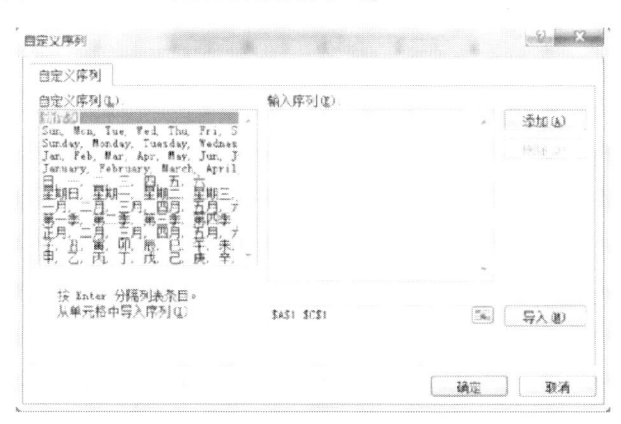

圖 4-4　「自定義序列」對話框

使用默認的自定義序列的操作步驟如下：

① 在單元格中輸入自定義序列中的一項數據，例如「一月」。
② 將鼠標放在單元格右下角，鼠標變成實心的「十」字形狀（即填充柄）。
③ 拖動鼠標，即可在拖動範圍內的單元格中依次輸入自定義序列的數據，例如：一月，二月，三月，…，如圖 4-5 所示。

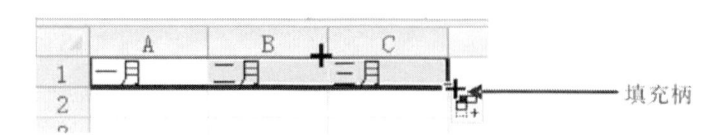

圖4-5 填充數據

用戶定義自定義序列的操作步驟如下：

① 選擇「文件」主選項卡的「選項」命令，打開「Excel 選項」窗口，單擊「高級」項，選擇「常規」區域，單擊「編輯自定義列表」按鈕，打開「自定義序列」對話框。

② 在「自定義序列」列表框中，選擇「新序列」。

③ 在「輸入序列」列表框中，依次輸入序列中的每一項，如「招商銀行」「浦發銀行」「光大銀行」「平安銀行」「成都銀行」，每項之間按回車鍵分隔，如圖4-6所示。

圖4-6 選擇「新序列」並輸入數據

④ 單擊「添加」按鈕，將用戶自定義序列添加到「自定義序列」列表框中。然後，用戶即可使用該自定義序列。

4. 採用填充序列方式自動填充數據

採用填充序列方式自動填充數據，可以輸入等差或等比數列的數據。

操作步驟如下：

（1）在第一個單元格中輸入起始數據。

（2）選擇「開始」主選項卡的「編輯」功能區，打開「填充」下拉菜單，單擊「系列」命令，打開「序列」對話框，如圖4-7所示。

（3）在「序列」對話框中，指定「列」或「行」，在「步長值」框中輸入數列的步長，在「終止值」框中輸入最后一個數據。

（4）單擊「確定」按鈕，在行上或列上產生定義的數據序列。

還可使用快捷方式來產生步長為1的等差數列。

【例4-2】在「工資.xlsx」的「Sheet1」工作表中，輸入 A4 單元格到 A14 單元格的數據（10,932，10,933，⋯，10,948）。

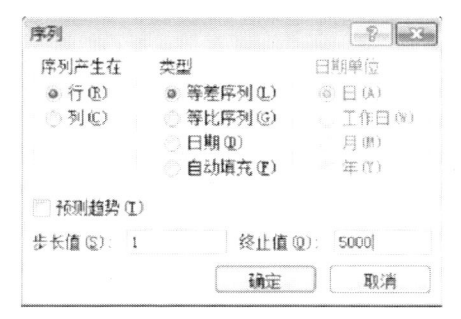

圖 4-7　填充數據

操作步驟如下：

① 在單元格 A4 中輸入起始數據 10,932。

② 將鼠標定位在單元格 A4 的右下角，鼠標變成填充柄形狀，按住 Ctrl 鍵，同時在行或列的方向（這裡在列）拖動鼠標到 A14 單元格，即可產生等差數據序列 10,932，10,933，…，10,948。

5. 清除單元格數據

清除單元格數據是指刪除選定單元格中的數據。清除數據的方法是：單擊「開始」選項卡中的「編輯」功能區，選擇「清除」下拉菜單。利用「清除」下拉菜單中的命令，可分別對單元格進行全部清除、清除格式、清除內容、清除批註、清除超連結操作。注意：清除單元格的數據和刪除單元格是不同的。

4.2.3　修飾單元格

1. 製作標題

在 Excel 2010 工作表中，標題一般位於表格數據的正上方，可以採用「合併居中」功能來製作標題。

【例 4-3】設置「工資.xlsx」的「Sheet1」工作表的標題。

操作步驟如下：

（1）選定要製作標題的單元格，例如選擇 A1 單元格到 K2 單元格區域，選擇「開始」主選項卡中的「對齊方式」功能區，單擊「合併后居中」下拉菜單中的「合併后居中」命令，將所選定的單元格變成一個單元格 A1。

（2）在合併後的單元格 A1 中，輸入標題「某公司一月份的工資表」，設置文本格式。

（3）如果文本需要換行，在需要換行的位置按組合鍵：Alt + 回車鍵。本例中，將光標定位到「某公司一月份的工資表」的最后，按組合鍵：Alt + 回車鍵，則換行，然後輸入「財務部制」。

如果要取消合併居中格式，選擇「合併后居中」下拉菜單中的「合併后居中」命令，即可取消合併單元格；也可以右鍵單擊單元格，在彈出的快捷菜單中選擇「設置單元格格式」命令，打開「設置單元格格式」對話框，如圖 4-8 所示。單擊「對齊」選項卡，取消「合併單元格」復選框的選定，然後單擊「確定」按鈕。

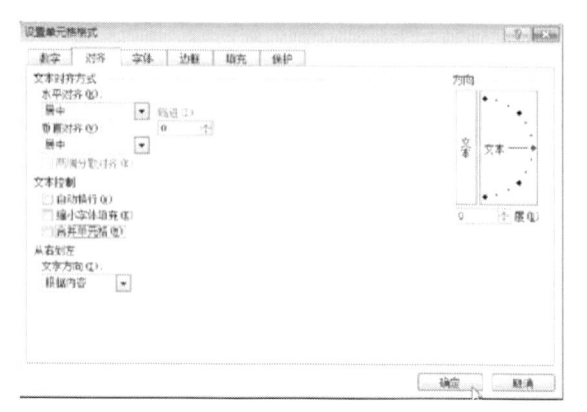

圖4-8 「設置單元格格式」對話框的「對齊」選項卡

2. 單元格數據的格式化

右鍵單擊單元格，在彈出的快捷菜單中選擇「設置單元格格式」命令，打開「設置單元格格式」對話框，單擊「數字」選項卡，可對單元格進行數據格式化處理。

（1）在「分類」列表框中，選擇「數值」項，可設置數值型數據的小數位數、千位分隔符以及負數的顯示格式，如圖4-9所示。

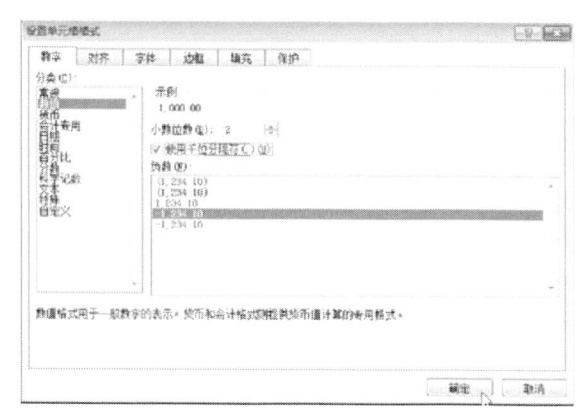

圖4-9 「設置單元格格式」對話框的「數字」選項卡

（2）在「分類」列表框中，選擇「貨幣」，可以設置貨幣數據的小數位數、貨幣符號以及負數的顯示格式。

（3）在「分類」列表框中，選擇「日期」，可以設置日期數據的顯示類型。

還可以在「設置單元格格式」對話框的「數字」選項卡中，設置會計專用的數據格式、時間格式、百分比格式以及分數格式等。

3. 設置邊框和底紋

（1）在「設置單元格格式」對話框中，選擇「邊框」選項卡，可設置單元格的邊框樣式，如圖4-10所示。

圖 4−10 「邊框」選項卡

（2）在「設置單元格格式」對話框中，選擇「填充」選項卡，可設置單元格的底紋樣式，如圖 4−11 所示。

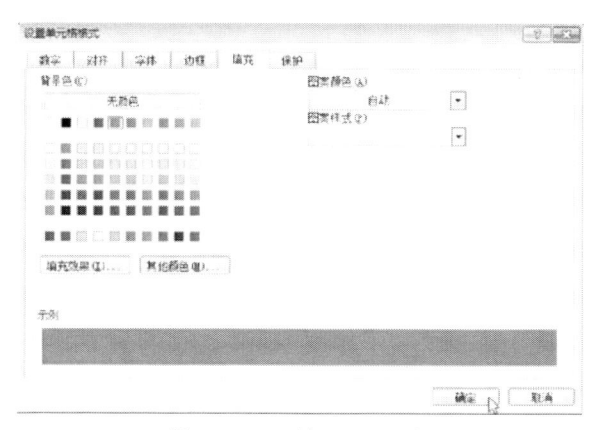

圖 4−11 「填充」選項卡

【例 4−4】將「工資.xlsx」的「Sheet1」工作表格式化為如圖 4−12 所示的表格。

圖 4−12 格式化單元格的效果

操作步驟如下：

（1）選擇 A3 到 K3 單元格，選擇「開始」主選項卡的「段落」功能區，單擊「底紋」按鈕的下拉箭頭，在「顏色」列表框中選擇「灰色」，設置第 3 行單元格的底紋為「灰色」。

（2）選擇 A3 到 K14 單元格，選擇「開始」主選項卡中的「段落」功能區，單擊「邊框」按鈕的下拉箭頭，在「邊框」列表框中，選擇「所有框線」命令，設置 A3 到 K14 單元格的邊框。

（3）選擇 B3 到 B14 單元格，選擇「開始」主選項卡的「段落」功能區，單擊「水平居中」按鈕，將 B 列數據設置為「水平居中」。

（4）選中 B4：B14 單元格區域，右鍵單擊，在彈出的快捷菜單中選擇「設置單元格格式」命令，打開「設置單元格格式」對話框，單擊「數字」選項卡，在「分類」列表框中選擇「日期」，在「類型」列表框中選擇「3 月 14 日」格式，單擊「確定」按鈕，將所有「發放日期」數據格式化。

（5）選擇 E4：E14 單元格區域，右鍵單擊，在彈出的快捷菜單中選擇「設置單元格格式」命令，打開「設置單元格格式」對話框，單擊「數字」選項卡，在「分類」列表框中選擇「貨幣」，設置「小數位數」為 2，設置「貨幣符號」為「￥」，單擊「確定」按鈕，將所有「基本工資」數據格式化。

4. 條件格式

條件格式是指當指定條件為真時，Excel 2010 自動應用於單元格的格式，例如單元格底紋或字體顏色等。

【例 4－5】在「工資.xlsx」的「Sheet1」工作表中，將部門為「管理」的單元格設置為淺紅色底紋，如圖 4－13 所示。

操作步驟如下：

（1）選中 D4：D14 單元格區域，選擇「開始」主選項卡的「樣式」功能區，打開「條件格式」下拉菜單，選擇「凸出顯示單元格規則」菜單中的「等於」命令，打開「等於」對話框，如圖 4－13 所示。

圖 4－13 「等於」對話框

（2）在「等於」對話框中，在左側的文本輸入框中，輸入文本「管理」。

（3）在「設置為」選項列表中，選中「淺紅色填充」，單擊「確定」按鈕，關閉「等於」對話框。此時，在工作表中可以看到，在 D4：D14 單元格區域部門為「管理」的單元格加上了淺紅色底紋。

4.2.4 編輯工作表

在 Excel 2010 中，可插入、刪除、重命名、複製或移動工作表。操作步驟如表

4-3 所示。

表 4-3　　　　　　　　　　　編輯工作表的操作

操作要點	操作步驟
插入工作表	右鍵單擊某個工作表的標籤，在快捷菜單中選擇「插入」命令，在「插入」對話框中單擊「工作表」圖標，單擊「確定」按鈕，在選定的工作表之前插入一個新的工作表。如圖4-14所示
刪除工作表	右鍵單擊需要刪除的工作表的標籤，在快捷菜單中選擇「刪除」命令，在彈出的對話框中單擊「刪除」按鈕，則刪除該工作表
重命名工作表	在「開始」選項卡中的「單元格」功能區，選擇「格式」菜單中的「重命名工作表（R）」命令
複製或移動工作表	右鍵單擊需要複製或移動的工作表，在快捷菜單中選擇「移動或複製工作表」命令，在彈出的對話框中，選擇工作表的目的位置，如圖4-15所示。如果選擇「建立副本」復選框，進行複製，否則進行移動，單擊「確定」按鈕
刪除行	在「開始」選項卡中的「單元格」功能區，選擇「刪除」菜單中的「刪除工作表行（R）」命令
刪除列	在「開始」選項卡中的「單元格」功能區，選擇「刪除」菜單中的「刪除工作表列（C）」命令

圖4-14　「插入」對話框　　　　圖4-15　「移動或複製」工作表對話框

【例4-6】將「工資.xlsx」中的「Sheet1」工作表標籤命名為「工資表」，將「SheeT2"」工作表標籤命名為「稅率表」。

操作步驟如下：

（1）右鍵單擊Sheet1工作表的標籤，在快捷菜單中選擇「重命名」命令，在「標籤」處輸入工作表的名稱「工資表」。

（2）右鍵單擊Sheet2工作表的標籤，在快捷菜單中選擇「重命名」命令，在「標籤」處輸入工作表的名稱「稅率表」。

【例4-7】根據如圖4-16所示的「案例1」工作簿，製作如圖4-17所示的「基礎操作案例1」數據文件。

操作要求如下：

①打開「案例1」工作簿，將「Sheet1」工作表名重命名為「基礎操作案例1」，刪除「SheeT2"」「Sheet3」工作表。

圖4-16 「案例1」工作簿

圖4-17 「基礎操作案例1」數據文件

② 在「員工編號」列左側添加「序列號」列,刪除「工齡」列,隱藏「銀行帳號」列。
③ 設置「基礎操作案例1」的行高和列寬分別為「20」和「18」。
④ 對「基礎操作案例1」數據區域添加內、外邊框,對首行設置底紋。
⑤ 設置「凍結窗口」,固定顯示首行和前三列數據。
⑥ 設置紙張方向為「橫向」,設置上、下頁邊距為「1」,設置左、右頁邊距為「0.8」。

操作步驟如下:

（1）打開「案例1」工作簿。

（2）右鍵單擊「工作表標籤」中的「Sheet1」工作表，選擇「重命名（R）」命令，修改工作表名為「基礎操作案例1」。

（3）分別右鍵單擊「SheeT2"」工作表和「Sheet3」工作表，在彈出的菜單中選擇「刪除」命令，刪除「SheeT2"」和「Sheet3」工作表。

（4）右鍵單擊「員工編號」列，在彈出式菜單中選擇「插入」命令，選中「A1」單元格，輸入「序列號」數據。

（5）右鍵單擊「工齡」數據列，在彈出式菜單中選擇「刪除」命令。

（6）單擊「銀行帳號」列，選擇「開始」主選項卡，「單元格」功能區，打開「格式」下拉菜單，單擊「隱藏和取消隱藏」菜單中的「隱藏列」命令，對「銀行帳號」進行隱藏，如圖4－18所示。若要取消隱藏行或列，選擇「開始」主選項卡的「單元格」功能區，打開「格式」菜單，選擇「隱藏和取消隱藏」菜單中的「取消隱藏行」或「取消隱藏列」命令。

圖4－18　隱藏「銀行帳號」列

（7）選中整個數據區域（A1：J45），選擇「開始」主選項卡的「單元格」功能區，打開「格式」菜單，分別單擊「行高」和「列寬」命令。在「行高」和「列寬」對話框中，分別輸入「20」和「18」。

（8）選中A1：J1首行數據區域，選擇「開始」主選項卡的「字體」功能區，單擊「填充顏色」按鈕，選中相應的顏色，對選中區域添加底紋。

（9）選中整個數據區域（A1：J45），鼠標右鍵單擊數據區域，在彈出的菜單中單擊「設置單元格格式」命令，打開「設置單元格格式」對話框。單擊「邊框」按鈕，選擇線條樣式，單擊「外邊框」和「內部」按鈕，添加內外邊框，然后單擊「確定」按鈕，完成操作，如圖4－19所示。

（10）選中D2單元格，選擇「視圖」主選項卡的「窗口」功能區，打開「凍結窗格」下拉菜單，單擊「凍結拆分窗格」命令，設置后，D2單元格以上（首行）和左側列（前三列）將固定顯示，不隨滾動條的移動而移動。

（11）選擇「頁面佈局」主選項卡的「頁面設置」功能區，打開「頁面設置」對話框，如圖4－20所示。在「頁面」選項卡，將「方向」設置為「橫向」，「紙張大小」設置為「A4」，「起始頁碼」設置為「自動」。

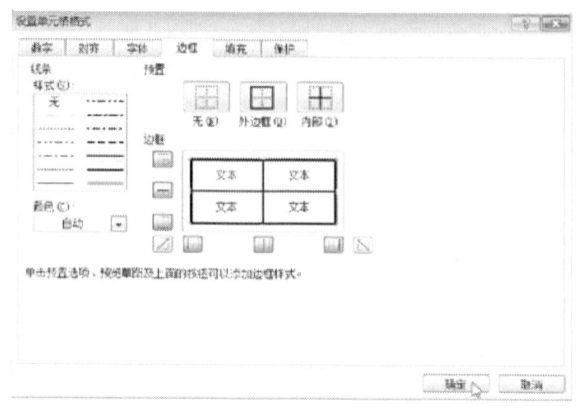

圖4-19 添加邊框

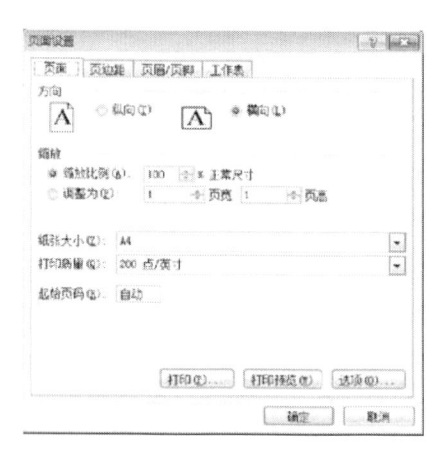

圖4-20 設置「頁面」

（12）在「頁面設置」對話框的「頁邊距」選項卡中，設置「上」「下」邊距為「1」，設置「左」「右」邊距為「0.8」，如圖4-21所示。

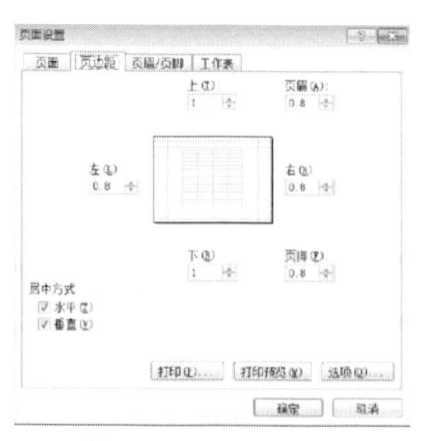

圖4-21 設置「頁邊距」

(13) 設置「頁面設置」后，在「頁面設置」對話框的「頁邊距」選項卡中，單擊「打印預覽」按鈕，查看打印效果是否滿意，如圖4-22所示。

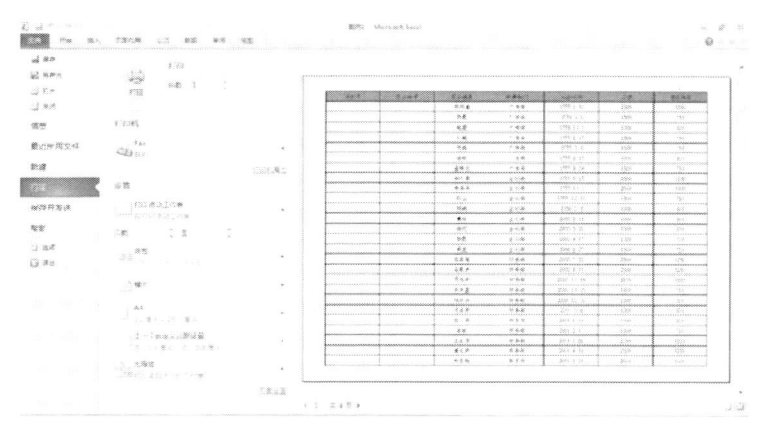

圖4-22　查看打印預覽

(14) 選擇「文件」主選項卡的「另存為」令名，打開「另存為」窗口，修改文件名、文件類型、保存的路徑，然后單擊「確定」按鈕，保存工作簿。

【例4-8】在「案例2」工作簿的「單元格操作和數據輸入」工作表中根據要求輸入各種數據類型，並對單元格進行設置，如圖4-23所示。

圖4-23　「案例2」工作簿——「單元格設置和數據輸入」效果圖

操作要求如下：

① 設置「A1」單元格文字方向為「垂直」。

② 為「數據輸入」「姓名」「性別」「日期」「(中/英) 姓名」「身分證」「下表數據占總數據比例」單元格設置底紋。設置 A1：I2 單元格區域中空白單元格字號為「18」。

③ 在「(中/英) 姓名:」單元格中加入批註，批註內容：「請在此單元格中跨行輸入數據。第一行是姓名拼音，第二行是中文姓名」。

④ 合併 I2 和 J2 單元格，合併后輸入分數「五分之一」。

⑤ 在 C1 單元格輸入姓名；在 F1 單元格，可以選擇性輸入「男」或「女」；在 I1 單元格輸入今天的日期；在 C2 單元格換行輸入姓名拼音和中文姓名；在 F2 單元格輸

165

入身分證號。

⑥ 在「序號列」一列中利用填充功能輸入「1」~「44」，在「員工編號」一列中利用填充功能輸入「ZSYH001」~「ZSYH044」。設置「總收入」一列保留 2 位小數，並使用「千位分隔符」。

操作步驟如下：

（1）打開「案例 2」工作簿，選擇「單元格操作和數據輸入」工作表。

（2）右鍵單擊 A1 單元格。在彈出的菜單中單擊「設置單元格格式」命令，打開「設置單元格格式」對話框，單擊「對齊」選項卡，修改「方向」度數為「90」度，將文字方向設置為垂直，如圖 4－24 所示。

圖 4－24　修改文字方向

（3）按住 Ctrl 鍵，依次單擊「A1」「B1」「B2」「E1」「E2」「H1」「H2」不連續單元格後，選擇「開始」主選項卡的「字體」功能區，單擊「填充顏色」按鈕，選中相應的顏色添加底紋。按住 Ctrl 鍵，依次單擊 A1：I2 單元格區域中空白單元格，修改單元格字體大小為「18」，如圖 4－25 所示。

圖 4－25　不連續單元格添加底紋

（4）右鍵單擊「B2」單元格，在彈出的快捷菜單中單擊「插入批註」命令。在「插入批註」窗口中輸入「請在此單元格中跨行輸入數據，第一行是姓名拼音，第二行是中文姓名」，如圖4－26所示。鼠標右鍵單擊B2單元格，選擇「顯示/隱藏批註」，將批註顯示在工作表上。

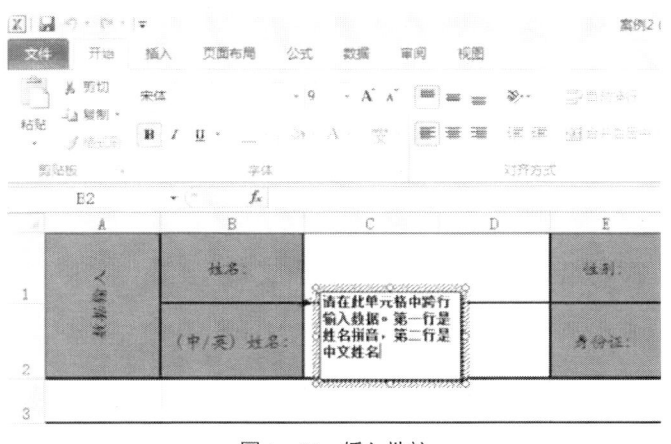

圖4－26　插入批註

（5）選中「I2：J2」連續單元格區域，選擇「開始」主選項卡的「對齊方式」功能區，單擊「合併后居中」按鈕，將「I2：J2」連續單元格合併成一個單元格I2。右鍵單擊I2單元格，在彈出的快捷菜單中單擊「設置單元格格式」菜單，打開「設置單元格格式」對話框，選擇「數字」選項卡，在「分類」列表中選擇「分數」，在「分數」類型中選擇「分母為一位數」選項，單擊「確定」按鈕，如圖4－27所示。單擊I2單元格，在編輯欄中輸入「1/5」（再次單擊I2單元格，編輯欄顯示0.2）。

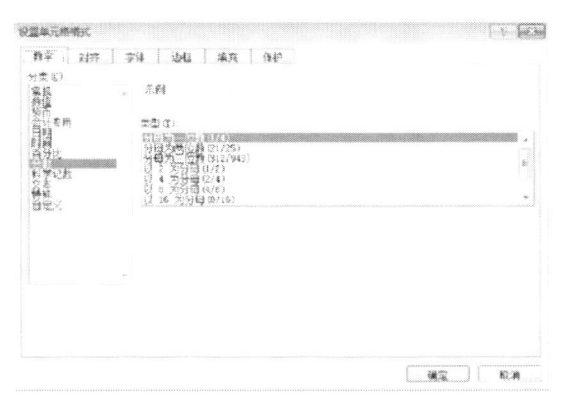

圖4－27　設置單元格格式為分數

（6）選中C1單元格，輸入「陳祁睿」。選中F1單元格，選擇「數據」主選項卡的「數據工具」功能區，打開「數據有效性」下拉菜單，單擊「數據有效性（V）」命令，打開「數據有效性」對話框。單擊「設置」選項卡，在「允許（A）」選項列表中，選擇「序列」選項，在「來源（S）:」編輯欄中輸入「男，女」，單擊「確定」

按鈕，完成設置，如圖 4-28 所示。

單擊 F1 單元格，此時，在單元格的右下角有個選擇按鈕，選擇「男」，完成性別輸入。

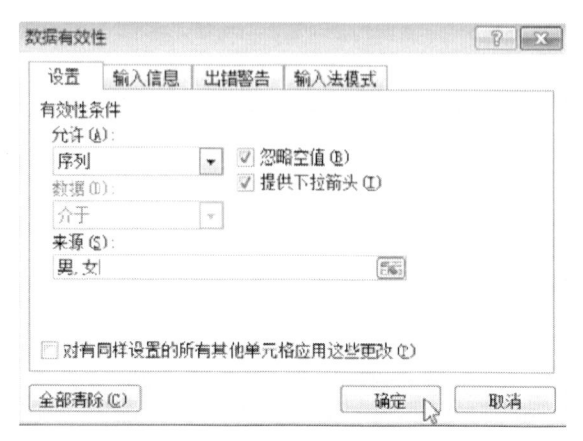

圖 4-28　數據有效性選擇性輸入數據

（7）在 I1 單元格中輸入「2012-4-24」日期型數據。在 C2 單元格首先輸入「chenqirui」，按組合鍵「Alt + Enter」，換行輸入「陳祁睿」。右鍵單擊 F2 單元格，在彈出菜單中單擊「設置單元格格式」命令，打開「設置單元格格式」對話框，選擇「數字」選項卡、「分類」列表框、「文本」選項，單擊「確定」按鈕，將 F2 單元格類型設置為文本。再單擊 F2 單元格，在編輯欄中輸入「510104198109281314」，前兩行效果圖如圖 4-29 所示。

圖 4-29　輸入各類型數據效果圖

（8）單擊 A5 單元格，在 A5 單元格中輸入「1」。選中「A5：A48」數據區域，選擇「開始」主選項卡的「編輯」功能區，打開「填充」下拉菜單，單擊「系列」命令，如圖 4-30 所示。在「序列」對話框，設置「序列產生在」選項為「列」，「類型」為「等差序列」，「步長值」為「1」，如圖 4-31 所示。設置完成後，單擊「確定」按鈕，完成 1~44 的數據輸入。

圖4-30 填充序列菜單　　　　　圖4-31 序列選項設置

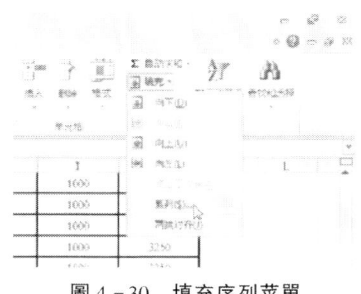

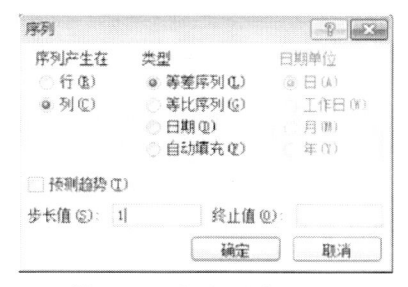

（9）選中B5單元格，在B5單元格中輸入「ZSYH001」，將鼠標放置在單元格右下角變成黑色實心「十」形狀後雙擊鼠標，B列數據依次填充為「ZSYH001～ZSYH044」。

（10）選中J5：J48單元格區域，右鍵單擊該區域，在彈出的快捷菜單中單擊「設置單元格格式」命令，打開「設置單元格格式」對話框，選擇「數字」選項卡，在「分類」列表中選擇「數值」，將右側「小數位數」設置為「2」，勾選「使用千位分隔符」，然後單擊「確定」按鈕，如圖4-32所示。

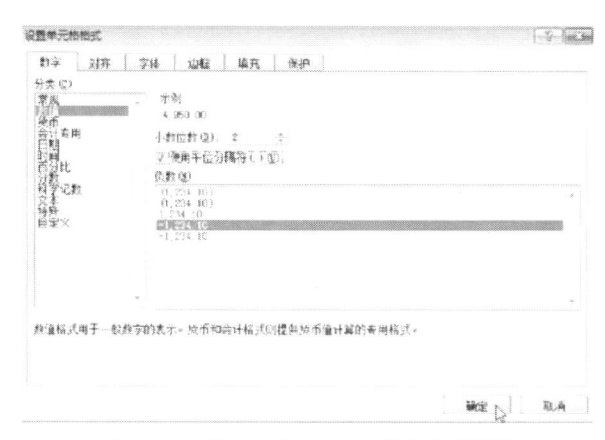

圖4-32 設置小數位數和使用千位分隔符

4.3 公式與單元格地址的引用

在Excel 2010中，利用公式可以實現表格的自動計算。Excel 2010的公式以「=」開頭，在「=」後面可以包括五種元素，即運算符、單元格引用、數值和文本、函數和括號（ ）。

4.3.1 運算符

Excel 2010中包含算術運算符、比較運算符、文本運算符和引用運算符四種類型。

1. 算術運算符

算術運算符包括：+（加）、-（減）、*（乘）、/（除）、%（百分比）、^（乘方）。

2. 比較運算符

比較運算符包括：＝（等於）、＞（大於）、＜（小於）、＞＝（大於等於）、＜＝（小於等於）、＜＞（不等於）。

3. 文本運算符

文本運算符＆用來連接兩個文本，使其成為一個文本。例如，在任意單元格中輸入「＝"Power"&"Point"」，其計算結果為「Power Point」，如圖 4－33 所示。

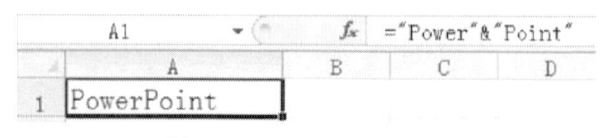

圖 4－33 「&」文本運算符

4. 引用運算符

引用運算符用來引用單元格區域，包括區域引用符（：）和聯合引用符（,）。例如，B1：D5 表示 B1 到 D5 所有單元格的引用，B5，B7，D5，D6 表示 B5，B7，D5，D6 這 4 個單元格的引用。

運算符的優先順序，如表 4－4 所示。

表 4－4　　　　　　　　　　　　運算符順序

順序	運算符	類型
1	「;」「,」「空格」	引用運算符
2	「－」（負號）	算術運算符
3	％（百分比）	算術運算符
4	^（乘方）	算術運算符
5	＊（乘）、／（除）	算術運算符
6	＋（加）、－（減）	算術運算符
7	&	文本運算符
8	＝、＞、＜、＞＝、＜＝、＜＞	比較運算符

4.3.2　公式的輸入與複製

Excel 2010 的公式以「＝」開頭，公式中所有的符號都是英文半角的符號。

1. 公式的輸入

公式輸入的操作方法如下：

首先選中存放計算結果的單元格，用鼠標單擊「編輯欄」，按照公式的組成順序依次輸入各個部分，公式輸入完畢，按回車鍵。

公式輸入完畢，單元格中顯示計算結果，而公式本身只能在編輯框中看到。

下面通過一個例子來說明公式的輸入。

【例 4－9】根據年利率和利息稅率計算存款的稅後利息的公式是：R＝T＊C＊

$(1-V)$，其中 T 表示存款額，C 表示存款利率，V 表示利息稅率，R 表示稅后利息。假如一筆存款的存款額是 13 萬元，年利率是 2.79%，利息稅率是 20%，試用 Excel 2010 計算該筆存款的利息。

操作步驟如下：

（1）輸入存款相關的數據，如圖 4-34 所示。分別在 A1、A2、A3、A4 單元格中輸入「存款額（元）」「年利率」「利息稅率」「稅后利息」；分別在 B1、B2、B3 單元格中輸入 130,000、2.79%、20%。

（2）在 B4 單元格中輸入計算稅后利息的公式「=B1*B2*(1-B3)」，按回車鍵，即可計算出該筆存款的稅后利息。

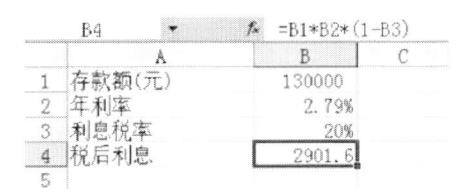

圖 4-34　公式的輸入

2. 公式的複製

為了提高輸入的效率，可以對單元格中輸入的公式進行複製。複製公式的方法有兩種：一種是使用「複製」和「粘貼」命令，另一種是使用拖動填充柄的方法。第二種方法的操作方法為：將鼠標放在需要複製的單元格的右下角，待變成填充柄形狀，拖動鼠標到同行或同列的其他單元格上。

當複製公式時，若公式中包含有單元格地址的引用，則在複製的過程中根據不同的情況使用不同的單元格引用。

4.3.3　單元格地址的引用

單元格地址的引用包括絕對引用、相對引用和混合引用三種。

1. 絕對引用

絕對引用是指在公式複製或移動時，公式中的單元格地址引用相對於目的單元格不發生改變的地址。絕對引用的格式是「＄列標＄行號」，例如，＄A＄1、＄B＄3、＄E＄2。

2. 相對引用

相對引用是指在公式複製或移動時，公式中單元格地址引用相對目的單元格發生相對改變的地址。相對引用的格式是「列標行號」。例如，A1、B3、E2。

下面通過例子來說明相對引用和絕對引用的應用。

【例 4-10】計算工資和薪金所得稅率和速算扣除數表，如表 4-5 所示，其中，速算扣除數＝本級的最低所得額×（本級稅率－前一級的稅率）＋前一級的速算扣除數。

表 4-5　　　　　　　　　　　**工資和薪金所得稅率和速算扣除數表**

級數	全月應納稅所得額	稅率	速算扣除數
1	低於 500 元	5%	0
2	500 ~ 1999 元	10%	25
3	2000 ~ 4999 元	15%	125
4	5000 ~ 19, 999 元	20%	375
5	20, 000 ~ 39, 999 元	25%	1375
6	40, 000 ~ 59, 999 元	30%	3375
7	60, 000 ~ 79, 999 元	35%	6375
8	80, 000 ~ 99, 999 元	40%	10, 375
9	100, 000 元以上	45%	15, 375

在「工資 . xlsx」的「稅率表」工作表中輸入如圖 4-35 所示的數據。

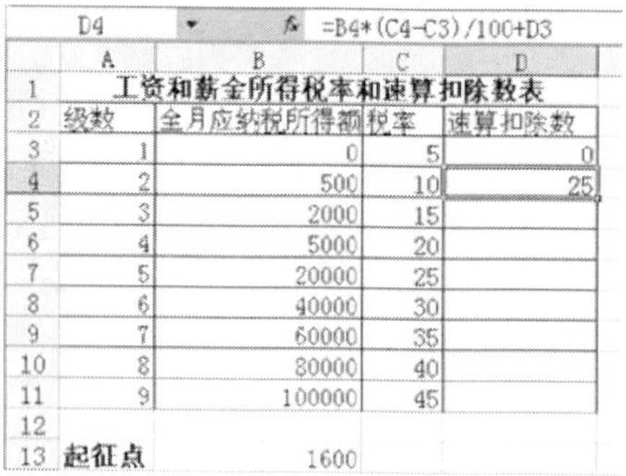
D4　=B4*(C4-C3)/100+D3

	A	B	C	D
1	工资和薪金所得税率和速算扣除数表			
2	级数	全月应纳税所得额	税率	速算扣除数
3	1	0	5	0
4	2	500	10	25
5	3	2000	15	
6	4	5000	20	
7	5	20000	25	
8	6	40000	30	
9	7	60000	35	
10	8	80000	40	
11	9	100000	45	
12				
13	起征点	1600		

圖 4-35　「稅率表」工作表

操作步驟如下：

（1）在「工資 . xlsx」的「稅率表」工作表中，選定 A1 ~ D1 單元格，在「開始」主選項卡的「對齊方式」功能區，選擇「合併后居中」菜單中的「合併后居中」命令，輸入「工資和薪金所得稅率和速算扣除數表」。

（2）在 A2 ~ D2 單元格中依次輸入列標題。

（3）在 A3 單元格中輸入數字「1」，將鼠標放在 A3 單元格的右下角，待變成填充柄形狀，拖動鼠標到 A11 單元格，系統自動在 A2 ~ A11 單元格中填充數據。

（4）依次輸入 B3 ~ C11 單元格中的數據，輸入 D3 單元格中的數據 0。

（5）在 D4 單元格中，輸入公式「=B4 *（C4 − C3）/100 + D3」。

（6）將鼠標放在 D4 單元格的右下角，待變成填充柄形狀，拖動鼠標到 D11 單元格，複製 D4 的公式至 D5 ~ D11 單元格中，即可計算出各級速算扣除數。

說明：為了使得 D4 的公式複製到 D5 單元格中，能夠變成「=B5 *（C5 − C4）/100 + D4」；複製到 D6 單元格中，能夠變成「=B6 *（C6 − C5）/100 + D5」，以此類

推，D4 中單元格地址引用需用相對引用。

【例 4－11】根據如圖 4－36 所示的數據，計算每筆存款的稅后年利息。

	A	B	C	D	E
1	计算税后利息表				
2			利息税率	20%	
3	编号	类型	存款额(万元)	年利率	税后年利息
4	1	一年定期	10000	2.79%	
5	2	一年定期	20000	2.79%	
6	3	两年定期	20000	3.33%	
7	4	三年定期	25000	3.96%	
8	5	五年定期	30000	4.41%	

圖 4－36 計算稅后利息表的數據

分析：首先計算 E4 單元格的稅后年利息，根據前面介紹的計算方法，容易得到 E4 中的公式是「＝C4 ∗ D4 ∗ （1－D2）」。對於每一筆存款，存款額和年利率是不同的，而利息稅率是不變的，為了使得公式能夠正確複製，公式中的 C4 和 D4 的引用採用相對引用，而 D2 採用絕對引用。

操作步驟如下：

（1）選中 A1～E1 單元格，選擇「開始」主選項卡的「對齊方式」功能區，單擊「合併后居中」菜單中的「合併后居中」命令，輸入「計算稅后利息表」。

（2）輸入各個單元格的數據。

（3）在 E4 單元格中輸入公式「＝C4 ∗ D4 ∗ （1－$D$2）」，如圖 4－37 所示。

E4　fx　=C4*D4*(1-$D$2)

	A	B	C	D	E
1	计算税后利息表				
2			利息税率	20%	
3	编号	类型	存款额(万元)	年利率	税后年利息
4	1	一年定期	10000	2.79%	223.2
5	2	一年定期	20000	2.79%	446.4
6	3	两年定期	20000	3.33%	532.8
7	4	三年定期	25000	3.96%	792
8	5	五年定期	30000	4.41%	1058.4

圖 4－37 輸入計算稅后利息的公式

（4）將鼠標放在 E4 單元格的右下角，待變成填充柄形狀，拖動鼠標到 E8，將公式複製到 E5～E8 單元格中，計算出各筆存款的稅后年利息。

3. 混合引用

混合引用是指單元格的引用中，一部分是相對引用，另一部分是絕對引用。例如，A$1、$B1、$E2。

【例 4－12】生成如圖 4－38 所示的九九乘法表。

操作步驟如下：

（1）選擇 A1～J1 單元格，在「開始」主選項卡的「對齊方式」功能區，選擇「合併后居中」菜單中的「合併后居中」命令，輸入「九九乘法表」。

（2）輸入 A2～J2、A3～A11 單元格的數據。

（3）在 B3 單元格中輸入公式「＝B$2 ∗ $A3」。

图4-38　输入计算九九乘法表的公式

（4）将鼠标放在 B3 单元格的右下角，待变成填充柄形状，拖动鼠标到 J3，将公式复制到 C3～J3 单元格中。

（5）选择 B3～J3 单元格，将鼠标放在 J3 单元格的右下角，待变成填充柄形状，拖动鼠标到 J11 单元格，将公式复制到 B4～J11 单元格，产生如图 4-39 所示的九九乘法表。

图4-39　九九乘法表

4. 三维地址引用

三维地址引用是在一个工作表中引用另一个工作表的单元格地址。引用方法是「工作表标签名！单元格地址引用」。例如，Sheet1！A1、工资表！＄B1、税率表！＄E＄2。

5. 名称

为了更加直观地引用标示单元格或单元格区域，可以给它们赋予一个名称，从而在公式或函数中直接引用。

例如，「C4：C8」单元格区域存放着每笔存款的存款额年利率，计算总存款额的公式一般是「＝SUM（C4：C8）」。在给 C4：C8 区域命名为「存款额」以后，该公式就可以变为「＝SUM（存款额）」，从而使公式变得更加直观。

给单元格或单元格区域赋予名称的方法是：选择需要命名的单元格或单元格区域，在名称框中输入名称，按回车键即可。

删除单元格或单元格区域名称的方法是：选择「公式」主选项卡的「定义名称」功能区，单击「名称管理器」按钮，打开「名称管理器」对话框，如图 4-40 所示。

選中需要刪除的名稱，單擊「刪除」按鈕。

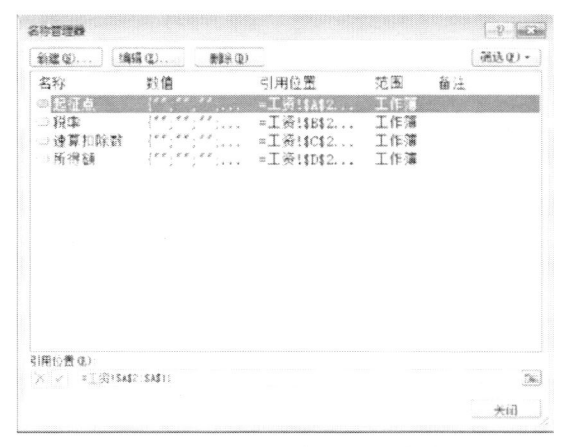

圖 4-40 「名稱管理器」對話框

4.4 函數的使用

Excel 2010 提供了大量函數，用戶可以直接使用。根據函數的功能，可以將函數分為日期函數、文本函數、財務函數、邏輯函數、查找和引用函數、統計函數、信息函數、工程函數、數據庫函數、數學和三角函數。Excel 2010 提供了數學、日期、查找、統計、財務等多種函數供用戶使用。

4.4.1 函數概述

1. 函數的格式

Excel 2010 函數的基本格式如下：

函數名（參數1，參數2，…，參數n）

其中，函數名是每一個函數的唯一標示，決定了函數的功能和用途。參數是一些可以變化的量，參數用圓括號括起來，參數和參數之間以逗號進行分隔。函數的參數可以是數字、文本、邏輯值、單元格引用、名稱等，也可以是公式或函數。例如，求和函數 SUM 的格式是 SUM（n1，n2，…），其功能是對所有參數的值求和。

2. 函數的輸入

輸入函數的方法有兩種：使用「插入函數」對話框輸入函數，或在編輯欄中輸入函數。

（1）使用「插入函數」對話框輸入函數

下面通過一個具體的例子來說明使用「插入函數」對話框輸入函數的方法。

【例 4-13】在「工資.xlsx」的「工資表」工作表中，計算應發金額（應發金額 = 基本工資 + 獎金 + 住房補助），如圖 4-41 所示。

操作步驟如下：

① 選定存放計算結果（即需要應用公式）的單元格 H4，單擊「編輯欄」中的

	A	B	C	D	E	F	G	H
1						某公司一月份的工资表		
2							財務部制	
3	編號	發放時間	姓名	部門	基本工資	獎金	住房補助	应发金额
4	10932	1月2日	張珊	管理	￥1,500.00	4000	230	5730
5	10933	1月2日	李思	軟件	￥1,200.00	5000	260	6460
6	10934	1月2日	王武	財務	￥1,100.00	2000	250	3350
7	10935	1月2日	趙柳	財務	￥1,050.00	1000	270	2320
8	10936	1月2日	錢棋	人事	￥1,020.00	2000	240	3260
9	10941	1月2日	張明	管理	￥1,360.00	4000	210	5570
10	10942	1月2日	趙剛	人事	￥1,320.00	2500	230	4050
11	10945	1月2日	王紅	培訓	￥1,360.00	2600	230	4190
12	10946	1月2日	李素	培訓	￥1,250.00	2800	240	4290
13	10947	1月2日	孫科	軟件	￥1,200.00	3500	230	4930
14	10948	1月2日	劉利	軟件	￥1,420.00	2500	220	4140

圖4-41　SUM函數的應用

「fx」按鈕，表示公式開始的「＝」出現在單元格和編輯欄中，打開「插入函數」對話框，如圖4-42所示。

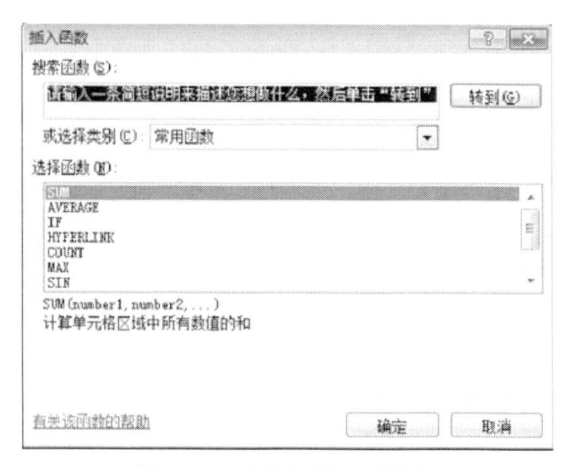

圖4-42　「插入函數」對話框

② 在「或選擇類別」下拉列表中，選擇「常用函數」；在「選擇函數」列表框中，選擇「SUM」函數，單擊「確定」按鈕，打開「函數參數」對話框，如圖4-43所示。

③ 將光標定位到「Number1」文本框中。在「工資表」工作表中，用鼠標拖動選中要引用的區域（即E4～G4單元格），此時，在「Number1」文本框中自動輸入E4：G4。單擊「確定」按鈕，返回工作表，在H4中出現計算數據。

④ 將鼠標指向H4單元格的右下角，待變成填充柄形狀，拖動鼠標到H14，將公式複製至H5～H14單元格，在H5～H14單元格中顯示計算數據。

採用此方法的最大優點在於：引用的區域很準確，特別是三維引用時不容易發生工作表或工作簿名稱輸入錯誤的問題。

（2）在編輯欄中輸入函數

如果用戶需要套用某個現成公式，或者輸入一些嵌套關係複雜的公式，利用編輯欄輸入更加快捷。操作方法如下：

① 選中存放計算結果的單元格。

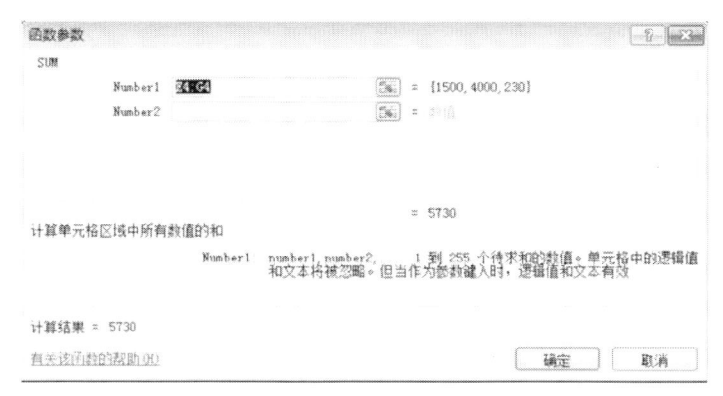

圖 4-43　「函數參數」對話框

② 用鼠標單擊 Excel 2010 的「編輯欄」，按照公式的組成順序依次輸入各個部分，例如 =SUM（E4：G4），公式輸入完畢，按回車鍵。

4.4.2　常用數學函數

1. 數學函數

常用數學函數如表 4-6 所示。

表 4-6　　　　　　　　　　常用數學函數

函數	格式	功能	舉例
ABS	ABS（n）	返回給定數 n 的絕對值	ABS（-200），ABS（D4）
MOD	MOD（n，d）	返回 n 和 d 相除的余數	MOD（20，6），MOD（A1，4）
SQRT	SQRT（n）	返回給定數 n 的平方根	SQRT（16），SQRT（A1）

MOD 函數——求余函數

【格式】MOD（number，divisor）

【功能】求余。

【說明】Number 為被除數，Divisor 為除數。MOD 函數（求余函數）是數學函數中應用頻率較高的函數之一。判斷奇偶性、隔行取值都需要用到 MOD 函數。

【例 4-14】利用 MOD 求余函數判斷奇偶性。

單擊「求余函數」工作表中的 C2 單元格，在編輯欄中輸入「=MOD（A2，B2）」，如圖 4-44 所示。

圖 4-44　MOD 求余數運算

2. 統計函數

常用統計函數如表 4-7 所示。

表 4-7　　　　　　　　　　常用統計函數

函數	格式	功能	舉例
SUM	SUM（n1，n2，…）	返回所有參數之和	SUM（A1：A3） SUM（A1：A3，100）
AVERAGE	AVERAGE（n1，n2，…）	返回所有參數的平均值	AVERAGE（A1：A3） AVERAGE（A1，B3，D4）
MAX	MAX（n1，n2，…）	返回所有參數的最大值	MAX（A1：A3） MAX（A1，B3，D4）
MIN	MIN（n1，n2，…）	返回所有參數的最小值	MIN（A1：A3） MIN（A1，B3，D4）
COUNT	COUNT（V1，V2，…）	返回所有參數中數值型數據的個數	COUNT（A1：A10）
COUNTIF	COUNTIF（V1，V2，…）	返回所有參數中滿足條件的數字型數據的個數	COUNTIF（A1：A10，「團員」） COUNTIF（B1：B10，>=100）
RANK	RANK（n，r）	返回數字 n 在數字列表 r 中的排位	RANK（A1，A1：A10）

（1）SUM 函數——求和函數

【格式】SUM（number1，[number2]，…])

【功能】返回所有參數的數值之和。

【說明】Number1、Number2 等可以是一個數值、一個區域或一個邏輯值。SUM 函數參數不包含文本型數據。

（2）AVERAGE 函數——求平均值函數

【格式】AVERAGE（number1，[number2]，…])

【功能】返回所有參數的平均值。

【說明】Number1、Number2 等可以是一個數值、一個區域或一個邏輯值。AVERAGE 函數參數不包含文本型數據。

（3）MAX 函數——求最大值函數

【格式】MAX（number1，[number2]，…])

【功能】返回所有參數的最大值。

【說明】Number1、Number2 等可以是一個數值、一個區域或一個邏輯值。MAX 函數參數不包含文本型數據。

（4）MIN 函數——求最小值函數

【格式】MIN（number1，[number2]，…])

【功能】返回所有參數的最小值。

【說明】Number1、Number2 等可以是一個數值、一個區域或一個邏輯值。MIN 函數參數不包含文本型數據。

（5）COUNT 函數——統計個數函數

【格式】COUNT（value1，value2，…）

【功能】返回所有參數中數值型數據的個數。

【說明】Value1、Value2 等參數是數值型數據或數據區域。特別注意：COUNT 只統計參數中數值型單元格的個數。

（6）COUNTIF 函數——條件統計函數

【格式】COUNTIF（range, criteria）

【功能】返回統計區域滿足條件的單元格個數。

【說明】Range（判斷區域）必需，需要統計的一個或多個單元格區域，其中包括數字或名稱、數組或包含數字的引用。空值和文本值將被忽略。Criteria（判斷條件）必需，用於定義將對哪些單元格進行計數的數字、表達式、單元格引用或文本字符串。

（7）RANK 函數——排位函數

【格式】RANK（number，ref，[order]）

【功能】返回一個數值在列表中的排位。

【說明】第三個參數表示排序的方式，默認為 0（可以省略），表示按從高到低降序排列；若為 1，表示按從低到高升序排列。RANK 函數參數只能是數值型數據。

（8）SUMIF 函數——條件求和函數

【格式】SUMIF（range, criteria, [sum_range]）

【功能】對區域中符合指定條件的值求和。

【說明】Range（判斷區域）必需。用於判斷條件的單元格區域。Criteria（判斷條件）必需。用於確定對哪些單元格求和的條件，其形式可以為數字、表達式、單元格引用、文本或函數。Sum_range（求和區域）可選。要求和的實際單元格或單元格區域。當且僅當第一個參數（判斷區域）和第三個參數（求和區域）完全重合，第三個參數（求和區域）可以省略。

（9）AVERAGEIF 函數——帶條件求平均值函數

【格式】AVERAGEIF（range, criteria, [average_range]）

【功能】對區域中符合指定條件的值求平均值。

【說明】Range（判斷區域）必需，用於判斷條件的單元格區域。Criteria（判斷條件）必需，用於確定對哪些單元格求和的條件，其形式可以為數字、表達式、單元格引用、文本或函數。Average_range（求平均值區域）可選，要求平均值的實際單元格或單元格區域。當且僅當第一個參數（判斷區域）和第三個參數（求平均值區域）完全重合，第三個參數（求平均值區域）可以省略。AVERAGEIF 函數在判斷條件中任何文本條件或任何含有邏輯或數學符號的條件都必須使用雙引號（""）括起來。如果條件為數字，則無需使用雙引號。AVERAGEIF 條件同樣可以使用問號（?）和星號（*）通配符。

3. 函數應用

【例 4-15】在「工資.xlsx」的「工資表」工作表中，完成下列操作：

① 根據應發工資，計算工資的排名。

② 計算基本工資、獎金、住房補助、應發金額各項的平均值、最大值和最小值。

③ 計算總的人數。

④ 增加制表時間為當前的日期，如圖4-45所示。

圖4-45 工資表的計算數據

操作步驟如下：

（1）計算排名。在L4單元格輸入公式「=RANK（H4，H4：H14）」，將鼠標指向L4單元格的右下角，待變成填充柄形狀，拖動鼠標到L14，將公式複製至L5~L14單元格。

（2）計算各項平均值。在E15單元格輸入公式「=AVERAGE（E4：E14）」，採用拖動填充柄的方法將公式複製至F15~H15單元格。

（3）計算各項最大值。在E16單元格輸入公式「=MAX（E4：E14）」，採用拖動填充柄的方法將公式複製至F16~H16單元格。

（4）計算各項最小值。在E17單元格輸入公式「=MIN（E4：E14）」，採用拖動填充柄的方法將公式複製至F17~H17單元格。

（5）計算總人數。在M15單元格輸入公式「=COUNT（E4：E14）」。

（6）輸入當前日期。在K18單元格輸入公式「=TODAY（）」。

【例4-16】打開「案例3」工作簿，在「公式基礎」工作表中完成相應計算，如圖4-46所示。

圖4-46 「案例3」工作簿——「數組公式」的輸入

操作要求如下：

① 在 E3 單元格中通過普通公式計算「鼠標」的銷售金額。

② 利用公式填充複製完成 E4：E9 對應商品名稱的銷售金額。

③ 在 E10 單元格中通過數組公式計算（移動存儲）銷售總金額。

④ 在 E11 單元格中通過名稱公式計算（所有商品）銷售總金額。

操作步驟如下：

（1）打開「案例 3」工作簿，選擇「公式基礎」工作表。

（2）在「公式基礎」工作表中單擊 E3 單元格，輸入「=C3 * D3」，按 Enter 鍵完成普通公式的輸入。

（3）單擊 E3 單元格，將鼠標放置在單元格右下角，待變成黑色實心「十」形狀，向下拖動鼠標至 E9 單元格，完成公式的複製。

（4）單擊 E10 單元格，在單元格中輸入「=SUM（C5：C7 * D5：D7）」，按組合鍵 Ctrl + Shift + Enter，完成數組公式輸入。

（5）選中 C3：C9 單元格區域，在名稱欄中輸入「數量」；選中 D3：D9 單元格區域，在名稱欄中輸入「單價」；在 E11 單元格中輸入「=SUM（數量 * 單價）」，按組合鍵「Ctrl + Shift + Enter」，完成計算，如圖 4 - 47 所示。

E11 fx {=SUM(数量*单价)}

某数码公司电脑外设销售表				
商品名称	分类	数量（个）	单价(元)	金额（元）
鼠标	电脑耗材	320	50	16000
键盘	电脑耗材	643	120	77160
U盘	移动存储	156	40	6240
移动硬盘	移动存储	294	460	135240
移动光驱	移动存储	293	180	52740
摄像头	电脑耗材	490	60	29400
耳麦	电脑耗材	535	120	64200
		（移动存储）销售总金额		194220
		（所有商品）销售总金额		380980

圖 4 - 47　「名稱公式」的應用

【例 4 - 17】打開「案例 3」工作簿，在「單元格地址引用」工作表中完成相應計算。

操作要求如下：

① 通過 2009 年收入減去 2009 年支出，計算 2009 年每個地區的利潤值。

② 通過 2009 年利潤值乘以 2010 年預計增長率，估算 2010 年每個地區預計利潤值。

③ 通過 2009 年利潤分別乘以 2010 年（2011 年）明細增長率，計算出 2010 年（2011 年）實際利潤值。

操作步驟如下：

（1）打開「案例 3」工作簿，選擇「單元格地址引用」工作表。

（2）在「單元格地址引用」工作表中，單擊 B5 單元格。在 B5 單元格中輸入「=B3 - B4」，向右拖動鼠標填充複製公式，完成 2009 年每個地區利潤值計算，如圖 4 - 48所示。

	A	B	C	D	E	F	G
1	某公司各地區收支明細表							
2		東北區	西北區	華南區	華東區	西南區	華中區
3	2009年收入	1339	3613	7354	5761	7300	4585
4	2009年支出	118	685	4534	1840	2846	3051
5	2009利潤值	1221	2928	2820	3921	4454	1534

B5 =B3-B4

圖 4－48　「相對地址」計算 2009 年利潤值

（3）單擊 B6 單元格，在 B6 單元格中輸入「＝B5＊＄B＄10」（或輸入「＝B5＊B10，選中 B10，按 F4 鍵，切換為＄B＄10），向右拖動鼠標填充複製公式，完成 2010年每個地區預計利潤值計算，如圖 4－49 所示。

B6 =B5*$B$10

	A	B	C	D	E	F	G
1	某公司各地區收支明細表							
2		東北區	西北區	華南區	華東區	西南區	華中區
3	2009年收入	1339	3613	7354	5761	7300	4585
4	2009年支出	118	685	4534	1840	2846	3051
5	2009利潤值	1221	2928	2820	3921	4454	1534
6	2010預計利潤值	1282.05	3074.4	2961	4117.05	4676.7	1610.7

圖 4－49　「絕對地址」計算 2010 年預計利潤值

（4）單擊 B7 單元格，在 B7 單元格中輸入「＝B＄5＊B11」（或輸入「＝B5＊B11，選中 B5，連續按 F4 鍵，直到切換為 B＄5），向右拖動鼠標至 G7 單元格，再向下拖動鼠標填充複製公式，完成 2010 年利潤值和 2011 年利潤值計算，如圖 4－50所示。

B7 =B$5*B11

	A	B	C	D	E	F	G
1	某公司各地區收支明細表							
2		東北區	西北區	華南區	華東區	西南區	華中區
3	2009年收入	1339	3613	7354	5761	7300	4585
4	2009年支出	118	685	4534	1840	2846	3051
5	2009利潤值	1221	2928	2820	3921	4454	1534
6	2010預計利潤值	1282.05	3074.4	2961	4117.05	4676.7	1610.7
7	2010利潤	1330.89	3045.12	2904.6	4234.68	4498.54	1595.36
8	2011利潤	1367.52	3191.52	3102	4744.41	5166.64	1718.08

圖 4－50　「混合地址」計算 2010 年利潤值和 2011 年利潤值

【例 4－18】在「案例 4」工作簿的「常用統計和數學函數」工作表中完成相應計算。

操作要求如下：

① 在 G2：G7 單元格區域中，利用求和函數計算每位同學的總成績。

② 在 B8：F8 單元格區域中，利用求最大值函數找出每科成績的最高分。

③ 在 B9：F9 單元格區域中，利用求最小值函數找出每科成績的最低分。

④ 在 B10：F10 單元格區域中，利用求平均值函數計算每科成績的平均分。

⑤ 在 H2：H7 單元格區域中，利用排名函數統計根據每位同學的總成績由高到低進行排位的名次。

⑥ 利用統計函數完成「綜合統計表」。

操作步驟如下：

(1) 打開「案例 4」工作簿，選擇「常用統計和數學函數」工作表。

(2) 單擊 G2 單元格，在編輯欄中輸入「＝SUM（B2：F2）」，向下填充函數，計算 G2：G7 單元格區域中每位同學的總成績，如圖 4－51 所示。

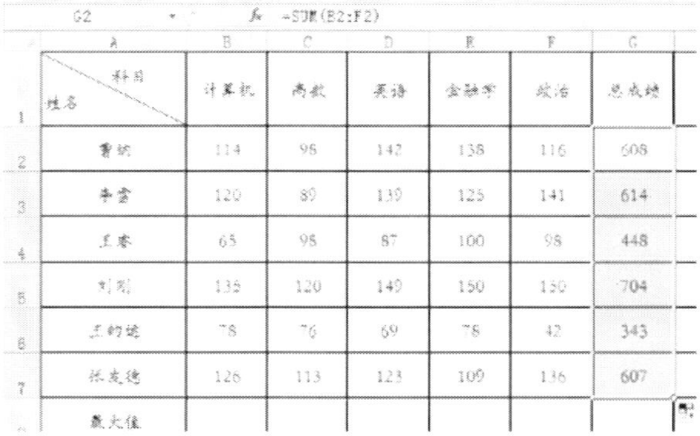

G2 fx =SUM(B2:F2)

	A	B	C	D	E	F	G
1	科目 姓名	计算机	高数	英语	金融学	政治	总成绩
2	曹纳	114	98	142	138	116	608
3	李雷	120	89	139	125	141	614
4	王蕾	65	98	87	100	98	448
5	刘刚	135	120	149	150	150	704
6	王钧墟	78	76	69	78	42	343
7	张友德	126	113	123	109	136	607
8	最大值						

圖 4－51 SUM 函數進行求和運算

(3) 在 H2 單元格中輸入「＝RANK（G2，＄G＄2：＄G＄7）」，向下拖動鼠標填充函數，統計出根據每位同學的總成績，由高到低進行排位的名次，如圖 4－52 所示。

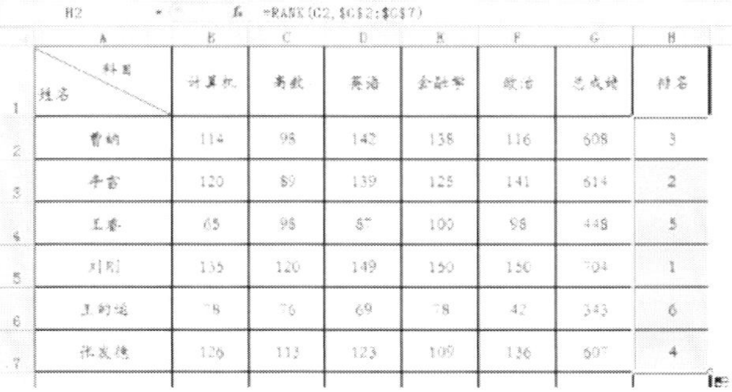

H2 fx =RANK(G2,$G$2:$G$7)

	A	B	C	D	E	F	G	H
1	科目 姓名	计算机	高数	英语	金融学	政治	总成绩	排名
2	曹纳	114	98	142	138	116	608	3
3	李雷	120	89	139	125	141	614	2
4	王蕾	65	98	87	100	98	448	5
5	刘刚	135	120	149	150	150	704	1
6	王钧墟	78	76	69	78	42	343	6
7	张友德	126	113	123	109	136	607	4

圖 4－52 Rank 函數進行排名統計

(4) 在 B8 單元格中輸入「＝MAX（B2：B7）」，向右拖動鼠標填充函數，統計每科成績的最高分，如圖 4－53 所示。

(5) 在 B9 單元格中輸入「＝MIN（B2：B7）」，向右拖動鼠標填充函數，統計每科成績的最低分，如圖 4－54 所示。

(6) 在 B10 單元格中輸入「＝AVERAGE（B2：B7）」，向右拖動鼠標填充函數，

B8 =MAX(B2:B7)

	A	B	C	D	E	F	G
1	科目 / 姓名	计算机	高数	英语	金融学	政治	总成绩
2	曹纳	114	98	142	138	116	608
3	李雷	120	89	139	125	141	614
4	王睿	65	98	87	100	98	448
5	刘刚	135	120	149	150	150	704
6	王的适	78	76	69	78	42	343
7	张发德	126	113	123	109	136	607
8	最大值	135	120	149	150	150	

圖 4－53　MAX 函數統計最大值

B9 =MIN(B2:B7)

	A	B	C	D	E	F
1	科目 / 姓名	计算机	高数	英语	金融学	政治
2	曹纳	114	98	142	138	116
3	李雷	120	89	139	125	141
4	王睿	65	98	87	100	98
5	刘刚	135	120	149	150	150
6	王的适	78	76	69	78	42
7	张发德	126	113	123	109	136
8	最大值	135	120	149	150	150
9	最小值	65	76	69	78	42

圖 4－54　MIN 函數統計最小值

統計各科成績的平均分，如圖 4－55 所示。

B10 =AVERAGE(B2:B7)

	A	B	C	D	E	F	G
1	科目 / 姓名	计算机	高数	英语	金融学	政治	总成绩
2	曹纳	114	98	142	138	116	608
3	李雷	120	89	139	125	141	614
4	王睿	65	98	87	100	98	448
5	刘刚	135	120	149	150	150	704
6	王的适	78	76	69	78	42	343
7	张发德	126	113	123	109	136	607
8	最大值	135	120	149	150	150	
9	最小值	65	76	69	78	42	
10	平均值	106.3333	99	118.1667	116.6667	113.8333	

圖 4－55　AVERAGE 函數統計最大值

（7）在 N2 單元格中輸入「＝COUNT（B2：B7）」，統計學生總人數，如圖 4－56 所示。

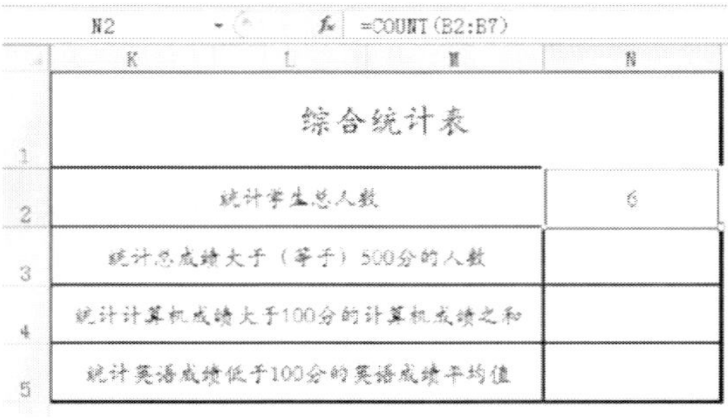

圖 4－56　COUNT 統計學生個數

（8）在 N3 單元格中輸入「＝COUNTIF（G2：G7,"＞＝500"）」，統計總成績大於（等於）500 分的人數，如圖 4－57 所示。

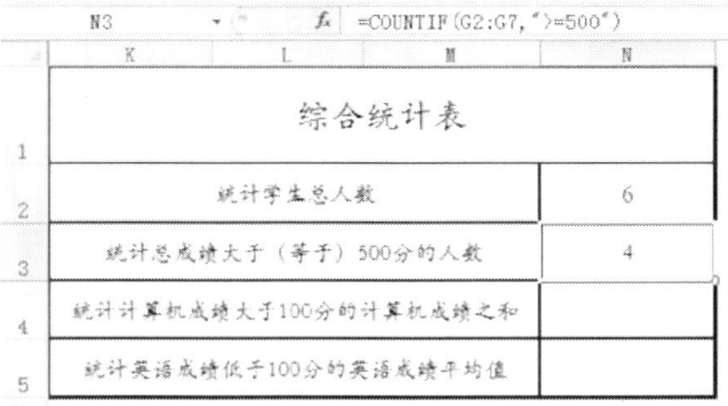

圖 4－57　COUNTIF 條件統計函數

（9）在 N4 單元格中輸入「＝SUMIF（B2：B7,"＞100"）」，統計計算機成績大於100 分的計算機成績之和，如圖 4－58 所示。

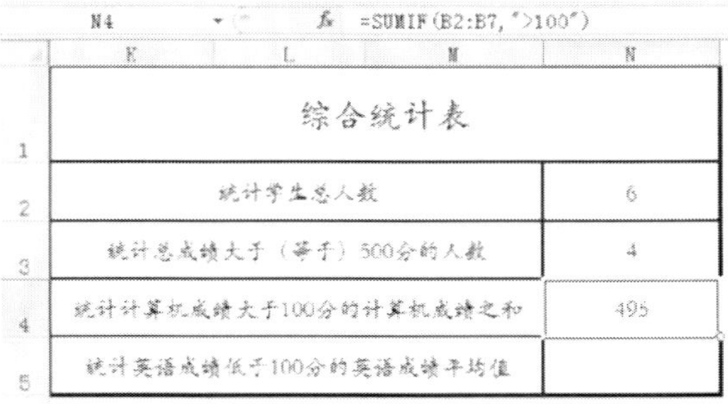

圖 4－58　SUMIF 條件求和函數

（10）在 N4 單元格中輸入「＝AVERAGEIF（D2：D7,"＜100"）」，統計英語成績低於 100 分的英語平均成績，如圖 4－59 所示。

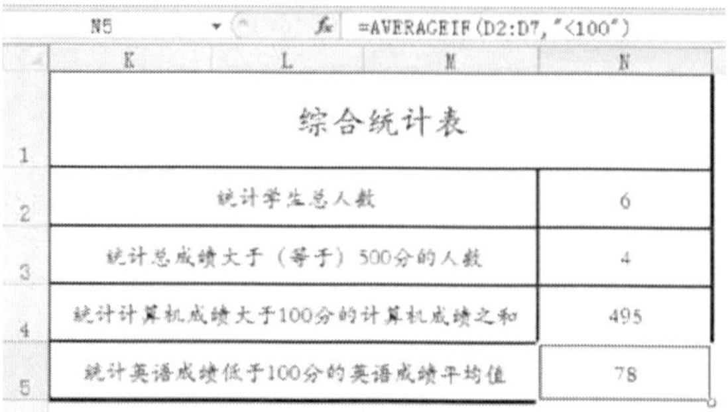

圖 4-59　AVERAGEIF 帶條件求平均值函數

4.4.3　文本和邏輯函數

Excel 2010 數據中包含大量的文本型數據，對文本型數據的處理也是工作和生活中經常遇到的問題。對字符串的提取、替換，對特殊字符的查找，設置字符串格式都可以通過文本函數進行操作。

邏輯函數是函數應用使用頻率較高的一類函數。可進行真假判斷、邏輯關係（與、或、非）判斷等邏輯運算。其中，IF 函數作為邏輯判斷函數，不僅在工作、生活中的實際案例中使用，而且還經常和其他函數組合使用。

1. 文本函數

（1）LEN 函數

【格式】LEN（text）

【功能】返回文本字符串字符數。

【說明】Text 是需要統計字符數的文本。注意：中文字、英文字母、數字、空格都是一個字符。比如，「=LEN（"西南財經大學"）」返回的值是 6。

（2）MID 函數——取字符串函數

【格式】MID（text, start_num, num_chars）

【功能】返回文本字符串中從指定位置開始的特定數目的字符，該數目由用戶指定。

【說明】Text 是要提取字符的文本字符串；Start_num 是文本中要提取的第一個字符的位置；Num_chars 是指從文本中返回字符的個數。「&」是 Excel 常用的字符連接符，可以連接字符串和函數。「&」不顯示在單元格上。比如：輸入「="我愛"&"中國"」，在屏幕上顯示「我愛中國」。

（3）RIGHT 函數——提取文本字符串右側字符函數

【格式】RIGHT（text, [num_chars]）

【功能】根據所指定的字符數，返回文本字符串中最后一個或多個字符。

【說明】Text 是要提取字符的文本字符串；Num_chars（可選）是要從文本字符串右側提取的字符數量。如果省略 Num_chars，默認提取 1 個字符。

（4）LEFT 函數——提取文本字符串左側字符函數

【格式】LEFT（text, [num_chars]）

【功能】從文本字符串左側開始提取字符。

【說明】Text 是要提取字符的文本字符串；Num_chars（可選）是要從文本字符串左側提取的字符數量。如果省略 Num_chars，默認提取 1 個字符。

(5) REPLACE 函數——替換文本字符串函數

【格式】REPLACE（old_text，start_num，num_chars，new_text）

【功能】用其他文本字符串根據所指定的字符數替換文本字符串中的部分文本。

【說明】Old_text 是要替換其部分字符的文本；Start_num 是要替換 Old_text 文本字符的開始位置；Num_chars 是要替換 Old_text 文本字符的個數；New_text 用於替換 Old_text 中字符的文本。

(6) FIND 函數

【格式】FIND（find_text，within_text，[start_num]）

【功能】用於在第二個文本串中定位第一個文本串，並返回第一個文本串的起始位置的值，該值從第二個文本串的第一個字符算起。

【說明】Find_text 是要查找的文本；Within_text 是要查找文本的文本；Start_num 是要從第幾個字符開始搜索，此參數可以省略，省略后默認值為 1。比如，「= FIND("f","swufe")」返回的值是 4；「= FIND（"C","CONCATENATE"，3）」返回的值是 4。注意：FIND 函數區分大小寫並不允許使用通配符。

2. 邏輯函數

(1) IF 函數——判斷函數

【格式】IF（logical_test，[value_if_true]，[value_if_false]）

【功能】根據指定條件進行判斷，如果條件為真（結果值為 TRUE），返回某個值；如果條件為假（結果值為 FALSE），返回另外一個值。

【說明】Logical_test 是判斷條件，其計算結果是 TRUE 或 FALSE；Value_if_true 是條件為真時返回的值。此參數如果省略具體的值，默認返回 0 值。Value_if_false 是條件為假時返回的值。如果省略這個參數，默認返回 FALSE；如果省略具體的值（參數不省略），默認返回 0 值。

(2) AND 函數

【格式】AND（logical1，[logical2]，…）

【功能】所有參數返回的邏輯值都為真（TRUE）時，其返回真（TRUE）值；只要有一個參數返回的邏輯結果值是假（FALSE）值，就返回假（FALSE）值。

【說明】Logical1、Logical2 等是邏輯值或要檢驗的條件，檢驗的條件返回的值是 TURE 或 FALSE。比如，「= AND（TRUE,"M" = "L"）」返回的值為 FALSE。

(3) OR 函數

【格式】OR（logical1，[logical2]，…）

【功能】任意一個參數返回的邏輯值為真（TRUE）時，返回真（TRUE）值；否則，返回假（FALSE）值。

【說明】Logical1、Logical2 等是邏輯值或要檢驗的條件，檢驗的條件返回的值是 TURE 或 FALSE。比如，「= OR（TRUE,"M" = "L"）」返回的值為 TRUE。

（4）NOT 函數

【格式】NOT（logical）

【功能】對參數值求反。當要確保一個值不等於某一特定值時，可以使用 NOT 函數。如果參數返回的邏輯值是 TRUE（FALSE），則 NOT 函數返回的值是 FALSE（TRUE）。

【說明】Logical 是邏輯值或要檢驗的條件，檢驗的條件返回的值是 TURE 或 FALSE。比如：「=NOT（"M"="L"）」返回的值是 TRUE。

3. 函數應用

【例 4-19】在「工資.xlsx」的「工資表」工作表中，增加備註列以反應工資的高低水平，計算方法為：如果工資大於等於 5000，顯示「高」；如果工資大於等於 3000 且小於 5000，顯示「中」；如果工資小於 3000，顯示「低」。然后計算工資高的人數。

操作步驟如下：

（1）計算工資的高低水平。在 M4 單元格中輸入公式「=IF（H4>=5000,"高",IF（H4>=3000,"中","低"））」后，採用拖動填充柄的方法將公式複製至 M5～M14 單元格。

（2）計算工資高的人數。在 M16 單元格中輸入公式「=COUNTIF（M4：M14,"高"）」。

【例 4-20】在「文本和邏輯函數」工作表中根據要求完成工作表操作。

操作要求如下：

① 從「身分證號碼」列中提取出生日期，並以中文習慣（年、月、日）顯示在 E 列。

② 將對應的 C 列的身分證號碼最后 4 位替換為「*」，並顯示在 F 列。

③ 從 D 列（電話號碼）提取「-」右側的數值，顯示在 G 列（8 位電話號碼）。

④ 根據 C 列（身分證號碼）判別性別，顯示在 H 列（性別）。

操作步驟如下：

（1）打開「文本和邏輯函數」工作表，單擊 E2 單元格，在編輯欄中輸入「=MID（C2，7，4）&"年"& MID（C2，11，2）&"月"& MID（C2，13，2）&"日"」，向下填充函數，完成從身分證提取出生日期，並以中文日期格式顯示，如圖 4-60 所示。

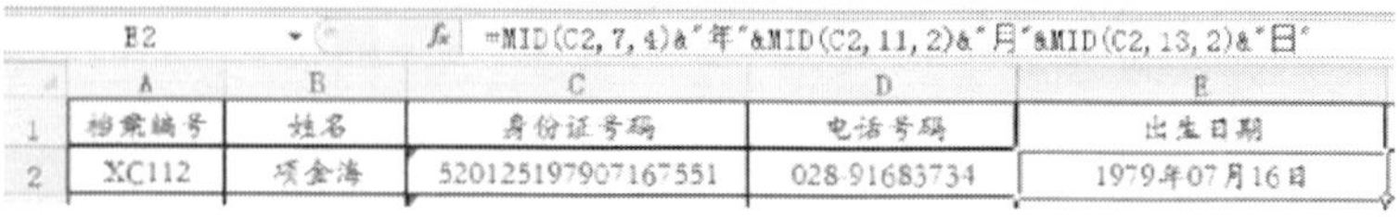
E2　=MID(C2,7,4)&"年"&MID(C2,11,2)&"月"&MID(C2,13,2)&"日"

	A	B	C	D	E
1	档案编号	姓名	身份证号码	电话号码	出生日期
2	XC112	项金涛	520125197907167551	028-91683734	1979年07月16日

圖 4-60　MID 取字符串函數應用

（2）單擊 F2 單元格，在編輯欄中輸入「=REPLACE（C2，15，4，"****"）」，向下填充函數，完成將身分證號碼最后 4 位替換為"*"操作，如圖 4-61 所示。

（3）單擊 G2 單元格，在編輯欄中輸入「=RIGHT（D2，8）」，向下填充函數，完成從 D 列（電話號碼）中提取右側 8 位電話號碼操作，如圖 4-62 所示。

圖 4-61　REPLACE 替換文本字符串函數應用

圖 4-62　RIGHT 在文本字符串右側提取字符函數應用

（4）單擊 H2 單元格，在編輯欄中輸入「=IF（MOD（MID（C2，17，1），2）= 1,"男","女"）」，向下填充函數，完成性別判斷，如圖 4-63 所示。

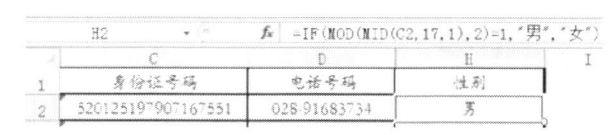

圖 4-63　IF 函數判斷應用

4.4.4　日期函數

常用日期函數如表 4-8 所示。

表 4-8　　　　　　　　　　　常用日期函數

函數	格式	功能	舉例
TODAY	TODAY（）	返回當前日期	TODAY（）
NOW	NOW（）	返回當前日期時間	NOW（）
YEAR	YEAR（d）	返回日期 d 的年份	YEAR（TODAY（））
MONTH	MONTH（d）	返回日期 d 的月份	MONTH（TODAY（））
DAY	DAY（d）	返回日期 d 的天數	DAY（TODAY（））
DATE	DATE（y，m，d）	返回由年份 y、月份 m、天數 d 設置的日期	DATE（2007，4，3）

1. 函數介紹

（1）DATE 函數

【格式】DATE（year，month，day）

【功能】返回指定日期（年、月、日）的連續序列編號。

【說明】三個參數分別表示年、月、日的數字。

（2）DATEDIF 函數

【格式】DATEDIF（start_date，end_date，type）

【功能】返回兩日期之間的天數、月份或年份值。

【說明】第一個參數是開始日期，第二個參數是結束日期，第三個參數是需要返回的時間類型（天數、月份或年份值等）。第三個參數常用的包括：「Y」，返回年份；「M」，返回月份；「D」，返回天數。

（3）NETWORKDAYS 函數

【格式】NETWORKDAYS（start_date，end_date，[holidays]）

【功能】返回指定兩日期之間的工作日天數。

【說明】Start_date 是開始日期；End_date 是結束日期；[Holidays] 是可選參數，是不在工作日曆中的一個或多個日期所構成的可選區域。

2. 函數應用

【例 4－21】在「常用日期函數應用」工作表中通過日期函數完成相應計算。

操作要求如下：

① 在「常用日期函數應用」工作表的「表 1」數據區域中，利用 DATE 函數顯示日期。

② 在「表 2」的 G2：G5 數據區域中，依次返回當天的日期、時間、年份和星期值。

③ 在「表 3」的 B9：B14 數據區域中，根據左側的出生日期返回對應的年齡。

④ 在 F9 單元格中，返回 D9 和 E9 日期之間的工作日天數（周一到周五的工作日期間的特殊節假日列在 G9：G10 單元格區域中）。

操作步驟如下：

（1）打開「案例 7」工作簿，選擇「常用日期函數應用」工作表。

（2）單擊 D3 單元格，輸入「＝DATE（A3，B3，C3）」函數，完成在 D3：D5 區域中根據左側數據顯示日期，如圖 4－64 所示。

D3 　 fx =DATE(A3,B3,C3)

	A	B	C	D
1	表1			
2	年	月	日	日期
3	2010	3	10	2010/3/10
4	2011	5	9	2011/5/9
5	2009	6	6	2009/6/6

圖 4－64　DATE 函數根據年月日顯示日期

（3）在 G2 單元格中輸入「＝TODAY（）」函數，顯示當天的日期；在 G3 單元格中輸入「＝NOW（）」，顯示當時的時間；在 G4 單元格中輸入「＝YEAR（TODAY（））」，返回當天的年份值；在 G5 單元格中輸入「＝WEEKDAY（"2012－5－22"，2）」，返回日期 2012 年 5 月 22 日的中文習慣星期幾。「表 2」的效果圖如圖 4－65 所示。

表2

返回今天的日期	2012/6/1
返回現在的時間	2012/6/1 22:44
返回今天的年份	2012
返回今天的星期几	2

圖4-65　返回日期、時間、年份、星期函數

（4）在B9單元格中輸入「=DATEDIF（A9，TODAY（），"y"）」，向下填充函數，完成「表3」年齡區域的計算，如圖4-66所示。

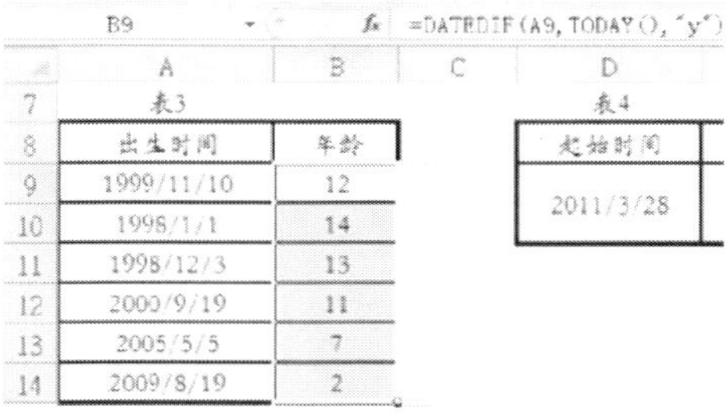

	A	B	C	D
7	表3			表4
8	出生时间	年龄		起始时间
9	1999/11/10	12		2011/3/28
10	1998/1/1	14		
11	1998/12/3	13		
12	2000/9/19	11		
13	2005/5/5	7		
14	2009/8/19	2		

B9 fx =DATEDIF(A9,TODAY(),"y")

圖4-66　DATEDIF函數返回兩個日期的天數、月份或年份

（5）在F9單元格中輸入「=NETWORKDAYS（D9，E9，G9：G10）」，完成兩日期之間工作日的計算，如圖4-67所示。

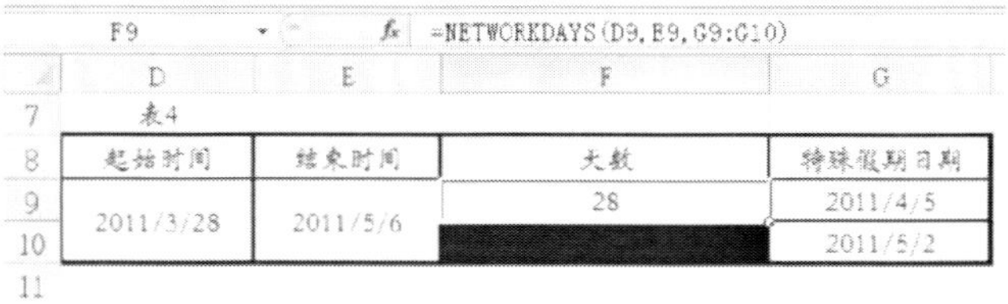

F9 fx =NETWORKDAYS(D9,E9,G9:G10)

	D	E	F	G
7	表4			
8	起始时间	结束时间	天数	特殊假期日期
9	2011/3/28	2011/5/6	28	2011/4/5
10				2011/5/2

圖4-67　NETWORDDAYS函數計算兩日期之間的工作日天數

4.4.5　查找和引用函數

在工作和生活中，我們常常需要在某數據區域中查找某具體的數據值，也經常引用滿足指定條件的單元格或單元格區域，這就必須要用到查找和引用函數來完成。常用的查找和引用函數包含：LOOKUP函數、HLOOKUP函數、VLOOKUP函數、ROW函數、COLUMN函數、MATCH函數、OFFSET函數、INDEX函數、CHOOSE函數。

查找和引用函數是非常重要的函數類型，其在實際案例的應用的概率也是非常高的，學習查找和引用函數必須牢記查找和引用函數的功能、參數的組成、參數（或函數）的限制使用條件等。查找和引用函數也經常和其他類型的函數、數組函數組合使用完成單條件或多條件查找和引用的運算。

1. 函數介紹

(1) ROW 函數

【格式】ROW (R)

【功能】返回單元格引用 R 的行號。例如，公式「=ROW (D3)」的值是 3。

(2) COLUMN 函數

【格式】COLUMN (R)

【功能】返回單元格引用 R 的列標。例如，公式「=COLUMN (D3)」的值是 4。

(3) LOOKUP 函數

【格式】LOOKUP (lookup_value, lookup_vector, [result_vector])

【功能】根據查找值在查找區域內進行查找，返回查找區域對應位置的結果值。

【說明】Lookup_value 是查找的值（或單元格的引用）；Lookup_vector 為查找值所在的查找區域；[result_vector] 為可選參數，是查找值對應位置值所在的結果區域。Lookup_vector 查找區域必須升序排列。Lookup 數組形式：Lookup (lookup_value, array)。Lookup_value 是查找的值（或單元格的引用）；Array 是包含 Lookup_value 進行比較的文本、數字或邏輯值的單元格區域。

注意：查找區域與結果區域可以同為單行區域（或者同為單列區域），二者的大小要相等。查找區域的數據是升序的。

(4) HLOOKUP 函數

【格式】HLOOKUP (lookup_value, table_array, row_index_num, [range_lookup])

【功能】在表格或數值數組的首行查找指定的數值，並在表格或數組中指定行的同一列中返回一個數值。

【說明】Lookup_value 是需要在表的第一行中進行查找的值（或單元格引用）；Table_array 是以需要查找的數值作為第一行且包含結果值在內的整個區域或工作表；Row_index_num 是待返回的值的行序號；[Range_lookup] 為可選參數，是一個邏輯值 TRUE 或 FALSE。如果為 TRUE，返回精確值或近似匹配值；如果為 FALSE，返回精確匹配值，否則返回錯誤值 #N/A。

HLOOKUP 函數的第四個參數省略或是 TRUE，查找值從左到右必須是升序；如果第四個參數是 FALSE，查找值區域不需要進行排序。

(5) VLOOKUP 函數

【格式】VLOOKUP (lookup_value, table_array, col_index_num, [range_lookup])

【功能】搜索某個單元格區域的第一列，然後返回該區域相同行上根據第幾列的序列號對應的值。

【說明】Lookup_value：需要在表的第一列中進行查找的值（或單元格引用）。

Table_array：以需要查找的數值作為第一列且包含結果值在內的整個區域或工作表。

Row_index_num：待返回的值的列序號。

[Range_lookup]：可選參數，是一個邏輯值 TRUE 或 FALSE。如果為 TRUE，返回精確值或近似匹配值。如果為 FALSE，只能返回精確匹配值；否則，返回錯誤值 #N/A。

VLOOKUP 函數的第四個參數省略或為 TRUE，查找值從上到下必須是升序；如果

第四個參數為 FALSE，查找值區域不需要進行排序。

HLOOKUP 函數和 VLOOKUP 函數的區別：前者按行進行查找，后者按列進行查找。

HLOOKUP 函數、VLOOKUP 函數查找時不區分大小寫，可支持通配符查找。

（6）MATCH 函數

【格式】MATCH（lookup_value，lookup_array，[match_type]）

【功能】可在單元格區域中搜索指定項，然后返回該項在單元格區域中的相對位置。

【說明】Lookup_value：需要在 Lookup_array 中查找的值。

Lookup_array：要搜索的單元格區域。

Match_type：可選參數，是數字 -1、0 或 1。省略此參數，默認為 1。

MATCH 函數的第三個參數決定了查找區域的順序和查找的方式。為 1 時，查找區域必須升序排列，可以近似查找（小於或等於查找值的最大值）；為 0 時，查找區域不需要任何順序，只能精確查找；為 -1 時，查找區域必須降序排列，可以近似查找（大於或等於查找值的最小值）。

MATCH 函數只是返回查找值在單元格區域中的相對位置值，與它在這個區域的大小、順序無關。

MATCH 函數不區分大小寫，第三個參數為 0 並且查找區域為文本型數據時可以使用通配符。

（7）OFFSET 函數

【格式】OFFSET（reference，rows，cols，[height]，[width]）

【功能】以指定的引用為參照系，通過移動行和列產生新的單元格引用或單元格區域。

【說明】Reference：作為參照系的引用單元格或單元格區域。

Rows：根據參照系移動的行數。正數向下移動，負數向上移動。

Cols：根據參照系移動的列數。正數向左移動，負數向右移動。

[Height]：可選參數，即所要返回的引用區域的行數。Height 值必須為正數。

[Width]：可選參數，即所要返回的引用區域的列數。Width 值必須為正數。

比如，「=OFFSET（B3，8，6）」表示參照系是 B3，根據 B3 的位置向下移動 8 行，向右移動 6 列，返回新的引用單元格 H11 的值。

（8）INDEX 函數

【格式】INDEX（reference，row_num，column_num，[area_num]）

【功能】返回指定的行與列交叉處的單元格引用。如果引用由不連續的選定區域組成，可以選擇某一選定區域。

【說明】Reference：引用的一個或多個單元格區域。如果引用的是一個不連續區域，需要用括號括起來，區域之間用逗號隔開。

Row_num：引用的某行的行號。

Column_num：引用某列的列號。

[Area_num]：第一個參數中引用的第幾個區域。

比如,「=INDEX（B3：H11，9，7）」。Reference 就是引用的第一個參數B3：H11，引用的行和列分別是 9 和 7，所以返回 B3：H11 第 9 行和第 7 列的交叉單元格 H11 的值。

① INDEX（數組形式）函數功能：返回表格或數組中的元素值，此元素由行號和列號的索引值給定，當函數 INDEX 的第一個參數為數組常量時，使用數組形式。

② INDEX（數組形式）函數語法：INDEX（array，row_num，[column_num]）

【說明】Array：單元格區域或數組常量。

Row_num：選擇數組中的某行，函數從該行返回數值。

[Column_num]：選擇數組中的某列，函數從該列返回數值。數組形式中，第二個參數和第三個參數至少要有一個。比如，「=Index（{1，12；3，20}，2，2）」返回的值為 20。

2. 函數應用

【例 4-22】使用 LOOKUP 函數根據「工資.xlsx」的「工資表」工作表的數據和「稅率表」工作表的數據（如圖 4-68 所示），計算「工資表」中的所得稅額和實發工資，計算公式是：每月應納稅所得稅額 = 每月應納稅所得額 × 適用稅率 - 速算扣除數；每月應納稅所得額 = 實發工資 - 起徵點；實發工資 = 應發工資 - 所得稅 - 其他扣款。

所得额 fx 0

	A	B	C	D
1	工资和薪金所得税率和速算扣除数表			
2	级数	全月应纳税所得额	税率	速算扣除数
3	1	0	5	0
4	2	500	10	25
5	3	2000	15	125
6	4	5000	20	375
7	5	20000	25	1375
8	6	40000	30	3375
9	7	60000	35	6375
10	8	80000	40	10375
11	9	100000	45	15375
12				
13	起征点	1600		

圖 4-68　命名稅率表中單元格區域

操作步驟如下：

（1）修改「稅率表」工作表中的單元格引用名稱。在「稅率表」工作表中，選擇 B3～B11 單元格，在名稱框中輸入「所得額」，按回車鍵。選擇 C3～C11 單元格，在名稱框中輸入「稅率」，按回車鍵。選擇 D3～D11 單元格，在名稱框中輸入「速算扣除」，按回車鍵。選擇 B13 單元格，在名稱框中輸入「起徵點」，按回車鍵。

（2）在「工資表」工作表的 J4 單元格中，輸入公式「=（H4 - 起徵點）* LOOKUP（H4 - 起徵點，所得額，稅率）/100 - LOOKUP（H4 - 起徵點，所得額，速算扣除）」。

（3）在「工資表」工作表中，採用拖動填充柄的方法將 J4 單元格的公式複製至 J5～J14 單元格，計算出所得稅數據。

（4）在「工資表」工作表的 K4 單元格中，輸入公式「=H4 - I4 - J4」。

（5）在「工資表」工作表中，採用拖動填充柄的方法將 K4 單元格的公式複製至 K5～K14 單元格，計算出實發工資數據。

（6）計算出的數據如圖4-69所示。

	A	B	C	D	E	F	G	H	I	J	K	L	M
1						某公司一月份的工資表							
2						財務部制							
3	編號	發放時間	姓名	部門	基本工資	獎金	住房補助	應發金額	其他扣款	所得稅	實發工資	排名	備注
4	10932	1月2日	張珊	管理	¥1,500.00	4000	230	5730	30	494.50	5205.50	2	高
5	10933	1月2日	李忠	軟件	¥1,200.00	5000	260	6460	40	604.00	5816.00	1	高
6	10934	1月2日	王武	財務	¥1,100.00	2000	250	3350	50	150.00	3150.00	9	中
7	10935	1月2日	趙輝	財務	¥1,050.00	1000	270	2320	30	47.00	2243.00	10	低
8	10936	1月2日	錢琪	人事	¥1,020.00	2000	240	3260	60	141.00	3059.00	9	中
9	10941	1月2日	張明	管理	¥1,360.00	4000	210	5570	30	470.50	5069.50	2	高
10	10942	1月2日	趙敏	人事	¥1,320.00	2500	230	4050	40	242.50	3767.50	7	中
11	10945	1月2日	王紅	培訓	¥1,360.00	2600	230	4190	40	263.50	3886.50	5	中
12	10946	1月2日	李素	培訓	¥1,250.00	2800	240	4290	50	278.50	3961.50	4	中
13	10947	1月2日	孫科	軟件	¥1,200.00	3500	230	4930	30	374.50	4525.50	2	中
14	10948	1月2日	劉利	軟件	¥1,420.00	2500	220	4140	40	256.00	3844.00	6	中
15			平均值		1252.73	2900.00	237.27	4390.00			總人數		11
16			最大值		1500.00	5000.00	270.00	6460.00			工資高的人數		3
17			最小值		1020.00	1000.00	210.00	2320.00			制表時間	2007-1-2	

圖4-69　工資表的計算結果

說明：本例中，注意LOOKUP函數和單元格名稱的作用。

【例4-23】在「案例6」工作簿中，根據「銷售總金額」「提成比率」「年終獎金」完成「一月總收入」工作表。

操作要求：

① 根據「銷售總金額」表查詢「1月銷售總金額」，將結果根據「序號」對應返回到「一月總收入」表的「1月銷售總金額」一列中。

② 根據「提成比率」表中的數據，查找「1月銷售總金額」對應的「獎金比率」，返回到「一月總收入」表的「提成比率」一列中。

③ 根據「年終獎金」表中的數據，查找「銷售人員編號」對應的「年終獎金」，返回到「一月總收入」表的「年終獎金」一列中。

④ 在「一月總收入」表的「一月總收入」一列中，計算每位銷售人員的一月份總收入。

操作步驟如下：

（1）打開「案例6」工作簿。

（2）單擊「一月總收入」工作表中的D2單元格，在編輯欄中輸入「=LOOKUP（A2，銷售總金額!＄A＄2：＄A＄24，銷售總金額!＄B＄2：＄B＄24）」，向下填充函數，完成在「銷售總金額」表中根據「序號」返回其對應的「1月銷售總金額」，如圖4-70所示。

（3）單擊E2單元格，在編輯欄中輸入「=HLOOKUP（D2，提成比率!＄B＄3：＄F＄4，2）」，向下填充函數，完成根據「1月銷售總金額」在「提成比率」表中進行查找並返回其相應的「提成比率」，如圖4-71所示。

（4）單擊F2單元格，在編輯欄中輸入「=VLOOKUP（C2，年終獎金!＄A＄2：＄B＄24，2，）」。向下填充函數，完成根據「銷售人員編號」在「年終獎金」表中進行查找並返回其相應的「年終獎金」，如圖4-72所示。

（5）單擊G2單元格，在編輯欄中輸入「=D2＊E2＋F2」，向下填充函數，完成「1月份總收入」計算。

D2 =LOOKUP(A2,销售总金额!$A$2:$A$24,销售总金额!$B$2:$B$24)

	A	B	C	D
1	序号	产品类型	销售人员编号	1月销售总金额
2	2011081201	DELL服务器	SC0919	50000
3	2011081202	IBM服务器	SC0916	200000
4	2011081203	DELL服务器	SC0904	60000
5	2011081204	其他服务器	SC0910	320000
6	2011081205	DELL服务器	SC0921	20000
7	2011081206	IBM服务器	SC0917	120000
8	2011081207	其他服务器	SC0907	240000
9	2011081208	IBM服务器	SC0902	120000

圖 4－70　利用 LOOKUP 查找 1 月銷售總金額

E2 =HLOOKUP(D2,提成比率!$B$3:$F$4,2)

	A	B	C	D	E
1	序号	产品类型	销售人员编号	1月销售总金额	提成比率
2	2011081201	DELL服务器	SC0919	50000	10%
3	2011081202	IBM服务器	SC0916	200000	25%
4	2011081203	DELL服务器	SC0904	60000	10%
5	2011081204	其他服务器	SC0910	320000	25%
6	2011081205	DELL服务器	SC0921	20000	5%
7	2011081206	IBM服务器	SC0917	120000	15%
8	2011081207	其他服务器	SC0907	240000	25%
9	2011081208	IBM服务器	SC0902	120000	15%
10	2011081209	DELL服务器	SC0911	100000	15%
11	2011081210	其他服务器	SC0906	300000	25%

圖 4－71　利用 HLOOKUP 查找提成比率

F2 =VLOOKUP(C2,年终奖金!$A$2:$B$24,2,)

	A	B	C	D	E	F
1	序号	产品类型	销售人员编号	1月销售总金额	提成比率	年终奖金
2	2011081201	DELL服务器	SC0919	50000	10%	22539
3	2011081202	IBM服务器	SC0916	200000	25%	7097
4	2011081203	DELL服务器	SC0904	60000	10%	13506
5	2011081204	其他服务器	SC0910	320000	25%	3158
6	2011081205	DELL服务器	SC0921	20000	5%	12244
7	2011081206	IBM服务器	SC0917	120000	15%	21807
8	2011081207	其他服务器	SC0907	240000	25%	14792
9	2011081208	IBM服务器	SC0902	120000	15%	20939
10	2011081209	DELL服务器	SC0911	100000	15%	10381
11	2011081210	其他服务器	SC0906	300000	25%	15620

圖 4－72　利用 VLOOKUP 查找年終獎金

【例 4－24】在「動態引用函數應用」工作表中完成相應的引用查找。

操作要求：

① 根據「銀行獎勵制度明細表」，利用 MATCH 函數查詢「12,000」在金額一行中屬於第幾個級別。

② 在「銀行獎勵制度明細表」中以最小值「30」為參照系，利用 OFFSET 函數在 B3：H11 數據區域中查找最大值，並將結果返回至 D14 單元格。

③ 利用 OFFSET 函數，引用「類別 E」一行獎勵金額，並通過 SUM 函數計算整行數據之和。

④ 分別在 H13 和 H14 單元格中選擇輸入「類別」和「金額」。設置 H15 單元格自動根據 H13 和 H14 的值在「銀行獎勵制度明細表」中交叉查找對應的獎勵金額。

操作步驟如下：

（1）打開「案例 6」工作簿，選擇「動態引用函數應用」工作表。

（2）選擇 D13 單元格，在編輯欄中輸入「=MATCH（F2，B2：H2）」，完成查詢「12,000」在金額一行中屬於第 5 個級別，如圖 4－73 所示。

D13 =MATCH(F2,B2:H2)

	A	B	C	D	E	F	G	H
1	银行奖励制度明细表							
2	金额 / 类别	8000	9000	10000	11000	12000	13000	14000
3	A	30	100	150	200	250	300	350
4	B	50	100	150	200	200	200	250
5	C	50	100	150	200	200	200	250
6	D	50	100	150	200	250	300	350
7	E	50	100	150	200	250	300	350
8	F	50	100	150	200	250	300	350
9	G	50	150	150	150	450	450	450
10	H	50	150	150	150	450	450	450
11	I	100	200	400	400	400	800	1600
12								
13	12000在金额一行中属于第几个级别			5	（选择）类别			

圖 4－73 MATCH 函數返回級別位置

（3）在 D14 單元格中，輸入「=OFFSET（B3，8，6）」，完成通過 B3 單元格向下移動 8 行，向右移動 6 列，在 D14 單元格中返回 B3：B11 區域中的最大值，如圖 4－74 所示。

D14 =OFFSET(B3,8,6)

	A	B	C	D	E	F	G	H
1	银行奖励制度明细表							
2	金额 / 类别	8000	9000	10000	11000	12000	13000	14000
3	A	30	100	150	200	250	300	350
4	B	50	100	150	200	200	200	250
5	C	50	100	150	200	200	200	250
6	D	50	100	150	200	250	300	350
7	E	50	100	150	200	250	300	350
8	F	50	100	150	200	250	300	350
9	G	50	150	150	150	450	450	450
10	H	50	150	150	150	450	450	450
11	I	100	200	400	400	400	800	1600
12								
13	12000在金额一行中属于第几个级别			5	（选择）类别			
14	以最小值为参照系移动行和列返回最大值			1600	（选择）金额			

圖 4－74 OFFSET 動態引用函數返回最大值

（4）在 D15 單元格中，輸入「=SUM（OFFSET（B3：H3，4,））」，完成引用類別「E」整行數據區域，並計算該行數據之和，如圖 4－75 所示。

（5）在 H13 和 H14 單元格分別選擇輸入「D」類別和「12,000」金額數值。在 H15 單元格中輸入「=INDEX（B3：H11，MATCH（H13，A3：A11，0），MATCH（H14，B2：H2，0））」完成根據 H13 和 H14 單元格值變化而自動返回在「銀行獎勵制度明細表」中交叉查找對應的獎勵金額，如圖 4－76 所示。

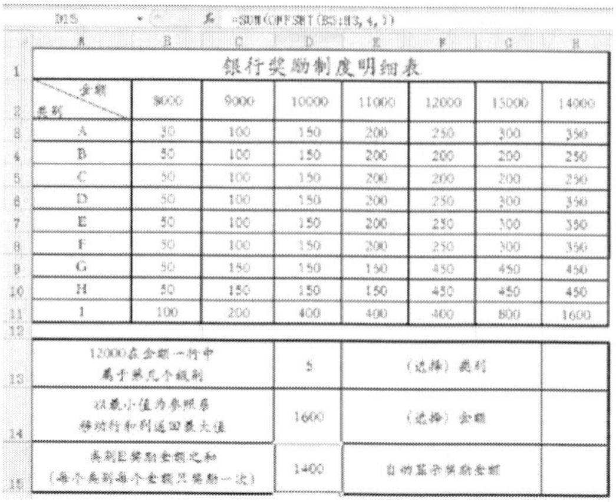

D15 =SUM(OFFSET(B3:H3,4,))

銀行獎勵制度明細表							
金額 類別	8000	9000	10000	11000	12000	13000	14000
A	30	100	150	200	250	300	350
B	50	100	150	200	200	200	250
C	50	100	150	200	200	200	250
D	50	100	150	200	250	300	350
E	50	100	150	200	250	300	350
F	50	100	150	200	250	300	350
G	50	150	150	150	450	450	450
H	50	150	150	150	450	450	450
I	100	200	400	400	400	800	1600

12000在金額一行中屬于第幾个級別	5	（選擇）類別	
以最小值為參照系移动行和列返回最大值	1600	（選擇）金額	
類別E獎勵金額之和（每个類別每个金額只獎勵一次）	1400	自动显示獎勵金額	

圖 4－75　OFFSET 引用整行/整列數據

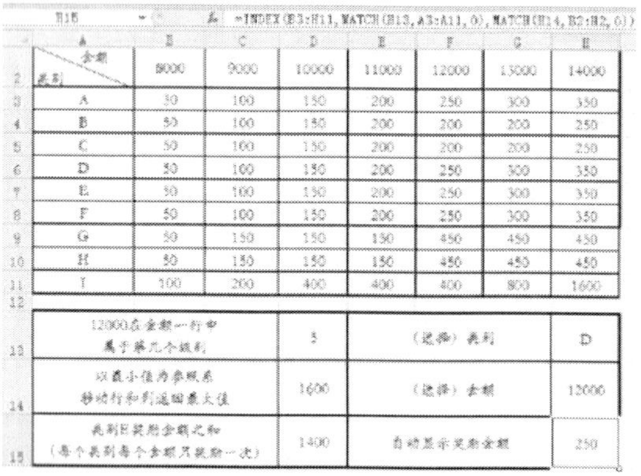

H15 =INDEX(B3:H11,MATCH(H13,A3:A11,0),MATCH(H14,B2:H2,0))

金額 類別	8000	9000	10000	11000	12000	13000	14000
A	30	100	150	200	250	300	350
B	50	100	150	200	200	200	250
C	50	100	150	200	200	200	250
D	50	100	150	200	250	300	350
E	50	100	150	200	250	300	350
F	50	100	150	200	250	300	350
G	50	150	150	150	450	450	450
H	50	150	150	150	450	450	450
I	100	200	400	400	400	800	1600

12000在金額一行中屬于第幾个級別	5	（選擇）類別	D
以最小值為參照系移动行和列返回最大值	1600	（選擇）金額	12000
類別E獎勵金額之和（每个類別每个金額只獎勵一次）	1400	自动显示獎勵金額	250

圖 4－76　INDEX 和 MATCH 函數混合查找對應值

4.4.6 財務函數

Excel 2010 在財務、會計和審計工作中有著廣泛的應用。Excel 提供的函數能夠滿足大部分的財務、會計和審計工作的需求。

下面通過例子來說明 Excel 在這方面的應用。

1. 投資理財

利用 Excel 2010 函數 FV 進行計算，可以進行一些有計劃、有目的、有效益的投資。

【格式】FV（rate，nper，pmt，pv，type）

【功能】計算基於固定利率及等額分期付款方式，返回某項投資的未來值。

【說明】Rate 為各期利率。Nper 為總投資期，即該項投資的付款期總數。Pmt 為各期所應支付的金額，其數值在整個年金期間保持不變。通常 Pmt 包括本金和利息，但不包括其他費用及稅款。如果忽略 Pmt，則必須包括 Pv 參數。Pv 為現值，即從該項投資開始計算時已經入帳的款項，或一系列未來付款的當前值的累積和，也稱為本金。

如果省略 Pv，則假設其值為 0，並且必須包括 Pmt 參數。Type 為 0 或 1，用以指定各期的付款時間是在期初或期末。如果為 0，表示期末；如果為 1，表示期初；如果省略 Type，則假設其值為 0。

以上參數中，若現金流入，以正數表示；若現金流出，以負數表示。

【例 4－25】假如某人兩年後需要一筆學習費用支出，計劃從現在起每月初存入 2000 元，如果按年利 1.98%，按月計息（月利為 1.98%/12），計算兩年以後該帳戶的存款額。

操作步驟如下：

(1) 在工作表中輸入標題和數據，如圖 4－77 所示，在 B2、B3、B4 和 B5 單元格中分別輸入 1.98%（年利率）、24（存款期限，即 2 年的月份數）、－2000（每月存款金額）、1（月初存入）。

(2) 在 B6 單元格中輸入公式「＝FV（B2/12，B3，B4，，B5）」，計算出該項投資的未來值。

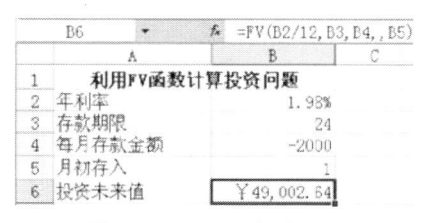

圖 4－77　FV 函數的應用

2. 還貸金額

PMT 函數可以計算為償還一筆貸款，要求在一定週期內支付完時，每次需要支付的償還額，即通常所說的「分期付款」。

【格式】PMT（Rate，nper，pv，fv，type）

【功能】用來計算基於固定利率及等額分期付款方式，返回投資或貸款的每期付款額。

【說明】Rate 為各期利率，是一固定值。Nper 為總投資（或貸款）期，即該項投資（或貸款）的付款期總數。Pv 為現值，或一系列未來付款當前值的累積和，也稱為本金。Fv 為未來值，或在最後一次付款後希望得到的現金餘額，如果省略 Fv，則假設其值為 0。Type 為 0 或 1，用以指定各期的付款時間是在期初或期末。如果為 0，表示期末；如果為 1，表示期初；如果省略 Type，則假設其值為 0。

以上參數中，若現金流入，以正數表示；若現金流出，以負數表示。

【例 4－26】某人計劃分期付款買房，預計貸款 10 萬元，按 10 年分期付款，銀行貸款年利率為 6.12%，若每月月末還款，試計算每月還款額。

操作步驟如下：

(1) 在工作表中輸入標題和數據，如圖 4－78 所示，在 B2、B3、B4、B5 單元格中分別輸入 6.12%（年利率）、120（貸款期限，即 10 年的月份數）、100,000（貸款金額）、0（月末還款）。

(2) 在 B6 單元格中輸入公式「＝PMT（B2/12，B3，B4，，B5）」，計算出該筆貸

B6 =PMT(B2/12,B3,B4,,B5)

	A	B	C	D
1	利用PMT函数计算房贷问题			
2	年利率	6.12%		
3	贷款期限	120		
4	贷款金额	100000		
5	月末还款	0		
6	每月还贷金额	¥-1,116.24		

圖 4－78　PMT 函數的應用

款的每月還款額。

3. 保險收益

在 Excel 2010 中，RATE 函數為計算返回投資的各期利率。

【格式】RATE（nper，pmt，pv，fv，type，guess）

【功能】計算某項投資的收益。

【說明】Nper 為總投資期，即該項投資的付款期總數。Pmt 為各期付款額，其數值在整個投資期內保持不變。Pv 為現值，即從該項投資開始計算時已經入帳的款項，或一系列未來付款當前值的累積和，也稱為本金。Fv 為未來值，或在最后一次付款后希望得到的現金余額，默認值是 0。Type 為數字 0 或 1。Guess 是預期利率，默認為 10%。

以上參數中，若現金流入，以正數表示；若現金流出，以負數表示。

【例 4－27】保險公司開辦了一種險種，具體辦法是一次性繳費 12,000 元，保險期限為 20 年。如果保險期限內沒有出險，每年返還 1,000 元。在沒有出險的情況下，它與現在的銀行利率相比，這種保險的收益率如何。

操作步驟如下：

（1）在工作表中輸入數據，如圖 4－79 所示，在 B2、B3、B4、B5 單元格分別輸 20（保險年限）、1,000（年返還金額）、－12,000（保險金額）、1（表示年底返還）。

B6 =RATE(B2,B3,B4,,B5)

	A	B	C	D
1	保险收益计算			
2	保险年限	20		
3	年返还金额	1000		
4	保险金额	-12000		
5	年底返还	1		
6	保险收益率	6.18%		

圖 4－79　RATE 函數的應用

（2）在 B6 單元格輸入公式「＝RATE（B2，B3，B4，，B5）」后，計算出該保險的年收益率為「6.18%」。

（3）計算說明該保險收益要高於現行的銀行存款利率，所以還是有利可圖的。

4. 經濟預測

【格式】TREND（known_y's，known_x's，new_x's，const）

【功能】返回一條線性迴歸擬合線的值，即找到適合已知數組 Known_y's 和 Known_x's的直線（用最小二乘法），並返回指定數組 New_x's 在直線上對應的 y 值。

【說明】Known_y's 是關係表達式 $y = mx + b$ 中已知的 y 值集合；Known_x's 是關係

表達式 y = mx + b 中已知的可選 x 值的集合；New_x's 為函數 TREND 返回對應 y 值的新 x 值；Const 為一邏輯值，用於指定是否將常量 b 強制設為 0。

【例 4-28】假設某超市一月份到六月份的月銷售額如圖 4-80 所示，試用 TREND 函數預測七月份的銷售額。

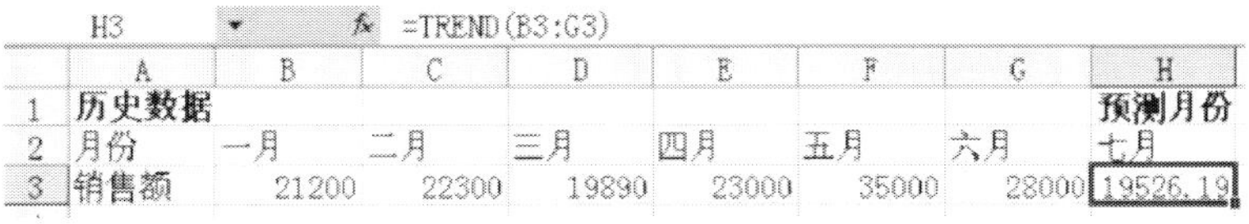

	A	B	C	D	E	F	G	H
1	历史数据							预测月份
2	月份	一月	二月	三月	四月	五月	六月	七月
3	销售额	21200	22300	19890	23000	35000	28000	19526.19

圖 4-80　TREND 函數的應用

操作步驟如下：

（1）在工作表中輸入數據，在 B3～G3 單元格中輸入一月份到六月份的銷售額。

（2）在 H3 單元格中輸入公式「=TREND（B3：G3）」，系統計算出七月份的預測銷售額。

4.5　圖表操作

Excel 2010 提供了豐富的圖表功能，為用戶提供更直觀和全面的圖形數據顯示效果。Excel 2010 的圖表類型包括：柱形圖、條形圖、折線圖、餅圖、XY 散點圖、面積圖、圓形圖、雷達圖、曲面圖、氣泡圖、股價圖、圓柱圖、圓錐圖、凌錐圖等。

4.5.1　創建簇狀柱形圖

Excel 2010 提供了嵌入式圖表和圖表工作表兩種圖表。嵌入式圖表是將圖表直接繪製在原始數據所在的工作表中。圖表工作表是將圖表獨立繪製在一張新的工作表中。圖表類型示例如圖 4-81 所示。

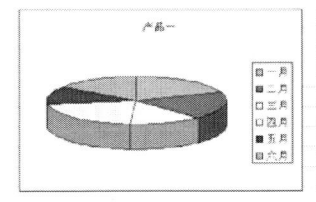

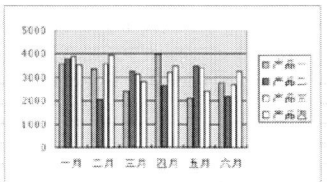

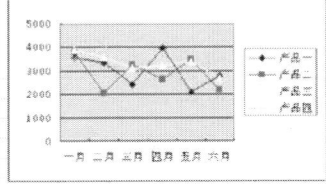

餅形圖　　　　　柱形圖　　　　　折線圖

圖 4-81　圖表類型示例

下面以一個具體的例子來說明簇狀柱形圖的創建。

【例 4-29】根據「創建簇狀柱形圖」工作表數據創建柱形圖表。

操作要求如下：

① 打開「創建簇狀柱形圖」工作簿，根據「創建簇狀柱形圖」工作表數據創建「簇狀柱形圖」圖表。

② 在圖表中使用「切換行/列」，使其「地區」為數據圖表的水平軸標籤。

③ 為圖表添加標題，修改圖表主要坐標軸刻度為「300」。

④ 更改「平均值」數據系列圖表類型為「折線圖」，添加「趨勢線」。

操作步驟如下：

（1）打開「創建簇狀柱形圖」工作表，選中 A2：G9 數據區域，選擇「插入」主選項卡的「圖表」功能區，單擊「柱形圖」中的「二維柱形圖」圖表類型、「簇狀柱形圖」，如圖 4-82 所示。

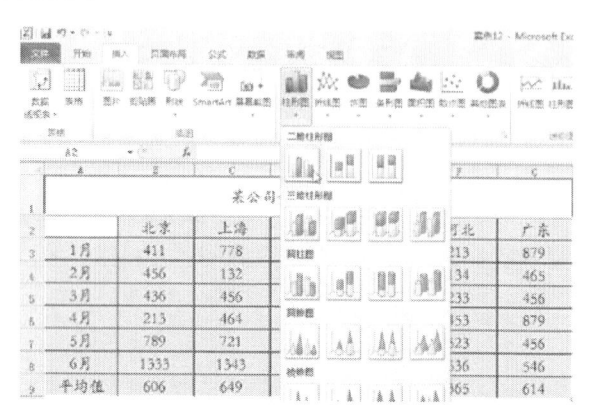

圖 4-82　創建「簇狀柱形圖」

（2）單擊「簇狀柱形圖」選項，出現如圖 4-83 所示的圖表。

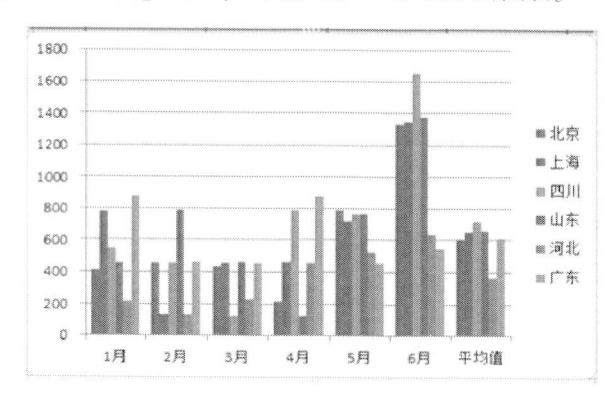

圖 4-83　「簇狀柱形圖」

（3）創建基本的「簇狀柱形圖」后，單擊「圖標工具」的「設計」選項卡，在「數據」功能區，選擇「切換行/列」選項，交換圖表中的「行」和「列」位置，如圖 4-84 所示。

（4）單擊「圖標工具」的「佈局」選項卡，在「標籤」功能區，選擇「圖標標題」選項。在「圖標標題」菜單中，選擇「圖表上方」選項，在「圖表」上方出現「圖標標題」。選中「圖標標題」，將「圖表標題」修改為「某公司銷售金額統計表」，如圖 4-85 所示。

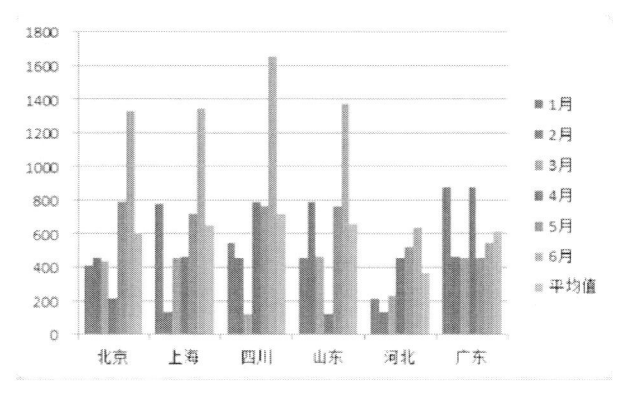

圖 4-84 「切換行/列」

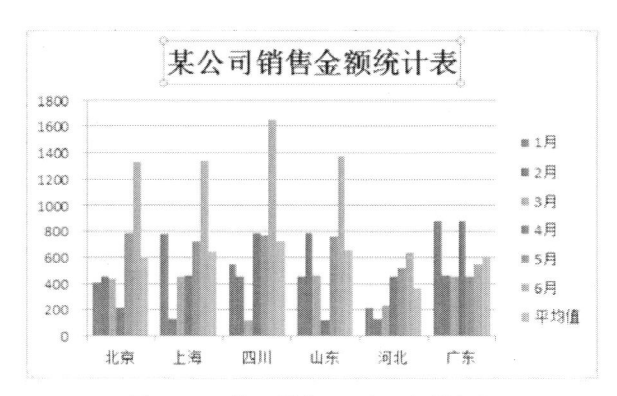

圖 4-85 為「圖表」添加、設置標題

（5）雙擊圖表區域中左側刻度，打開「設置坐標軸格式」對話框，設置「坐標軸選項」選項內的「主要刻度單位」為「固定」，刻度單位設置為「300」，如圖 4-86 所示。

圖 4-86 設置坐標軸格式

（6）鼠標單擊任意「平均值」數據系列（此時所有「平均值」數據序列為選中狀態），鼠標右鍵單擊「平均值」數據系列，在彈出菜單中選擇「更改系列圖表類型」命令，如圖 4-87 所示。

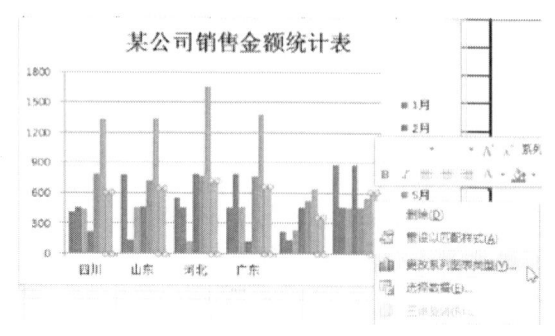

圖 4-87　「更改系列圖表類型」右鍵菜單

（7）在「更改圖表類型」對話框中，選擇「折線圖」圖表類型，單擊「確定」按鈕，完成「平均值」系列圖表類型的更改操作，如圖 4-88 所示。

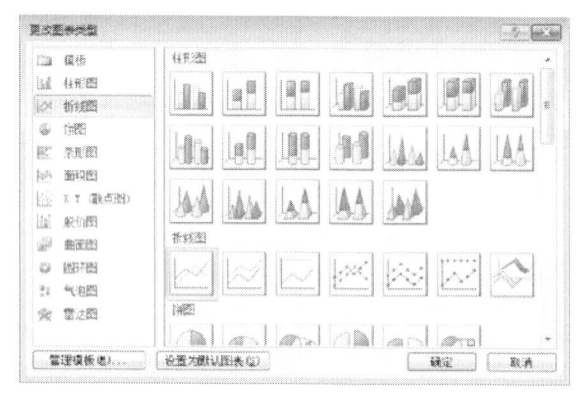

圖 4-88　更改數據系列為「折線圖」

（8）鼠標右鍵單擊「平均值」數據系列，在彈出菜單中單擊選擇「添加趨勢線」菜單選項，如圖 4-89 所示。

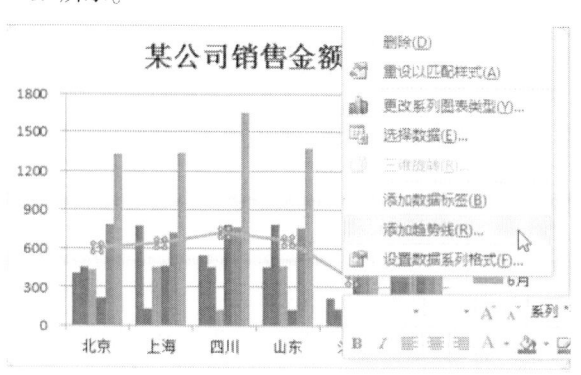

圖 4-89　「添加趨勢線」右鍵菜單

(9）單擊「添加趨勢線」命令，打開「設置趨勢線格式」對話框，如圖4-90所示。

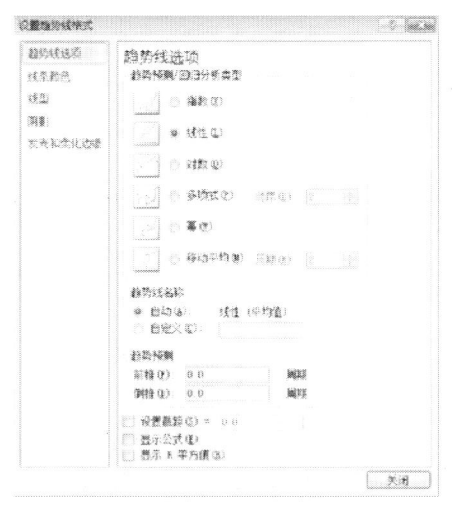

圖4-90 設置「趨勢線格式」

（10）在「趨勢線選項」選項卡中設置「趨勢線預測/迴歸分析類型」為「線性」；在「線條顏色」選項卡中設置線條為「實線」，顏色為「紅色」；在「線型」選項卡中設置線型寬度為「2磅」，單擊「關閉」按鈕，完成趨勢線格式設置，圖表效果如圖4-91所示。

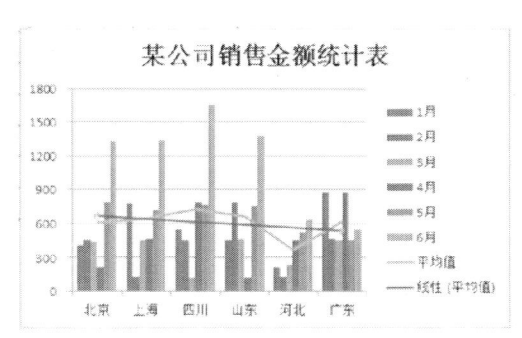

圖4-91 圖表效果圖

4.5.2 創建複合餅圖

Excel 2010 提供了複合餅圖的圖表類型，當單一餅圖中項目過多時，可將若干項合併為一項或其他類，並在另一個餅圖中表現這些項目的構成。

【例4-30】根據「創建複合餅圖」表數據創建複合餅圖。

操作要求如下：

① 打開「創建複合餅圖」工作表數據，創建複合餅圖。

② 設置複合餅圖中「標籤」包括：「類別名稱」和「值」標籤。

③ 將「毛絨玩具」數據系列從複合餅圖第一個區域分離，獨立型比例設置為20%。

④ 修改複合餅圖背景、形狀效果。

操作步驟如下：

（1）打開「創建複合餅圖」工作表，選中A3：B4單元格區域，按住Ctrl鍵，選中A7：B10單元格區域，選擇「插入」主選項卡的「圖表」功能區，單擊「餅圖」下拉按鈕，選擇「複合餅圖」圖表類型，如圖4－92所示。

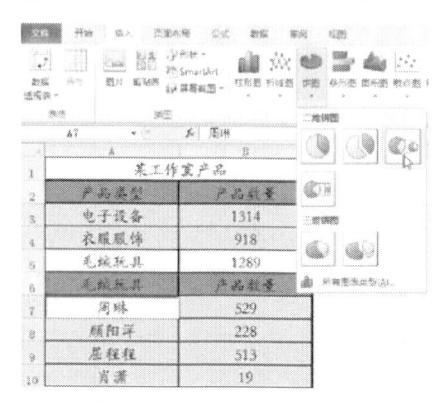

圖4－92　創建複合餅圖菜單

（2）單擊「複合餅圖」圖表類型，自動創建一個複合餅圖，如圖4－93所示。

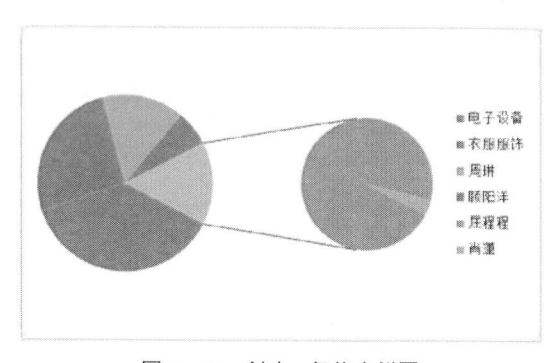

圖4－93　創建一個複合餅圖

（3）雙擊圖表中的複合餅圖，打開「設置數據點格式」對話框，在「系列選項」選項區域中設置「系列分割依據」為「位置」；設置「第二個繪圖區包含最后一個」為「4」值，如圖4－94所示。

（4）設置「數據系列格式」對話框選項后，單擊「關閉」按鈕，將A3：B4單元格區域和A7：B10單元格區域設置正確的數據關係，如圖4－95所示。

（5）單擊圖表中的複合餅圖，單擊「圖標工具」的「佈局」選項，在「標籤」功能區，單擊「圖表標題」「圖表上方」選項，此時，在圖表上方自動創建「圖標標題」的標題，將其修改為「某工作室產品結構圖」，如圖4－96所示。

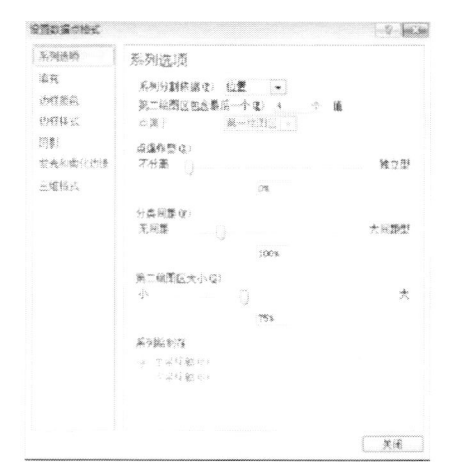

圖 4-94　「設置數據點格式」對話框

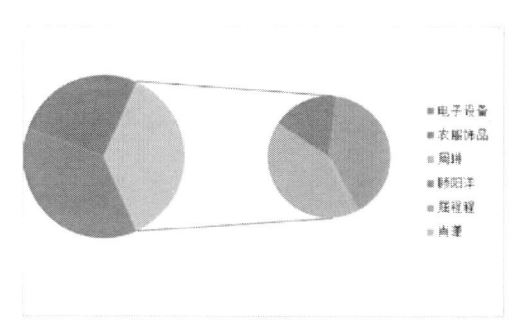

圖 4-95　修改複合餅圖

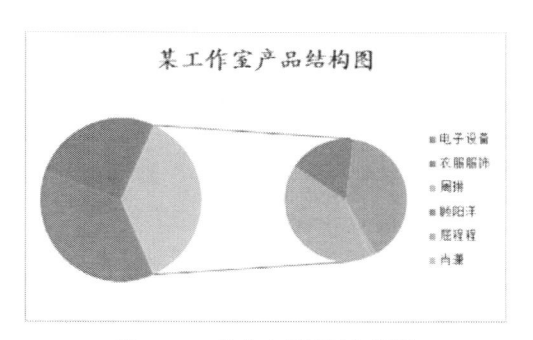

圖 4-96　為複合餅圖添加標題

（6）在「佈局」菜單中，單擊「標籤」功能區的「圖例」「在底部顯示圖例」選項，將圖例放在複合餅圖下方；單擊「標籤」功能區的「數據標籤」「其他數據標籤」選項，打開「設置數據標籤格式」對話框。在「標籤選項」選項卡中，勾選「類別名稱」和「值」標籤，單擊「關閉」按鈕，完成數據標籤格式設置，如圖 4-97 所示。

圖 4-97　「設置數據標籤格式」對話框

（7）將數據標籤中「其他」標籤名稱修改為「毛絨玩具」標籤名稱，如圖 4-98 所示。

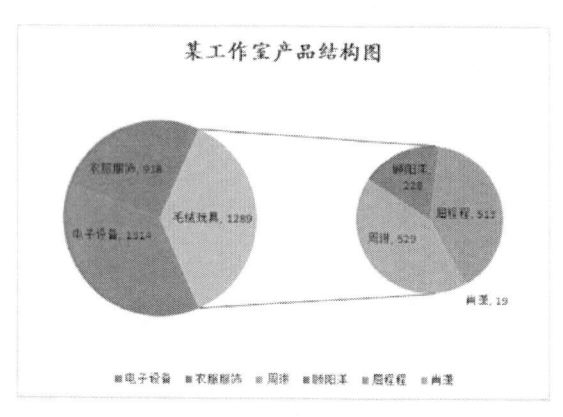

圖 4-98　添加、修改數據標籤

（8）在複合餅圖中單擊鼠標，選中整個數據系列，間隔兩秒後，單擊鼠標選中「毛絨玩具」數據系列。選中「毛絨玩具」數據系列，雙擊鼠標，打開「設置數據點格式」對話框，設置「點爆炸型」選項為「20%」，如圖 4-99 所示。

（9）設置「數據點格式」選項後，單擊「關閉」按鈕，出現如圖 4-100 所示的效果圖。

（10）單擊圖表區域空白處，選擇「圖表工具」的「格式」選項，單擊「形狀樣式」功能區的「形狀填充」按鈕、「紫色強調文字顏色 4 淡色 40%」，為圖表設置背景顏色；單擊圖表區域複合餅圖任意系列，選中複合餅圖所有數據系列，選擇「圖表工具」的「格式」選項，單擊「形狀效果」功能區的「預設」按鈕、「預設 3」選項，為複合餅圖設置形狀效果，最終複合餅圖效果圖如圖 4-101 所示。

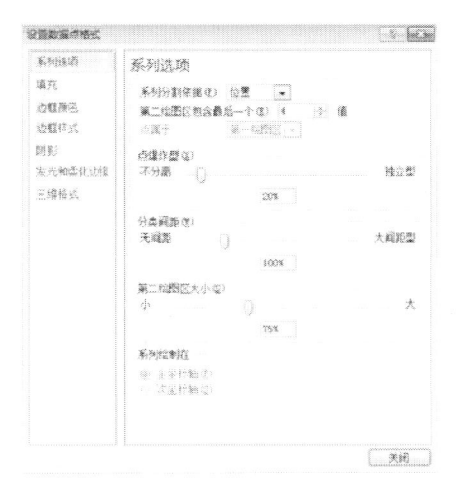

圖 4-99　設置數據系列獨立型

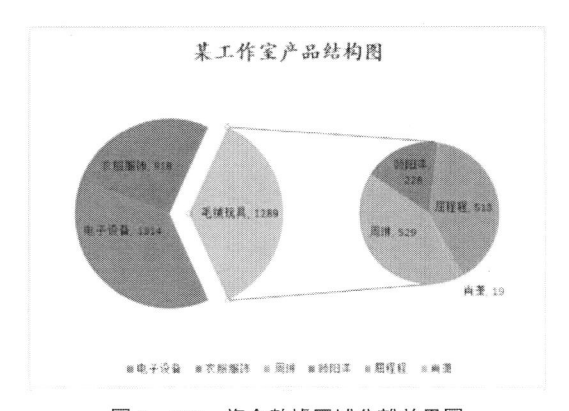

圖 4-100　複合數據區域分離效果圖

圖 4-101　複合餅圖效果圖

4.6　數據分析

Excel 2010 具有強大的數據分析功能，用戶可以通過排序、篩選、分類匯總、數據

透視表和數據透視圖、數據分列和刪除重複項等操作完成數據分析處理。

4.6.1 排序

排序是指將數據按照某一特定的方式排列順序（升序或降序）。在 Excel 2010 中，可以使用工具欄上的排序按鈕進行單一條件的簡單排序，也可以使用「排序」菜單進行多重條件排序，還可以按照單元格背景顏色或字體顏色進行排序。

排序的規則是：數字型數據按照數字大小順序；日期型數據按照日期的先後順序；文本型數據是將文本數據從左向右依次進行比較，比較到第一個不相等的字符為止，此時字符大的文本的順序大，字符小的文本的順序小。對於單個字符的比較，按照字符的 ASCII 順序，基本規則是：空格 < 所有數字 < 所有大寫字母 < 所有小寫字母 < 所有漢字。

1. 簡單排序

簡單排序是指排序的條件是數據清單的某一列。光標定位在要排序列的某個單元格上，在「數據」選項卡中的「排序和篩選」功能區，單擊「升序」按鈕或「降序」按鈕，可以對光標所在列進行排序。

按照「銷售數量」降序排序的結果如圖 4-102 所示。

	A	B	C	D	E	F
1	序號	時間	分公司	產品名稱	銷售人員	銷售數量
2	12	一月	南京	產品二	趙柳	100
3	1	三月	天津	產品三	趙敏	99
4	6	二月	南京	產品四	孫科	99
5	9	二月	北京	產品四	李思	98
6	11	三月	北京	產品三	王武	97
7	7	一月	北京	產品一	李蕭	90
8	10	一月	北京	產品一	張珊	87
9	2	一月	天津	產品一	錢棋	74
10	3	三月	南京	產品二	王紅	64
11	5	三月	天津	產品二	劉利	59
12	8	二月	南京	產品三	羅娟	56
13	4	二月	天津	產品四	張明	53

圖 4-102 按照「序號」降序排序的結果

按照「銷售數量」升序排序的結果如圖 4-103 所示。

	A	B	C	D	E	F
1	序號	時間	分公司	產品名稱	銷售人員	銷售數量
2	4	二月	天津	產品四	張明	53
3	8	二月	南京	產品三	羅娟	56
4	5	三月	天津	產品二	劉利	59
5	3	三月	南京	產品二	王紅	64
6	2	一月	天津	產品一	錢棋	74
7	10	一月	北京	產品一	張珊	87
8	7	一月	北京	產品一	李蕭	90
9	11	三月	北京	產品三	王武	97
10	9	二月	北京	產品四	李思	98
11	1	三月	天津	產品三	趙敏	99
12	6	二月	南京	產品四	孫科	99
13	12	一月	南京	產品二	趙柳	100

圖 4-103 按照「銷售數量」升序排序的結果

2. 多重條件排序

在排序時，可以指定多個排序條件，即多個排序的關鍵字。首先按照「主要關鍵字」排序；對主要關鍵字相同的記錄，再按照「次要關鍵字」排序；對主要關鍵字和次要關鍵字相同的記錄，還可以按第三關鍵字排序。

【例4-31】將圖4-104所示的「銷售表」工作表按照「銷售地區」升序排序，對「銷售地區」相同的記錄，再按照「總金額」降序排序。

圖4-104　「多重條件」排序結果

操作步驟如下：

(1) 將光標定位在數據清單中的某個單元格上。

(2) 選擇「數據」主選項卡的「排序和篩選」功能區，單擊「排序」按鈕，打開「排序」對話框，如圖4-105所示。

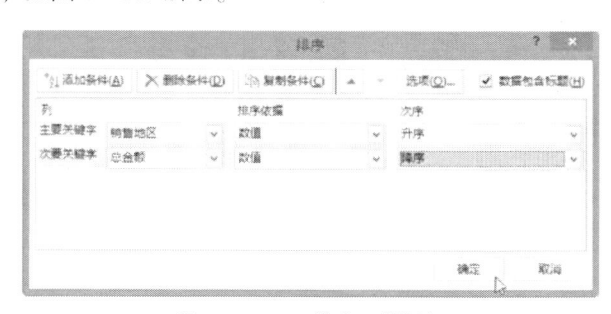

圖4-105　「排序」對話框

(3) 在「排序」對話框中，在「主要關鍵字」下拉列表中選擇「銷售地區」，選定其右邊的「升序」單選按鈕。設置一個條件後，單擊「添加條件」按鈕，設置次要條件。在「次要關鍵字」下拉列表中選擇「總金額」，選定其右邊的「降序」單選按鈕。

(4) 選定「數據包含標題」單選按鈕，單擊「確定」按鈕返回，完成排序。

4.6.2 篩選數據

篩選是指按一定的條件從數據清單中提取滿足條件的數據，暫時隱藏不滿足條件的數據。在 Excel 2010 中，可以採用自動篩選和高級篩選兩種方式篩選數據。

1. 自動篩選

自動篩選的操作步驟如下：

（1）進入篩選清單環境。光標定位在數據清單的某個單元格上，選擇「數據」主選項卡的「排序和篩選」功能區，單擊「篩選」命令，進入篩選清單環境。此時，數據清單的列標題上出現下拉箭頭▼，如圖 4-106 所示。

圖 4-106 數據清單篩選環境

（2）篩選選項。單擊該箭頭，出現篩選條件列表，選擇篩選條件（按顏色篩選、文本篩選、數字篩選）。各個篩選條件的含義如下：

顏色篩選：數據清單按單元格顏色特徵進行篩選。

文本篩選：一般用於單元格區域為「文本型數據」。常用文本篩選包含等於、不等於、開頭是、結尾是、包含、不包含、自定義篩選等。

數字篩選：一般用於單元格區域為「數值型數據」。常用數字篩選包含等於、不等於、大於、大於或等於、小於、小於或等於、介於、前 10 項、高於平均值、低於平均值、自定義篩選等。

如果在某列的下拉列表中選定某一特定的數據，則列出與該數據相符的記錄，也就是說，其列數據的數值等於選定的該列數據的數值的所有記錄將會被列出來。

【例 4-32】採用自動篩選，顯示如圖 4-107 所示的「銷售表」工作表中業務人員編號為「A0906」，「總金額」大於 1,000,000 的銷售記錄。

操作步驟如下：

（1）打開「銷售表」工作表，選中數據區域任意單元格（如 D6），選擇「數據」主選項卡的「排序和篩選」功能區，單擊「篩選」按鈕，數據區域所有字段的標題單

	A	B	C	D	E	F	G	H
1	筛选出业务人员编号A0906总金额大于1000000数据							
2	月	产品代	产品种类	销售地	业务人员编	单价	数量	总金额
3	1	F0901	绘图软件	阿根廷	A0906	5000	500	2500000
14	1	F0901	绘图软件	美东	A0906	8000	2000	16000000
15	1	G0350	计算机游戏	美东	A0906	4000	1000	4000000
24	1	A0302	应用软件	英国	A0906	13000	600	7800000
25	1	F0901	绘图软件	英国	A0906	9000	500	4500000

圖 4 - 107　篩選后的數據

元格出現下拉箭頭。

（2）單擊 E2 單元格下拉箭頭，在彈出的下拉菜單中，選擇「A0906」選項，單擊「確定」按鈕，完成對業務人員為「A0906」所有數據的篩選操作。

（3）單擊「總金額」下拉箭頭，依次單擊「數字篩選」「大於」下拉菜單選項，打開「自定義自動篩選方式」對話框，在「大於」金額選項框中輸入「1, 000, 000」條件，單擊「確定」按鈕，完成篩選出業務人員編號為「A0906」，「總金額」大於1, 000, 000的銷售記錄數據清單。

2. 高級篩選

在使用電子表格數據時，經常需要查詢/顯示滿足多重條件的信息，使用高級篩選功能通過「篩選條件」區域進行組合查詢以彌補自動篩選功能的不足。

「篩選條件」區域其實是工作表中一部分單元格形成的表格。表格中的第一行輸入數據清單的標題行中的列名，其余行上輸入條件。同一行列出的條件是「與」的關係，不同行列出的條件是「或」的關係。例如，如圖 4 - 108 所示的篩選條件的含義是：「銷售地區」為「阿根廷」或「巴西」。如圖 4 - 109 所示的篩選條件的含義是：「銷售地區」為「阿根廷」且「業務人員編號」為「A0906」。

销售地区
阿根廷
巴西

圖 4 - 108　「或」篩選條件

销售地区	业务人员编号
阿根廷	A0906

圖 4 - 109　「與」篩選條件

輸入篩選條件后，可利用「高級篩選」功能來篩選滿足條件的記錄。

下面通過一個具體的例子來說明高級篩選的使用。

【例 4 - 33】利用高級篩選，顯示「銷售表」工作表中業務人員編號為「A0906」，「總金額」大於 1, 000, 000 的銷售記錄。

操作步驟如下：

（1）在工作表的 K2 ~ L3 單元格區域輸入篩選條件，如圖 4 - 110 所示。

（2）選擇「數據」主選項卡的「排序和篩選」功能區，單擊「高級」按鈕，打開「高級篩選」對話框。選中「列表區域」 $A$2：$H$25 和「條件區域」 $K$2：$L$3，如圖 4 - 111 所示。

（3）單擊「確定「按鈕，篩選工作表的數據。

3. 撤銷篩選

對工作表數據清單的數據進行篩選后，為了顯示所有的記錄，需撤銷篩選。

	A	B	C	D	E	F	G	H	I	J	K	L
1				篩選出業務人員編號A0906,總金額大于1000000數據								
2	月份	產品代号	產品种类	銷售地區	業務人員編号	單价	數量	總金額			業務人員編号	總金額
3	1	F0901	繪圖軟件	阿根廷	A0906	5000	500	2500000			A0906	>1000000
4	1	G0350	計算机游戏	巴西	A0906	1000	500	500000				
5	1	G0350	計算机游戏	德國	A0906	5000	12000	60000000				
6	1	F0901	繪圖軟件	德國	A0907	9000	700	6300000				
7	1	A0302	應用軟件	東南亞	A0908	5000	6000	30000000				
8	1	F0901	繪圖軟件	東南亞	A0908	4000	3000	12000000				
9	1	G0350	計算机游戏	東南亞	A0908	5000	1000	5000000				
10	1	A0302	應用軟件	法國	A0907	13000	2000	26000000				
11	1	G0350	計算机游戏	法國	A0907	5000	2000	10000000				

圖 4 - 110　高級篩選的條件輸入

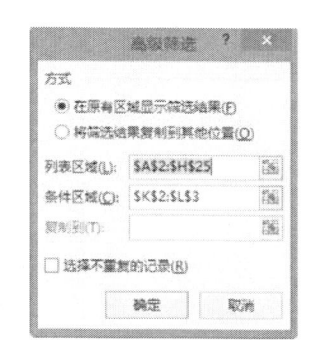

圖 4 - 111　高級篩選的區域選擇

撤銷篩選的操作方法是：選擇「數據」選項卡中的「排序和篩選」功能區，單擊「清除」按鈕。

4.6.3　數據分類匯總

分類匯總是將數據清單的數據按某列（分類字段）排序后分類，再對相同類別的記錄的某些列（匯總項）進行匯總統計（求和、求平均、計數、求最大值、求最小值）。

使用分類匯總功能前，必須首先對分類匯總的字段進行排序，排序的方式沒有限制。

1. 創建分類匯總

創建分類匯總就是在數據清單中插入分類匯總的數據。使用分類匯總功能前，必須首先對分類匯總的字段進行排序，排序的方式沒有限制。

【例4－34】在「銷售表」工作表中，統計各個分公司銷售人員的數目和產品銷售的總量，如圖4－112所示。

操作步驟如下：

（1）打開「分類匯總」工作表，選中C1單元格，選擇「數據」主選項卡的「排序和篩選」功能區，單擊「升序」或「降序」快捷按鈕，將數據區域A1：F13按主關鍵字「分公司」進行排序，如圖4－113所示。

（2）選中數據區域A1：F13內任意單元格，選擇「數據」主選項卡的「分級顯示」功能區，單擊「分類匯總」按鈕，打開「分類匯總」對話框，如圖4－114所示。

圖 4－112 「分類匯總」結果

圖 4－113 分類匯總前對分類字段進行排序

圖 4－114 「分類匯總」對話框

（3）在「分類匯總」對話中，分別設置「分類字段」為「分公司」，「匯總方式」為「計數」，「選定匯總項」為「銷售人員」，單擊「確定」按鈕，完成對各分公司銷售人員人數計數的操作，如圖 4－115 所示。

	A	B	C	D	E	F
1	序号	时间	分公司	产品名称	销售人员	销售数量
2	7	一月	北京	产品一	李萧	90
3	9	二月	北京	产品四	李思	98
4	10	一月	北京	产品三	张珊	87
5	11	三月	北京	产品五	王武	97
6			北京 计数		4	
7	3	三月	南京	产品二	王红	64
8	6	二月	南京	产品四	朴科	99
9	8	二月	南京	产品五	罗娟	56
10	12	一月	南京	产品二	赵柳	100
11			南京 计数		4	
12	1	三月	天津	产品三	赵敏	99
13	2	一月	天津	产品一	钱棋	74
14	4	二月	天津	产品四	张明	53
15	5	三月	天津	产品二	刘利	59
16			天津 计数		4	
17			总计数		12	

圖4-115 「分類匯總」統計銷售人員計數

（4）選中數據區域任意單元格，選擇「數據」主選項卡的「分級顯示」功能區，單擊「分類匯總」按鈕，打開「分類匯總」對話框。

（5）在「分類匯總」對話框中，分別設置「分類字段」為「分公司」，「匯總方式」為「求和」，「選定匯總項」為「銷售數量」，取消「替換當前分類匯總」復選框的勾選，如圖4-116所示。

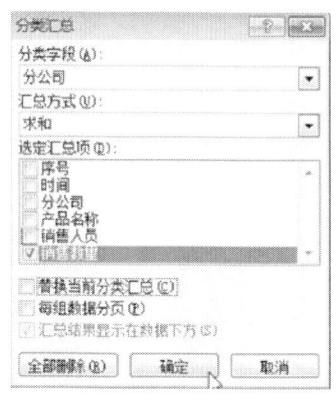

圖4-116 「分類匯總」選項設置

（6）設置「分類匯總」選項設置后，單擊「確定」按鈕，完成在統計各分公司銷售人員個數的基礎上統計各分公司銷售數量總和。

2. 查看分類匯總

在顯示分類匯總數據的時候，分類匯總數據左側自動顯示一些級別按鈕。如圖4-117是查看分類匯總的匯總數據和部分明細數據的結果。

3. 刪除分類匯總

在「分類匯總」對話框中，單擊「全部刪除」按鈕，刪除分類匯總，顯示數據清單原有的數據。

	A	B	C	D	E	F
1	序號	時間	分公司	產品名稱	銷售人員	銷售數量
6			北京 匯總			372
7			北京 計數		4	
12			南京 匯總			319
13			南京 計數		4	
18			天津 匯總			285
19			天津 計數		4	
20			總計			976
21			總計數		12	

圖 4-117　「分類匯總」分級顯示

4.6.4　數據透視表

數據透視功能通過重新組合表格數據並添加算法，能快速提取與管理目標相應的數據信息進行深入分析。

1. 建立數據透視表

數據透視表是交互式報表，可快速合併和比較大量數據。用戶可修改其行和列以看到源數據的不同匯總，而且可顯示感興趣區域的明細數據。

【例 4-35】通過「數據透視表」功能，統計各分公司銷售人員的個人總數和銷售數量總和，如圖 4-118 所示。

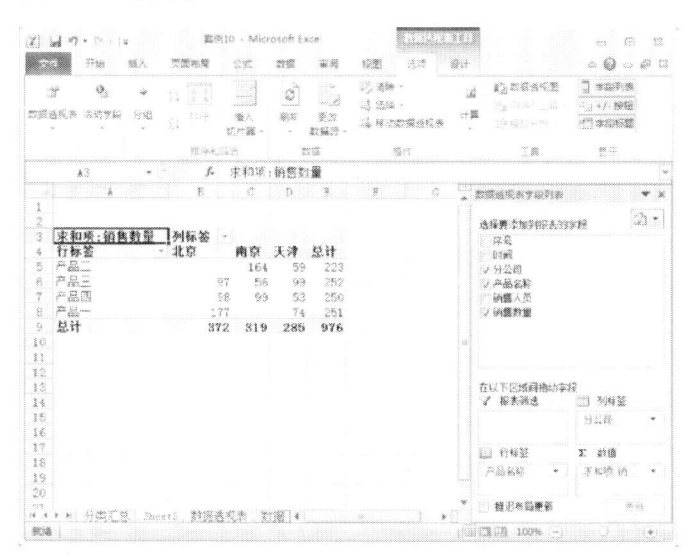

圖 4-118　數據透視表結果圖

操作步驟如下：

（1）打開「數據透視表」工作表，選中 A1：F13 數據區域任意單元格，選擇「插入」主選項卡的「表格」功能區，單擊「數據透視表」下拉菜單中的「數據透視表」命令，打開「創建數據透視表」對話框，如圖 4-119 所示。

（2）在「創建數據透視表」對話框中，選擇表區域「數據透視表!＄A＄1：＄F＄13」，

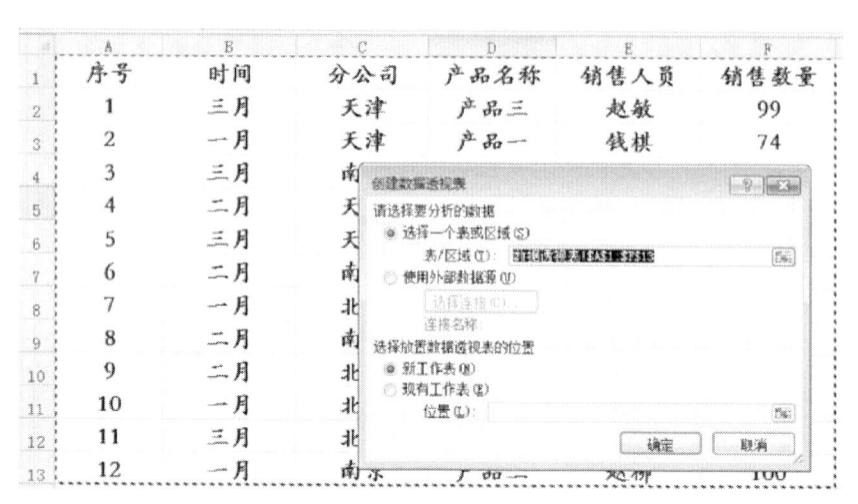

圖4-119 「創建數據透視表」對話框

設定數據透視表位置「新工作表」後，單擊「確定」按鈕，在Sheet3工作表上創建空白數據透視表，如圖4-120所示。

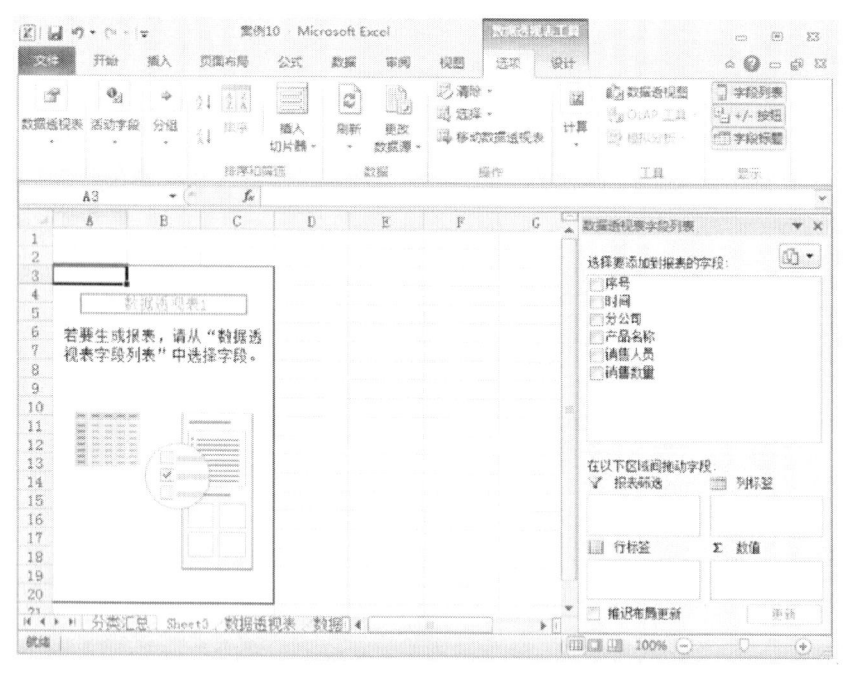

圖4-120 空白數據透視表

（3）分別將「數據透視表字段」列表中的「分公司」「產品名稱」「銷售數量」字段拖動到「列標籤」「行標籤」「數值」區域內，如圖4-121所示。拖動完畢，字段名出現在對應的區域內，同時數據也被添加到左側的數據透視表中。

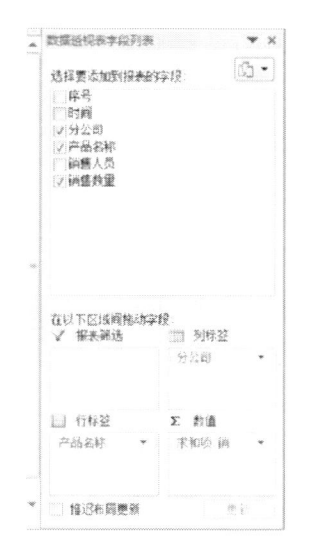

圖 4-121　添加字段到數據透視表中

2. 查看數據透視表

生成數據透視表后，可以在表中選擇部分數據顯示。例如，在如圖 4-122 所示的數據透視表中，單擊「時間　　　(全部)　　」中的下拉箭頭，在下拉列表中選擇「一月」，單擊「確定」按鈕，則只查看「一月」的數據。同樣，可以選擇行或列的下拉箭頭，進行部分數據的查看。

	A	B	C	D	E
1	時間	(全部)			
2					
3	求和項:銷售數量	列標籤			
4	行標籤	北京	南京	天津	總計
5	產品二		164	59	223
6	產品三	97	56	99	252
7	產品四	98	99	53	250
8	產品一	177		74	251
9	總計	372	319	285	976

圖 4-122　「數據透視表」的數據

3. 編輯數據透視表

單擊如圖 4-123 所示的「數據透視表字段列表」任意字段，彈出快捷菜單，選擇「值字段設置」按鈕，可以編輯任意字段。

【例 4-36】在數據透視表中修改「數值」字段顯示銷售數量的平均值。

操作步驟如下：

（1）單擊「數據透視表字段」列表中「數值」區域的「求和項：銷售數量」，在彈出的快捷菜單中選擇「值字段設置」命令，打開「值字段設置」對話框，如圖 4-124所示。修改「值匯總方式」的計算類型為「平均值」，單擊「確定」按鈕，完成計算銷售數量平均值。

圖4－123 「數據透視表」工具欄

圖4－124 「數據透視表」值字段設置

（2）選中數據透視表中E5：E9數據區域，右鍵單擊此區域，在彈出菜單中選擇「設置單元格格式」命令，打開「設置單元格格式」對話框，設置銷售數量平均值保留2位小數位，如圖4－125所示。

圖4－125 「數據透視表」值字段格式設置

4. 生成數據透視圖

數據透視圖是以圖形的形式表示數據透視表中的數據，更生動直觀的表示數據透視表。數據透視圖的創建大致有兩種方法：直接創建數據透視圖和通過數據透視表創建數據透視圖。直接創建數據透視圖的方法和創建數據透視表方法一致。

【例4－37】根據數據透視表創建如圖4－126所示的數據透視圖。

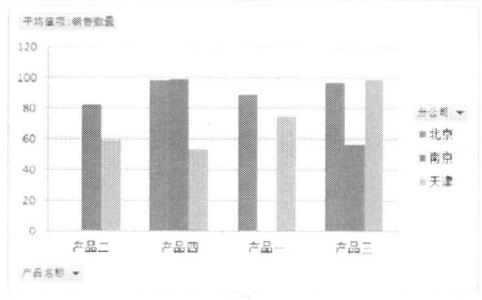

圖 4-126　數據透視圖效果圖

操作步驟如下：

（1）選中數據透視表中任意單元格（如 C5 單元格），選擇「插入」主選項卡的「圖表」功能區，單擊「柱形圖」按鈕，選擇「二維柱形圖」圖表類型，如圖 4-127 所示。

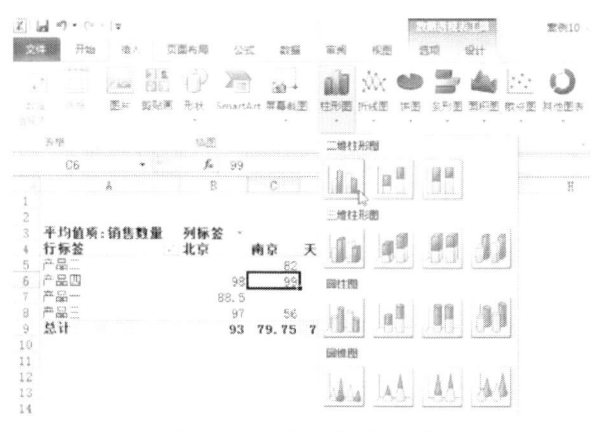

圖 4-127　創建數據透視圖

（2）單擊「二維柱形圖」圖表類型，即可創建數據透視圖。

4.7　凍結窗格與表格保護

4.7.1　凍結窗格

凍結窗格使用戶在滾動工作表時始終保持可見的數據。在滾動時，可以保持凍結窗格中的行和列的數據始終可見。

操作步驟如下：

（1）若要凍結頂部水平窗格，選擇待拆分處的下一行；若要凍結左側垂直窗格，選擇待拆分處的右邊一列；若要同時凍結頂部和左側窗格，則單擊待拆分處右下方的單元格。

（2）選擇「窗口」菜單中的「凍結窗格」命令，凍結指定的數據區域。

圖 4-128 所示的是凍結 A 列以後，拖動右水平滾動按鈕的效果。

	A	D	E	F
1	序號	產品名稱	銷售人員	銷售數量
2	1	產品三	趙敏	99
3	2	產品一	錢棋	74
4	3	產品二	王紅	64
5	4	產品四	張明	53
6	5	產品二	劉利	59
7	6	產品四	孫科	99
8	7	產品一	李蕭	90
9	8	產品三	羅娟	56
10	9	產品四	李思	98
11	10	產品一	張珊	87
12	11	產品三	王武	97
13	12	產品二	趙柳	100

圖 4-128　凍結列的效果

圖 4-129 所示的是凍結第 1 行和第 2 行以後，拖動垂直向下滾動按鈕的效果。

	A	B	C	D	E	F
1			某企業銷售表			
2	序號	時間	分公司	產品名稱	銷售人員	銷售數量
9	7	一月	北京	產品三	李蕭	90
10	8	二月	南京	產品三	羅娟	56
11	9	二月	北京	產品四	李思	98
12	10	一月	北京	產品一	張珊	87
13	11	三月	北京	產品三	王武	97
14	12	一月	南京	產品二	趙柳	100

圖 4-129　凍結行的效果

4.7.2　表格保護

為了防止非法用戶修改或查看數據，需要對工作表設置密碼保護。

操作步驟如下：

（1）選擇「審閱」主選項卡的「更改」功能區，單擊「保護工作表」按鈕，打開「保護工作表」對話框，如圖 4-130 所示。在「密碼」文本框中輸入密碼，單擊「確定」按鈕。

（2）在「確認密碼」對話框中輸入確認密碼，單擊「確定」按鈕，如圖 4-131 所示。

這樣，在對工作表編輯前，需要取消工作表的保護，才能進行編輯，操作方法是：選擇「審閱」主選項卡中的「更改」功能區，單擊「撤銷工作表的保護」按鈕，在出現的對話框中輸入密碼，即可編輯工作表。

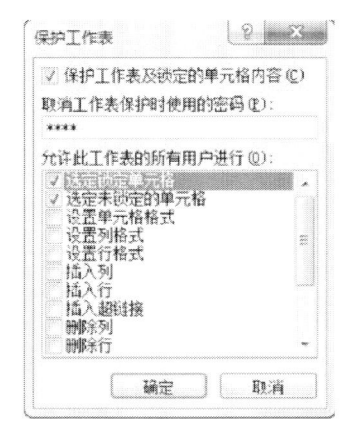

圖 4－130　「保護工作表」對話框

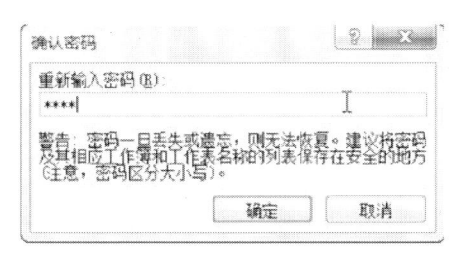

圖 4－131　「確認密碼」對話框

【本章小結】

Excel 2010 是 Office 2010 系列的一個重要組件，是一個出色的電子表格軟件，具有強大的數據記錄、整理、處理、計算和分析能力，提供了豐富的數據圖表功能。工作簿、工作表、單元格的基本操作是學習 Excel 的基礎；公式和函數的熟練、準確掌握及應用，特別是嵌套應用是解決實際問題最有效的途徑；強大的數據排序、篩選、分類匯總、數據透視表使我們未來的工作和生活變得簡單而快捷；豐富的各種類型圖表使我們更直觀地展現數據特點，方便我們查看數據的差異和預測趨勢。

Excel 的重要性不言而喻，它將是金融相關從業人員未來在工作中使用概率第一的辦公軟件。

【思考與討論】

1. 簡述工作簿、工作表、單元格的基本操作。
2. Excel 中單元格地址的引用有哪幾種？各有什麼特點？
3. Lookup、Hlookup、Vlookup 函數三者的共同點和區別？
4. Countif、Sumif、Averageif 函數各自的功能和參數？
5. Index、Offset、Choose 函數的區別？
6. 普通公式和數組公式的區別？
7. 分類匯總和數據透視表的共同點和區別？
8. 簡單篩選和高級篩選的區別？

第 5 章　PowerPoint 2010 基礎及高級應用

【學習目標】

☞ 掌握 PowerPoint 2010 的基礎知識與基本操作。
☞ 掌握 PowerPoint 2010 演示文稿的製作、編輯與格式化。
☞ 掌握演示文稿的視圖模式和使用。
☞ 掌握演示文稿中幻燈片的主題設置、背景設置、母版製作和使用。
☞ 掌握在幻燈片中對文本、圖形、圖像（片）、圖表、音頻、視頻、藝術字等對象的編輯和應用。
☞ 掌握在幻燈片中對象動畫、幻燈片切換效果、連結操作等交互設置。
☞ 掌握幻燈片放映設置、演示文稿的打包和輸出。

【知識架構】

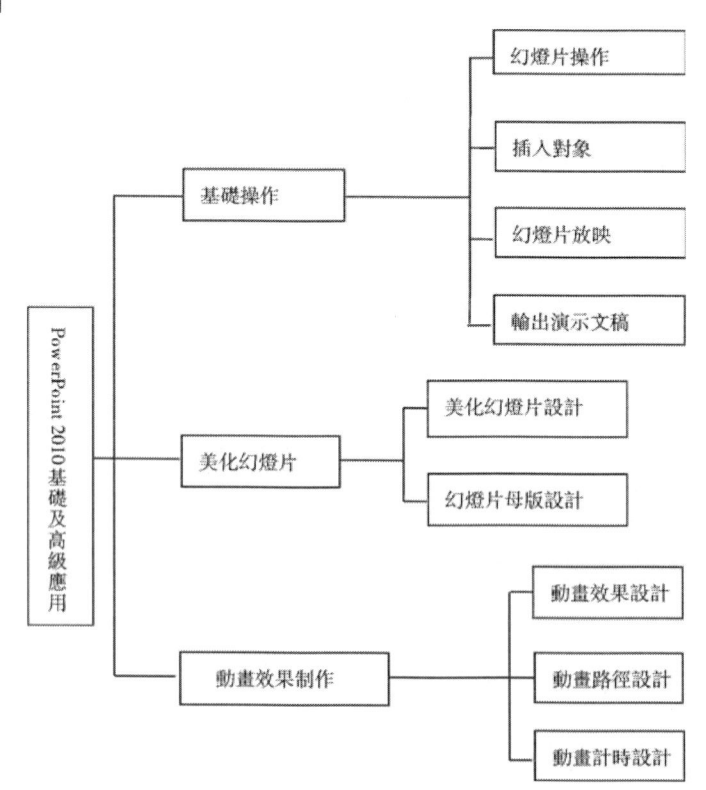

```
                                    ┌── 幻燈片操作
                                    ├── 插入對象
                   ┌── 基礎操作 ────┤
                   │                ├── 幻燈片放映
                   │                └── 輸出演示文稿
PowerPoint 2010    │
基礎及高級應用 ────┼── 美化幻燈片 ──┬── 美化幻燈片設計
                   │                └── 幻燈片母版設計
                   │
                   │                ┌── 動畫效果設計
                   └── 動畫效果制作 ┼── 動畫路徑設計
                                    └── 動畫計時設計
```

5.1　PowerPoint 2010 基本操作

PowerPoint 2010 中文版是辦公套件 Office 2010 中的一個重要組成部分，主要用於製作具有多媒體效果的幻燈片，應用於演講、作報告、教學、產品展示等各方面。利用 PowerPoint 可以輕松製作包含文字、圖形、聲音以及視頻圖像等多媒體的演示文稿。

5.1.1　PowerPoint 2010 的啓動與退出

1. 啓動 PowerPoint 2010

單擊「任務欄」中的「開始」按鈕，依次選擇「所有程序」「Microsoft Office」「Microsoft PowerPoint 2010」命令，即可啓動 PowerPoint 2010。

用戶可在 Windows 7 桌面上創建 PowerPoint 2010 應用程序的快捷圖標。雙擊該快捷圖標，可快速啓動 PowerPoint 2010。

2. 退出 PowerPoint 2010

可用下列操作方法退出 PowerPoint 2010：

（1）單擊「文件」主選項卡中的「退出」命令。
（2）雙擊 PowerPoint 2010 窗口標題欄左端的程序名圖標 P 。
（3）單擊 PowerPoint 2010 窗口標題欄右端的「關閉 X」按鈕。

退出 PowerPoint 2010 時，如果當前有正在操作尚未存盤的演示文稿，系統會提示保存文件，如圖 5-1 所示，用戶根據需要決定是否保存。

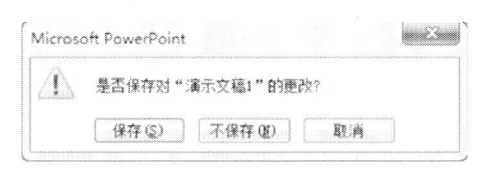

圖 5-1　系統退出提示對話框

5.1.2　PowerPoint 2010 主窗口的組成

啓動 PowerPoint 2010 后，屏幕上顯示 PowerPoint 2010 主窗口，如圖 5-2 所示。

PowerPoint 2010 主窗口由「快速訪問工具欄」「主選項卡」「功能區」「幻燈片縮略圖」「備註窗格」「狀態欄」「幻燈片主窗格」「顯示比例」「視圖選項」等部分組成。

（1）快速訪問工具欄——在快速訪問工具欄最左端是控制菜單圖標 P ，雙擊此圖標可以關閉 PowerPoint。剩下的從左到右依次為「保存」「撤銷」「恢復」按鈕，在「恢復」按鈕的右邊有一個下拉箭頭，單擊后，可以選擇常用的操作按鈕置於快速訪問工具欄。在下拉箭頭的右側是標題，即「Microsoft PowerPoint」。如果正在編輯一演示文稿，標題欄還顯示當前編輯文稿的文件名。

（2）主選項卡——橫向排列若干個主選項卡的名稱，包括「文件」「開始」「插入」「設計」「切換」「動畫」「幻燈片放映」「審閱」和「視圖」。選擇某個主選項卡，

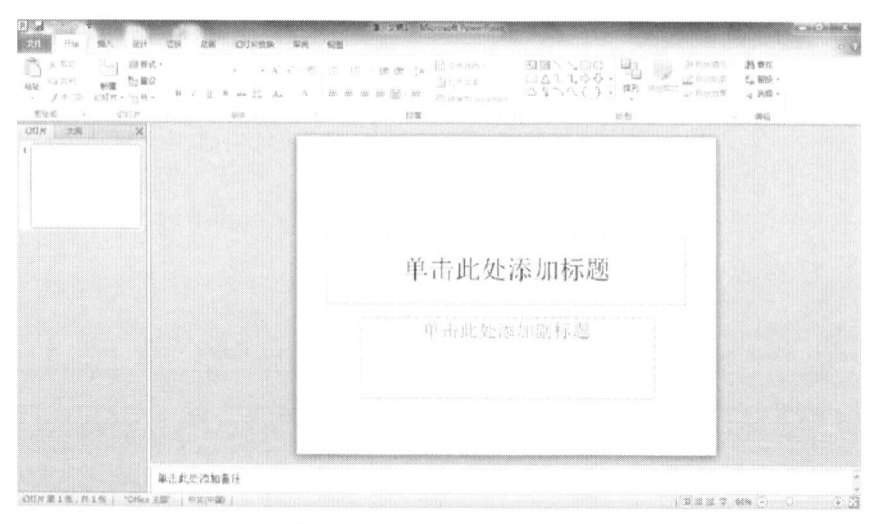

圖 5－2　PowerPoint 2010 主窗口

出現與之相應的功能區。

·「開始」主選項卡的功能區：包含「剪貼板」「幻燈片」「字體」「段落」「繪圖」和「編輯」。

·「插入」主選項卡的功能區：包含「表格」「圖像」「插圖」「連結」「文本」「符號」和「媒體」。

·「設計」主選項卡的功能區：包含「頁面設置」「主題」和「背景」。

·「切換」主選項卡的功能區：包含「預覽」「切換到此幻燈片」和「計時」。

·「動畫」主選項卡的功能區：包含「預覽」「動畫」「高級動畫」和「計時」。

·「幻燈片放映」主選項卡的功能區：包含「開始放映幻燈片」「設置」和「監視器」。

·「審閱」主選項卡的功能區：包含「校對」「語言」「中文簡繁轉換」「批註」和「比較」。

·「視圖」主選項卡的功能區：包含「演示文稿視圖」「母版視圖」「顯示」「顯示比例」「顏色/灰度」「窗口」和「宏」。

（3）功能區——功能區中排列若干個選項，單擊它們，可執行其對應的命令。有的選項還有對應的下拉菜單，可從中選擇相應的命令。功能區中各個選項都有一個圖標，如果圖標顯示呈現灰色，表示此功能暫時不能使用。

（4）幻燈片縮略圖——有大綱和幻燈片兩個選項卡。大綱選項卡可顯示幻燈片中的文本大綱。幻燈片選項卡可顯示幻燈片的縮略圖。

（5）幻燈片主窗格——在該窗口中，可對幻燈片進行編輯。在幻燈片主窗格下面是備註窗格，可對幻燈片進一步說明。

（6）狀態欄——位於應用程序窗口的最下方，用於顯示 PowerPoint 2010 在不同運行階段的不同信息。在幻燈片視圖中，狀態欄左側顯示當前的幻燈片編號和總幻燈片數（幻燈片 1/2），狀態欄中間顯示了當前幻燈片所用的模板名字。

（7）視圖選項——單擊各個按鈕，可以改變幻燈片的查看方式。

5.1.3 PowerPoint 基礎知識

1. 演示文稿與幻燈片

用 PowerPoint 2010 創建的文件就是演示文稿,其擴展名為.ppt。一個演示文稿通常由若干張幻燈片組成,製作一個演示文稿的過程,實際上就是製作一張張幻燈片的過程。

2. 幻燈片的對象與佈局

一張幻燈片由若干對象組成。所謂對象,是指插入幻燈片中的文字、圖表、組織結構圖以及圖形、聲音、動態視頻圖像等元素。製作一張幻燈片的過程,實際上就是製作、編排其中每一個被插入的對象的過程。

幻燈片佈局是指其包含對象的種類以及對象之間相互的位置,PowerPoint 提供了許多種幻燈片參考佈局(又稱自動版式)。一個演示文稿的每一張幻燈片可以根據需要選擇不同的版式。PowerPoint 也允許用戶自己定義、調整這些對象的佈局。

3. 模板

模板是指一個演示文稿整體上的外觀設計方案,它包含預定義的文字格式、顏色以及幻燈片背景圖案。PowerPoint 提供了多種模板。一個演示文稿的所有幻燈片同一時刻只能採用一種模板。可以在不同的演講場合為同一演示文稿選擇不同的模板。

4. 視圖

視圖是指用於查看幻燈片的方式。在 PowerPoint 窗口的最下方有四個功能按鈕,分別是:「普通視圖 」「幻燈片瀏覽視圖 」「閱讀視圖 」和「幻燈片放映視圖 」。單擊這些視圖按鈕,可在各視圖之間進行切換。

按鈕:單擊此按鈕,屏幕上顯示普通視圖。普通視圖包含 Esc 窗格、大綱窗格、幻燈片窗格和備註窗格。這些窗格使用戶可以在同一位置使用文稿的各種特徵。移動窗格邊框可調整其大小。

按鈕:單擊該按鈕,所有幻燈片按比例被縮小,並按順序排列在窗口中。用戶可以在此設置幻燈片切換效果、預覽幻燈片切換、動畫和排練時間的效果,同時可對幻燈片進行移動、複製、刪除等操作,如圖 5-3 所示。

按鈕:單擊此按鈕,屏幕上顯示閱讀視圖。閱讀視圖用於使用計算機來查看演示文稿,而不是通過大屏幕放映演示文稿。如果希望在一個設有簡單控件以方便審閱的窗口中查看演示文稿,而不想使用全屏的幻燈片放映視圖,則可以在計算機上使用閱讀視圖。

按鈕:單擊窗口右下角的「幻燈片放映」按鈕,幻燈片放映以最大化方式按順序在全屏幕上顯示每張幻燈片,單擊鼠標左鍵或按回車鍵將顯示下一張幻燈片,也可以用上下左右光標鍵來回顯示各張幻燈片。

單擊鼠標右鍵並選擇「結束放映」命令,結束幻燈片的放映。

5.1.4 PowerPoint 2010 快速訪問工具項的顯示與隱藏

PowerPoint 2010 提供了「保存」「撤銷」「打開」等多個不同的快速訪問項。用戶可根據需要增加顯示或隱藏快速訪問項。

圖 5-3　PowerPoint 2010 的幻燈片窗口

1. 顯示「打開」快速訪問項

（1）單擊「快速訪問工具欄」中的下拉箭頭，打開「自定義快速訪問工具欄」下拉菜單。

（2）選擇下拉菜單中的「打開」命令，在「打開」命令的前面出現一個帶「√」的小方框 ✓，表示「打開」命令已顯示在「快速訪問工具欄」中。

2. 隱藏「保存」快速訪問項

（1）單擊「快速訪問工具欄」的下拉箭頭，打開「自定義快速訪問工具欄」下拉菜單。

（2）選擇下拉菜單中的「保存」命令，其前面帶「√」的小方框消失，則「保存」選項從「快速訪問工具欄」中消失。

若要添加的選項不在下拉菜單中，在下拉菜單中選擇其他命令，在出現的選項框中將所需的常用命令添加到「快速訪問工具欄」中。若要隱藏，在工具欄框中選中該選項后單擊刪除。

5.2　創建與保存 PowerPoint 2010 演示文稿

5.2.1　PowerPoint 2010 演示文稿的創建

在 PowerPoint 2010 中，可選用以下方式創建演示文稿：

（1）啓動 PowerPoint 2010 后，系統自動創建一個空演示文稿。

（2）按組合鍵 Ctrl + N。

（3）單擊「文件」主選項卡的「新建」命令，窗口顯示如圖 5-4 所示，然后根

據需要新建演示文稿。

圖 5-4 「新建」演示文稿菜單

1. 使用模板創建演示文稿

PowerPoint 2010 提供了各種類型的演示文稿模板，用戶可利用這些模板來設計演示文稿。操作步驟如下：

（1）選擇「文件」主選項卡的「新建」命令。

（2）在窗口中，單擊「樣本模板」命令，出現「樣本模板」列表框，如圖 5-5 所示。單擊選擇某種模板，演示文稿中所有幻燈片都將應用該模板的樣式。

圖 5-5 「新建」樣本模板

（3）選擇「開始」主選項卡的「幻燈片」功能區，打開「新建幻燈片」下拉列表，單擊某幻燈片類型，亦可添加一張幻燈片，如圖 5-6 所示。

图 5-6 「新建幻灯片」下拉列表

2. 使用「空白演示文稿」創建演示文稿

選擇「文件」主選項卡的「新建」命令，雙擊「空白演示文稿」圖標，系統自動創建一空白演示文稿，如圖 5-7 所示。

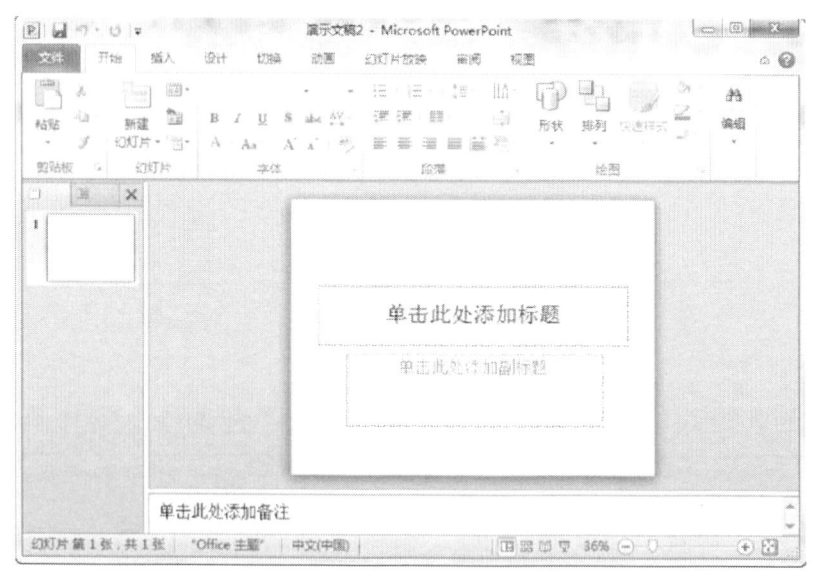

圖 5-7 創建一空白演示文稿

用戶也可直接按組合鍵 Ctrl + N，或單擊快速訪問工具欄上的下拉箭頭，勾選「新建」，使其出現在工具欄上，單擊新出現的按鈕，即可創建一個新空白演示文稿。

5.2.2 保存、打開與關閉演示文稿

1. 保存演示文稿

在 PowerPoint 2010 中，若要保存演示文稿，其操作方法與 Office 其他組件中保存文件的方法類似，主要方法有：

(1) 選擇「文件」主選項卡的「保存」命令。
(2) 單擊快速訪問工具欄上的「保存」按鈕 ![]。
(3) 按組合鍵 Ctrl + S。

對於新建的演示文稿，上述幾種方法都將打開「另存為」對話框，用戶可根據「另存為」對話框的提示，將製作的演示文稿以指定的文件名保存到指定的文件夾中。

2. 打開演示文稿

若要編輯修改一個演示文稿，首先要打開它。打開演示文稿的方法有：

(1) 啟動 PowerPoint 2010，選擇「文件」主選項卡的「打開」命令，出現如圖 5-8 所示的窗口。

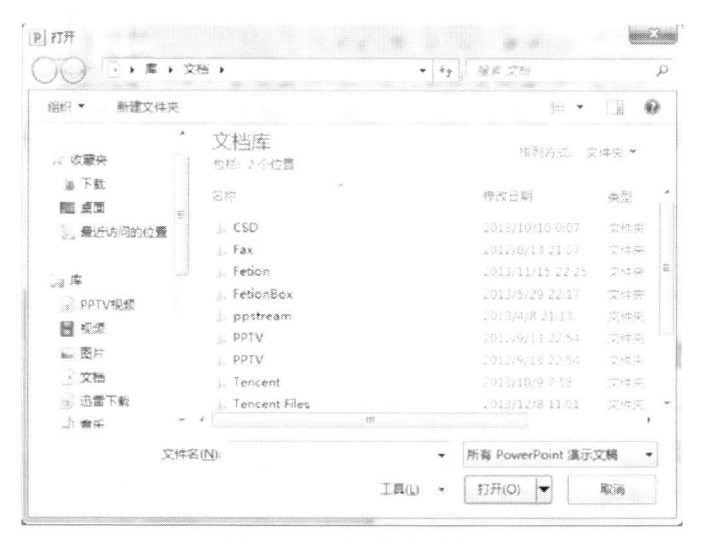

圖 5-8 「打開」對話框

(2) 按組合鍵 Ctrl + O。
(3) 單擊快速訪問工具欄中的下拉按鈕 ![]，在如圖 5-9 所示的子菜單中勾選「打開」命令，使其出現在快速訪問工具欄，單擊新出現的按鈕 ![]。

無論使用何種方法打開文件，屏幕將出現「打開」對話框。接著，確定要打開的文件所在的驅動器和文件夾，選中要打開的演示文稿文件名，單擊「打開」按鈕，打開指定的演示文稿文件。

3. 關閉演示文稿

關閉演示文稿的方法如下：

選擇「文件」主選項卡的「關閉」命令。若對演示文稿進行了修改，在使用「關閉」命令前沒有進行過保存，PowerPoint 2010 將詢問「是否保存對演示文稿的修改？」。

圖 5-9　自定義快速訪問工具欄

單擊「是」按鈕，保存；否則，放棄所做修改后關閉。

5.3　製作和編輯幻燈片

5.3.1　製作幻燈片

1. 插入新幻燈片

演示文稿由一張張幻燈片組成，若要在已建立的演示文稿中插入新的幻燈片，其操作步驟如下：

（1）打開需要插入新幻燈片的演示文稿。

（2）在普通視圖（包括幻燈片視圖和大綱視圖）或在幻燈片瀏覽視圖窗口中選定要插入新幻燈片的位置。

（3）選擇「開始」主選項卡的「幻燈片」功能區，單擊「新建幻燈片」按鈕，或按組合鍵 Ctrl + M，插入一張新幻燈片。

（4）插入的幻燈片版式沿用文稿中其他幻燈片的版式，若需要重設，選擇該幻燈片后，選擇「開始」主選項卡中「幻燈片」功能區，單擊「版式」選項的下拉箭頭，出現「Office 主題」列表，單擊所需版式，如圖 5-10 所示。

新建的幻燈片中有多個虛線方框。在虛線方框中有諸如「單擊此處添加標題」「單擊此處添加文本」「雙擊此處添加剪貼畫」等文字提示信息。單擊這些區域，其中的文字提示信息就會消失，用戶即可添加標題、文本、圖標、表格、組織結構圖和剪貼畫等對象。

2. 在幻燈片中添加文本

在新建的幻燈片中添加文本的操作步驟如下：

（1）單擊幻燈片中的「單擊此處添加標題」位置，出現一個空白文本框，進入編輯模式，在文本框內輸入標題內容，例如「馮·諾依曼型計算機的工作原理」。

（2）單擊幻燈片中的「單擊此處添加文本」位置，輸入正文內容。

圖 5-10　版式列表

(3) 單擊標題或文本位置以外的地方，表示標題和文本輸入完畢，如圖 5-11 所示。

圖 5-11　新建一張幻燈片

文本的添加也可以通過使用文本框來實現。使用文本框添加文本的操作方法如下：
選擇「插入」主選項卡中的「文本」功能區，單擊「文本框」按鈕的下拉箭頭，在出現的下拉菜單中選擇「橫排文本框」或「豎排文本框」命令；或選擇「開始」主選項卡中的「繪圖」功能區，單擊「橫排」按鈕 或「豎排」按鈕 ，鼠標箭頭變為「↓」或「←」，在所需要的位置，單擊或按住鼠標左鍵不動拖動一個虛框，松開后，插入一文本框，用戶即可輸入文本。

3. 在幻燈片中插入剪貼畫

在幻燈片中插入剪貼畫的操作步驟如下：

(1) 選擇「插入」主選項卡的「圖像」功能區，單擊「剪貼畫」按鈕，或單擊幻燈片中的「剪貼畫」處，打開「剪貼畫」功能框。

（2）在搜索框中鍵入想要插入剪貼畫的主題后，單擊搜索鍵，即可在下面的顯示框中出現搜索的結果，選擇想要的剪貼畫並單擊，即可插入。

（3）插入到幻燈片中的剪貼畫周圍有 8 個普通控點和 1 個旋轉控點，同時「格式」菜單欄也一同出現。可以利用這些普通控點來放大或縮小圖片，利用旋轉控點來旋轉圖片，利用「格式」菜單中的各個功能區選項來添加效果。最后，單擊選中圖形外的任意區域，完成剪貼畫的插入操作。

4. 在幻燈片中插入一個表格或一個圖表

（1）在幻燈片中插入一張表格

① 選擇「插入」主選項卡的「表格」功能區，單擊「表格」按鈕的下拉箭頭，出現「插入表格」列表，如圖 5－12 所示。

圖 5－12　「插入表格」列表

② 在列表中，根據需要選擇相應的命令，插入符合要求的表格。

（2）在幻燈片中插入一個圖表

① 選擇「插入」主選項卡的「插圖」功能區，單擊「圖表」按鈕，出現「插入圖表」窗口，如圖 5－13 所示。

② 選擇需要的圖表格式並雙擊，PowerPoint 2010 自動顯示一個圖表和相關的數據表，如圖 5－14 所示。

這些數據放在稱為「數據表」的表格中。數據表內提供了輸入行與列選項卡和數據的示範信息。創建圖表后，可以在數據表中輸入數據，也可根據需要選擇「數據」菜單「獲取外部數據」工具欄中的選項來插入所需數據。

如果對插入的圖表不滿意，可選中圖表后，在新出現的「圖表工具」菜單中的「設計」「佈局」「格式」的各個功能區選項中進行編輯和修改等。

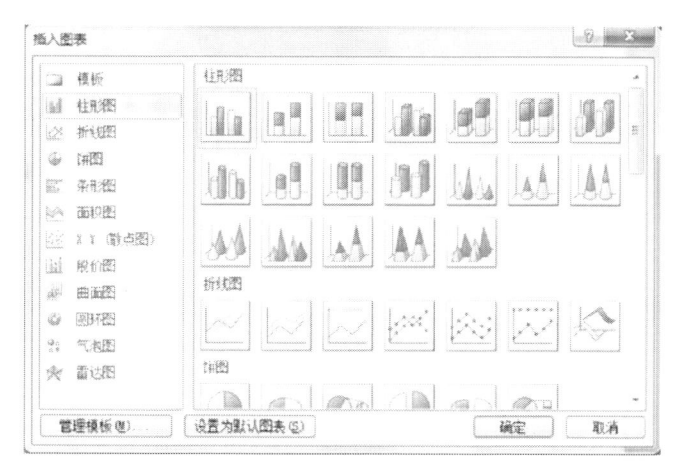

圖 5-13 「插入圖表」窗口

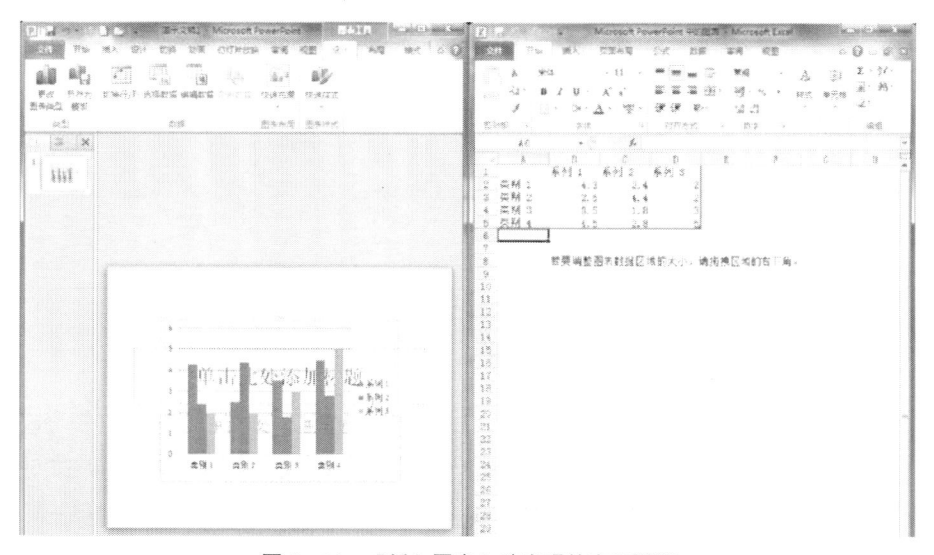

圖 5-14 「插入圖表」時出現的窗口界面

5.3.2 幻燈片的移動、複製、刪除

1. 移動幻燈片

在 PowerPoint 2010 中，可方便地在不同視圖方式下實現幻燈片的移動，主要方法有：

（1）在大綱窗格中實現移動

例如，將圖 5-15 所示的演示文稿中的第 2 張幻燈片移動到第 5 張幻燈片的前面，操作步驟如下：

① 在大綱窗格中，單擊第 2 張幻燈片圖標。

② 將鼠標指向第 2 張幻燈片並按住鼠標左鍵不放，將其拖動到第 5 張幻燈片的前

面，再釋放鼠標，幻燈片 2 被移到原幻燈片 5 的前面。

圖 5-15 「大綱視圖」下幻燈片的移動

（2）在幻燈片瀏覽方式下實現移動

例如，將圖 5-16 所示的演示文稿中的第 2 張幻燈片移動到第 5 張幻燈片的前面，操作步驟如下：

① 將演示文稿切換到幻燈片瀏覽視圖方式，選擇第 2 張幻燈片。

② 將鼠標指向第 2 張幻燈片並按住鼠標左鍵不放，將其拖動到第 5 張幻燈片的前面，再釋放鼠標，幻燈片 2 被移到原幻燈片 4 的后面。

圖 5-16 「幻燈片瀏覽視圖」下幻燈片的移動

(3) 在幻燈片窗格中實現移動

將第 2 張幻燈片移動到第 5 張幻燈片的前面，操作步驟如下：

① 將演示文稿切換到普通視圖的幻燈片視圖方式，選擇第 2 張幻燈片。

② 將鼠標指向第 2 張幻燈片並按住鼠標左鍵不放，將其拖動到第 5 張幻燈片的前面，再釋放鼠標，幻燈片 2 被移到原幻燈片 4 的后面。

2. 複製幻燈片

例如，將圖 5-15 中的幻燈片 2 複製到幻燈片 5 的位置上，操作步驟如下：

(1) 將演示文稿切換至幻燈片瀏覽視圖方式，單擊第 2 張幻燈片。

(2) 按住鼠標左鍵，同時按下 Ctrl 鍵，將鼠標指針拖動到幻燈片 5 前面的位置上，這時光標旁邊出現一條豎線，同時鼠標指針旁有一個「＋」號。

(3) 釋放鼠標，幻燈片複製成功。

單擊選定一張幻燈片后，按住 Shift 鍵，再單擊其他位置的幻燈片，可一次選擇多張連續的幻燈片；按下 Ctrl 鍵，依次單擊其他幻燈片，可選擇不連續的幻燈片。

3. 刪除幻燈片

若要刪除一張幻燈片，可在多種視圖方式下進行。刪除幻燈片的幾種方法如下：

(1) 在大綱窗格中刪除幻燈片

在大綱窗格中，單擊需要刪除的幻燈片，然後按一下 Del 鍵，在彈出的對話框中單擊「是」按鈕，刪除該幻燈片。

(2) 在幻燈片瀏覽視圖方式下刪除幻燈片

將演示文稿切換到幻燈片瀏覽視圖方式，單擊需要刪除的幻燈片，然後按一下 Del 鍵，刪除該幻燈片。

(3) 在普通視圖下的幻燈片視圖方式下刪除幻燈片

將演示文稿切換到幻燈片視圖方式，單擊需要刪除的幻燈片，然後按一下 Del 鍵，刪除該幻燈片。

5.4 演示文稿的格式化

製作好的幻燈片可以使用文字格式、段落格式來對文本進行修飾美化；也能通過合理地使用母版和模板，在最短的時間內製作出風格統一、畫面精美的幻燈片。

5.4.1 幻燈片的格式化

1. 設置文本字體和字號

設置文本字體和字號的操作步驟如下：

選定需要設置字體和字號的文本，如果要對某個占位符整體進行修飾，選擇該占位符，選擇「開始」主選項卡的「字體」功能區，單擊「字體」和「字號」宋体(正文)　　　‧ 32　‧ 的下拉箭頭，選擇所需字體和字號。

2. 設置文本顏色

設置文本顏色的操作步驟如下：

(1) 選定需要設置顏色的文本。

（2）選擇「開始」主選項卡的「字體」功能區，單擊「字體顏色」的下拉箭頭，打開「主題顏色」列表，如圖5-17所示。

（3）選擇需要的顏色，所選文本即採用該顏色。

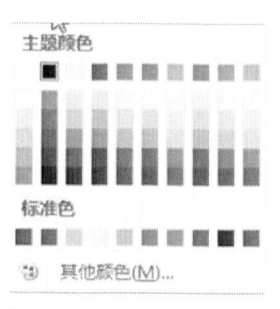

圖5-17 「主題顏色」列表

3. 段落格式化

段落格式化包括段落的對齊方式、設置行間距及項目符號。

（1）設置文本段落的對齊方式

先選擇文本框或文本框中的某段文字。選擇「開始」主選項卡的「段落」功能區，單擊「左對齊」按鈕、「居中對齊」按鈕、「右對齊」按鈕、「兩端對齊」按鈕或「分散對齊」按鈕，即可設置。

（2）行距和段落間距的設置

選擇「開始」主選項卡的「段落」功能區，單擊「行和段落間距」的下拉箭頭，可對選中的文字或段落設置行距或段后的間距。

（3）項目符號的設置

在默認情況下，選擇「開始」主選項卡中的「段落」功能區，單擊「項目符號」下拉箭頭，插入一個符號作為項目符號。

4. 對象格式的複製

在文本處理過程中，有時對某個對象進行上述格式化后，希望其他對象有相同的格式，這時並不需要做重複的工作，只要用「開始」主選項卡中的「剪貼板」功能區的「格式刷」按鈕即可複製。

5. 更改幻燈片版式

如果要對現有的幻燈片版式進行更改，操作步驟如下：

（1）在「普通視圖」的「大綱」或「幻燈片」窗格中或「幻燈片瀏覽」視圖中，選定需要更改版式的幻燈片。

（2）選擇「開始」主選項卡的「幻燈片」功能區，單擊「幻燈片版式」下拉箭頭，單擊選擇一種版式，然後適當對標題、文本和圖片的位置及大小作適當調整。

6. 更改幻燈片背景顏色

為了使幻燈片更美觀，可適當改變幻燈片的背景顏色。

更改幻燈片背景顏色的操作步驟如下：

(1)在「普通視圖」顯示方式下,選擇「設計」主選項卡的「背景」功能區,單擊「背景樣式」的下拉箭頭,打開「背景樣式」選擇框,如圖5-18所示。

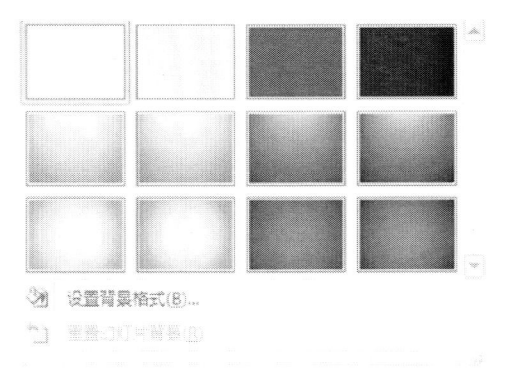

圖5-18 「背景樣式」選擇框

(2)選擇「設置背景格式」命令,打開「設置背景格式」對話框,如圖5-19所示。

圖5-19 「設置背景格式」對話框

(3)選中「純色填充」單選按鈕,單擊「顏色」的下拉箭頭,打開「顏色」對話框,如圖5-20所示。

(3)在「顏色」對話框中,選擇某種顏色,單擊「確定」按鈕。

(4)返回到「設置背景格式」對話框中,單擊「全部應用」按鈕。

7. 更改幻燈片背景填充效果

更改幻燈片背景填充效果的操作步驟如下:

(1)在「普通視圖」顯示方式下,選擇「設計」主選項卡的「背景」功能區,單擊「背景樣式」的下拉箭頭,打開「背景樣式」選擇框。

(2)選擇「設置背景格式」命令,打開「設置背景格式」對話框,選擇所需要的填充方式,根據需要進行選擇操作。

圖 5-20　「顏色」對話框

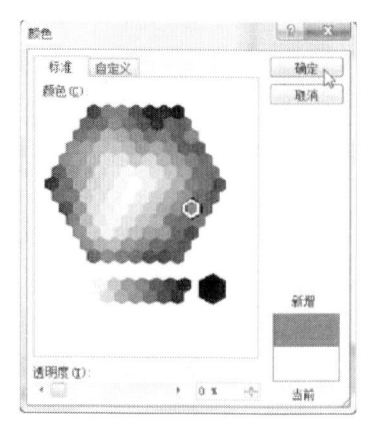

（3）填充完畢，單擊「全部應用」按鈕。

5.4.2　格式化幻燈片中的對象

幻燈片是由標題、正文、表格、圖像、剪貼畫等對象組成，對這些對象的格式化主要包括大小、填充顏色、邊框線等。先選中要格式化的對象，再選擇新出現的「繪圖工具」的「格式」菜單中的各個功能區選項，對對象進行各種格式化。

5.4.3　設置幻燈片外觀

在 PowerPoint 2010 中，利用母版、主題和模板等能使演示文稿的所有幻燈片具有一致的外觀。

1. 幻燈片母版

「幻燈片母版」命令用於設置幻燈片母版，幻燈片母版控制的是除標題幻燈片以外的所有幻燈片的格式。在幻燈片演示文稿設計時，需要考慮演示文稿的整體風格，外觀是否一致，特別是在商業宣講、教學課件等演示文稿中，常常通過幻燈片母版設計保持演示文稿風格的一致性和協調性。

（1）選擇「視圖」主選項卡的「母版視圖」功能區，單擊「幻燈片母版」選項，切換到「幻燈片母版」功能區，如圖 5-21 所示。

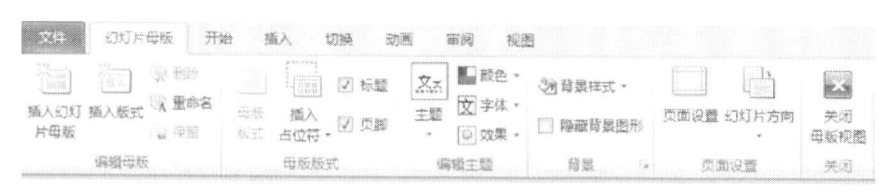

圖 5-21　「幻燈片母版」功能區

（2）單擊幻燈片母版左側縮略圖，選中第一張幻燈片母版，選中「母版標題樣式」，修改其「字體」為「華文楷體」；「字號」修改為「40」。接著選中標題樣式外的所有文本樣式，修改其「字體」為「華文楷體」，如圖 5-22 所示。

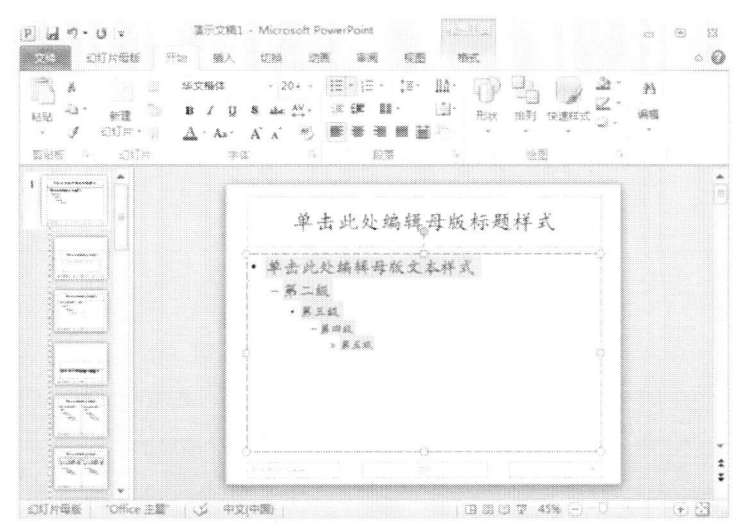

圖 5-22 「幻燈片母版」修改文本樣式

（3）選擇「背景」功能區，單擊「背景樣式」的下拉箭頭，出現「設置背景樣式」選擇框。選擇「設置背景格式」命令，打開「設置背景格式」對話框，插入圖片文件（母版背景.PNG），設置背景格式如圖 5-23 所示。

圖 5-23 「幻燈片母版」設置背景格式

（4）設置母版中各項參數后，在「關閉」功能區，單擊「關閉母版視圖」按鈕，完成母版樣式設計，效果圖如圖 5-24 所示。

2. 講義母版

講義母版用於控制幻燈片以講義形式打印的格式，如增加頁碼、頁眉和頁腳等，也可利用「講義母版」菜單的功能區選項設置每頁紙中打印幻燈片的張數等。

3. 備註母版

PowerPoint 2010 為每張幻燈片設置了一個備註頁，供用戶添加備註。備註母版用於控制註釋的顯示內容和格式，使多數註釋有統一的外觀。

圖 5-24 「幻燈片母版」效果圖

5.5　製作多媒體幻燈片

為了改善幻燈片在放映時的視聽效果，可以在幻燈片中加入多媒體對象，如音樂、電影、動畫等，從而獲得滿意的演示效果，增強演示文稿的感染力。

5.5.1　在幻燈片中插入聲音

可以在幻燈片中插入並播放音樂，使得演示文稿在放映時有聲有色。

1. 插入剪貼畫音頻

在幻燈片中插入剪貼畫音頻的操作步驟如下：

（1）將演示文稿切換到「普通視圖」方式下，選定並顯示要插入聲音的幻燈片。

（2）選擇「插入」主選項卡的「媒體」功能區，單擊「音頻」的下拉箭頭，在下拉菜單中選擇「剪貼畫音頻」命令，在窗口右側出現「剪貼畫」任務窗格，如圖 5-25 所示。

（3）在出現的聲音列表框中，單擊選中需要插入的聲音文件圖標，將其插入到當前幻燈片，這時在幻燈片中可以看到「聲音圖標」，單擊該按鈕，出現播放窗格，如圖 5-26 所示。

（4）選擇「音頻工具」的「播放」命令，在「音頻選項」功能區中設置音頻的播放。

2. 插入文件中的聲音

若要在幻燈片中插入一個文件中的聲音，操作步驟如下：

（1）選定要插入聲音的幻燈片。

（2）選擇「插入」主選項卡的「媒體」功能區，單擊「音頻」的下拉箭頭，選擇下拉菜單中的「文件中的音頻」命令，打開「插入音頻」列表窗口，如圖 5-27 所示。

（3）在「插入音頻」對話框中，找到並選中要插入的聲音文件。

圖 5-25 「剪貼畫」任務窗格

圖 5-26 聲音播放

圖 5-27 「插入音頻」列表窗口

（4）單擊「插入」按鈕，后續步驟同插入剪貼畫音頻。
3. 插入錄制音頻
在幻燈片中插入錄制音頻的操作步驟如下：
（1）在普通視圖中，選定要插入聲音的幻燈片。
（2）選擇「插入」主選項卡的「媒體」功能區，單擊「音頻」的下拉箭頭，選擇下拉菜單中的「錄制音頻」命令，打開「錄音」對話框，如圖 5-28 所示。
（3）單擊紅色的錄音按鈕，開始錄音。錄音完成后，單擊「結束」按鈕

圖 5-28 「錄音」對話框

（4）單擊「確定」按鈕，插入錄音。后續步驟同插入剪貼畫音頻。

5.5.2 在幻燈片中插入影片

不僅可以在幻燈片中加入圖片、圖表和組織結構圖等靜止的圖像，還可以在幻燈片中添加視頻對象。

1. 插入剪貼畫視頻

在幻燈片中插入剪貼畫視頻的操作步驟如下：

（1）在普通視圖中，選定要插入視頻的幻燈片。

（2）選擇「插入」主選項卡的「媒體」功能區，單擊「視頻」的下拉箭頭，選擇下拉菜單中的「剪貼畫視頻」命令，窗口右側出現「剪貼畫」任務窗格。

（3）選擇需要的視頻，單擊「插入」按鈕。

2. 插入文件中的視頻

在幻燈片中插入現有視頻文件的操作步驟如下：

（1）在普通視圖中，選定要插入視頻的幻燈片。

（2）選擇「插入」主選項卡的「媒體」功能區，單擊「視頻」的下拉箭頭，選擇下拉菜單中的「文件中的視頻」命令，打開「插入視頻文件」列表框，如圖 5-29 所示。

圖 5-29 「插入視頻文件」列表框

（3）在列表框中找到並選中要插入的視頻文件，單擊「插入」按鈕。

（4）選擇「視頻工具」的「播放」命令，出現「視頻選項」功能區，可設置視頻

的播放。利用「視頻工具」的「格式」命令，則可以設置視頻的樣式及大小等，以達到更好的觀看效果。

用戶也可以選擇插入來自網站的視頻，有關的操作步驟這裡將不再詳細說明，若是感興趣可以自己嘗試。

5.6 設置幻燈片的動畫與超連結

5.6.1 設置動畫效果

動畫效果是演示文稿的靈魂，各式各樣的動畫效果不僅能增加演示文稿的觀賞性，讓製作的演示文稿栩栩如生，還能起到震撼效果，吸引觀眾的目光。

動畫是演示文稿非常重要的技術，尤其在娛樂、婚慶、商業等多媒體展示應用領域更是對動畫效果的要求非常之高。

PowerPoint 2010 動畫按效果特徵來分類，可分為「進入動畫」「強調效果」「退出動畫」「自定義動畫」四種基本動畫效果。

設置動畫效果的操作步驟（此處舉例說明）如下：

（1）啟動 PowerPoint 2010，創建一張幻燈片。

（2）選擇「插入」主選項卡的「插圖」功能區，單擊「形狀」的下拉箭頭，打開「形狀」列表框。

（3）選擇「星與旗幟」類別中的「橫卷形」形狀類型，調整其插入位置。

（4）選擇「繪圖工具」中的「格式」命令，在其「形狀樣式」功能區，單擊「形狀填充」的下拉箭頭，打開「主題顏色」列表框，選擇「淺藍」顏色，效果如圖 5-30 所示。

圖 5-30　「橫卷形」形狀位置與顏色設置

（5）選擇「插入」主選項卡的「插圖」功能區，單擊「形狀」的下拉箭頭，選擇「線條」類別中的「直線」形狀類型，調整其插入位置。

（6）選擇「繪圖工具」的「格式」命令，在其「形狀樣式」功能區，單擊「形狀輪廓」的下拉箭頭，在「主題顏色」列表框中，選擇「直線」的顏色為「紅色」，設置「直線」的粗細為「8磅」，如圖5-31所示。

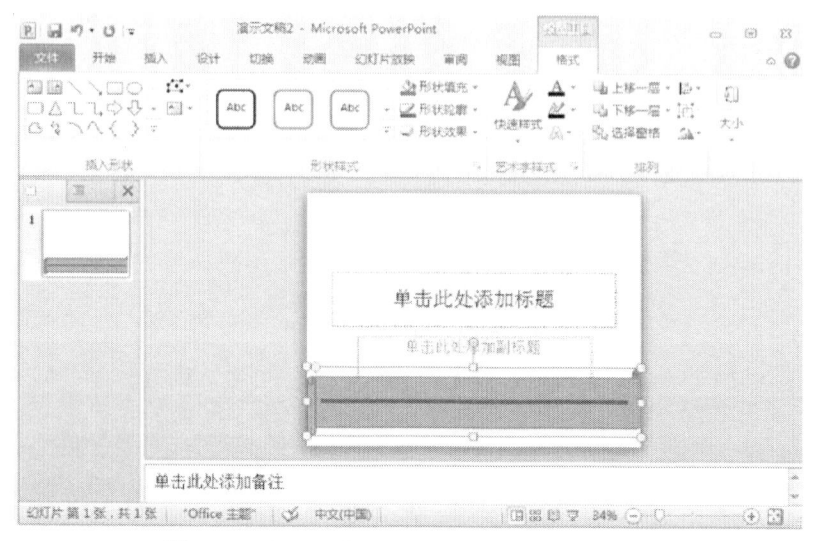

圖5-31　插入「直線」形狀，設置其顏色和粗細

（7）在「形狀」下拉列表框中，選擇「橢圓」形狀類型，按Shift鍵，插入一個「圓形」形狀。

（8）選擇「繪圖工具」的「格式」命令，設置其顏色為「紅色」，再複製2個「圓形」形狀，調整其位置。用同樣的方法插入一個「五角星」形狀，設置其顏色為「黃色」，效果如圖5-32所示。

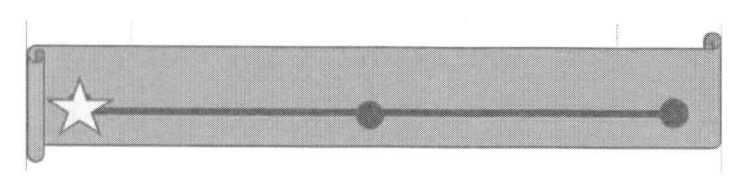

圖5-32　插入「圓形」形狀和「五角星」形狀

（9）選擇「插入」主選項卡的「文本」功能區，單擊「藝術字」的下拉箭頭，出現「藝術字」列表框，如圖5-33所示。

（10）在「藝術字」列表框，選擇「填充-白色，投影」藝術字類別，修改藝術字內容為「1949」，調整其位置在第一個「圓形」形狀的上方。利用複製粘貼功能，複製兩個同樣的藝術字，分別修改其內容為「1979」和「2009」，調整位置分別放在第二個和第三個「圓形」形狀上方，如圖5-34所示。

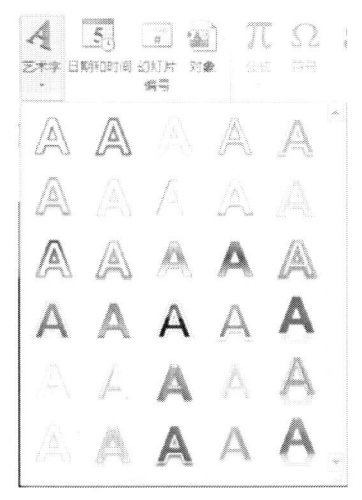

圖 5-33 「藝術字」列表框

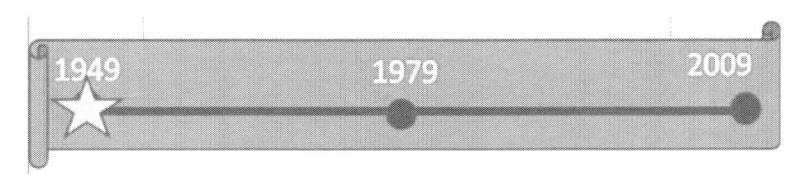

圖 5-34 插入「藝術字」形成時間軸

（11）選擇「插入」主選項卡的「圖像」功能區，單擊「圖片」按鈕，打開「插入圖片」窗口，如圖 5-35 所示。

圖 5-35 「插入圖片」窗口

（12）分別插入「素材 1」和「素材 2」圖片。選中「素材 1」和「素材 2」兩張

圖片，選擇「圖片工具」的「格式」命令，在其「排列」功能區，單擊「下移一層」的下拉箭頭，選擇「置於底層」命令，將兩幅圖片置於主窗格最底層，並調整其位置，如圖5-36所示。

圖5-36　插入兩圖片調整位置並置於底層

（13）選中「素材1」圖片，選擇「動畫」主選項卡的「動畫」功能區，單擊「添加動畫」的下拉箭頭，在其列表中選擇「進入」效果類別的「縮放」動畫效果，如圖5-37所示。

圖5-37　添加「縮放」動畫效果

（14）設置「素材1」動畫效果后，選中「素材1」圖片，選擇「繪圖工具」的「格式」命令，在其「計時」功能區設置「開始」選項為「與上一動畫同時」，「持續時間」設置為「3秒」，如圖5-38所示。

圖5-38　「計時」功能區設置效果選項

（15）再次選中「素材1」圖片，選擇「動畫」主選項卡的「高級動畫」功能區，單擊「添加動畫」的下拉箭頭，選擇「退出」效果類別的「淡出」退出效果。在「動

畫」的「計時」功能區中設置「開始」選項為「與上一動畫同時」，「持續時間」為「1 秒」，「延遲」時間為「3 秒」，如圖 5-39 所示。

圖 5-39 退出「淡出」效果效果選項設置

(16) 選中「素材 2」圖片，單擊「縮放」按鈕，進入動畫效果和「淡出」退出動畫效果，分別設置「縮放」和「淡出」動畫效果選項，如表 5-1 所示。

表 5-1 「素材 2」圖片動畫效果設置表

素材 2	「縮放」進入效果	「淡出」退出效果
開始選項	與上一個動畫同時	與上一個動畫同時
持續時間	3 秒	1 秒
延遲	2 秒	5 秒

(17) 插入「素材 3」和「素材 4」兩張圖片，選中兩張圖片，選擇「繪圖工具」的「格式」命令，在其「排列」功能區，單擊「下移一層」的下拉箭頭，數次單擊下拉菜單中的「下移一層」命令，將「素材 3」和「素材 4」放置在「素材 1」和「素材 2」圖層的上方。

(18) 選中「素材 3」圖片，單擊「縮放」按鈕，進入動畫效果和「淡出」退出動畫效果，分別設置「縮放」和「淡出」動畫效果，如表 5-2 所示。

表 5-2 「素材 3」圖片動畫效果設置表

素材 3	「縮放」進入效果	「淡出」退出效果
開始選項	與上一個動畫同時	與上一個動畫同時
持續時間	3 秒	1 秒
延遲	4 秒	7 秒

(19) 選中「素材 4」圖片，單擊「縮放」按鈕，進入動畫效果和「淡出」退出動畫效果，分別設置「縮放」和「淡出」動畫效果，如表 5-3 所示。

表 5-3 「素材 4」圖片動畫效果設置表

素材 4	「縮放」進入效果	「淡出」退出效果
開始選項	與上一個動畫同時	與上一個動畫同時
持續時間	3 秒	1 秒
延遲	6 秒	9 秒

(20) 插入「素材 5」和「素材 6」兩張圖片，選中兩張圖片，選擇「繪圖工具」

的「格式」命令，在「排列」功能區，單擊「下移一層」的下拉箭頭，在下拉菜單中，數次單擊「下移一層」命令，將「素材5」和「素材6」放置在「素材3」和「素材4」圖層的上方，如圖5-40所示。

圖5-40　插入「素材5」和「素材6」兩張圖片

（21）分別選中「素材5」和「素材6」圖片，添加「縮放」，進入動畫效果，縮放」進入動畫效果具體選項如表5-4所示。

表5-4　　　　　「素材5」和「素材6」圖片動畫效果設置表

選項	素材5	素材6
開始選項	與上一個動畫同時	與上一個動畫同時
持續時間	3秒	3秒
延遲	8秒	10秒

（22）單擊選中「五角星」形狀，選擇「動畫」主選項卡的「高級動畫」功能區，單擊「添加動畫」的下拉箭頭，選擇「動作路徑」類別中的「直線」動畫效果，如圖5-41所示。

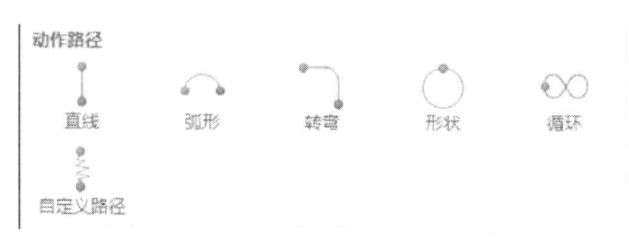

圖5-41　「動作路徑」列表框

（23）拖動「直線」動畫效果的結束點（紅色三角形圖標）和動畫效果的開始點（綠色三角形圖標）和「紅色直線」重合，如圖5-42所示。

圖 5-42 「直線」動作路徑

（24）在「動畫」的「計時」功能區中，設置「開始」選項為「與上一動畫同時」，「持續時間」為「14 秒」，「延遲時間」為「0 秒」。設置最后一個動畫效果選項后，在「動畫」的「高級動畫」功能區，單擊「動畫窗格」按鈕，在幻燈片主窗格右側出現「動畫窗格」列表框，如圖 5-43 所示。

圖 5-43 「動畫窗格」列表框

5.6.2 設置演示文稿中的超連結

在演示文稿中添加超連結，利用它可以跳轉到不同的位置。例如，跳轉到演示文稿的某一張幻燈片，如其他演示文稿、Word 文檔、Excel 電子表格、公司 Intranet 地址等。

如圖 5-44 所示，在幻燈片中設置了指向一個文件的超連結，在幻燈片放映時，當鼠標移到下劃線顯示處，就會出現一個超連結標誌「🖑」（鼠標成小手形狀），單擊鼠標，便可跳轉到超連結設置的相應位置。

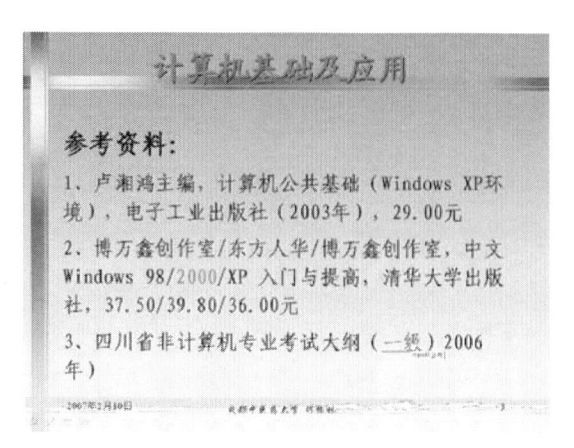

圖 5-44　插入超連結的幻燈片

1. 創建超連結

創建超連結起點可以是任何文本或對象，代表超連結起點的文本會添加下劃線，並顯示成系統配色方案指定的顏色。

激活超連結最好用鼠標單擊的方法，單擊鼠標，即可跳轉到連結設置的相應位置。

有兩種方法創建超連結：一是使用「超連結」命令；二是使用「動作」按鈕。

（1）使用創建「超連結」命令創建超連結

① 在幻燈片視圖中選擇代表超連結起點的文本對象。

② 選擇「插入」主選項卡的「連結」功能區，單擊「超連結」按鈕，或按組合鍵 Ctrl + K，打開「編輯超連結」對話框，如圖 5-45 所示。

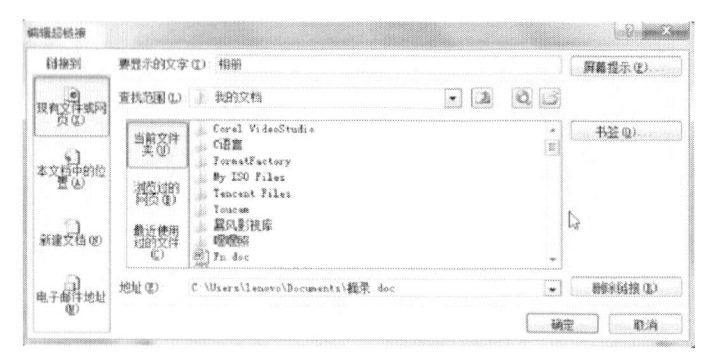

圖 5-45　「編輯超連結」對話框

在「編輯超連結」對話框中的左側有 4 個按鈕：「現有文件或網頁」「本文檔中的位置」「新建文檔」和「電子郵件地址」，可連結到不同位置的對象；在右側，按下不同按鈕時，會出現不同的內容。

③ 根據需要選定連結后，單擊「確定」按鈕，超連結設置完畢。

（2）使用「動作」按鈕創建超連結

利用動作按鈕創建超連結的操作步驟如下：

① 在幻燈片視圖中選擇代表超連結起點的文本對象。

② 單擊「插入」主選項卡的「連結」功能區，單擊「動作」按鈕，打開「動作設置」對話框，如圖 5-46 所示。

圖 5-46　「動作設置」對話框

③ 選擇「單擊鼠標」選項卡，選擇鼠標啓動跳轉；單擊「鼠標移過」選項卡，移過鼠標啓動跳轉。「超連結到」選項：在列表框中選擇跳轉的位置。單擊「確定」按鈕，超連結設置完畢。

2. 編輯和刪除超連結

若要更改超連結的內容，可對超連結進行編輯與更改。

編輯超連結的方法如下：

（1）指向或選定需要編輯超連結的對象，按組合鍵 Ctrl + K；或單擊鼠標右鍵，在快捷菜單中選擇「編輯超連結」命令，打開「編輯超連結」對話框。

（2）改變超連結的位置或內容，也可以重複設置超連結的操作（「超連結」或「動作」），重新設置一個新的超連結。

刪除超連結的操作方法同上，只要在「編輯超連結」對話框中選擇「刪除連結」命令按鈕；或在「動作設置」對話框中選擇「無動作」選項；或單擊右鍵，在快捷菜單中選擇「取消超連結」命令。

5.7　演示文稿的放映

演示文稿製作完成後，通常都需要對演示文稿進行播放預覽。在 PowerPoint 2010 中，用戶可以通過四種方式對製作完成的幻燈片進行放映操作。

幻燈片製作完成，當放映效果滿意後，可以對演示文稿進行存檔保存，也可以以各種方式對演示文稿進行輸出操作，比如將幻燈片製作成 CD 或視頻、創建成 PDF 文檔、發送文稿或打印演示文稿等。

5.7.1　設置演示文稿放映方式

設置演示文稿放映方式的操作步驟如下：

253

（1）製作完演示文稿后，選擇「幻燈片放映」主選項卡的「開始放映幻燈片」功能區，單擊「從頭開始」按鈕，如圖 5-47 所示，將已製作好的演示文稿從演示文稿的第一張幻燈片開始進行播放。

圖 5-47　「從頭開始」放映幻燈片

（2）在 PowerPoint 2010 中，除了可以選擇四種不同的放映方式，還可以具體設置放映的參數，比如放映幻燈片時禁止顯示幻燈片切換效果。

選擇「幻燈片放映」主選項卡的「設置」功能區，單擊「設置幻燈片放映」按鈕，打開「設置放映方式」對話框。在「設置放映方式」對話框中，勾選「放映選項」選擇區中的「放映時不加旁白」復選框，單擊「確定」按鈕，完成放映的參數設置，如圖 5-48 所示。

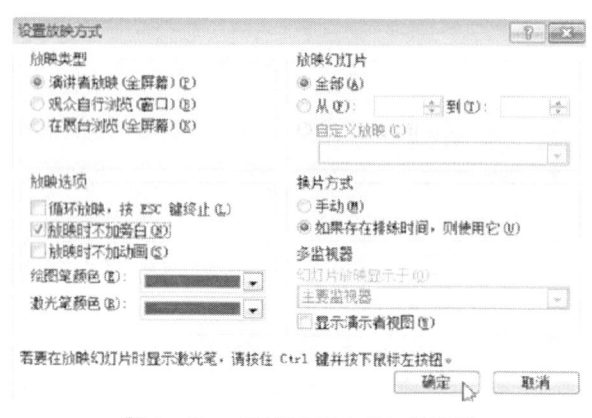

圖 5-48　「設置放映方式」對話框

「放映類型」有三個選項：「演講者放映」「觀眾自行瀏覽」和「在展臺瀏覽」。

① 演講者放映：全屏播放演示文稿的內容，播放完演示文稿后，自動退出播放模式。

② 觀眾自行瀏覽：以窗口模式進行播放演示文稿的內容，支持用戶單擊鼠標繼續演示文稿的播放。

③ 在展臺瀏覽：全屏播放演示文稿的內容，播放完后自動循環播放。

5.7.2　幻燈片的放映

PowerPoint 2010 進入幻燈片放映演示的方法如下：

（1）按 F5 鍵，從頭開始放映。

（2）選擇「幻燈放映」主選項卡的「開始放映幻燈片」功能區，根據需要選擇放映方式。

（3）單擊屏幕左下角的「放映 ♥」按鈕，從當前幻燈片播放。放映時，演講者可以通過為觀眾指出幻燈片重點內容，也可通過在屏幕上畫線或加入文字的方法，增強表達效果，如圖 5-49 所示。

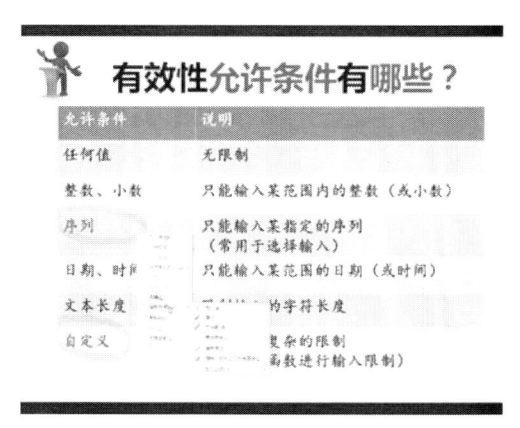

圖 5-49　放映時的屏幕畫面

用戶可以在「幻燈片」「大綱」窗格或「幻燈片瀏覽」視圖下，選定要開始演示的第一張幻燈片，或在「設置放映方式」對話框的「放映幻燈片」中選擇放映的範圍或自定義播放的一組幻燈片。

按 Esc 鍵，結束放映，屏幕回到原來幻燈片所在狀態。

5.8　打印演示文稿

如果不方便在計算機上進行演示，用戶可通過打印設備輸出幻燈片、大綱、演講者備註及觀眾講義等多種形式的演示文稿。這時的文稿不能包含豐富的多媒體信息和交互控制，只能以圖形和文字的形式表現演示內容。

打印工作可在普通視圖、大綱視圖、幻燈片視圖、幻燈片瀏覽視圖等方式下進行。

如果要打印演示文稿中的幻燈片、講義或大綱，可按下列步驟操作：

（1）選擇「設計」主選項卡的「頁面設計」功能區，單擊「頁面設置」按鈕，打開「頁面設置」對話框，如圖 5-50 所示。

（2）在「頁面設置」對話框中，對幻燈片的大小、寬度、高度、幻燈片編號起始值、方向等參數進行設置。設置這些參數後，單擊「確定」按鈕。

（3）選擇「文件」主選項卡的「打印」命令，出現打印設置區，如圖 5-51 所示。

（4）設置當前要使用的打印機名、打印範圍、打印份數、打印內容以及打印方式等參數。

（5）當完成必要的設置後，單擊「打印」按鈕，在所選定的打印機上打印幻燈片。

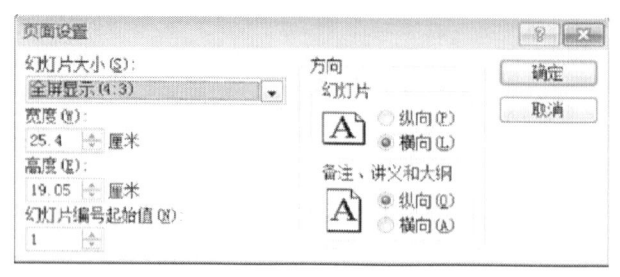

圖 5-50　「頁面設置」對話框

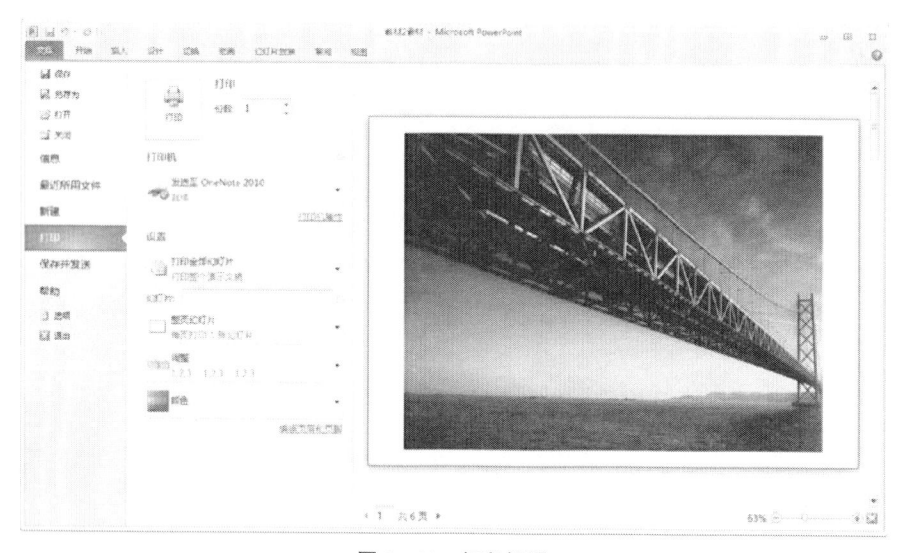

圖 5-51　打印設置

5.9　演示文稿創建視頻文件

5.9.1　排練計時

　　利用 PowerPoint 2010 播放演示文稿進行演講時，用戶可以通過「排練計時」功能對演講時間進行預先演練，還可以錄制演示文稿的播放流程、添加旁白等操作。

　　選擇「幻燈片放映」主選項卡的「設置」功能區，單擊「排練計時」按鈕，自動切換到設置的放映方式進行演示文稿的播放。在播放演示文稿時，在屏幕左上角出現「錄制」面板，記錄演示文稿的播放時間，如圖 5-52 所示。

圖 5-52　排練計時

5.9.2　創建視頻文件

製作完成演示文稿並設置演示文稿的放映方式后，可將其保存為演示文稿，也可以保存為 PDF/XPS 文檔或視頻文件。

操作步驟如下：

（1）選擇「文件」選項卡的「保存並發送」命令，單擊「創建視頻」按鈕，在右側中設置創建視頻的屬性，如圖 5-53 所示。

圖 5-53　創建視頻文件

（2）單擊「創建視頻」按鈕，打開「另存為」對話框，保存視頻的位置。設置視頻位置后，PowerPoint 2010 自動將演示文稿保存為 Windows Media Video 格式的視頻文件。

【本章小結】

　　PowerPoint 2010 是一個運用非常廣泛的演示文稿製作軟件。如今 PPT 的製作應用領域包含商業多媒體展示、工作報告、教學多媒體課件、娛樂婚慶等多個應用領域。製作一個優秀的 PPT，不僅可以為演講、匯報等現場演示製造亮點，也能在動畫設計中創造出精美的動畫效果。動畫是 PPT 設計的靈魂，好的 PPT 離不開精美的動畫設計，動畫設計包含點、線、圖片、文字等對象的動畫設置，有時還需要各對象組合動畫的設計。但是設計優秀的 PPT 不僅只是精美的動畫，一個明確的主線貫穿演示文稿的始終、高清的圖片視頻效果、色彩的組合與變化、漂亮的開篇和結尾都能為你的 PPT 設計創造出美輪美奐的演示文稿。學好基礎是 PPT 製作的基石，創新是 PPT 設計進步的動力和源泉，如今的 PPT 已不是單一的幻燈片展示的時代了。

【思考與討論】

1. 如何在演示文稿中添加、刪除幻燈片？
2. 如何在幻燈片中插入各種對象？
3. 演示文稿有哪些動畫樣式？
4. 如何設置演示文稿的放映方式？
5. 演示文稿的設計原則是什麼？

第 6 章　計算機網路技術及應用基礎

【學習目標】

- 掌握計算機網路的基本概念及功能。
- 熟悉計算機網路的構成及分類。
- 瞭解局域網基礎知識。
- 掌握 Internet 的基礎知識和操作。
- 掌握網頁製作的基本方法。
- 瞭解互聯網的發展。

【知識架構】

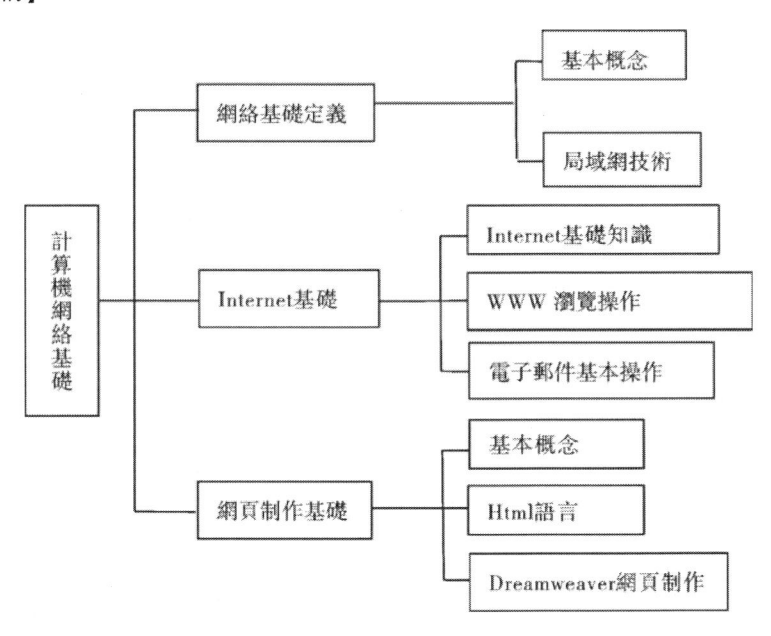

```
                    ┌── 網絡基礎定義 ──┬── 基本概念
                    │                  └── 局域網技術
                    │
計算機網絡基礎 ─────┼── Internet基礎 ──┬── Internet基礎知識
                    │                  ├── WWW 瀏覽操作
                    │                  └── 電子郵件基本操作
                    │
                    └── 網頁制作基礎 ──┬── 基本概念
                                       ├── Html語言
                                       └── Dreamweaver網頁制作
```

6.1　計算機網路概述

6.1.1　計算機網路的定義

計算機網路是按照網路協議，將分散的、相互獨立的計算機相互連接、實現資源

共享的集合。計算機網路具有共享硬件、軟件和數據資源的功能，具有對共享數據資源集中處理、管理與維護的能力。計算機網路技術是通信技術與計算機技術相結合的產物。計算機網路有如下特徵：

（1）相互獨立的計算機系統：網路中各計算機系統具有獨立的數據處理功能，它們既可以連入網內工作，也可以脫離網路獨立工作。

（2）通信線路：可以用多種傳輸介質實現計算機的互連，如雙絞線、同軸電纜、光纖、微波、載波或通信衛星等。

（3）全網統一的網路協議：網路協議，即全網中各計算機在通信過程中必需共同遵守的規則。這裡強調的是「全網統一」。

（4）數據：可以是文本、圖形、聲音、圖像、視頻等多媒體信息。

（5）資源：可以是網內計算機的硬件、軟件和信息。

6.1.2 計算機網路的功能

1. 資源共享

計算機網路最主要的功能是實現資源共享。這裡說的資源包括網內計算機的硬件、軟件和信息。從用戶的角度來看，網路用戶既可以使用本地的資源，又可以使用遠程計算機上的資源，如通過遠程作業提交的方式，可以共享大型機的 CPU 和存貯器等資源。

2. 數據通信

網路中的計算機與計算機之間可以交換各種數據和信息。這是計算機網路提供的最基本的功能。

3. 分佈式處理

利用計算機網路技術，可以將大型複雜的計算問題分配給網路中的多臺計算機，在網路操作系統的調度和管理下，由這些計算機分工協作來完成。這樣的網路就像一個具有高性能的大中型計算機系統，能很好地完成複雜的處理，但費用卻比大中型計算機低得多。

4. 提高計算機的可靠性和可用性

在網路中，當一臺計算機出現故障無法繼續工作時，可以調度另一臺計算機來接替完成計算任務，很顯然，比起單機系統來，整個系統的可靠性大大提高。當一臺計算機的工作任務過重時，可將部分任務轉交給其他計算機處理，實現整個網路各計算機負擔的均衡，從而提高每臺計算機的可用性。

6.1.3 計算機網路的分類

1. 根據網路的覆蓋地域範圍與規模劃分

計算機網路按覆蓋的地域範圍與規模可以分為局域網、廣域網和城域網。

（1）局域網

局域網（Local Area Network，簡稱 LAN）覆蓋的地域範圍有限，其地域範圍一般不超過幾十千米。局域網的規模相對於城域網和廣域網而言較小。常在公司、機關、學校、工廠等有限範圍內，將本單位的計算機、終端以及其他的信息處理設備連接起

來，實現辦公自動化、信息匯集與發布等功能。

(2) 廣域網

廣域網（Wide Area Network，簡稱 WAN）也稱為遠程網，可以覆蓋一個地區、國家、甚至橫跨幾個洲，形成國際性的廣域網。Internet 就是一個橫跨全球的廣域網。

(3) 城域網

城域網（Metropolitan Area Network，簡稱 MAN）所覆蓋的地域範圍介於局域網和廣域網之間，一般從幾十千米到幾百千米的範圍。城域網是隨著各單位大量局域網的建立而出現的。同一個城市內各個局域網之間需要交換的信息量越來越大，為了解決它們之間信息高速傳輸的問題，出現了城域網。

2. 根據網路通信信道的數據傳輸速率劃分

根據通信信道的數據傳輸速率高低不同，計算機網路可分為低速網路、中速網路和高速網路。有時也直接利用數據傳輸速率的值來劃分，例如 10 Mbps 網路、100 Mbps 網路、1,000 Mbps（1 Gbps）網路、10,000 Mbps（10 Gbps）網路。

3. 根據網路的信道帶寬劃分

在計算機網路技術中，信道帶寬和數據傳輸速率之間存在著明確的對應關係。這樣一來，計算機網路又可以根據網路的信道帶寬分為窄帶網、寬帶網和超寬帶網。

6.2 局域網技術基礎

6.2.1 局域網的定義及特點

1. 局域網的定義

局域網是指在某一區域內由多臺計算機互聯起來構成的通信網路。局域網是封閉型的，可以由辦公室內的兩臺計算機組成，也可以由一個公司內的多臺計算機組成。局域網可以實現文件管理、應用軟件共享、打印機共享、工作組內的日程安排、電子郵件和傳真通信服務等功能。

2. 局域網的類型

局域網的類型很多，按網路使用的傳輸介質分類，可分為有線網和無線網；按網路拓撲結構分類，可分為總線型、星型、環型、樹型、混合型等；按傳輸介質所使用的訪問控制方法分類，可分為以太網、令牌環網、FDDI 網和無線局域網等。

3. 局域網的特點

局域網的主要特點可以歸納為：

(1) 局域網覆蓋的地理範圍較小，只在一個相對獨立的局部範圍內，如一個辦公室、一幢大樓或幾幢大樓之間的地域範圍，適用於機關、學校、公司、工廠等單位。

(2) 局域網易於建立、維護和擴展，系統靈活性高。

(3) 局域網中的通信設備是廣義的，包括計算機、終端、電話機等多種通信設備。

(4) 局域網的數據傳輸速率高，通信延遲時間短，可靠性較高。

(5) 局域網支持多種傳輸介質。

6.2.2　局域網主要技術

1. 網路拓撲結構

計算機網路可以抽象成由一組結點和若干鏈路組成，這種由結點和鏈路組成的幾何圖形稱之為計算機網路拓撲結構。計算機網路拓撲結構是組建各種網路的基礎。局域網專用性非常強，具有比較穩定和規範的拓撲結構。局域網常見的拓撲結構有星型結構、總線型結構和樹型結構。

（1）星型結構

星型結構中的各工作站以星形方式連接起來，每個結點通過點—點線路與中心結點連接，任何兩結點之間的通信都要通過中心結點轉接。典型的星型結構如圖6-1所示。星型結構簡單，建網容易，易於擴展，傳輸速率較高，便於控制和管理。但這種網路的可靠性與中央結點的可靠性緊密相關，中央結點一旦出現故障，將導致全網路癱瘓。

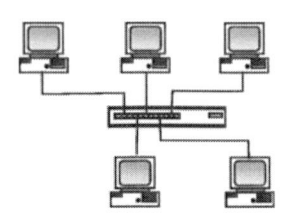

圖6-1　星型結構

（2）總線型結構

總線型結構網路將各個節點設備和一根總線相連，網路中所有的節點工作站都是通過總線進行信息傳輸的。總線的通信連線可採用同軸電纜、雙絞線或扁平電纜。總線型結構網路中工作站節點的個數是有限制的，如果工作站節點的個數超出總線負載能量，就需要延長總線的長度，並加入相當數量的附加轉接部件，使總線負載達到容量要求。總線型結構網路簡單、靈活，可擴充性能好。總線型結構網路可靠性高，網路節點間回應速度快，共享資源能力強，當某個工作站節點出現故障時，對整個網路系統影響小。總線型結構的局域網如圖6-2所示。

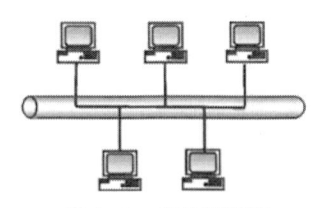

圖6-2　總線型結構

（3）樹型結構

在樹型結構中，節點按層次進行連接，如圖6-3所示。樹型結構可以看成是星型結構的擴展。樹型結構擴展性能好，控制和維護方便，適合於匯集信息。企業內部網通常由多個交換機和集線器級聯構成樹型結構。

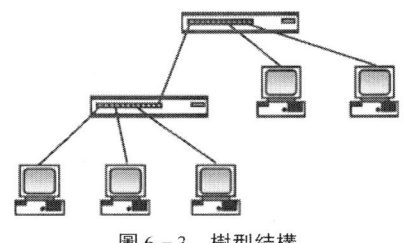

圖6-3　樹型結構

2. 傳輸介質

傳輸介質是連接局域網中各結點的物理通路。在局域網中，常用的網路傳輸介質有雙絞線、同軸電纜、光纖電纜與無線電。

（1）雙絞線

雙絞線由兩根、四根或八根絕緣導線組成，兩根為一線對而作為一條通信鏈路。為了減少各線對之間的電磁干擾，各線對以均勻對稱的方式螺旋狀扭絞在一起。

局域網中所使用的雙絞線分為屏蔽雙絞線（Shielded Twisted Pair，簡稱STP）和非屏蔽雙絞線（Unshielded Twisted Pair，簡稱UTP）。

屏蔽雙絞線由外部保護層、屏蔽層與多對雙絞線組成。非屏蔽雙絞線則沒有屏蔽層，僅由外部保護層與多對雙絞線組成。雙絞線的結構如圖6-4所示。

圖6-4　屏蔽雙絞線和非屏蔽雙絞線的結構

根據傳輸特性的不同，局域網中常用的雙絞線可以分為五類。在典型的以太網中，非屏蔽雙絞線因為其價格低廉、安裝與維護方便以及不錯的性能而被廣泛採用，常用的有第三類、第四類與第五類非屏蔽雙絞線，簡稱為三類線、四類線與五類線，尤其以五類線使用為多。

（2）同軸電纜

同軸電纜由內導體、外屏蔽層、絕緣層及外部保護層組成。同軸電纜可連接的地理範圍比雙絞線更寬，可達幾千米至幾十千米，抗干擾能力較強，使用與維護方便，但價格比雙絞線高。同軸電纜的結構如圖6-5所示。

圖6-5　同軸電纜的結構

（3）光纖電纜

光纖電纜簡稱光纜。一條光纜中包含多條光纖。每條光纖是由玻璃或塑料拉成極細的能傳導光波的細絲，外面包裹多層保護材料而構成的。光纖通過內部的全反射來傳輸一束經過編碼的光信號。光纜的數據傳輸速率高，抗干擾性強，誤碼率低，安全保密性好。目前，光纖主要有單模光纖與多模光纖兩種。單模光纖的傳輸性能優於多模光纖，但價格較昂貴。

(4) 無線電

使用特定頻率的電磁波作為傳輸介質，可以避免有線介質（雙絞線、同軸電纜、光纜）的束縛來組成無線局域網。隨著便攜式計算機的增多，無線局域網應用越來越普及。

3. 介質訪問控制方法

在總線型結構中，由於多個結點共享總線，同一時刻可能有多個結點向總線發送數據從而引起「衝突」，造成傳輸失敗，因此，必須解決諸如結點何時可以發送數據，如何發現總線上出現衝突，如果出現衝突、引起錯誤如何處理等問題，解決這些問題的方法稱為介質訪問控制方法。例如，總線型以太網中採用載波監聽多路訪問/衝突檢測（CSMA/CD）技術。

6.2.3 以太網

1. 傳統以太網

傳統以太網的典型代表是10Base-T標準以太網，採用雙絞線構建以太網，特別是採用非屏蔽雙絞線構建的以太網，結構簡單，造價低廉，維護方便。採用非屏蔽雙絞線組建10Base-T標準以太網時，集線器（Hub）是以太網的中心連接設備，其結構如圖6-6所示。

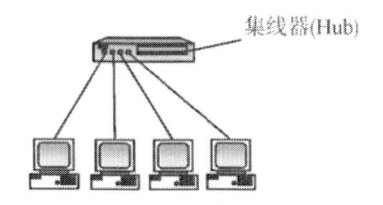

圖6-6　10Base-T以太網物理上的星型結構

10Base-T以太網通過集線器與非屏蔽雙絞線組成星型結構，其中，集線器起著「總線」的作用，該網路通過「共享傳輸介質」方式進行數據交換，即仍需採用CSMA/CD介質訪問控制方法來控制各計算機數據的發送。

2. 交換式以太網

如果將傳統以太網的中心結點置換成以太網交換機，則構成交換式以太局域網，如圖6-7所示。目前，以太局域網交換機使用最多，相應類型有支持10Mbps端口、支持100Mbps端口、支持1,000Mbps端口的以太局域網交換機和帶有10Mbps/100Mbps端口自適應的以太局域網交換機。

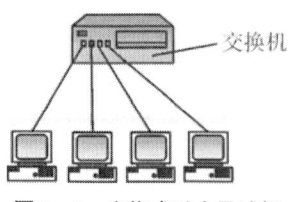

圖6-7　交換式以太局域網

6.2.4 高速以太網

目前，高速以太網的數據傳輸速率已經從 10Mbps 提高到 100Mbps、1,000Mbps、10,000Mbps。

1. 快速以太網

快速以太網是保持 10Base－T 局域網的體系結構與介質控制方法不變，設法提高局域網的傳輸速率。快速以太網的數據傳輸速率為 100Mbps，保留著 10Base－T 的所有特徵，但採用了若干新技術，如減少每比特的發送時間、縮短傳輸距離、新的編碼方法等。

2. 千兆位以太網

千兆位以太網在數據倉庫、電視會議、3D 圖形與高清晰度圖像處理方面有著廣泛的應用前景。千兆位以太網的傳輸速率比快速以太網提高了 10 倍，數據傳輸速率達到 1,000Mbps，但仍保留著 10Base－T 以太網的所有特徵。

3. 萬兆位以太網

萬兆位以太網的傳輸速率比千兆位以太網提高了 10 倍，數據傳輸速率達到 10,000Mbps，但仍保留著 10Base－T 以太網的幀格式。這使得用戶在網路升級時，能方便地和較低速率的以太網通信。

6.2.5 無線局域網

隨著便攜式計算機等可移動網路結點的應用越來越廣泛，傳統的固定連線方式的局域網已不能方便地為用戶提供網路服務，而無線局域網因其可實現移動數據交換，成為了近年來局域網一個嶄新的應用領域。

無線局域網中採用的傳輸介質有無線電波和紅外線，其中無線電波按國家規定使用某些特定頻段。無線局域網可以有多種拓撲結構形式。圖 6－8 表示了一種常用的無線集線器接入型的拓撲結構。

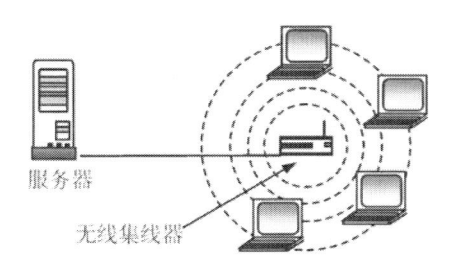

圖 6－8　無線集線器接入型的無線局域網拓撲結構

6.3　網路操作系統與網路管理

6.3.1　網路操作系統概述

1. 網路操作系統的基本概念

操作系統可以管理計算機的軟、硬件資源，並為用戶提供一個方便的使用界面。

在局域網中，可以安裝操作系統，以便在網路範圍內來管理網路中的軟、硬件資源和為用戶提供網路服務功能。管理一臺計算機資源的操作系統被稱之為單機操作系統，單機操作系統只能為本地用戶使用本機資源提供服務。管理局域網資源的操作系統稱為網路操作系統，既可以管理本機資源，也可以管理網路資源；既可以為本地用戶服務，也可以為遠程網路用戶服務。網路操作系統利用局域網提供的數據傳輸功能，屏蔽本地資源與網路資源的差異性，為高層網路用戶提供共享網路資源、系統安全性等多種網路服務。

2. 網路操作系統的類型

網路操作系統可以按其軟件是否平均分佈在網中各結點而分成對等結構和非對等結構兩類。

所謂對等結構網路操作系統，是指安裝在每個連網結點上的操作系統軟件相同，局域網中所有的連網結點地位平等，並擁有絕對自主權。任何兩個結點之間都可以直接實現通信。結點之間的資源，包括共享硬盤、共享打印機、共享 CPU 等都可以在網內共享。各結點的前臺程序為本地用戶提供服務，后臺程序為其他結點的網路用戶提供服務。對等結構網路操作系統雖然結構簡單，但由於連網計算機既要承擔本地信息處理任務，又要承擔網路服務與管理功能，因此效率不高，僅適用於規模較小的網路系統。

目前，局域網中使用最多的是非對等結構網路操作系統。流行的「服務器/客戶機」網路應用模型中使用的網路操作系統就是非對等結構網路操作系統。

非對等結構網路操作系統的思想是將局域網中結點分為網路服務器和網路工作站兩類，通常簡稱為服務器和工作站。局域網中是否設置專用服務器是對等結構和非對等結構的根本區別。這種非對等結構能實現網路資源的合理配置與利用。

服務器採用高配置與高性能的計算機，以集中方式管理局域網的共享資源。通過不同軟件的設置，服務器可以扮演數據庫服務器、文件服務器、打印服務器和通信服務器等多種角色，為工作站提供各種服務。工作站一般是 PC 微型機系統，主要為本地用戶訪問本地資源與訪問網路資源提供服務。工作站又常因是接受服務器提供的服務而稱為客戶機。非對等結構網路操作系統軟件的大部分運行在服務器上，構成網路操作系統的核心；另一小部分運行在工作站上。服務器上的軟件性能，直接決定著網路系統的性能和安全性。

由此可見，典型的服務器/客戶機模型局域網可以看成是由網路服務器、工作站與通信設備三部分組成的。

6.3.2 網路安全與網路管理

1. 網路安全

（1）網路安全的威脅因素

計算機網路安全所面臨的威脅大體可分為兩種：對網路中信息的威脅和對網路中設備的威脅。威脅網路安全的因素很多，有些因素可能是人為破壞，也有的可能是非人為的失誤。歸納起來，網路安全的威脅因素可能來自以下幾個方面：

① 物理破壞。對於一個網路系統而言，其網路設備可能遇到諸如地震、雷擊、火

災、水災等天災的破壞，以及由於設備被盜、鼠咬、靜電燒毀等而引起的系統損壞。

② 系統軟件缺陷。網路系統軟件包括網路操作系統和應用程序等，不可能百分之百的無缺陷和無漏洞。無論是 Windows 或者 UNIX 都存在或多或少的安全漏洞，這些漏洞恰恰是黑客進行攻擊的首選目標。

③ 人為失誤。系統管理員在進行網路管理時，難免出現人為失誤。對於經驗豐富的網路管理人員也是如此。這些人為失誤包括諸如對防火牆配置不當而造成安全漏洞；用戶口令選擇不慎或長期沒有變動；訪問權限設置不當；內部人員之間口令管理不嚴格，以及無意識的違規操作等。

④ 網路攻擊。網路攻擊是計算機網路所面臨的最大威脅。網路攻擊可以分為兩種：主動攻擊和被動攻擊。主動攻擊是以中斷、篡改、偽造等多種方式，破壞信息的有效性和完整性，或冒充合法數據進行欺騙，以至破壞整個網路系統的正常工作。而被動攻擊則是在不影響網路正常工作的情況下，通過監聽、竊取、破譯等非法手段，以獲得重要的網路機密信息。這兩種攻擊均可對計算機網路安全造成極大的危害。

⑤ 計算機病毒。計算機病毒在單個計算機上的危害已被人們所熟知。如今網路上傳播的計算機病毒，其傳播範圍更廣，破壞性更大。計算機病毒對網路資源進行破壞，干擾網路的正常工作，甚至造成整個網路癱瘓。

（2）網路安全策略

網路安全受到多方面的威脅，必需採用必要的安全策略，以保證網路正常運行。下面介紹幾種常見的網路安全策略：

① 物理安全。物理安全是指保護網路系統，包括網路服務器、工作站和其他計算機設備等軟硬件實體以及通信鏈路和配套設施，不被人為破壞或免受自然災害損害。一般來說，需要加強設備運行環境的安全保護和嚴格安全管理制度。

② 訪問控制。訪問控制是網路安全防範和保護的主要策略。其目的是保護網路資源不被非法使用和非法訪問。具體方法包括：身分認證和權限控制。

身分認證是對用戶入網訪問時進行身分識別。常用的技術是驗證用戶的用戶名和口令（密碼），只有全部確認無誤，用戶才能進入網路系統，否則系統將拒絕。權限控制是對進入系統的用戶授予一定的操作權限。這些權限控制用戶只能訪問某些目錄、文件和其他資源，並只能進行指定的相關操作，不能越權使用系統，因而可以防止造成系統的破壞或者泄露機密信息。

③ 數據加密。對網路系統內的數據，包括文件、口令和控制信息等進行加密，能有效地防止數據被截取者截獲後失密。數據加密技術是保證網路安全的重要手段，具體實現技術包括對稱性加密和非對稱性加密兩類。

④ 防火牆。防火牆技術是一種由軟、硬件構成的安全系統。它設置在外部網路和內部網路之間。通過一定的安全策略，可以抵禦外部網路對內部網路的非法訪問和攻擊。目前常用的防火牆技術包括包過濾和代理服務兩類。

2. 網路管理

為了使計算機網路正常運轉，各種網路資源高效利用，並能及時報告和處理網路故障，必須採用高效的網路管理系統對網路進行管理。

(1) 網路管理功能

在 OSI 網路管理標準中，網路管理功能分為五個基本模塊：

① 配置管理模塊——定義和刪除網路資源，監測和控制網路資源的活動狀態和相互關係等。

② 故障管理模塊——對故障的檢測、診斷、恢復，對資源運行的跟蹤及差錯進行報告和分析等。

③ 性能管理模塊——持續收集網路性能數據，評判網路系統的主要性能指標，以檢驗網路服務水平，並作預測分析，發現潛在問題等。

④ 安全管理模塊——利用多種安全措施，如權限設置、安全記錄、密鑰分配等，以保證網路資源的安全。

⑤ 計費管理模塊——根據用戶使用網路資源的情況，按照一定的計費方法，自動進行費用核收。

(2) 簡單網路管理協議（SNMP）

目前，Internet 上廣泛使用的一種網路管理協議是簡單網路管理協議（SNMP）。

SNMP 建立在 TCP/IP 協議簇中的 UDP 協議之上，提供無連接服務。儘管這是一種不可靠的服務，但保證了信息的快速傳遞。SNMP 模型由管理進程（Manager）、管理代理（Agent）和管理信息庫（MIB）三部分組成，它們的相互關係如圖 6-9 所示。

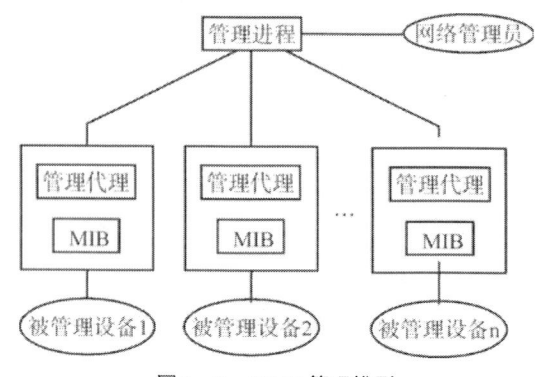

圖 6-9　SNMP 管理模型

① 管理進程——處於管理模型的核心，是一組運行於網路管理中心主機上的軟件程序，可在 SNMP 的支持下，通過管理代理來對各種資源執行監測、配置等管理操作。

② 管理代理——是運行在被管理設備中的軟件。網路中被管理的設備可以是主機、路由器、集線器等。它監視設備的工作狀態、使用狀況等，並收集相關網路管理信息。這些信息都存儲在管理信息庫（MIB）中。

③ 管理信息庫——包括的數據項因管理設備的不同而不同，例如，一個路由器的管理信息可能包括關於路由選擇表的信息。每個管理代理，管理 MIB 中屬於本地的管理對象。各管理代理控制的被管理對象共同構成全網的管理信息庫。

6.4 Internet 基礎

Internet 是全球性的、開放性的計算機互聯網路。Internet 起源於美國國防部高級研究計劃局（ARPA）資助研究的 ARPANET 網路。Internet 最初僅用於科學研究、學術和教育領域，隨著 Internet 的全球規模越來越大和市場需求的增長，自 1991 年起，開始了商業化應用，提供多種網路信息服務，使得 Internet 的發展更加迅猛。特別是 WWW（World Wide Web）這種 Internet 全新的服務模式，使得用戶可以通過瀏覽器進入許多公司、大學或研究所的 WWW 服務器系統中查詢、檢索相關信息。WWW 技術使 Internet 的應用達到了一個新的高潮，極大地改變了人們的工作、學習和生活方式。

6.4.1 Internet 的物理結構與工作模式

1. Internet 的物理結構

計算機網路從覆蓋地域類型上可以分為廣域網與局域網，它們都是單個網路。Internet 是將許多的廣域網和局域網互相連結起來構成一個世界範圍內的互聯網路。網路中常見的互連設備有中繼器、交換機、路由器和調制解調器。使用的傳輸介質有雙絞線、同軸電纜、光纜、無線媒體。例如，校園網和企業網（都屬於局域網）可以通過網路邊界路由器，經數據通信專用線路和廣域網相連，而成為 Internet 中的一部分。

路由器最主要的功能是路由選擇，Internet 中的路由器可能有多個連接的出口，如何根據網路拓撲的情況，選擇一個最佳路由，以實現數據的合理傳輸是十分重要的。路由器能完成選擇最佳路由的操作。除此以外，路由器還應具有流量控制、分段和組裝、網路管理等功能。局域網和廣域網的連接必須使用路由器。路由器也常用於多個局域網的連接。

2. Internet 的工作模式

Internet 採用服務器/客戶機（Server/Client，簡稱 C/S）的工作模式。服務器以集中方式管理 Internet 上的共享資源，為客戶機提供多種服務。客戶機主要為本地用戶訪問本地資源與訪問 Internet 資源提供服務。在客戶機/服務器模式中，服務器接收到從客戶機發來的服務請求，然後解釋請求，並根據該請求形成查詢結果，最後將結果返回給客戶機。客戶機接受服務器提供的服務。

6.4.2 IP 地址

Internet 採用 TCP/IP 協議。所有連入 Internet 的計算機必須擁有一個網內唯一的地址，以便相互識別，就像每臺電話機必須有一個唯一的電話號碼一樣。Internet 上的計算機擁有的這個唯一地址稱為 IP 地址。

1. IP 地址結構

Internet 目前使用的 IP 地址採用 IPv4 結構，層次上採用按邏輯網路結構劃分。一個 IP 地址劃分為網路地址和主機地址兩部分。網路地址標示一個邏輯網路，主機地址標示該網路中的一臺主機，如圖 6-10 所示。

IP 地址由 Internet 信息中心 NIC 統一分配。NIC 負責分配最高級 IP 地址，並給下

一級網路中心授權在其自治系統中再次分配 IP 地址。

在國內，用戶可向電信公司、ISP 或單位局域網管理部門申請 IP 地址，這個 IP 地址在 Internet 中是唯一的。如果是使用 TCP/IP 協議構成局域網，可自行分配 IP 地址，該地址在局域網內是唯一的，但對外通信時需經過代理服務器。

網路地址	主機地址

圖 6-10　IP 地址的結構

需要指出的是，IP 地址不僅是標示主機，還標示主機和網路的連接。TCP/IP 協議中，同一物理網路中的主機接口具有相同的網路號，因此當主機移動到另一個網路時，它的 IP 地址需要改變。

2. IP 地址分類

IPv4 結構的 IP 地址長度為 4 字節（32 位），根據網路地址和主機地址的不同劃分，編址方案將 IP 地址劃分為 A、B、C、D、E 五類，A、B、C 類是基本，D、E 類保留使用。A、B、C 類 IP 地址劃分如圖 6-11 所示。

A 類地址用第 1 位為 0 來標示。A 類地址空間最多允許容納 2^7 個網路，每個網路可接入多達 2^{24} 臺主機，適用於少數規模很大的網路。

B 類地址用第 1~2 位為 10 來標示。B 類地址空間最多允許容納 2^{14} 個網路，每個網路可接入多達 2^{16} 臺主機，適用於國際性大公司。

C 類地址用第 1~3 位為 110 來標示。C 類地址空間最多允許容納 2^{21} 個網路，每個網路可接入 2^8 臺主機，適用於小公司和研究機構等小規模的網路。

A 類	0	網路地址（7bit）	主機地址（24bit）

B 類	1	0	網路地址（14bit）	主機地址（16bit）

C 類	1	1	0	網路地址（21bit）	主機地址（8bit）

圖 6-11　IP 地址的分類

IP 地址的 32 位通常寫成 4 個十進制的整數，每個整數對應一個字節。這種表示方法稱為「點分十進制表示法」。例如一個 IP 地址可表示為：202.115.12.11。

根據點分十進制表示方法和各類地址的標示，可以分析出 IP 地址的第 1 個字節，即頭 8 位的取值範圍：A 類為 0~127，B 類為 128~191，C 類為 192~223。因此，從一個 IP 地址直接判斷它屬於哪類地址的最簡單方法是，判斷它的第一個十進制整數所在範圍。下邊列出了 A、B、C 類地址的起止範圍：

A 類：1.0.0.0~126.255.255.255（0 和 127 保留作特殊用途）

B 類：128.0.0.0~191.255.255.255

C 類：192.0.0.0~223.255.255.255

3. 特殊 IP 地址

（1）網路地址

當一個 IP 地址的主機地址部分為 0 時，表示一個網路地址。例如，202.115.12.0 表示一個 C 類網路。

（2）廣播地址

當一個 IP 地址的主機地址部分為 1 時，表示一個廣播地址。例如，145.55.255.255 表示一個 B 類網路「145.55」中的全部主機。

（3）回送地址

任何一個 IP 地址以 127 為第 1 個十進制數時，稱為回送地址，例如，127.0.0.1。回送地址可用於對本機網路協議進行測試。

4. 子網和子網掩碼

從 IP 地址的分類可以看到，地址中的主機地址部分最少有 8 位，對於一個網路來說，最多可連接 254 臺主機（全 0 和全 1 地址不用），容易造成地址浪費。

為了充分利用 IP 地址，TCP/IP 協議採用子網技術。子網技術把主機地址空間劃分為子網和主機兩部分，使得網路被劃分成更小的網路——子網。於是，IP 地址結構則由網路地址、子網地址和主機地址三部分組成，如圖 6-12 所示。

網路地址	子網地址	主機地址

圖 6-12 採用子網的 IP 地址結構

當一個單位申請到 IP 地址後，由本單位網路管理人員來劃分子網。子網地址在網路外部是不可見的，僅在網路內部使用。子網地址的位數是可變的，由各單位自行決定。為了確定哪幾位表示子網，IP 協議引入了子網掩碼的概念。

子網掩碼是一個與 IP 地址對應的 32 位數字，其中的若干位為 1，另外的位為 0。IP 地址中與子網掩碼為 1 的位相對應的部分是網路地址和子網地址，與為 0 的位相對應的部分則是主機地址。原則上子網掩碼的 0 和 1 可以任意分佈，不過在設計子網掩碼時，多是將子網地址的開始連續的幾位設為 1。

A 類地址對應的子網掩碼默認值為 255.0.0.0，B 類地址對應的子網掩碼默認值為 255.255.0.0，C 類地址對應子網掩碼默認值為 255.255.255.0。

6.4.3 域名

1. 域名的層次結構

Internet 域名具有層次型結構，整個 Internet 被劃分成幾個頂級域，每個頂級域規定了一個通用的頂級域名。頂級域名採用兩種劃分模式：組織模式和地理模式。地理模式的頂級域名採用兩個字母縮寫的形式來表示一個國家或地區。例如，cn 代表中國，us 代表美國，jp 代表日本，uk 代表英國，ca 代表加拿大等。

Internet 信息中心 NIC 將頂級域名的管理授權給指定的管理機構，由各管理機構再為其子域分配二級域名，並將二級域名管理授權給下一級管理機構，依次類推，構成一個域名的層次結構。由於管理機構是逐級授權的，因此各級域名最終都得到網路信息中心 NIC 的承認。

Internet 主機域名也採用一種層次結構，從右至左依次為頂級域名、二級域名、三級域名等，各級域名之間用點「.」隔開。每一級域名由英文字母、符號和數字構成。總長度不能超過 254 個字符。主機域名的一般格式為：

……．四級域名．三級域名．二級域名．頂級域名

域名已經成為接入 Internet 的單位在 Internet 上的名稱。人們通過域名來查找相關單位的網路地址。由於域名的設計往往和單位、組織的名稱有聯繫，所以和 IP 地址比較起來，記憶和使用都要方便得多。

2. 中國的域名結構

中國的頂級域名.cn 由中國互聯網信息中心（CNNIC）負責管理。頂級域 cn 按照組織模式和地理模式被劃分為多個二級域名。對應於組織模式的包括 ac、com、edu、gov、net、org，對應於地理模式的是行政區代碼。

中國互聯網信息中心將二級域名的管理權授予下一級的管理部門進行管理。例如，將二級域名 edu 的管理授權給 CERNET 網路中心。CERNET 網路中心又將 edu 域名劃分成多個三級域，各大學和教育機構均註冊為三級域名。

3. 域名解析和域名服務器

相對於主機的 IP 地址，域名更方便於記憶，但在數據傳輸時，Internet 的網路互聯設備卻只能識別 IP 地址，不能識別域名，因此，當用戶輸入域名時，系統必須能根據主機域名找到與其相對應的 IP 地址，即將主機域名映射成 IP 地址，這個過程稱為域名解析。

為了實現域名解析，需要借助於一組既獨立又協作的域名服務器（DNS）。域名服務器是一個安裝有域名解析處理軟件的主機，在 Internet 中擁有自己的 IP 地址。Internet 中存在著大量的域名服務器，每臺域名服務器中都設置了一個數據庫，其中保存著它所負責區域內的主機域名和主機 IP 地址的對照表。由於域名結構是有層次性的，域名服務器也構成一定的層次結構，如圖 6-13 所示。

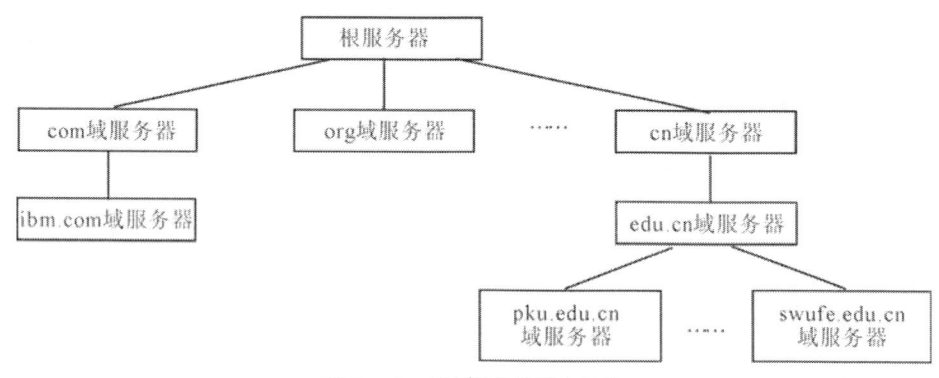

圖 6-13 域名服務器層次結構

6.4.4 Internet 的接入

1. Internet 服務提供者

Internet 服務提供者（Internet Service Provider，簡稱 ISP）為用戶提供 Internet 接入

服務，是用戶接入 Internet 的入口點。另外，ISP 還能為用戶提供多種信息服務，如電子郵件服務、信息發布代理服務等。

2. Internet 接入技術

（1）電話撥號接入

電話撥號入網是通過電話網路接入 Internet。在這種方式下，用戶計算機通過調制解調器和電話網相連。調制解調器負責將主機輸出的數字信號轉換成模擬信號，以適應於電話線路傳輸。同時，調制解調器也負責將從電話線路上接收的模擬信號，轉換成主機可以處理的數字信號。用戶通過撥號和 ISP 主機建立連接后，即可訪問 Internet 上的資源。

（2）xDSL 接入

DSL 是數字用戶線（Digital Subscriber Line）的縮寫。xDSL 技術是基於銅纜的數字用戶線路接入技術。字母 x 表示 DSL 的前綴，可以是多種不同的字母。xDSL 利用電話網或 CATV 的用戶環路，經 xDSL 技術調制的數據信號疊加在原有話音或視頻線路上傳送，由電信局和用戶端的分離器進行合成和分解。

非對稱數字用戶線（ADSL）是廣泛使用的一種接入方式。ADSL 可在無中繼的用戶環路網上，通過使用標準銅芯電話線———一對雙絞線，採用頻分多路復用技術，實現單向高速、交互式中速的數字傳輸以及普通的電話業務。ASDL 接入技術充分利用了現有的大量市話用戶電纜資源，可同時提供傳統業務和各種寬帶數據業務，兩類業務互不干擾。用戶接入方便，僅需安裝一臺 ASDL 調制解調器。

（3）局域網接入

公司、學校和機關均已建立了自己的局域網，可以通過一個或多個邊界路由器，將局域網連入 Internet 的 ISP。用戶只需要將自己的計算機通過局域網卡正確接入局域網，然后對計算機進行適當的配置，包括正確配置 TCP/IP 協議中的相關地址等參數，即可訪問 Internet 的資源。

（4）DDN 專線接入

公用數字數據網 DDN 典型專線可支持各種不同速率，滿足數據、聲音和圖像等多種業務的需要。DDN 專線連接方式通信效率高，誤碼率低，但價格也相對昂貴，比較適合大業務量的用戶使用。使用這種連接方式時，用戶需要向電信部門申請一條 DDN 數字專線，並安裝支持 TCP/IP 協議的路由器和數字調制解調器。

（5）無線接入

無線接入技術是指接入網路的某一部分或全部使用無線傳輸媒介，提供固定和移動接入服務的技術，具有不需要布線、可移動等優點。

6.4.5 Internet 基本服務

Internet 提供的服務多樣化，最基本的服務包括 WWW 服務、電子郵件服務、遠程登錄服務、文件傳送服務、電子公告牌、網路新聞組、檢索和信息服務。隨著計算機技術和網路技術的發展，Internet 提供的新服務層出不窮，包括通訊（如即時通訊、電郵、微信等）、社交（如微博、空間、博客、論壇等）、網上貿易（如網購、售票、工農貿易等）、雲端化服務（如網盤、筆記、資源、計算等）、資源的共享化（如電子市

場、門戶資源、論壇資源以及媒體、游戲，信息等）、服務對象化（如互聯網電視直播媒體、數據以及維護服務、物聯網、網路行銷、流量等）。

1. WWW 服務

WWW 是 World Wide Web 的簡稱，譯為萬維網。WWW 是目前廣為流行的、最受歡迎的、最方便的信息服務，具有友好的用戶查詢界面，使用超文本（Hypertext）方式組織、查找和表示信息，擺脫了以前查詢工具只能按特定路徑一步步查詢的限制，使得信息查詢符合人們的思維方式，能隨意地選擇信息連結。

WWW 目前還具有連接 FTP、BBS 等服務的能力。總之，WWW 的應用和發展已經遠遠超出網路技術的範疇，影響著新聞、廣告、娛樂、電子商務和信息服務等諸多領域。WWW 的出現是 Internet 應用的一個革命性里程碑。

2. 電子郵件服務（E-mail）

電子郵件是在網路上模仿人們傳統郵件傳遞信息的方式，是 Internet 提供和使用最為廣泛的服務之一。電子郵件服務的特點是信息的發布者和接受者之間不需要即時的交互。和傳統郵件傳遞信息的方式比較，電子郵件不僅速度快、費用低，而且可以傳遞聲音、圖像等信息。電子郵件服務器是 Internet 郵件服務系統的核心，用戶將郵件提交給郵件服務器，由該郵件服務器根據郵件中的目的地址，將其傳送到對方的郵件服務器；然後由對方的郵件服務器轉發到收件人的電子郵箱中。

用戶要使用電子郵件傳遞信息，必須要有電子郵件信箱。電子郵件信箱可以通過申請免費得到（或付費得到），電子郵件信箱是由電子郵件服務器提供的。標示電子郵件信箱的信息叫「電子郵件地址」，電子郵件地址的表示規則是：

用戶標示 @ 郵件服務器地址

3. 文件傳輸服務（FTP）

文件傳輸服務是為 Internet 用戶提供的在主機之間進行文件複製的服務（將一個文件完整的從一臺主機上傳送到另一臺主機上）。文件傳輸服務傳送文件的類型各種各樣，包括文本文件、程序文件、數據壓縮文件、圖像文件、聲音文件等。

文件傳輸服務的工作模式是服務器/客戶機模式。信息的發布者是文件傳輸服務器，客戶機是一般的計算機系統。從客戶機向服務器傳送文件通常被稱為文件的上傳，從服務器向客戶機傳送文件通常被稱為文件的下載。

4. 遠程登錄服務（Telnet）

用戶計算機需要和遠程計算機協同完成一個任務時，需要使用 Internet 的遠程登錄服務。在 Internet 中，用戶可以通過遠程登錄使自己成為遠程計算機的終端，然後在它上面運行程序，或使用它的軟件和硬件資源。

5. 網路新聞服務（Usenet）

網路新聞組是指利用網路進行專題討論的國際論壇。Usenet 是規模最大的一個網路新聞組。用戶可以在一些特定的討論組中，針對特定的主題閱讀新聞、發表意見、相互討論、收集信息等。

6. 電子公告牌（BBS）

電子公告牌（Bulletin Board System，簡稱 BBS）是一種電子信息服務系統。通過提供公共電子白板，用戶可以在上面發表意見，並利用 BBS 進行網上聊天、網上討論、

組織沙龍、為別人提供信息等。

7. 信息查找服務（Gopher）

Gopher 是 Internet 上一種綜合性的信息查詢系統，它給用戶提供具有層次結構的菜單和文件目錄，每個菜單指向特定信息。用戶選擇菜單項後，Gopher 服務器將提供新的菜單，逐步指引用戶輕松地找到自己需要的信息資源。

8. 廣域信息服務（WAIS）

廣域信息服務（Wide Area Information Service，簡稱 WAIS）是一個網路數據庫的查詢工具，它可以從 Internet 數百個數據庫中搜索任何一個信息。用戶只要指定一個或幾個單詞為關鍵字，WAIS 就按照這些關鍵字對數據庫中的每個項目或整個正文內容進行檢索，從中找出與關鍵詞相匹配的信息，即符合用戶要求的信息，查詢結果通過客戶機返回給用戶。

9. 商業應用（Business application）

這是一種不受時間與空間限制的交流方式，是一個促進銷售、擴大市場、推廣技術、提供服務的非常有效的方法。廠商可以將產品的介紹在網上發布，附帶詳細的圖文資料，實效性強，費用經濟。

10. 網路電話

用市話費用撥打國際長途，這已是 Internet 上流行的活動之一。Internet Phone 5.0 是利用 Internet 網上打電話的軟件，支持聲音和視頻，不僅可以打國際長途電話，並且可以打電視電話，費用卻比一般的國際長途電話節省 95% 左右。

11. 虛擬現實（VR）

虛擬現實是一種可以創建和體驗虛擬世界的計算機系統。它是由計算機生成的通過視覺、聽覺、觸覺等作用於使用者，使之產生身臨其境的交互式視景的仿真。它綜合了計算機圖形學、圖像處理與模式識別、智能接口技術、人工智能、傳感技術、語音處理與音響技術、網路技術等多門科學。

12. 語音廣播

Real Audio 是 Internet 上一種語音即時壓縮的專利技術。當你在 Web 頁上遇見一個 Real Audio 聲音文件時，系統會在接收到該文件的前幾千個字節之後，就開始解壓縮，然后播放解開的部分，與此同時，其余部分仍在傳送，這樣就節約了大量的時間。

13. 視頻會議

隨著網路技術的迅速發展，可以借助一些軟件在 Internet 上實現電視會議。跟以前意義上的電視會議相比，Internet 具有傳播範圍更廣、傳輸速度更快、價格更低廉的特點。Internet 視頻會議大都採用點對點方式。有的軟件也提供了一對多的傳輸方式，即多臺站點可以同時看到一臺站點的輸出。總之，對於以縮短距離，建立聯繫為目的的視頻會議來說，Internet 視頻會議是一個廉價的解決方案。

6.4.6 Internet 常用術語

1. 瀏覽器

WWW 服務採用客戶機/服務器的工作模式，客戶端需使用應用軟件——瀏覽器，這是一種專用於解讀網頁的軟件。目前常用的有 Microsoft 公司的 IE（Internet Explorer）

和 Netscape 公司的 Netscape Communicator。瀏覽器向 WWW 服務器發出請求，服務器根據請求將特定頁面傳送至客戶端。頁面是 HTML 文件，需經瀏覽器解釋才能使用戶看到圖文並茂的頁面。

2. 主頁和頁面

Internet 上的信息以 Web 頁面來組織，若干主題相關的頁面集合構成 Web 網站。主頁（HomePage）就是這些頁面集合中的一個特殊頁面。通常，WWW 服務器設置主頁為默認值，所以主頁是一個網站的入口點，就好似一本書的封面。目前，許多單位都在 Internet 上建立了自己的 Web 網站，進入一個單位的主頁以後，通過網頁上的連結，即可訪問更多網頁的詳細信息。

3. HTTP 協議

WWW 服務中客戶機和服務器之間採用超文本傳輸協議 HTTP 進行通信。從網路協議的層次結構上看，應屬於應用層的協議。使用 HTTP 協議定義的請求和回應報文，客戶機發送「請求」到服務器，服務器則返回「回應」。

4. HTML

HTML 超文本標記語言是用於創建 Web 網頁的一種計算機程序語言。它可以定義格式化的文本、圖形與超文本連結等，使得聲音、圖像、視頻等多媒體信息可以集成在一起。特別是其中的超文本和超媒體技術，用戶在瀏覽 Web 網頁時，可以隨意跳轉到其他的頁面，極大地促進了 WWW 的迅速發展。

5. 超文本和超媒體

超文本技術是將一個或多個「熱字」集成於文本信息之中，「熱字」後面連結新的文本信息，新文本信息中又可以包含「熱字」。通過這種連結方式，許多文本信息被編織成一張網。無序性是這種連結的最大特徵。用戶在瀏覽文本信息時，可以隨意選擇其中的「熱字」而跳轉到其他的文本信息上，瀏覽過程無固定的順序。「熱字」不僅能夠連結文本，還可以連結聲音、圖形、動畫等，因此也稱為超媒體。

6. 統一資源定位器 URL

統一資源定位器 URL（Uniform Resource Locator）體現了 Internet 上各種資源統一定位和管理的機制，極大地方便了用戶訪問各種 Internet 資源。URL 的組成為：

＜協議類型＞：//＜域名或 IP 地址＞/路徑及文件名

其中協議類型可以是 http（超文本傳輸協議）、ftp（文件傳輸協議）、telnet（遠程登錄協議）等，因此利用瀏覽器不僅可以訪問 WWW 服務，還可以訪問 FTP 等服務。「域名或 IP 地址」指明要訪問的服務器，「路徑及文件名」指明要訪問的頁面名稱。HTML 文件中加入 URL，則可形成一個超連結。

6.5　網頁製作基礎

6.5.1　網頁與網站

1. 網站由網頁組成

網頁（Web Page）是一個實實在在的文件，存儲在被訪問的 Web 服務器（如網站服務器）上，通過網路進行傳輸，被瀏覽器解析和顯示。它使用超文本標記語言（HT-

ML）編寫而成，通常又稱為 HTML 文件，其文件擴展名默認為 html 和 htm。

從網頁的組成來說，它是一種由多種對象構成的多媒體頁面，包括文本、圖片和超連結等多種對象。一個網站通常由眾多網頁有機地組織起來，為網站用戶提供各種各樣的信息和服務。網頁是網站的基本信息單位。主頁（Homepage）是一種特殊的網頁，它專指一個網站的首頁。主頁上除了文本、圖片、超連結之外，還有 Flash、GIF 動畫、文本框、按鈕等多種對象。

2. 網頁製作的素材

寫作文時，一般先確定作文題目，再規劃大致內容，最后動筆。同樣，製作網頁之前，要先想好網頁的主題，然後搜集需要的素材，最后再動手製作。網頁製作中不同素材的選取所呈現的效果是不同的。

網頁製作中通常需要用到的素材及類型如下：

（1）文。文本素材是計算機上常見的各種文字，包括各種不同字體、尺寸、格式及色彩的文本。例如字母、數字、符號、文字等，可以在文本編輯軟件中製作，如用 Word、NotePad 等編輯工具；也可直接在網頁設計軟件中（如 FrontPage）編寫。通常使用的文本文件格式有.RTF、.DOC、.TXT 等。

（2）圖。圖形、圖像素材比文本素材更加直觀，具有豐富表現力。在網頁上常用的圖形、圖像素材文件格式有.BMP、.JPG、.GIF、.PNG 等。這些素材可以從數碼照相機採集，也可從網頁圖形製作工具如 Fireworks 等軟件上製作。

（3）聲。聲音素材可用在網頁中表達信息或烘托某種效果，增強對所表達信息的理解。常用的聲音素材類型有.WAV、.MP3、.MIDI 等。

（4）動畫和視頻。動畫具有交互性，可以在畫面裡創建各式各樣的按鈕，用於控制信息的顯示及動畫或聲音的播放，以及對不同鼠標事件的回應等，極大地豐富了網頁的表現手段。網頁中的視頻通常來自錄像帶、攝像機等視頻信號源的影像等。這些素材能使信息表現更生動、直觀。常用的動畫和視頻類型有.SWF、.GIF、.MOV、.AVI、.RM 等。

在網頁中，這幾種素材形式可獨立存在，也可融合在一起綜合地表現信息，具有較強的感染力。

3. 可視化網頁製作

通過手工編寫 HTML 代碼製作網頁，工作量巨大，容易出錯。因此，業界推出了所見即所得的可視化工具。網頁製作工具使網頁製作變成了一項輕松的工作。

常用的可視化網頁製作工具有：

（1）FrontPage。其是 Office 自帶的一款 HTML 編輯器，用於對 Web 站點、Web 頁面和 Web 應用程序進行設計、編碼和開發，操作簡單實用，可以讓初學者輕松地創建個人網站。

（2）Dreamweaver。這是網頁「三劍客」之一，專門製作網頁的工具，界面簡單，實用功能比較強大。利用該工具，可以自動將網頁生成代碼。

此外，還可以使用代碼編輯工具，例如寫字本、EditPlus 等。這些工具主要用來編輯 ASP 等動態網頁。還有一些網路編程工具如 Javascript、Java 編輯器等，也常常參與到網頁的編寫工作中來。

4. 網站的製作流程

網站的製作就像蓋一幢大樓一樣，是一個系統工程。網站製作具有特定的工作流程。只有遵循這個流程，才能設計出一個滿意的網站。網站製作流程如下：

（1）確定網站主題。網站主題是網站所要包含的主要內容。一個網站必須要有一個明確的主題。特別是對於個人網站，不可像綜合網站那樣內容龐大，包羅萬象。必須要找準自己的特色，才能給用戶留下深刻的印象。

（2）準備素材。確定網站主題后，需要圍繞主題準備素材。若要讓網站內容豐富多彩，需要盡量搜集素材。素材既可以從圖書、報紙、光盤、多媒體上獲取，也可以從互聯網上搜集，然后把搜集的材料去粗取精，作為製作網頁的素材。

（3）規劃網站。網站設計是否成功，很大程度上取決於設計者的規劃水平。網站規劃包含的內容很多，如網站結構、欄目設置、網站風格、顏色搭配、版面佈局、圖片運用等。

（4）創建網頁。選擇合適的網頁製作工具，新建一個站點后，就可為新站點創建網頁，調整網頁佈局，添加內容。網頁的製作按照先大后小、先簡單后複雜的原則來進行。也就是說，在製作網頁時，先設計大的結構，然后再逐步完善小的結構；先設計簡單的內容，再設計複雜的內容。

（5）網頁編碼。目前很多大型的門戶網站或企業網站都需要完成若干的企業應用和商業邏輯，單獨的 Web 頁面是無法完成的。因此，需要對製作的網頁進行編碼。

（6）網頁連結。在完成相關的編碼后，需要把相關的網頁建立連結。連結完畢，對相關的網頁進行預覽。

（7）發布。網站製作完畢，需要發布到 Web 服務器上才能夠讓用戶使用。大多數可視化的網頁製作工具本身就帶有 FTP 功能。利用這些 FTP 工具，可以很方便地把網站發布到自己申請的主頁服務器上。

6.5.2　HTML 語言簡介

網頁文件又稱為 HTML 文件。HTML（超文件標記語言，HyperText Markup Language）是一種建立網頁文件的語言，通過標記式的指令（Tag），將影像、聲音、圖片、文字等連結顯示出來。HTML 文件中包含所有要顯示在網頁上的信息，其中包括對瀏覽器的一些指示，如哪些文字應放置在何處以及顯示模式等。HTML 文件通過兩個尖括號內的標記字符串來實現這些功能，例如 < HTML >、< BODY >、< TABLE >。當用任何一種文本編輯器打開一個 HTML 文檔時，所能看到的只是成對的尖括號和一些文檔中的字符串。而用瀏覽器打開，則能看到漂亮的外觀。

HTML 語言使用標誌對的方法編寫文件，既簡單又方便，通常使用 < 標誌名 ></ 標誌名 > 來表示標誌的開始和結束（例如 < html ></ html > 標誌對），因此，在 HTML 文檔中，這樣的標誌對都必須是成對使用的。

HTML 標記是由「<」和「>」包括起來的指令，主要分為：單標記指令、雙標記指令（由「< 起始標記 >」和「</ 結束標記 >」所構成）。HTML 文件是文本文件，可以用任何文本編輯器（如 Windows 的記事本、寫字板）或網頁專用編輯器進行編輯，只要在保存文件時擴展名使用 htm、html 等即可。

將 HTML 網頁文件由瀏覽器打開顯示，若測試沒有問題則可以放到服務器（Server）上對外發布信息。

HTML 文件基本架構如下：

<HTML> 文件開始

<HEAD> 標頭區開始

<TITLE>…</TITLE> 標題區

</HEAD> 標頭區結束

<BODY> 本文區開始

本文區內容

</BODY> 本文區結束

</HTML> 文件結束

<HTML> 網頁文件格式

<HEAD> 標頭區：記錄文件基本資料，如作者、編寫時間

<TITLE> 標題區：文件標題須使用在標頭區內，可以在瀏覽器最上面看到標題

<BODY> 本文區：文件資料，即在瀏覽器上看到的網站內容

注意：通常一份 HTML 網頁文件包含兩個部份：<HEAD>…</HEAD> 標頭區、<BODY>…</BODY> 本文區。<HTML> 和 </HTML> 代表網頁文件格式。

6.5.3　製作一個 HTML 網頁

【案例 6-1】製作一個 HTML 網頁。

（1）打開文本編輯器 Notepad，在其中輸入以下 HTML 代碼：

<html>

<head>

<title>第一個 HTML 網頁</title>

</head>

<body>

<h1>歡迎進入 HTML 世界</h1>

大家都來學習 HTML 語言！<p>

在這裡可以學到許多 HTML 的知識。<p>

</body>

</html>

（2）代碼輸入完畢，保存該文件，其擴展名為 .html 或 htm。使用瀏覽器打開該文件，如圖 6-14 所示。

圖 6-14　第一個 HTML 網頁

6.6　互聯網發展概述

　　Internet 誕生於 20 世紀 60 年代末 70 年代初。Internet 的出現，標誌著人類開始進入信息時代。從 20 世紀 80 年代萬維網之父蒂姆·伯納斯-李（Tim Berners-Lee）發明萬維網（WWW）以來，互聯網進入飛速發展階段。Internet 改變了人們的工作和生活方式，使人們習慣於使用 Internet 獲取信息，分享資源，與人交流。

6.6.1　互聯網發展趨勢的主要特徵

　　如今，Internet 的規模已極大地超出了最初的發展目標，成為包括廣大用戶群和多樣化服務活動的全球性網路。隨著 Internet 在接入技術等方面的進步，加快了網路規模擴大的速度，優化了網路的管理及使用。時至今日，Internet 仍然處在一個不斷發展中的階段，信息資源共享的需要以及信息和通信技術的迅猛發展仍然是 Internet 產生和發展的強大推動力。未來 Internet 的發展趨勢包括以下幾個方面：

　　（1）全球化：各個國家都在以最快的速度接入 Internet。未來信息與知識在 Internet 上發布的成本將越來越低。人們可以更迅速、更便捷地訪問所希望得到的任何信息，因此人們更加關心自身居住環境之外的世界。

　　（2）虛擬現實：模擬人類生活環境的虛擬現實技術將和 Internet 結合。通過該技術，我們可以和身處不同城市的朋友在一張桌子上共聚晚餐；可以通過 Internet 訪問網路大學，猶如身處在真實的教室裡。

　　（3）帶寬：互聯必然寬帶化，消除帶寬瓶頸約束。未來 Internet 的帶寬將繼續增加，高質量的音頻、視頻和虛擬現實信息在網路上的應用將增加，而 Internet 接入成本將繼續降低。

　　（4）無線：未來的 Internet 將朝無線化方向發展。無線互聯網有兩個優勢：除了構建基站，無線互聯網不需要建立、維護其他基礎設施。無線互聯網的成本將降低；無線互聯網使用戶可以無位置約束地隨處移動來訪問 Internet。

　　（5）網格：將成千上萬的在 Internet 上的計算機連接到一起來解決問題，通常稱為網格計算。未來 Internet 朝網格方向發展是不可避免的。網格計算將繼續發展，並在許多方面改變人類的未來。許多閒置的計算機通過連接到 Internet 來組成具有超強計算能

力的計算機群，可以在科學、工程等方面幫助完成許多單個組織不可能完成的任務。

（6）集成：Internet 未來和其他技術集成將是非常自然的事情，例如電視、電話、家電、便攜式數碼設備等，實現電信、電視、計算機的「三網融合」。未來的互聯網將是一個真正的多網合一、多業務綜合平臺和智能化平臺。用戶可以從任何地方訪問、控制這些連接到 Internet 上的設備。

（7）無處不在的寬帶和無線網路必將成為全球計算產業的主要發展趨勢之一。

未來的互聯網將成為一個設備網路而不再只是一個計算機網路，隨著社交網路和移動互聯網的興起與逐漸成熟，移動帶寬迅速提升，移動互聯網全球普及應用，雲計算、物聯網應用更加豐富，更多的傳感設備、移動終端接入到網路，由此產生的數據及增長速度將比歷史上的任何時期都要多和快，互聯網上的數據流量，尤其是高清圖像和高清視頻流量迅猛增長，一個「大數據」引領智慧科技的時代正在到來。未來還將在三網合一、網路電視、媒體應用、電商社區化、帶寬提速、即時搜索、3D 互聯網、5G 技術、人工智能等方面不斷突破。

6.6.2 普適計算

普適計算是一種新型的計算模式，計算機能以一種人們察覺不到的計算方式感知人的動作、語音甚至表情，人機交互類似於人與人之間的自然交流方式。用於計算的設備無處不在，彌漫在人們生活的環境中，並能隨時隨地為人們提供所需要的服務，而使用計算設備的人則感知不到計算機的存在。

在普適計算時代，計算機不再局限於桌面，將被嵌入到人們的工作、生活空間中，變為手持或可穿戴的設備，甚至與日常生活中使用的各種器具融合在一起。各種具有計算和聯網能力的設備將變得像現在的水、電、紙、筆一樣，隨手可得。普適計算使計算機融入人們的生活空間，形成一個「無時不在、無處不在而又不可見」的計算環境。人們可在任何時間、任何地點以任意方式利用身邊所有可獲取的信息。

6.6.3 網格計算

網格計算是伴隨著互聯網而發展起來的一種新型計算模式，利用互聯網把分散在不同地理位置的電腦組織成一個虛擬的超級計算機，其中每一臺參與計算的電腦就是一個「節點」，而整個計算是由成千上萬個「節點」組成的「一張網格」，所以這種計算方式叫網格計算。有人把它看成是未來的互聯網技術。

6.6.4 雲計算

2007 年，Google 第一次正式提出「雲計算」的概念。在此之前，因買不起昂貴的商用服務器來設計搜索引擎，Google 採用眾多廉價的 PC 來提供搜索服務，成功地把 PC 集群做到比商用服務器更強大，而成本卻遠遠低於商用的硬件和軟件。Google 通過創造新的技術，逐步形成了所謂的雲計算技術。

1. 雲計算的定義

雲計算就是將以前那些需要大量軟硬件投資以及專業技術能力的應用，以基於 Web 服務的方式提供給用戶。雲計算是一種基於 Web 的服務，讓用戶只為自己需要的

功能付錢，同時消除傳統軟件在硬件、軟件和專業技能方面的投資。雲計算利用大規模低成本運算單元通過 IP 網路連接，以提供各種計算服務的 IT 技術。雲計算具有計算的彌漫性、無所不在的分佈性和社會性。雲計算能夠將動態伸縮的虛擬化資源通過互聯網以服務的方式提供給用戶，用戶不需要知道如何管理那些支持雲計算的基礎設施。用戶加入雲計算不需要安裝服務器或任何客戶端軟件，可以在任何時間、任何地點、任何設備上隨意訪問。它就是一個網路。

雲計算是網格計算、分佈式計算、並行計算、效用計算、網路存儲、虛擬化、負載均衡等傳統計算機技術和網路技術發展融合的產物，通過網路把多個成本相對較低的計算實體整合成一個具有強大計算能力的系統。雲計算的核心思想，是將大量用網路連接的計算資源統一管理和調度，構成一個計算資源池向用戶按需服務。

2. 雲計算的三個服務模式

① 基礎設施即服務：消費者通過 Internet 可以從完善的計算機基礎設施獲得服務。
② 平臺即服務：指將軟件研發的平臺作為一種服務。
③ 軟件即服務：用戶無需購買軟件，向提供商租用基於 Web 的軟件。

3. 雲計算的特點

① 數據安全可靠：提供最可靠、最安全的數據存儲中心。
② 客戶端需求低：對用戶端的設備要求最低，使用方便。
③ 輕松共享數據：輕松實現不同設備間的數據與應用共享。
④ 可能無限多：強大的虛擬化能力，高伸縮性，高可靠性。
⑤ 快速滿足業務需求：按需服務，價格低廉。

雲計算使計算成為一種公共資源，成為 21 世紀的商業平臺，將改變互聯網的技術基礎，極大降低企業 IT 成本，影響互聯網應用模式、產品開發方向以及整個產業的格局，必將深刻地改變未來。

6.6.5 物聯網

顧名思義，物聯網就是物物相連的互聯網。物聯網是一個動態的全球網路基礎設施，是新一代信息技術的重要組成部分，用於實現物與物、人與物之間的信息傳遞與控制，把所有物品通過信息傳感設備與互聯網連接起來，以實現智能化識別和管理。

物聯網的關鍵技術包括：射頻識別（RFID）技術、傳感器技術、納米技術以及智能嵌入技術。物聯網就是通過射頻識別、紅外感應器、全球定位系統、激光掃描器等信息傳感設備，按約定的協議，把任何物體與互聯網相連接，進行信息交換和通信，以實現對物體的智能化識別、定位、跟蹤、監控和管理的一種巨大網路。其內涵包括兩個方面的意思：一是物聯網的核心和基礎仍然是互聯網，是在互聯網基礎上延伸和擴展的網路；二是其用戶端延伸和擴展到了任何物品與物品之間進行信息交換和通信。

從技術架構上來看，物聯網可分為三層：感知層、網路層和應用層。感知層由各種傳感器以及傳感器網關構成；網路層由各種私有網路、互聯網、有線與無線通信網、網路管理系統和雲計算平臺等組成，相當於人的神經中樞和大腦，負責傳遞和處理感知層獲取的信息；應用層則是物聯網和用戶（包括人、組織和其他系統）的接口，與行業需求結合，實現物聯網的智能應用。

物聯網將是下一個推動世界高速發展的「重要生產力」。無所不在的「物聯網」通信時代正在來臨，射頻識別技術、傳感器技術、納米技術、智能嵌入技術將得到更加廣泛的應用。物聯網將與媒體互聯網、服務互聯網和企業互聯網一起，構成未來的互聯網。

6.6.6 移動互聯網

移動通信和互聯網成為當今世界發展最快、市場潛力最大、前景最誘人的兩大業務。隨著寬帶無線接入技術和移動終端技術的飛速發展以及支付智能手機和平板電腦等的技術變革，將移動通信和互聯網二者結合起來成為一體，移動互聯網觸手可及。

移動互聯網是一個以寬帶 IP 為技術核心的，可同時提供話音、傳真、數據、圖像、多媒體等高品質電信服務的新一代開放的電信基礎網路，是移動通信技術和互聯網融合的產物。

隨著移動互聯網的迅猛發展，將出現移動多媒體業務、社交業務、個性化服務、基於位置的移動業務、移動支付業務等商業模式，移動社交、移動廣告、手機游戲、手機電視、移動電子閱讀、移動定位服務、手機搜索、手機內容共享服務、移動支付、移動電子商務等新型業務模式應運而生，必將帶來無法估量的商業機會。

移動互聯網具有移動性、便捷性、智能感知和個性化等特性。移動用戶可隨時隨地方便地接入互聯網獲取信息和創造信息，利用手機在線購物，支付各種費用，通過移動終端上傳圖片、視頻到微博、博客以及空間，與好友共享和互動等。通過精準的位置定位所提供的個性化信息及社區化的服務，用戶可以方便獲得周遍的商場、交通、酒店、飯館、娛樂場所等的信息，隨時與附近的親朋好友甚至陌生人連接起來。移動互聯網正在成為信息時代最強大的人類工具，正逐漸滲透到人們生活、工作的方方面面，大大提高工作效率，改變生活交互方式，創造新的商業模式，將為人們的生活帶來翻天覆地的變化。

6.6.7 大數據

隨著互聯網、雲計算、移動互聯網和物聯網的迅猛發展，無所不在的移動設備、RFID、無線傳感器每分每秒都在產生海量的數據，龐大的數據資源帶來的信息風暴正在深刻地改革我們的生活、工作和思維方式。哈佛大學社會學教授加里・金指出：這是一場革命，龐大的數據資源使得各個領域開始了量化進程，無論學術界、商界還是政府，所有領域都將開始這種進程。

大數據（Big Data）或稱巨量資料，是一個體量特別巨大的數據集，有結構化、半結構化和非結構化等多種數據形式，這樣的數據集已無法使用傳統的數據庫工具對其內容進行抓取、管理和處理，大數據需要特殊的技術。大數據具有數據體量巨大、數據類型繁多、價值密度低、商業價值高、處理速度快、時效高等特徵。

最早提出「大數據」時代已經到來的是全球知名諮詢公司麥肯錫，麥肯錫公司在研究報告中指出，數據已經滲透到每一個行業和業務職能領域，逐漸成為重要的生產因素。人們對於海量數據的挖掘和運用，預示著新一波生產率增長和消費者盈餘浪潮的到來。如果說雲計算為數據資產提供了保管、訪問的場所和渠道，那麼如何盤活數

據資產，使其為國家治理、企業決策乃至個人生活服務，則是大數據的核心議題，也是雲計算內在的靈魂和必然的升級方向。

人們用大數據來描述和定義信息爆炸時代產生的海量數據，並命名與之相關的技術發展與創新。大數據可分成大數據技術、大數據工程、大數據科學和大數據應用等領域。大數據是數據分析的前沿技術，適用於大數據的技術包括大規模並行處理（MPP）數據庫、數據挖掘電網、分佈式文件系統、分佈式數據庫、雲計算平臺、互聯網和可擴展的存儲系統。大數據技術的戰略意義不在於掌握龐大的數據信息，而在於對這些含有意義的數據進行專業化處理。大數據時代對人類的數據駕馭能力提出了新的挑戰，大數據將為人類的生活創造前所未有的可量化的維度，將成為新發明和新服務的源泉。

【本章小結】

隨著 Internet 的普及，計算機網路正在深刻地改變著人們的工作和生活方式。在政治、經濟、文化、科學研究、教育、軍事等各個領域，計算機網路獲得了越來越廣泛的應用。目前，一個國家的計算機網路建設水平，已成為衡量其科技能力、社會信息化程度的重要指標。

WWW 在 Internet 上實現的全球性、交互、動態、多平臺、分佈式圖形信息系統，使人們通過互聯網看到的不再僅僅是文字，還有圖片、聲音、動畫，甚至電影。在人們的工作、生活和社會活動中，Internet 起著越來越重要的作用。人們可通過網路獲得最新的資訊和購買商品，通過網路與遠方的朋友聊天等，可以說網路在當今世界無所不在，無所不能。網站與網頁作為網路的重要元素，在所有這些活動中充當了非常重要的角色，有著不可替代的地位。

本章的主要內容包括三個部分：計算機網路基本概念、計算機網路的組成及應用、HTML 標記語言及網頁的製作。

【思考與討論】

1. 計算機網路的主要功能是什麼？
2. 簡述傳統以太網與交換式以太網在工作原理上的區別。
3. Internet 能提供哪些主要的服務？
4. 簡述 A、B、C 類 IP 地址中網路地址和主機地址各自占用的字節數。
5. 簡述常用的 Internet 接入方式。
6. 說明瀏覽器的工作原理。
7. 與傳統郵件相比，電子郵件有哪些優點？
8. 什麼是文件下載，什麼是文件上傳？
9. 常用的中文搜索引擎有哪些，它們分別有什麼特點？
10. 網頁、網站和主頁有何聯繫，又有何區別？
11. 通常使用的可視化網頁製作工具有哪些？
12. 網站製作的流程主要分為哪幾步？
13. 簡述互聯網的發展趨勢。

14. 什麼是網格計算？什麼是普適計算？什麼是物聯網？
15. 簡述雲計算的定義、服務模式和特點。
16. 什麼是移動互聯網？舉例說明移動互聯網的應用以及對工作和生活的改變。
17. 簡述大數據的定義及其意義。

第 7 章　多媒體技術及應用基礎

【學習目標】
- 瞭解多媒體技術的基本概念及特徵。
- 掌握多媒體計算機系統的構成。
- 熟悉多媒體素材及數字化方法。
- 掌握 Photoshop 進行圖像處理的基本操作。
- 掌握 Flash 進行動畫設計的基本操作。

【知識架構】

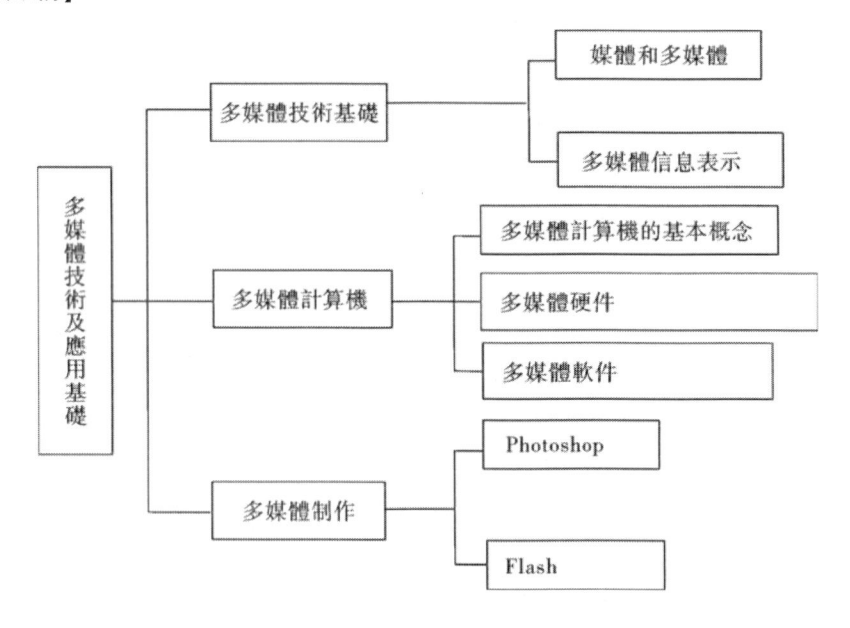

```
                          ┌─ 媒體和多媒體
             ┌─ 多媒體技術基礎 ─┤
             │            └─ 多媒體信息表示
             │
             │            ┌─ 多媒體計算機的基本概念
多媒體技術  ─┼─ 多媒體計算機 ──┤─ 多媒體硬件
及應用基礎   │            └─ 多媒體軟件
             │
             │            ┌─ Photoshop
             └─ 多媒體製作 ──┤
                          └─ Flash
```

7.1　多媒體技術概述

多媒體技術的發展使得計算機應用領域及功能得到了極大的擴展，改變了人們獲取信息的傳統方法，使計算機系統的人機交互界面和手段更加友好和方便，從而使計算機變成了信息社會的普通工具，廣泛應用於工業生產管理、學校教育、公共信息諮詢、商業廣告、軍事指揮與訓練，甚至家庭生活與娛樂等領域。

7.1.1 媒體和多媒體的概念

1. 媒體

媒體在計算機中有兩種含義：其一是指傳播信息的載體，如文本、圖像、動畫、聲音、視頻影像等；其二是指存貯信息的載體，如 ROM、RAM、磁帶、磁盤、光盤等，目前，主要的載體有 CD-ROM、VCD、網頁等。

這裡所說的多媒體技術中的媒體主要是指信息的載體，即信息的表現形式，就是利用計算機把文本、圖形、動畫、聲音、視頻影像等媒體信息進行數位化，並將其整合在一定的交互式界面上，使計算機具有交互展示不同媒體形態的能力。

2. 多媒體

多媒體是指組合兩種或兩種以上媒體的一種人機交互式信息交流和傳播媒體，可以理解為直接作用於人感官的文字、圖形、圖像、動畫、聲音和視頻等各種媒體的統稱，即多種信息載體的表現形式和傳遞方式。

目前，無論是臺式計算機、筆記本電腦，還是智能手機終端都具備存儲、處理、展現多媒體信息的能力。多媒體計算機已經是計算機的主流形式，而不具備多媒體信息處理能力的計算機反而成了特殊的計算機形式。

3. 媒體的種類

在計算機領域，媒體分為感覺媒體、表示媒體、表現媒體、存儲媒體和傳輸媒體。

（1）感覺媒體

感覺媒體是能直接作用於人的感官，使人產生直接感覺的媒體，包括人類的語言、文字、音樂、自然界的聲音、靜止的或活動的圖像、圖形以及動畫等。

（2）表示媒體

表示媒體是用於傳輸感覺媒體的中間手段，借助於此種媒體，能有效地存儲感覺媒體或將感覺媒體從一個地方傳送到另一個地方。在內容上是指編製感覺媒體的各種編碼，如語言編碼、文本編碼、條形碼和圖像編碼等。

（3）表現媒體

表現媒體是指感覺媒體與計算機之間的界面。表現媒體又分為輸入表現媒體和輸出表現媒體，其中，輸入表現媒體如鍵盤、鼠標器、光筆、數字化儀、掃描儀、麥克風、攝像機等；輸出表現媒體如顯示器、打印機、揚聲器、投影儀等。

（4）存儲媒體

存儲媒體是用於存儲表示媒體的介質，包括內存、硬盤、軟盤、磁帶和光盤等。

（5）傳輸媒體

傳輸媒體是用於傳輸某種媒體的物理載體，包括雙絞線、電纜、光纖等。

4. 常見的媒體

（1）文本

文本通常是指書面語言的表現形式，即以文字和各種專用符號表達的信息形式，是現實生活中使用最常見的信息存儲和傳遞方式。文本是計算機的一種文檔類型，主要用於記載和儲存文字信息。

（2）圖像

圖像是指所有具有視覺效果的畫面，包括紙介質上的，底片或照片上的，電視、投影儀或計算機屏幕上的。圖像根據圖像記錄方式的不同可分為模擬圖像和數字圖像兩類。其中，數字圖像是由掃描儀、攝像機等輸入設備捕捉實際的畫面產生的圖像。圖像用數字任意描述像素點、強度和顏色。計算機中的圖像從處理方式上可以分為位圖和矢量圖。

（3）動畫

動畫是利用人的視覺暫留特性，快速播放一系列連續運動變化的圖形圖像。計算機動畫使用圖形與圖像的處理技術，借助於編程或動畫製作軟件生成一系列的景物畫面，採用連續播放靜止圖像的方法產生物體運動的效果，使一幅圖像「活」起來的過程。計算機動畫分二維動畫和三維動畫。

（4）聲音

聲音是人們用來傳遞信息、交流感情最方便、最熟悉的方式之一。聲音由物體振動產生，以聲波的形式傳播。聲音作為波的一種，頻率和振幅就成了描述波的重要屬性。聲音在不同的介質中傳播的速度是不同的。

（5）視頻影像

視頻是指將一系列靜態影像以電信號方式加以捕捉、記錄、處理、儲存、傳送與重現的各種技術。視頻的紀錄片段以串流媒體的形式存在於 Internet 上並可被計算機接收和播放。

7.1.2 多媒體技術的概念及特徵

多媒體技術是指通過計算機對文本、圖形、圖像、動畫、聲音、視頻影像等多種媒體信息進行綜合處理和管理，使用戶可以通過多種感官與計算機進行即時信息交互作用的技術，又稱為計算機多媒體技術。

多媒體技術具有以下主要特徵：

（1）多樣性——集文字、文本、圖形、圖像、視頻、語音等多種媒體信息於一體，體現了信息媒體的多樣性。

（2）交互性——用戶可以與計算機的多種信息媒體進行交互操作，使參與各方都可以進行編輯、控制和傳遞，實現人對信息的主動選擇和更有效的控制。而傳統信息交流媒體只能單向地、被動地傳播信息。

（3）集成性——指以計算機為中心綜合處理多種信息媒體，能夠對信息進行多通道統一獲取、存儲、組織與合成。

（4）即時性——聲音、動態圖像（視頻）隨時間變化。在人的感官系統允許的情況下，進行多媒體交互。當用戶發出操作命令，相應的多媒體信息都能夠得到即時控制。

（5）控制性——以計算機為中心，綜合處理和控制多媒體信息，並按人的要求以多種媒體形式表現出來，同時作用於人的多種感官。

7.1.3 多媒體計算機及組成

多媒體計算機是指能夠對聲音、圖像、視頻等多媒體信息進行綜合處理的計算機，

简言之，就是具有多媒體處理功能的計算機。多媒體計算機一般由多媒體硬件平臺、多媒體操作系統、圖形用戶接口和支持多媒體數據開發的應用工具軟件等組成。多媒體計算機的基本配置包括功能強大且運算速度快的 CPU、大容量的存儲空間、高分辨率顯示接口及設備、可處理音響的接口及設備、可處理圖像的接口及設備，同時還可配置光盤驅動器、音頻卡、圖形加速卡、視頻卡、掃描卡、打印機接口、網路接口以及用來連接觸摸屏、鼠標、光筆等人機交互設備的交互控制接口等。隨著多媒體計算機的廣泛普及，其在辦公自動化領域、計算機輔助工程與教學、多媒體開發和教育宣傳等領域發揮出重要作用。

7.1.4 多媒體信息的數據壓縮

多媒體系統需要將不同的媒體數據表示成統一的信息流，然后對其進行變換、重組和分析處理，以便進行進一步的存儲、傳送、輸出和交互控制。多媒體的關鍵技術主要集中在數據壓縮/解壓縮技術、多媒體專用芯片技術、大容量的多媒體存儲設備、多媒體系統軟件技術、多媒體通信技術、虛擬現實技術等方面。其中，使用最為廣泛的是數據壓縮/解壓縮技術。

信息的表示主要分為模擬方式和數字方式。在多媒體技術中，信息均採用數字方式。多媒體系統的重要任務是：將信息在模擬量和數字量之間進行自由轉換、存儲和傳輸。當前硬件技術所能提供的計算機存儲資源和網路帶寬之間有很大差距。例如，數字電視圖像 ICCR 格式、PAL 制：每幀數據量大約 1.24MB；每秒數據量 $1.24 \times 25 = 31.3MB/s$。換句話說，一張 650M 的光盤只能存儲大約 21s 的影視數據，並且不包括其中的音頻數據。

隨著多媒體與計算機技術的發展，多媒體數據量越來越大，對數據傳輸和存儲的要求越來越高；另外，多媒體數據中存在著很大的冗余，包括空間冗余、時間冗余、結構冗余等。因此，在保證圖像和聲音質量的前提下，必須廣泛利用數據壓縮技術，解決多媒體海量數據的存儲、傳輸及處理。

7.2 多媒體素材及數字化

7.2.1 文字素材的採集、製作和保存

文本是指在計算機上常見的各種文字。例如字母、數字、符號、文字等，它們是計算機進行文字處理的基礎，也是多媒體應用的基礎。通過對文本顯示方式的組織，多媒體應用系統可以使顯示的信息更容易理解。

文本通常可以在文本編輯軟件中製作，如在 Word 等編輯工具中所編輯的文本文件大都可輸入到多媒體應用系統。利用掃描儀並經過文字識別，也可獲得文本文件。但許多媒體文本也可直接在製作圖形的軟件或多媒體編輯軟件中製作，如 Photoshop、CorelDRAW 等。

文本素材是一種簡單、方便的媒體信息，從輸入、編輯處理到最后的輸出等過程，都要經過專門的文字處理軟件進行處理。根據文字處理軟件的不同，所生成的文本素材文件的格式也不同。通常使用的文本文件格式有.RTF、.DOC、.TXT 等。

7.2.2 音頻素材及數字化

音頻是指在 20Hz～20kHz 頻率範圍的聲音，包括波形聲音、語音和音樂。在多媒體作品中，可以通過聲音直接表達信息，進行音樂演奏，以製造和烘托某種效果和氣氛。音頻信息可增強對其他類型媒體所表達信息的理解。

1. 數字音頻

現實世界中的音頻信息是典型的時間連續、幅度連續的模擬信號，而在信息世界則是數字信號。聲音信息要能在計算機中處理並表示，首先要實現模擬信號和數字信號相互轉換的功能。聲卡正是實現聲波/數字信號相互轉換的一種硬件，其基本功能是：把來自話筒、磁帶、光盤的原始聲音信號加以轉換，輸出到耳機、揚聲器、擴音機、錄音機等聲響設備，或通過音樂設備數字接口（MIDI）使樂器發出美妙的聲音。

2. 音頻格式

模擬波形聲音被數字化后以音頻文件的形式存儲到計算機中。音頻格式是指在計算機內播放或處理音頻文件，是對聲音文件進行數、模轉換的過程。音頻格式包括 CD、WAVE（*.WAV）、AIFF、AU、MPEG、MP3、MPEG-4、MIDI、WMA、Real-Audio、VQF、OggVorbis、AAC、APE 等。

（1）CD 格式

CD 格式的音質是比較高的音頻格式。在大多數播放軟件的「打開文件類型」中，都可以看到 *.cda 格式，這就是 CD 音軌了。標準 CD 格式為 44.1K 的採樣頻率，速率 88K/秒，16 位量化位數，CD 音軌可以說近似無損，其聲音基本上忠於原聲。

（2）WAVE 格式

WAVE（*.WAV）是微軟公司開發的一種聲音文件格式，用於保存 Windows 平臺的音頻信息資源。「*.WAV」格式支持 MSADPCM、CCITT A LAW 等多種壓縮算法，支持多種音頻位數、採樣頻率和聲道，標準格式的 WAV 文件和 CD 格式一樣，為 44.1K 的採樣頻率，速率 88K/秒，16 位量化位數。WAV 格式的聲音文件質量和 CD 相差無幾，是目前 PC 機上廣為流行的聲音文件格式，幾乎所有的音頻編輯軟件都「認識」WAV 格式。

（3）AIFF 格式

AIFF 即音頻交換文件格式，是 Apple 公司開發的一種音頻文件格式，屬於 QuickTime 技術的一部分。由於 AIFF 主要用於 Apple 蘋果電腦，因而在 PC 平臺上並沒有得到廣泛的流行。但 AIFF 具有很好的包容特性，支持許多壓縮技術。

（4）AU

AUDIO 文件是 SUN 公司推出的一種數字音頻格式。AU 文件是原用於 Unix 操作系統下的數字聲音文件。早期 Internet 上的 Web 服務器主要基於 Unix，所以，AU 格式的文件也成為目前 Internet 中的常用聲音文件格式。

（5）MPEG 格式

MPEG 即動態圖象專家組，該專家組專門負責為 CD 建立視頻和音頻壓縮標準。MPEG 音頻文件是指 MPEG 標準中的聲音部分，即 MPEG 音頻層。MPEG 格式包括 MPEG-1、MPEG-2、MPEG-Layer3 和 MPEG-4。

（6）MP3 格式

MP3 是指 MPEG 標準中的音頻部分，即 MPEG 音頻層。MP3 格式壓縮音樂的採樣頻率有很多種。MP3 主要採用 MPEG－Layer 3 標準對 WAV 音頻文件進行壓縮而成。根據壓縮質量和編碼處理的不同分為三層，分別對應「＊.mp1」「＊.mp2」「＊.mp3」三種聲音文件。目前，Internet 上的音樂格式以 MP3 最為常見，是現在最流行的聲音文件格式之一。儘管 MP3 是一種有損壓縮數字音頻格式，但是它的最大優勢是以極小的聲音失真換來了較高的壓縮比。

（7）MIDI 格式

MIDI（Musical Instrument Digital Interface）是一種很常用的音樂文件格式，也是數字音樂的國際標準，成為一套樂器和電子設備之間聲音信息交換的規範。MIDI 允許數字合成器和其他設備交換數據。MID 文件格式由 MIDI 繼承而來。MID 文件並不是一段錄製好的聲音，而是記錄聲音的信息，然後告訴聲卡如何再現音樂的一組指令。MID 文件主要用於原始樂器作品、流行歌曲的業餘表演、遊戲音軌以及電子賀卡等。MIDI 的製作在硬件上需要有具備 MIDI 接口的樂器。「＊.mid」文件重放效果完全依賴聲卡的檔次。「＊.nid」格式多用於計算機作曲領域。「＊.mid 文件」既可以用作曲軟件寫出來，也可以通過聲卡的 MIDI 口，把外接音序器演奏的樂曲輸入計算機，從而制成「＊.mid」文件。

3. 音頻信息的採集與製作

音頻素材的種類很多，採集與製作方法多種多樣。採集和製作音頻素材中使用的硬件很多，使用的專業軟件更是豐富。

（1）利用聲卡進行錄音採集

音頻素材最常見的方法就是利用聲卡進行錄音採集。若使用麥克風錄制語音，首先需要把麥克風和聲卡連接，即將麥克風連線插頭插入聲卡的 MIC 插孔。如果要錄製其他音源的聲音，如磁帶、廣播等，需要將其他音源的聲音輸出接口和聲卡的 Line In 插孔連接。

（2）從光盤中採集

除通過錄制聲音的方式採集音頻素材外，還可以從 VCD/DVD 光盤或者 CD 音樂盤中採集需要的音頻素材。因為 CD 音樂盤中的音樂以音軌的形式存放，不能直接拷貝至計算機中，所以需要特殊的抓音軌軟件來從 CD 音樂盤中獲取音樂。

（3）連接 MIDI 鍵盤採集

MIDI 是計算機和 MIDI 設備之間進行信息交換的一整套規則，其基本組成包括 MIDI 接口、MIDI 鍵盤、音序器、合成器，如圖 7－1 所示。對於 MIDI 音頻素材的採集，可以通過 MIDI 輸入設備彈奏音樂，然後讓音序器軟件自動記錄，最後在計算機中形成.MID 音頻文件，完成數字化的採集。

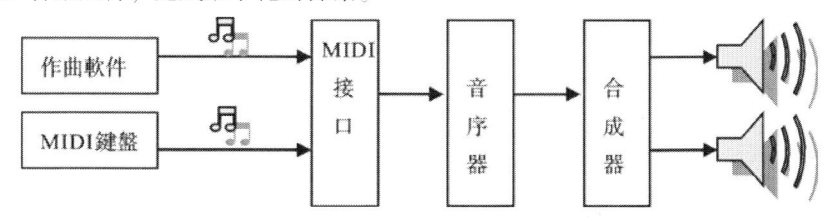

圖 7－1　MIDI 聲音的處理

7.2.3 視頻素材及數字化

視頻是圖像數據的一種，若干有聯繫的圖像數據連續播放便形成了視頻。視頻容易讓人聯想到電視，但電視視頻是模擬信號，而計算機視頻是數字信號。

計算機視頻可來自錄像帶、攝像機等視頻信號源的影像，但這些視頻信號的輸出大多是標準的彩色電視信號。要將其輸入計算機，不僅要實現由模擬向數字信號的轉換，還要有壓縮、快速解壓縮及播放的相應硬軟件處理設備。將模擬視頻信號經模數轉換和彩色空間變換轉換成數字計算機可以顯示和處理的數字信號，稱為視頻模擬信息的數字化。

1. 視頻素材的數字化

視頻模擬信號的數字化一般包括以下幾個步驟：

（1）取樣，將連續的視頻波形信號變為離散量。

（2）量化，將圖像幅度信號變為離散值。

（3）編碼，視頻編碼就是將數字化的視頻信號經過編碼成為電視信號，從而可以錄制到電視上或錄像帶中播放。

2. 視頻格式

視頻格式分為適合本地播放的本地影像視頻和適合在網路中播放的網路流媒體影像視頻兩大類。網路流媒體影像視頻的廣泛傳播性，使其廣泛應用於視頻點播、網路演示、遠程教育、網路視頻廣告等互聯網信息服務領域。

視頻格式主要包括 MPEG、AVI、MOV、ASF、WMV、NAVI、3GP、REAL VIDEO、MKV、FLV、F4V、RMVB、WebM 等。

（1）MPEG 格式

MPEG（Motion Picture Experts Group）即運動圖像專家組，MPEG 系列標準已成為國際上影像的多媒體技術標準，包括 MPEG－1、MPEG－2 和 MPEG－4 在內的多種視頻格式。它採用有損壓縮算法來減少運動圖像中的冗余信息，從而達到高壓縮比的目的。大部分 VCD 採用 MPEG－1 格式壓縮。使用 MPEG－1 壓縮算法，可把一部 120 分鐘長的電影壓縮到 1.2GB 左右大小。MPEG－2 則應用於 DVD 的製作，使用 MPEG－2 壓縮算法，可將一部 120 分鐘長的電影壓縮到 5~8GB 的大小。MPEG－1 和 MPEG－2 均為採用相同原理為基礎的預測編碼、變換編碼以及運動補償等第一代數據壓縮編碼技術。MPEG－4 則是基於第二代壓縮編碼技術制定的國際標準，以視聽媒體對象為基本單元，採用基於內容的壓縮編碼，以實現數字視音頻、圖形合成應用及交互式多媒體的集成。

（2）AVI 格式

AVI（Audio Video Interleaved）即音頻視頻交錯，是由 Microsoft 公司開發的一種數字音頻和視頻文件格式，一般用於保存電影、電視等各種影像信息。AVI 格式調用方便、圖像質量好，壓縮標準可任意選擇，是應用最廣泛、也是應用時間最長的格式之一。

（3）MOV 格式（Quick－Time）

MOV 格式是 Apple 公司開發的一種音頻和視頻文件格式，用於保存音頻和視頻信息，也可以作為一種流媒體文件格式。Quick－Time 提供了兩種標準圖像和數字視頻格式，即可以支持靜態的 *.PIC 和 *.JPG 圖像格式，動態的則是基於 Indeo 壓縮法的

*.MOV 和基於 MPEG 壓縮法的 *.MPG 視頻格式。

(4) ASF 格式

ASF（Advanced Streaming format）即高級流格式。ASF 採用了 MPEG0-4 的壓縮算法，其壓縮率和圖像的質量都很不錯。

(5) WMV 格式

一種獨立於編碼方式的、在 Internet 上即時傳播多媒體的技術標準。Microsoft 公司希望用其取代 QuickTime 之類的技術標準以及 WAV、AVI 等的文件擴展名。WMV 的主要優點在於：可擴充的媒體類型、本地或網路回放、可伸縮的媒體類型、流的優先級化、多語言支持以及擴展性等。

(6) 3GP 格式

3GP 是一種 3G 流媒體的視頻編碼格式，主要是為了配合 3G 網路的高傳輸速度而開發的，也是目前手機中最為常見的一種視頻格式。該格式是「第三代合作夥伴項目」(3GPP) 制定的一種多媒體標準，使用戶能使用手機享受高質量的視頻、音頻等多媒體內容，其核心由包括高級音頻編碼（AAC）、自適應多速率（AMR）和 MPEG-4 以及 H.263 視頻編碼解碼器等組成，目前大部分支持視頻拍攝的手機都支持 3GPP 格式的視頻播放。

7.2.4 圖形、圖像素材及數字化

多媒體應用需要綜合處理聲音、文字和圖像等媒體信息。比較而言，人的眼睛與計算機的交流最為廣泛，因而，圖形、圖像更加直觀。它們在多媒體中是具有豐富表現力和感染力的媒體元素。相應地，多媒體計算機中圖形圖像素材的採集與製作就顯得非常重要。

1. 矢量圖和位圖

一般地講，凡是能為人類視覺系統所感知的信息形式或人們心目中的有形想像都稱為圖像。無論是圖形還是文字、影像視頻等，最終都是以圖像形式出現的。在多媒體中，靜態的圖像在計算機中可以分為矢量圖和位圖。

(1) 位圖（Bitmap）

位圖是用點陣來表示圖像的。其處理方法是將一幅圖像分割成若干個小的柵格，每一格的色彩信息都被保存下來。採用這種方式處理圖像，可以使畫面很細膩，顏色也比較豐富。但文件的尺寸一般較大，而且圖像的清晰度和圖像的分辨率有關。將圖像放大以後，容易出現模糊的情況，如圖 7-2 所示。常用的位圖文件格式如.bmp 等。

圖 7-2　放大后的位圖效果

(2) 矢量圖（Vector）

矢量圖是根據圖形的幾何特徵和色塊來描述和存儲圖形的。比如，要用矢量的方法來處理一個圓，那麼需要描述的就應該有圓心的坐標、半徑、邊線和內部的顏色。矢量圖編輯的都是對象或形狀，它與分辨率無關，易於實現圖形的放大、縮小、翻轉等操作，比較適合於計算機輔助設計制圖等方面。如圖 7－3 所示，矢量圖在經過放大以后圖形的效果沒有變差。

圖 7－3　放大后的矢量圖

矢量圖形是以一種指令的形式存在的。在計算機上顯示一幅圖形時，首先要解釋這些指令，然后將它們轉變成屏幕上顯示的形狀和顏色。矢量圖形需要的存儲量很小。但計算機在圖形的還原顯示過程中，需要對指令進行解釋，因此需要大量的運算時間。

常用的矢量圖形文件格式有.fla（flash）、.swf（flash）、.cdr（CorelDRAW）等。

2. 圖形、圖像在計算機中的顯示

圖形、圖像在計算機中的顯示效果與顯示設備、顯卡的性能相關，與屏幕和圖像分辨率、圖像深度也是分不開的。

(1) 像素

像素（Pixel）是圖像處理中的基本單位。在位圖中，每一個柵格為一個像素。計算機的顯示器通過很多這樣橫向和縱向的柵格來顯示圖像。在單位面積內的像素越多，圖像的顯示效果就越好。所謂像素大小，是指位圖圖像在水平和垂直兩個方向的像素數。

(2) 分辨率

分辨率是單位長度內包含的像素數。常見的分辨率有圖像分辨率、顯示器分辨率等。圖像分辨率是每英吋裡包含的像素數，單位是 ppi。圖像的像素越高，圖像的質量就越好，但計算機處理的速度卻相對較慢。

(3) 圖像深度

圖像深度（也稱圖像灰度、顏色深度）是指一幅位圖圖像中最多能使用的顏色數。由於每個像素上的顏色被量化后將用顏色值來表示，所以在位圖圖像中每個像素所占位數就被稱為圖像深度。若每個像素只有一位顏色位，則該像素只能表示亮或暗，這就是二值圖像。若每個像素有 8 位顏色位，則在一副圖像中可以有 256 種不同的顏色。若每個像素具有 16 位顏色位，則可使用的顏色數達 65,536 種，也就是通常指的「增強色」。

(4) 顯示深度

顯示深度表示顯示器上每個像素用於顯示顏色的 2 進制數字位數。若顯示器的顯示深度小於數字圖像的深度，會使數字圖像顏色的顯示失真。

2. 圖形、圖像在計算機中的存儲

在圖像處理中，可用於圖像文件存儲的存儲格式有多種，較為常見的有：

（1） BMP 格式

BMP 格式是標準的 Windows 和 OS/2 的基本位圖圖像格式。該格式可表現 2~24 位的色彩，分辨率也可從 480×320 至 1024×768。BMP 支持黑白圖像、16 色和 256 色的偽彩色圖像以及 RGB 真彩色圖像。BMP 格式採用無損壓縮方式，因此這種格式的圖像幾乎不失真，但圖像文件的尺寸較大。多種圖形圖像處理軟件都支持這種格式的文件，它已成為 PC 機上最常用的位圖格式。

（2） GIF 格式

GIF 格式是壓縮圖像存儲格式，最多只能處理 256 色。但由於壓縮比較高，因而 GIF 文件較小。GIF 文件支持透明背景，特別適合作為網頁圖像來使用。

（3） JPEG 格式

JPEG 格式是圖像的一種壓縮存儲格式，壓縮效率較高。JPEG 格式是一種帶有破壞性的壓縮方式，圖像轉換成 JPEG 格式後會丟失部分數據，現在多用於網頁圖像和一些不包含文字的圖像。對於同一幅畫面，JPEG 格式存儲的文件是其他類型圖形文件大小的 1/10 到 1/20，而且色彩數最高可達到 24 位。這種格式的最大特點是文件非常小。

（4） TIFF 格式

TIFF 格式是一種應用非常廣泛的位圖圖像模式，支持所有圖像類型。它能以不失真的形式壓縮圖像，最高支持的色彩數可達 16M。TIFF 文件體積龐大，但存儲信息量巨大，細微層次的信息較多，有利於原稿編輯與色彩的複製。它可能是目前最複雜的一種圖像格式，但同時也是工業標準的圖像存儲格式。

（5） PSD 格式

PSD 格式是 Photoshop 自身專用的文件格式。該格式是唯一支持全部顏色模式的圖像格式，它保存了圖像數據中有關圖層、通道和參考線等屬性的信息。PSD 格式還是一種非壓縮的文件格式，佔用的硬盤空間較大。

3. 圖形、圖像數據的採集

圖像的數字化過程是指計算機通過圖像數字化設備（掃描儀、數字照相機）把圖像輸入到計算機中，經過採樣、量化，把圖像轉變成計算機能接受的存儲格式。圖形、圖像數據的獲取即圖形、圖像的輸入處理，是指對所要處理的畫面的每一個像素進行採樣，並且按顏色和灰度進行量化，就可以得到圖形、圖像的數字化結果。

圖像數據的獲取方法主要有以下幾種：

（1） 使用掃描儀掃入圖像。

（2） 使用數字照相機拍攝圖像。

（3） 使用攝像機捕捉圖像。

（4） 用熒光屏抓取程序從熒光屏上直接抓取。

（5） 利用繪圖軟件創建圖像以及通過計算機語言編程生成圖像。

使用掃描儀時，必須在 PC 上安裝相關的軟件，把掃描的內容轉換成需要的文字和圖片。這種軟件一般稱作 OCR 軟件。清華 TH－OCR MF7.50 自動識別輸入系統就是這種類型的軟件。它的中英文識別率高，可以處理複雜的版面和表格。

使用掃描儀一般分為三個步驟：
① 使用掃描儀和 OCR 軟件掃描圖像。
② 在 OCR 軟件中，矯正圖像，包括矯正圖像的方向、順序、大小等。
③ 使用軟件識別文本、圖片、表格，並對識別出的文本內容進行修改、保存。
整個過程使用掃描儀和 OCR 軟件來完成。

數碼照相機也是目前流行的圖形、圖像的輸入設備。首先將數碼照相機通過 USB 接口和計算機相連，然后啓動隨數碼照相機配送的圖像獲取和編輯軟件，即可輕松地把數碼照相機中的圖像文件下載到計算機中。

7.2.5 動畫素材及數字化

無論看電影、電視，還是上網，總能看到許多製作精美、引人入勝的動畫，領略到計算機動畫的魅力。動畫以其獨特魅力影響著人們生活的方方面面。

什麼是計算機動畫？簡單地說，計算機動畫是計算機圖形學和藝術相結合的產物。它綜合利用計算機科學、藝術、數學、物理學以及其他相關學科的知識和技術，在計算機上生成絢麗多彩的連續的虛幻畫面，給人們提供一個充分展示個人想像和藝術才能的新天地。計算機動畫不僅可應用於商業廣告、電影、電視、娛樂，還可應用於計算機輔助教學、軍事、飛行模擬等方面。

1. 動畫的原理

動畫是因為人們視覺上的錯覺而產生的。這種錯覺讓人感覺圖像在動，導致這種錯覺的物理現象稱為「視覺殘像」。做一個簡單的實驗，在教科書或作業本的邊角上畫一些連續的圖像，然后快速翻動書頁時，就會看到原來靜止的圖像仿佛動起來了。這是因為視覺殘像而產生的動畫錯覺。動畫的原理與其相同。

那麼，這種視覺殘像是怎樣產生的呢？圖像經過人的眼睛傳送到大腦中大約需要 1/16 秒的時間，因而只要兩幅圖像的時間差距在 1/16 秒以內，人眼就感覺不到停頓，而感覺圖像是連續的。例如，攝像機拍攝的速度是每 1/24 秒拍攝一幀，也就是一秒鐘拍攝 24 幀圖像，放映時，再按每秒 24 幀的速度播放，就可以看到動畫了。

動畫正是利用人的視覺暫留特性而產生的一門技術，通過快速地播放一系列的靜態畫面，讓人在視覺上產生動態的效果。比如：在製作電影的時候，需要這樣的一些場面，大橋被炸毀、小行星撞地球、一個少年在漸漸地變老等，直接拍攝是很難想像的。而用創作的辦法，製作出動畫，便是一個很好的辦法。

組成動畫的每一個靜態畫面稱為一「幀」（frame）。動畫的播放速度通常稱為「幀速率」，以每秒鐘播放的幀數表示，简記為 f/s。動畫具有良好的表現力，比如在多媒體教學中合理地使用動畫，可大大增強教學效果，生動形象地描述講解的內容，增強知識的消化和理解。

2. 計算機動畫的種類及其特點

（1）二維動畫與三維動畫

動畫實質是活動的畫面，是一幅幅靜態圖像的連續播放。動畫的連續播放既指時間上的連續，也指圖像內容上的連續。根據計算機動畫的表現方式，通常可以分為二維動畫和三維動畫兩種形式。

二維動畫顯示平面圖像，其製作過程就像在紙上作畫一樣，通過移動、變形、變色等手法可以產生圖像運動的效果。常見的動畫大多數都屬於二維動畫。在常見的二維動畫中也可以模擬三維的立體空間，但其圖像的精確程度遠不及三維動畫。

三維動畫則顯示立體圖像，如在 3ds MAX 中製作三維動畫。首先建立三維的物體模型，設置模型的顏色、位置、材質、燈光。在不同的視圖中布置被攝對象的位置、規定運動的軌跡、安排好各種燈光，然後在特定位置架設好「攝影機」，也可設定攝影機的推拉搖移，最後通過軟件計算出在這一立體空間下「攝影機所見的」動態圖像效果。

（2）逐幀動畫和漸變動畫

對二維動畫而言，按照不同的標準存在不同的分類。按照製作方式，可以分為逐幀動畫和漸變動畫。

逐幀動畫方式就是一張張地畫出圖像，最後連貫播放，形成動畫的方式。這種方式與傳統的動畫製作方式相同，但是由於每秒動畫都需要 16 幀以上的畫面，因而製作動畫的工作量巨大。只有在少數情況下才使用這種方式，比如動畫本身比較簡單、時間較短或者漸變動畫無法完成的特別動畫。

漸變動畫在製作過程中只需製作構成動畫的幾張關鍵的幀，而關鍵幀之間的幀則是由計算機根據預先設定的運作方式及兩端的關鍵幀自動計算生成的。其中，關鍵幀用以描述一個對象的位移情況、旋轉方式、縮放比例、變形變換等信息的關鍵畫面。比如要製作一個籃球下落的動畫，只需在第一幀和最後一幀分別畫出開始狀態和最後狀態的籃球位置和狀態。有了這兩個關鍵幀，計算機通過軟件可以自動生成一個籃球下落的動畫。漸變動畫充分地利用計算機的計算能力，大大地降低了動畫的工作量和製作難度，是製作計算機動畫的主要方式。

（3）位圖動畫和矢量動畫

計算機動畫的存儲也存在不同的方式。按照計算機動畫的存儲方式，計算機動畫還可分為位圖動畫和矢量動畫。這兩種動畫的製作工具也有不同。位圖圖像的製作工具有 Adobe 公司的 Photoshop 等；矢量圖常用的製作軟件有 CorelDRAW。

在動畫製作中，Flash 是一個非常強大的動畫製作軟件。GIF 動畫是多媒體網頁動畫最早最簡單的製作格式，文件大小在 20～50KB。除此之外，還可以用 JAVA 的應用程序（Applet）製作有動畫效果的圖形或網頁。對個人而言，最常用的動畫形式是 GIF 動畫和 Flash 動畫，它們同樣也是在互聯網上使用最為廣泛的動畫形式。

3. 計算機動畫的製作

在多媒體應用中，可以選擇兩種方式創建動畫。一種是使用專門的動畫製作軟件生成獨立的動畫文件。利用動畫製作軟件製作出來的動畫，有基於幀的動畫、基於角色的動畫和基於對象的動畫。另外一種是利用多媒體創作工具中提供的動畫功能，製作簡單的對象動畫。例如，可以使屏幕上的某一對象（可以是圖像，也可以文字）沿著指定的軌跡移動，產生簡單的動畫效果。

計算機動畫是在傳統手工動畫的基礎上發展起來的，它們的製作過程有很多相似之處。下面是基於幀的動畫製作中的主要步驟：

（1）編寫稿本。

（2）繪製關鍵幀（包括著色）。

（3）生成中間幀（利用動畫軟件自動生成）。

（4）生成動畫文件。

（5）編輯（將若干動畫文件合成）。

在動畫製作中，一般幀速可選擇為 30 幀/秒。在實際製作中，使用動畫製作軟件 FlashMX，結合上面的基本步驟可實現多媒體動畫。

4. 計算機動畫的文件存儲

常見的動畫格式有 GIF、FLI、FLC、AVI、SWF 等，每種格式具有各自的特點。

（1）GIF 格式

GIF（Graphics Interchange Format）即圖形交換格式，採用無損數據壓縮方法中壓縮率較高的 LZW 算法，可以同時存儲若干幅靜止圖像並形成連續的動畫。目前，Internet 大量採用的彩色動畫文件多為這種格式的 GIF 文件，很多圖像瀏覽器都可以直接觀看此類動畫文件。

（2）FLIC 與 FLI/FLC 格式

FLIC 是 Autodesk 公司在動畫製作軟件中採用的彩色動畫文件格式，FLIC 是 FLC 和 FLI 的統稱，其中，FLI 是基於 320×200 像素的動畫文件格式。FLC 則是 FLI 的擴展格式，採用更高效的數據壓縮技術，其分辨率不再局限於 320×200 像素，改進了 FLI 格式尺寸固定與顏色分辨率低的不足，是一種可使用各種畫面尺寸及顏色分辨率的動畫格式。

FLIC 文件採用行程編碼（RLE）算法和 Delta 算法進行無損數據壓縮，首先壓縮並保存整個動畫序列中的第一幅圖像，然後逐幀計算前後兩幅相鄰圖像的差異或改變部分，並對這部分數據進行 RLE 壓縮。FLIC 被廣泛應用於動畫圖形中的動畫序列、計算機輔助設計和計算機遊戲應用程序。

（3）AVI 格式

嚴格地說，AVI 格式並非動畫格式，而是視頻格式，是對視頻、音頻文件採用的一種有損壓縮方式，該方式的壓縮率較高，可將音頻和視頻混合到一起。AVI 格式不但包含畫面信息，亦包含有聲音。包含聲音時會遇到聲、畫同步的問題。這種動畫格式以時間為播放單位，在播放時不能控制其播放速度。

（4）SWF 格式

SWF 是 Flash 的矢量動畫格式，採用曲線方程描述其內容，而非由點陣組成，這種格式的動畫在縮放時不會失真，非常適合描述由幾何圖形組成的動畫，如教學演示等。

Flash 動畫的文字、圖像能跟隨鼠標的移動而變化，可製作出交互性很強的效果。Flash 動畫廣泛應用於網頁中，用它製作的 SWF 動畫文件可以嵌入 HTML 文件，並能添加 MP3 音樂，成為一種流式媒體文件。SWF 文件的存儲量很小，卻可以在幾百至幾千字節的動畫文件中包含幾十秒鐘的動畫和聲音，使整個頁面充滿生機。

（5）MOV 與 QT 格式

MOV 和 QT 均為 QuickTime 的文件格式，支持 256 位色彩，支持 RLE、JPEG 等集成壓縮技術，提供了 150 多種視頻效果和 200 多種 MIDI 兼容音響和設備的聲音效果，能夠通過 Internet 提供即時的數字化信息流、工作流與文件回放。

7.3 Photoshop 圖像處理初步

Adobe Photoshop 是各種圖像特效製作產品的典範。Photoshop 匯集了繪圖編輯工具、色彩調整工具和特殊效果工具，並且可以外掛不同的濾鏡，功能非常豐富。Photoshop 主要具有以下功能：

（1）繪圖功能：提供許多繪圖及色彩編輯工具。

（2）圖像編輯功能：包括對已有圖像或掃描圖像進行編輯，例如放大和裁剪等。

（3）創意功能：許多原來要使用特殊鏡頭或濾光鏡才能得到的特技效果用 Photoshop 軟件就能完成，也可產生美學藝術繪畫效果。

（4）掃描功能：可將 Photoshop 與掃描儀相連，從而得到高品質的圖像。

7.3.1 Photoshop 基礎

1. Photoshop 工作窗口

Photoshop 的工作窗口如圖 7-4 所示。這裡使用的是 Photoshop 7.0（以下簡稱 Photoshop）。其他版本在菜單結構上可能會有所不同，但大體相當。

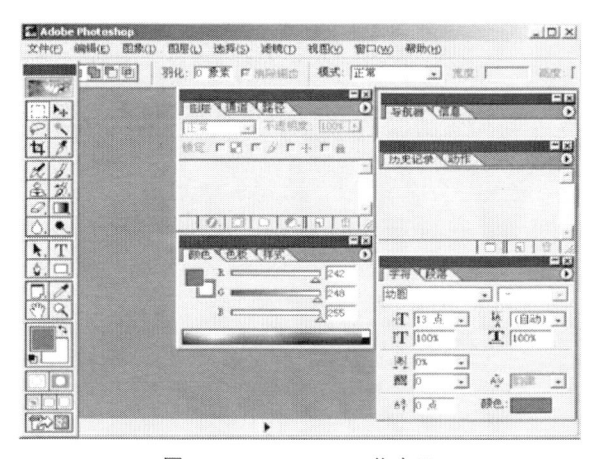

圖 7-4　PhotoShop 工作窗口

Photoshop 工作窗口由標題欄、菜單欄、圖像窗口、工具箱、控制面板和狀態欄等部分組成。

（1）Photoshop 菜單

Photoshop 的主要功能可通過菜單欄中各命令來實現。菜單包括「文件」「編輯」「圖像」「圖層」「選擇」「濾鏡」「視圖」「窗口」和「幫助」。

・「文件」菜單：用於文件的新建、打開、保存、輸入輸出以及文件設置、打印和顏色屬性的設置、退出程序等。

・「編輯」菜單：用於圖像的複製、剪切、粘貼、填充圖像和實施圖像變換等。

・「圖像」菜單：用於改變圖像模式、調整圖像以及畫布的尺寸、旋轉畫布等。

・「圖層」菜單：用於新建和刪除圖層、調整圖層選項、圖層蒙板以及合併圖

層等。
- 「選擇」菜單：用於調整、儲存和加載選擇區域。
- 「濾鏡」菜單：用於添加各種各樣的特殊效果。
- 「視圖」菜單：用於縮放圖像、顯示標尺、顯示和隱藏網格等。
- 「窗口」菜單：用於控制工具箱和控制面板的顯示和隱藏。
- 「幫助」菜單：用於獲取有關 Photoshop 的幫助信息。

(2) Photoshop 工具箱

Photoshop 提供了 50 多種工具，這些工具被整合在工具箱中，按其功能劃分為選區工具、繪圖工具、渲染工具和顏色設置工具等。工具箱中的某些圖標右下角有「8」3 7 9 標誌，表明它是一個工具組，其中還有其他類型相近的工具可供選擇。

Photoshop 工具箱位於工作窗口的左側，其常用工具從上到下分別是：
- 選框工具：最上方的 4 個按鈕，4 種不同的選擇工具，用於選取圖像中的特定部分。
- 圖像繪製工具：有 8 個按鈕，分別是噴槍、畫筆、橡皮圖章、歷史畫筆、橡皮、鉛筆、模糊和減淡工具，用來繪製或修改圖像。
- 其他輔助工具：包括鋼筆、文字、度量、漸變、油漆桶、吸管 6 個按鈕。
- 視圖工具：包括拖動和縮放兩個按鈕。
- 顏色控制工具：用於設置編輯圖像時用到的前景色和背景色。
- 模式工具：用於在標準模式和快速蒙板模式之間進行切換。
- 屏幕顯示工具：有標準屏幕模式、帶菜單欄的全屏模式和全屏模式三個圖標，可在它們之間任意切換。
- Photoshop/ImageReady 切換工具：用於兩個軟件工作界面間的即時切換。

(3) Photoshop 浮動面板

Photoshop 浮動面板位於工作窗口的右側，可方便設計者對圖像的編輯。這些浮動面板分別是導航器面板、信息面板、顏色面板、色板面板、樣式面板、歷史記錄面板、動作面板、工具面板、圖層面板、通道面板、路徑面板、畫筆面板、字符面板和段落面板。

第 1 組包括導航器、信息、選項三個面板。其中，導航器面板可使用戶按不同比例查看圖像的不同區域；信息面板顯示光標所在位置的顏色值；選項面板可提供當前可用的各種選項。

第 2 組包括顏色、色板和樣式三個面板。三個部分配合使用，可以確定畫筆的形狀、大小和顏色。

第 3 組包括圖層、通道和路徑三個面板，用來對圖層、通道和路徑進行控制和操作。

第 4 組包括歷史和動作兩個面板。其中，歷史面板可用來恢復圖像編輯過程中的任何狀態；動作面板可將一系列編輯步驟設定為一個動作，以提高圖像編輯效率。

2. Photoshop 的基本操作

(1) 文件操作

① 新建圖像文件。選擇「文件」菜單中的「新建」命令，打開「新建」對話框，

如圖 7-5 所示。在對話框中，可設定新建文件的名稱、寬度、高度、分辨率、顏色模式和背景模式。當設定各項內容後，單擊「確定」按鈕。

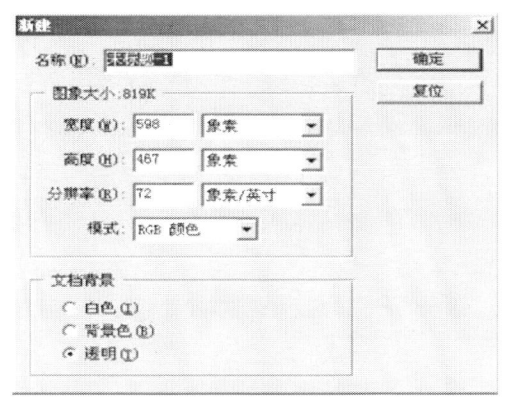

圖 7-5 「新建」對話框

② 打開文件。選擇「文件」菜單中的「打開」命令，出現「打開」對話框。在對話框中，選取正確的路徑和文件類型，然後單擊「打開」按鈕。

③ 保存當前圖像效果。選擇「保存」或「另存為」命令，或「另存為網頁格式」命令。若選擇「保存」命令，使用現有的文件名和文件格式保存，原文件被覆蓋；若選擇「另存為」命令，將圖像保存為一個新文件，但文件格式不變；若選擇「另存為網頁格式」命令，使圖像保存為網路上經常使用的格式文件，如 GIF。

④ 關閉文件。選擇「文件」菜單中的「關閉」命令，或單擊圖像窗口右上角的「關閉」按鈕。若要保存修改過的文件，則打開警示對話框，詢問是否將圖像保存。

(2) 調整圖像和畫布的大小

① 改變圖像的大小。選擇「圖像」菜單中的「圖像大小」命令，打開「圖像大小」對話框，如圖 7-6 所示。

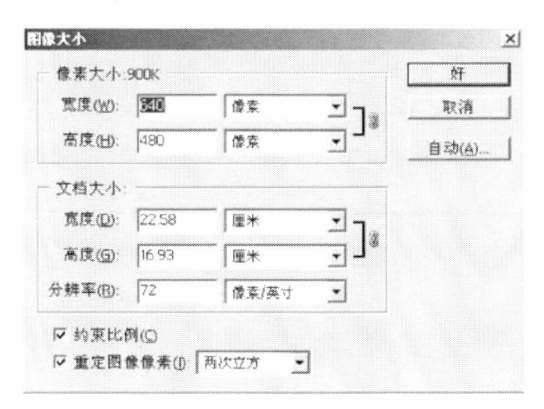

圖 7-6 「圖像大小」對話框

② 在「像素大小」欄中可以修改圖像的寬度和高度，其修改結果將影響圖像在屏幕上的顯示大小。在「文檔大小」欄中可以修改圖像的寬度和高度，其修改結果將影

響圖像的打印尺寸。若要增加圖像的空白區域，需要對畫布的大小進行修改。

③ 選擇「圖像」菜單中的「畫布大小」命令，打開「畫布大小」對話框，如圖7-7所示。在「寬度」和「高度」欄中調整畫布的大小。若新設置的尺寸小於原圖像的大小，則從四周向中心裁切圖像；若新設置的尺寸大於原圖像的大小，由中心向四周增加空白區域。空白區域的顏色為當前設置的背景色。

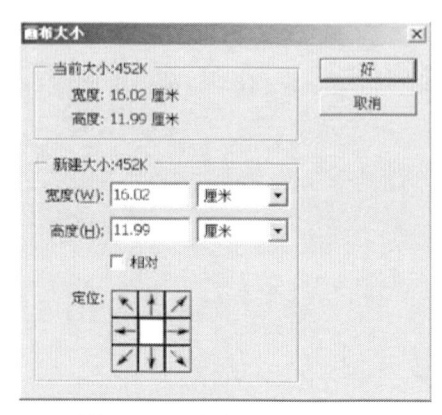

圖7-7 「畫布大小」對話框

(3) 圖像的裁切

圖像的裁切是指只選取圖像中有用的部分，而不是刪除圖像內容。裁切后的圖像尺寸將變小。用戶可自由地選取裁切區域，並對該區域進行旋轉、變形和修改分辨率等操作。

① 在工具欄中選擇裁切工具 ，在圖像窗口，按住鼠標左鍵不放並拖動，選擇一個區域，放開鼠標左鍵，出現一個裁切區域。這就是要保留的圖像內容，其余部分的圖像將被遮蔽，如圖7-8所示。

圖7-8 選取裁切區域

② 若對已選定的裁切區域滿意，按回車鍵，圖像被裁切；若取消已選定的裁切區域，按 Esc 鍵。圖像被裁切后的效果如圖7-9所示。選擇裁切區域后，還可以通過其四周的8個控制點對裁切範圍進行調整。

圖 7-9　圖像裁切后的效果

（4）操作的撤銷和重做

Photoshop 提供的撤銷和重做功能方便了圖像的編輯工作。只要沒有保存和關閉圖像，就能快速地進行撤銷和重做。在圖像編輯過程中，若發生錯誤操作，可選擇「文件」菜單中的「恢復」命令，來恢復文件打開時的初始狀態。

使用「歷史記錄」面板，可方便地實現圖像操作的撤銷和重做。「歷史記錄」面板中記錄了對圖像的所有操作，如圖 7-10 所示。

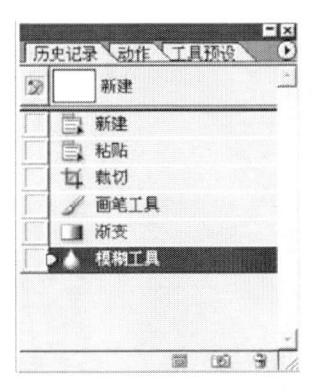

圖 7-10　「歷史記錄」面板

若要清除某項操作以后的歷史記錄，可先選中該操作，單擊鼠標右鍵，在彈出的快捷菜單中選擇「清除歷史記錄」命令，如圖 7-11 所示。也可以通過單擊「歷史記錄」面板下方的「刪除當前狀態」按鈕 ，清除指定的操作步驟。

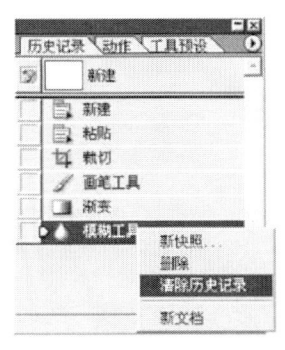

圖 7-11　清除歷史記錄

303

7.3.2 圖像製作

1. 圖像的選區

在 Photoshop 中，對圖像的處理通常是局部的、非整體性的處理。若要處理圖像的某一部分，需精確地選定處理區域。這個要進行操作的像素區域稱為選區。有了選區，就可對圖像的局部進行移動、複製、羽化、填充顏色和變形等特殊效果處理。

Photoshop 提供了一系列工具來進行選區操作，對選定的區域還可進行編輯和運算。

【例 7-1】使用魔術棒選取圖像。

（1）打開兩幅需要編輯的圖像，圖像分別為 car.jpg 和 girl.jpg。

（2）在工具箱中，選擇魔術棒工具。使用魔術棒工具，可選擇顏色相似的區域，而不必跟蹤其輪廓。

（3）在屬性欄中修改魔術棒的容差值為 40。魔術棒工具的屬性欄如圖 7-12 所示。

圖 7-12 魔術棒工具的屬性欄

容差值越大，表示近似程度越低，選擇的範圍就越大；容差值越小，表示近似的程度越高，選擇的範圍也就越小。

（4）在 girl.jpg 圖像中使用魔術棒，在黑色的區域單擊鼠標，當前所有黑色部分被選擇，如圖 7-13 所示。

圖 7-13 選中黑色背景　　圖 7-14 反選效果

（5）反選操作，即把圖像中的未被選取的部分作為新的選區，而原選區不被選中。選擇「選擇」菜單中的「反選」命令，得到選擇區域，如圖 7-14 所示。

（6）選擇「編輯」菜單中的「拷貝」命令，或按組合鍵 Ctrl+C，拷貝當前選擇的區域。接著選擇 car.jpg 圖像，按組合鍵 Ctrl+V，將選區圖像拷貝到新的圖像中。該選區圖像位於新的圖層中。調整複製圖像到新圖層的位置，得到如圖 7-15 所示的效果。

2. 圖像的複製

利用 Photoshop 的圖章工具，可將圖像中的部分或全部內容複製到同一幅圖像或其他圖像中。

【例 7-2】仿製圖章工具的應用實例。

（1）打開一幅圖像，如圖 7-16 所示。

圖 7-15　合成后的效果

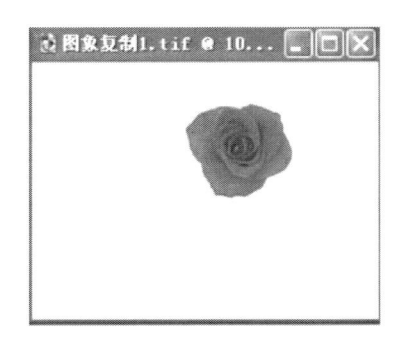

圖 7-16　打開圖像

（2）在工具箱中選擇仿製圖章工具，在工具屬性欄中設置畫筆的形狀和直徑、模式、不透明度和流量等屬性，如圖 7-17 所示。

圖 7-17　仿製圖章工具屬性欄

（3）設置取樣點。按住 Alt 鍵不放，光標的形狀變成⊕，在圖像中選擇需要複製的地方，然后單擊鼠標左鍵，如圖 7-18 所示。

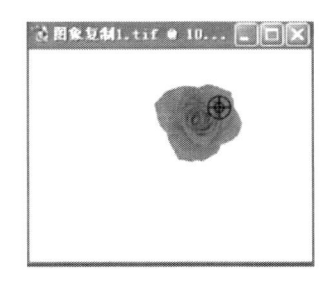

圖 7-18　設置取樣點

（4）將光標移動到圖像的另一位置，按住鼠標左鍵反覆拖動，即可完成圖像的複製。在複製過程中，取樣點附近出現一個十字光標表明複製的圖像內容。複製的效果如圖 7-19 所示。

圖 7-19　複製的效果

（5）若不選中「對齊的」復選框，每次松開鼠標左鍵，都將重新對取樣點的圖像進行複製，效果如圖 7-20 所示。

圖 7-20　不「對齊的」複製的效果

3. 圖像的修飾

Photoshop 提供了圖像修飾和渲染工具，利用這些工具可以對圖像進行模糊、銳化、加深和減淡等效果處理。

【例 7-3】使用模糊工具、銳化工具和塗抹工具渲染圖像。

（1）打開一幅圖像，如圖 7-21 所示。

圖 7-21　打開圖像

（2）在工具箱中選擇模糊工具，在工具屬性欄中設置畫筆的形狀和直徑、模式等屬性，如圖 7-22 所示。模糊工具會降低圖像中相鄰像素之間的反差，使圖像邊界區

域變得柔和，從而產生模糊效果。模糊工具屬性欄上的「強度」選項用來設置模糊程度，數值越大，模糊的效果越明顯。

圖 7-22　模糊工具屬性欄

（3）在圖像中，使用模糊工具在玫瑰花的輪廓處反覆單擊鼠標，效果如圖 7-23 所示。

圖 7-23　模糊效果

（4）重新打開圖像，在工具箱中選擇銳化工具。在工具屬性欄中設置畫筆的形狀和直徑、模式等屬性，如圖 7-24 所示。銳化工具和模糊工具的工作原理正好相反，它能夠使圖像產生清晰的效果。

圖 7-24　銳化工具屬性欄

（5）在圖像中，使用銳化工具在玫瑰花的輪廓處反覆單擊鼠標，效果如圖 7-25 所示。

圖 7-25　打開圖像

（6）塗抹工具模擬用手指塗抹繪製的效果。重新打開圖像，在工具箱中選擇銳化工具。用鼠標沿玫瑰花的輪廓反覆拖動，塗抹工具則將取樣顏色與鼠標拖動區域的顏色進行混合，形成如圖 7-26 所示的效果。

4. 圖層的運用

圖層是 Photoshop 中一個很重要的概念，任何特效都是在多個圖層上進行處理的。利用圖層，可以方便地處理和編輯圖像，一幅好的作品通常要運用圖層來進行處理。

圖 7-26　模糊效果

圖層就像是一張透明的紙，設計者可以對每張紙進行單獨的編輯，而不影響到其他的紙，最后把所有的這些紙按一定次序疊放起來，從而構成一幅完整的圖像。

【例 7-4】增添圖層，為圖像添加背景。

（1）新建一個圖像，在「新建」對話框中，設定新建文件的名稱、寬度、高度、分辨率等。

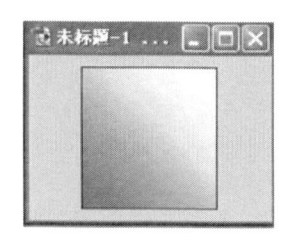

（2）使用工具箱中的前景色和背景色工具■，將前景色設置成藍色。用鼠標單擊工具箱中的漸變工具■，然后在圖像上拖動鼠標，形成漸變顏色的背景，如圖 7-27 所示。

圖 7-27　製作背景

（3）選擇「圖層」菜單中的「新建圖層」命令，在背景圖層上新建一圖層，圖層面板如圖 7-28 所示。其中，■圖標用來設置圖層的可見性，■圖標表示該圖層為當前圖層。

圖 7-28　新建圖層

（4）打開一幅圖像，如圖 7-29 所示。

圖 7-29　打開圖像

（5）運用魔術棒工具選擇玫瑰花部分，然后按組合鍵 Ctrl + C。用鼠標單擊圖層面板中的圖層 1，然后按組合鍵 Ctrl + V，將選區圖像拷貝到圖層中。處理后的效果如圖 7-30 所示，圖層面板如圖 7-31 所示。

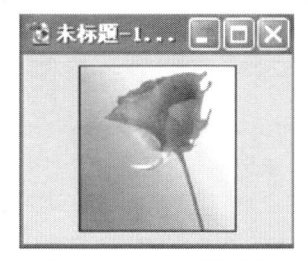

圖 7-30　處理后的效果　　　　圖 7-31　圖層面板

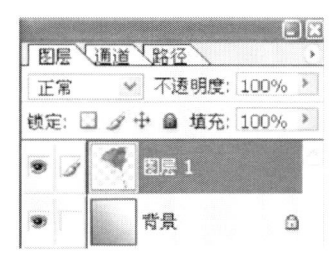

5. 濾鏡的運用

Photoshop 的濾鏡專門用於對圖像進行各種特殊效果處理。濾鏡可以方便快速地實現圖像的紋理、像素化、扭曲等特效處理。充分而適度地利用濾鏡，不僅可以改善圖像效果，掩蓋缺陷，還可以在原有圖像的基礎上產生許多特殊炫目的效果。

Adobe Photoshop 自帶的濾鏡效果有 14 組，每組又有多種類型。

【例 7-5】使用「旋轉扭曲」濾鏡，對圖像進行扭曲效果處理。

（1）打開一幅圖像，如圖 7-32 所示。

圖 7-32　原圖

（2）打開「濾鏡」菜單，先后選擇「扭曲」「旋轉扭曲」命令，打開「旋轉扭曲」濾鏡的「參數設置」對話框。「參數設置」對話框中的「角度」參數用來設置扭曲的程度。將「角度」參數設置為 50 時的扭曲效果如圖 7-33 所示。

309

圖 7-33　旋轉扭曲后的效果

7.4　Flash 動畫設計初步

動畫是多媒體產品中最具吸引力的素材，能使信息表現更生動、直觀，具有吸引注意力、風趣幽默等特點。

動畫製作軟件可將一系列畫面連續顯示，以達到動畫的效果。在眾多的動畫製作軟件中，Flash MX 使用最為廣泛。Flash MX 軟件是基於矢量、具有交互功能、專門用於 Internet 的二維動畫製作軟件。

Flash MX 主要具有如下功能特點：

(1) 矢量動畫——由於 Flash 動畫是矢量的，既可保證動畫顯示的完美效果，而又體積小，因而能在 Internet 上得到廣泛應用。

(2) 交互性——Flash 動畫可以在畫面中創建各式各樣的按鈕，用於控制信息的顯示、動畫或聲音的播放以及對不同鼠標事件的回應等，豐富了網頁的表現手段。

(3) 採用流技術播放——Flash 動畫採用流技術，在通過網路播放動畫時，邊下載邊播放。

7.4.1　Flash MX 基礎

1. Flash MX 工作窗口

安裝 Flash MX 後，雙擊其快捷圖標，打開 Flash MX，其工作窗口如圖 7-34 所示。Flash MX 工作窗口主要由標題欄、菜單欄、工具箱、時間線、場景等部分組成。

Flash MX 的菜單欄位於整個工作窗口的上部，主要包括以下選項和命令：

・「文件」菜單：包括文件的新建、打開、保存和影片的導入導出、設置文件、打印以及動畫的發布、程序退出等。

・「編輯」菜單：用於圖像的複製、剪切、粘貼等操作以及填充圖像和實施圖像變換等。

・「查看」菜單：用於顯示時間軸、工作區，清除鋸齒以及放大、縮小畫布的尺寸等。

・「插入」菜單：包括插入圖層、元件、幀以及場景等。

・「修改」菜單：用於調整、儲存和加載選擇區域。

・「文本」菜單：用於設置動畫中文本的字體、樣式、大小、對齊方式、間距等。

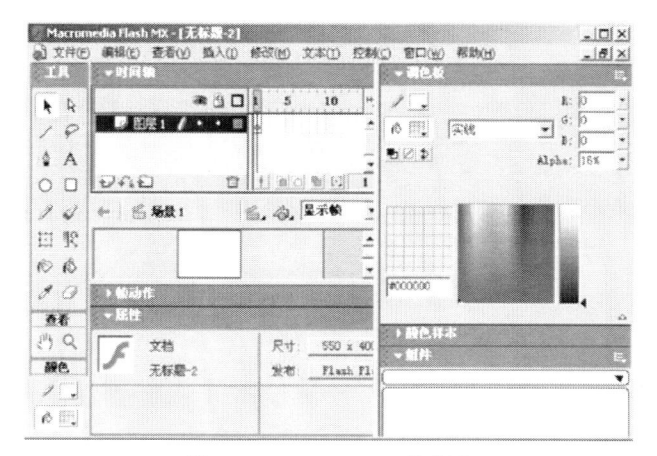

圖 7－34　Flash MX 工作窗口

- 「控制」菜單：用於動畫的測試、播放等控制。
- 「窗口」菜單：用於控制工具箱、控制面板的顯示和隱藏。
- 「幫助」菜單：用於獲取有關 Flash MX 的幫助信息。

2. Flash MX 工具箱

位於整個工作環境左側的按鈕組就是「工具箱」。工具箱中設置了許多常用的工具，主要用於繪製圖形和製作文字。這些工具從上到下依次是：

箭頭工具：用於選取和操作對象。

選取工具：用於調整圖形節點，改變圖形的形狀。

線條工具：用於繪製直線。

套索工具：用於選擇對象的編輯區域。

鋼筆工具：用於創建路徑。

文本工具：用於文字的輸入與編輯。

橢圓工具：用於繪製橢圓和正圓。

矩形工具：用於繪製矩形，矩形可帶有圓角。

鉛筆工具：用於繪製各種曲線。

筆刷工具：用於繪製各種圖形。筆刷的寬窄和形狀可調。

自由變換工具：用於對選定的對象進行旋轉、縮放等變換。

填充變換工具：用於調整漸變填充的中心位置、漸變角度和漸變範圍。

墨水瓶工具：用於創建和修改圖形輪廓線的顏色、寬度和樣式。

顏料桶工具：用於填充圖形內部的顏色，可選取各種單色及漸變色。

吸管工具：用於對已有顏色進行取樣。

橡皮工具：用於擦除對象的線條與顏色。擦除的模式和形狀可調。

3. Flash MX 的基本概念

（1）Flash 動畫中的幀

Flash 採用時間軸的方式設計和安排每一個對象的出場順序和表現方式。時間軸以

「幀」為單位，生成的動畫以每秒鐘 N 幀的速度進行播放。

動畫中的幀主要分為關鍵幀和普通幀。關鍵幀表現了運動過程的關鍵信息，建立對象的主要形態。Flash 以一個實心的黑點表示關鍵幀。若關鍵幀沒有內容，則以空心圓圈表示。關鍵幀之間的過渡幀稱為中間幀（普通幀）。

在 Flash 中，對於幀的操作主要有：插入幀、移除幀、插入關鍵幀、插入空白關鍵幀、清除關鍵幀等。

（2）Flash 動畫中的元件

在 Flash 中，元件是一種特殊的對象。Flash 元件分為圖形、按鈕和電影剪輯。元件一旦被創建，可無數次地在 Flash 動畫中使用。

一個 Flash 動畫中可包含多個不同類型的元件。設置元件的作用在於將動畫中常用到的圖片、視頻等對象建立成元件並放置在元件庫中，可隨時從庫中取出使用。

4. Flash 動畫的製作

Flash 可以製作逐幀動畫、運動漸變動畫和形狀漸變動畫。逐幀動畫的特點在於每一幀都是關鍵幀，製作的工作量很大。

Flash 提供一種生成圖形運動動畫的方法，稱為運動漸變。運動漸變動畫可產生位置的移動、大小的縮放、圖形的旋轉以及顏色的深淺等多種變化。只需要製作出圖形的起始幀和結束幀，所有起始幀和結束幀之間的運動漸變過程的幀由計算機自動生成。

Flash 還提供了一種生成形狀漸變的動畫方法，稱為形狀漸變。形狀漸變實現的是某個對象從一種形狀變成另一種形狀。和運動漸變一樣，只需要製作出圖形的起始幀和結束幀，所有起始幀和結束幀之間的形狀漸變過程的幀由計算機自動生成。

7.4.2 動畫製作

1. 製作逐幀動畫

【例 7 - 6】製作逐幀動畫。隨著動畫的播放，屏幕上逐字顯示一行文本，同時文字下面從左往右畫出一條下劃線，如同正在打印一樣，如圖 7 - 35 所示。

圖 7 - 35　逐幀動畫效果

操作步驟如下：

（1）新建 Flash 文件，選擇「修改」菜單中的「文檔」命令，打開「文檔屬性」對話框，將影片尺寸設為「500px×150px（寬×高）」，背景色設為淺藍色，其他設置如圖 7 - 36 所示。

（2）在工具箱中選擇文本工具 **A**，設置文本工具屬性面板中的字體為 Times New Roman，字號為「40」磅，顏色為「紅色」。用鼠標單擊編輯區，在出現的文本輸入框中輸入文本的第一個字母「H」，如圖 7 - 37 所示。

（3）在時間軸上單擊第 2 幀，選擇「插入」菜單中的「時間軸」命令，接著選擇「關鍵幀」命令，插入一個關鍵幀。第 1 幀中的內容自動複製到第 2 幀。

（4）在第 3 幀處插入關鍵幀，在「H」的后面輸入第二個字母「a」，如圖 7 - 38

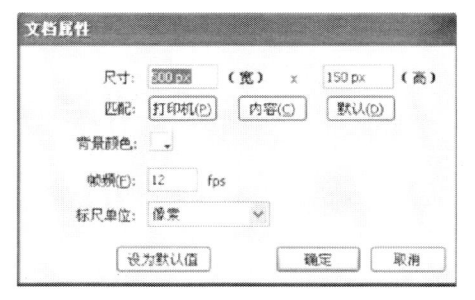

圖 7-36 「文檔屬性」對話框

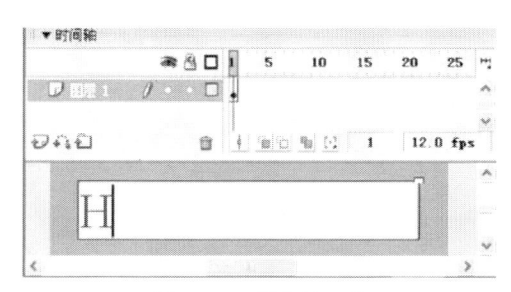

圖 7-37 製作第一幀

所示。在第 4 幀插入關鍵幀。第 3 幀中的內容自動複製到第 4 幀。

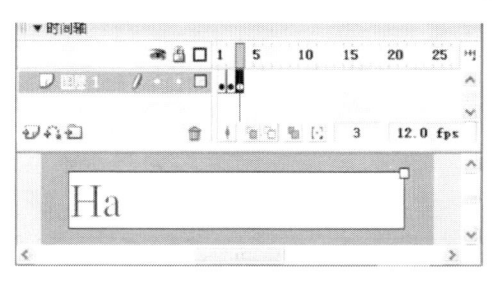

圖 7-38 插入第二個字母

（5）重複上述操作，每兩幀加入一個字母，每一幀都是關鍵幀，完成文本輸入的時間軸，如圖 7-39 所示。

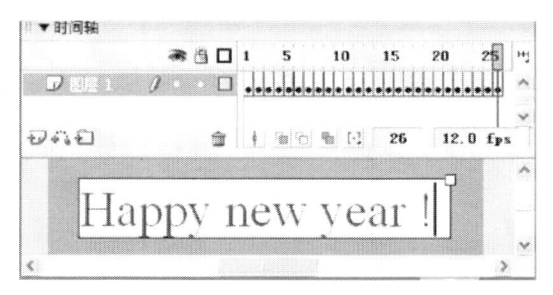

圖 7-39 完成字母輸入

（6）按回車鍵，在編輯區中可看到文本逐個跳出來，非常富有動感。

（7）單擊圖層區域中的「添加圖層」按鈕，添加一個新的層，如圖 7－40 所示。

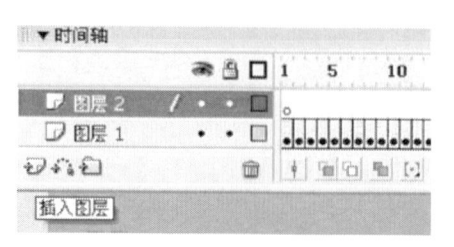

圖 7－40　添加新圖層

（8）在圖層 2 的第 1 幀處第一個字母的下方畫一條短黑線，在第 2 幀插入關鍵幀，在第 3 幀插入關鍵幀，用箭頭工具把黑線稍微拉長，並在第 4 幀插入關鍵幀。重複同樣的操作，在最後一幀處，黑線長度與文本長度一致，如圖 7－41 所示。

圖 7－41　新增圖層加入黑色橫線

（9）選擇「控制」菜單中的「測試影片」命令，或按組合鍵 Ctrl＋Enter，在新的瀏覽窗口中預覽到逐字顯示的一行文本，同時文字下面從左往右畫出一條下劃線。

（10）關閉預覽窗口，回到主場景中，保存動畫影片文件。

2．製作移動漸變動畫

【例 7－7】製作移動漸變動畫。其動畫的效果為：隨著動畫的播放，在藍色背景中一個顏色漸變的圓球從屏幕左下角慢慢升起，然后逐漸變快移動到右上角，並按一定的方向自轉。

（1）新建 Flash 文件，將背景色設為「藍色」，幀頻為「6」，尺寸為「400×300」。

（2）單擊工具箱中的填充色工具，在圖 7－42 所示的調色板中選擇漸變顏色。

（3）在舞臺的左下角繪製出用此顏色填充的圓。選中此圓，打開「插入」菜單，先后選擇「時間軸」「創建補間動畫」命令，Flash 自動將其轉換成圖形元件。此時，圓的周圍出現藍色的邊框，如圖 7－43 所示。

（4）在第 30 幀處插入關鍵幀，第 1 幀中的元件將被原樣複製過來。用鼠標將元件移動到舞臺的右上角。單擊時間軸上兩關鍵幀之間任意一幀，在幀屬性面板上設置補間類型為「動作」，簡易值設為「－90」，其他各選項設置如圖 7－44 所示。此時，兩

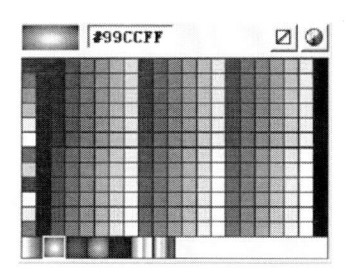

圖 7-42　填充色定義

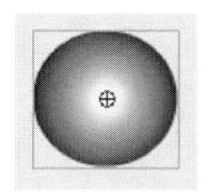

圖 7-43　球形元件

關鍵幀之間出現背景為淺灰色的黑色箭頭，表示所設動畫是一個「移動漸變」動畫，旋轉為「順時針」。

圖 7-44　幀屬性面板

其中，「旋轉」主要用於設置移動漸變中的特殊旋轉方式，包括順時針和逆時針。「簡易」決定動畫從開始到結束播放的速度，可用來創建加速或減速播放的效果。若要動畫在開始時比較慢然后逐漸加快，可下拉滑塊；反之，則上拉滑塊。若要使動畫的速度保持不變，可將滑塊拖到中間。

（5）用鼠標單擊第 30 幀中的圓球實例，在打開的圖形屬性面板中進行設置，如圖 7-45 所示。選擇顏色下拉列表框中的「色調」選項，設置 RGB 值分別為 255、0、0。

圖 7-45　圖形屬性面板

（6）選擇「控制」菜單中的「測試影片」命令，測試預覽動畫效果。
（7）保存文件，文件取名為「升起的圓球.fla」。

3. 給動畫導入聲音

一個好的動畫，如果只有動畫而沒有聲音，則美中不足。在 Flash 中，不僅可以製作動畫，還可以給動畫加入豐富的聲音效果。

【例 7-8】給例 7-7 的移動漸變動畫加入聲音。

操作步驟如下：

(1) 選擇「文件」菜單中的「導入到舞臺」命令，打開「導入」對話框。選擇需要導入的 .MP3 或 .WAV 文件，單擊「打開」按鈕，如圖 7-46 所示。

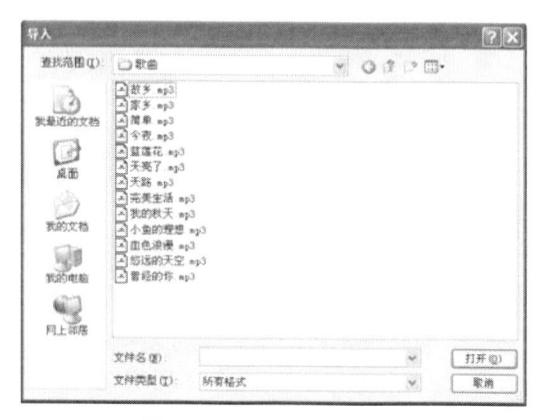

圖 7-46　「導入」對話框

(2) 單擊圖層區域中的「添加圖層」按鈕，添加一個新圖層，如圖 7-47 所示。該圖層專門用來播放聲音。

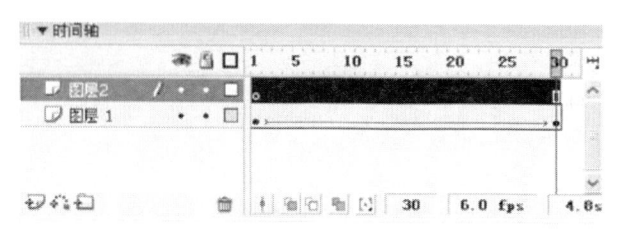

圖 7-47　新增一個層

(3) 如果需要聲音從該層的某一幀開始播放，用鼠標右鍵單擊該幀，在彈出菜單中選擇插入關鍵幀命令，將該幀設置為關鍵幀。然後在幀屬性面板中設置聲音相關屬性。

在幀屬性面板中的「聲音」下拉框，可選擇已導入到舞臺的聲音文件名，如圖 7-48 所示。

(4)「同步」下拉框中有四個選項，設置其值如圖 7-49 所示。其中，「事件」表示是由某一事件驅動開始播放的，但其播放獨立於時間線的約束，也就是說，即使時間線已經播放完了，該聲音還將繼續播放。選擇「開始」項，當動畫播放到添加聲音的幀時，聲音才開始播放；選擇「停止」項，表示聲音在該幀停止播放；選擇「數據流」項，則聲音會與動畫同步，動畫播放完畢，聲音停止播放。

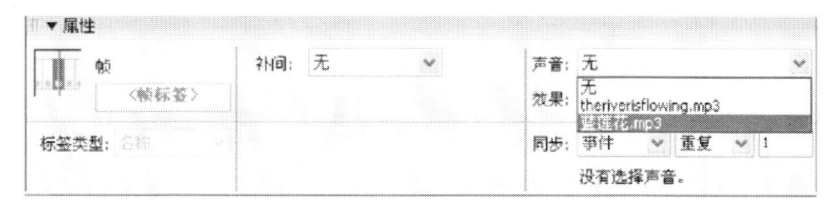

圖 7-48　設定動畫聲音

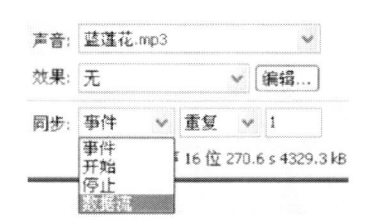

圖 7-49　同步的可選項

根據需要，設定幀屬性面板后，聲音文件加入到動畫中。

（5）選擇「控制」菜單中的「測試影片」命令，當動畫開始播放，音樂同步響起。動畫播放完畢，聲音停止播放。

（6）選擇「文件」菜單中的「發布設置」命令，發布 Flash 動畫。若是作為一般的網頁出版，則在「格式」選項卡中選擇 Flash、HTML、GIF 即可，如圖 7-50 所示。單擊「發布」按鈕，完成文件的發布工作。

圖 7-50　「發布設置」對話框

【本章小結】

本章的主要內容包括三個部分：多媒體基本概念、多媒體信息在計算機中的表示、多媒體製作及軟件的使用方法。

多媒體基本概念是理解多媒體技術的基礎。用戶必須在理解多媒體基本概念的基礎上，才能更好地應用多媒體技術為我們服務。多媒體計算機系統是我們使用多媒

技術的基本載體。用戶理解多媒體計算機的構成、特點后，才能擁有處理多媒體信息的工具。多媒體製作軟件是用戶進行多媒體信息收集、保存、創作、展現的基本工具。作為現代社會的經營研究人員、管理人員、設計人員等具備基本的多媒體信息創作能力是必須的。

【思考與討論】

1. 什麼是多媒體？多媒體計算機的基本硬件配置有哪些？
2. 簡述圖形與圖像的概念和特點。
3. 音頻文件的格式有哪些？它們有什麼區別？
4. 簡述動畫與數字視頻文件的區別和特點。
5. 音頻信息的採集方式有哪些？
6. 逐幀動畫和漸變動畫有何區別？
7. 簡述幾個有關圖像處理的軟件，並說明它們的基本功能和作用。
8. 若以每秒 25 幀速率播放 800×600 點陣、16 位色影像，其數據傳輸率是多少？
10. 多媒體技術具有哪些特性？
11. 舉出常見的幾個多媒體應用技術的領域。
12. 視頻編輯需要一些什麼樣的素材？
13. 怎樣分割視頻中的音頻數據？
14. 簡述在視頻中疊加文本標題的操作步驟。
15. 簡述要進行一個完整的視頻編輯工作，需要做哪些具體的事情？

第 8 章　電子商務與電子政務基礎

【學習目標】
- 瞭解電子商務的基本概念：定義、特點、基本要素和發展階段。
- 瞭解電子商務的分類與應用、電子商務交易的三階段。
- 瞭解電子支付與電子銀行。
- 掌握網上購物的基本流程。
- 瞭解電子政務的概念和內容。

【知識架構】

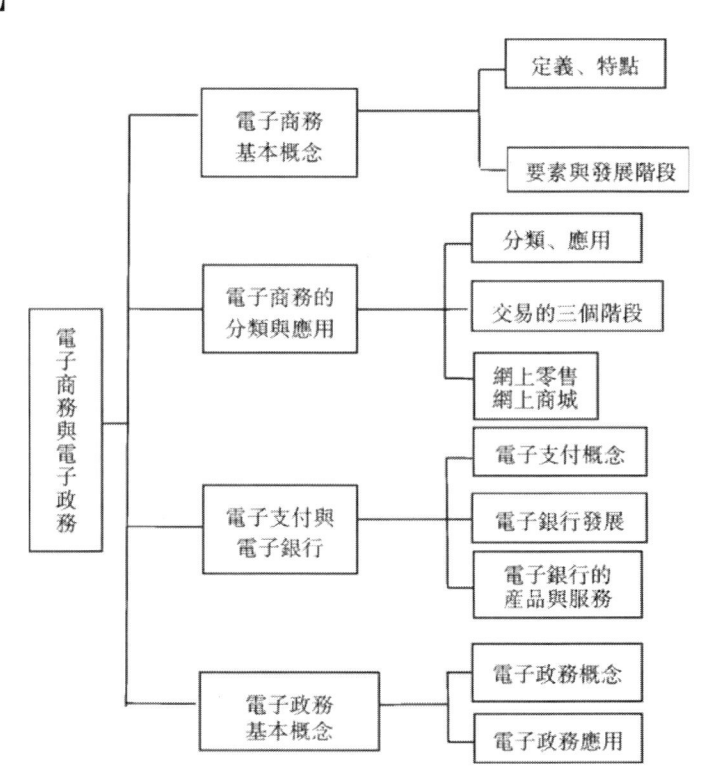

```
                    ┌─ 電子商務    ┌─ 定義、特點
                    │  基本概念   ─┤
                    │              └─ 要素與發展階段
                    │
                    │              ┌─ 分類、應用
                    ├─ 電子商務的 ─┼─ 交易的三個階段
電子商務與電子政務 ─┤  分類與應用   │
                    │              └─ 網上零售
                    │                 網上商城
                    │
                    │              ┌─ 電子支付概念
                    ├─ 電子支付與 ─┼─ 電子銀行發展
                    │  電子銀行     │
                    │              └─ 電子銀行的
                    │                 產品與服務
                    │
                    └─ 電子政務    ┌─ 電子政務概念
                       基本概念   ─┤
                                   └─ 電子政務應用
```

8.1 電子商務基本概念

8.1.1 電子商務的定義及基本要素

1. 電子商務的定義

電子商務（Electronic Commerce / Electronic Business，簡稱為 E - Commerce/E - Business）的定義有廣義和狹義兩種；從廣義上講，電子商務是指所有利用電子工具從事的商務活動。這些電子工具包括一切多媒體、網路、通訊、信息技術等相關工具。從狹義上講，電子商務是指主要利用 Internet 從事商務或活動，是在技術、經濟高度發達的現代社會裡，掌握信息技術和商務規則的人，系統化地運用電子工具，高效率、低成本地從事以商品交換為中心的各種活動的總稱。

2. 電子商務的基本要素

電子商務的本質是商務，商務的核心內容是商品的交易，而商品交易涉及四個方面：商品所有權的轉移、貨幣的支付、有關信息的獲取與應用、商品本身的轉交。即商流、資金流、信息流、物流，這「四流」是組成電子商務的四個基本要素。

（1）信息流——既包括商品信息的提供、促銷行銷、技術支持、售後服務等內容，也包括諸如詢價單、報價單、付款通知單、轉帳通知單等商業貿易單證，還包括交易方的支付能力、支付信譽等。

（2）商流——指商品在購、銷之間進行交易和商品所有權轉移的運動過程，具體是指商品交易的一系列活動。

（3）資金流——主要是指資金的轉移過程，包括付款、轉帳等過程。

（4）物流——在電子商務環境下，商流、資金流與信息流這三種流的處理都可以通過計算機和網路通信設備實現。而物流，作為「四流」中最為特殊的一種，是指物質實體的流動過程，具體指運輸、儲存、配送、裝卸、保管、物流信息管理等各種活動。對於少數商品和服務來說，可以直接通過網路傳輸的方式進行配送，如各種電子出版物、信息諮詢服務等。而對於大多數商品和服務來說，物流仍要經由線下物理方式傳輸。

8.1.2 電子商務的發展階段

電子商務的發展經歷了基於傳統 EDI 的電子商務，基於互聯網的電子商務和目前的 E 概念電子商務三個階段。

1. 第一階段：基於傳統 EDI 的電子商務

EDI（電子數據交換）起源於 20 世紀 60 年代，80 年代發達國家大型企業基本都實現 EDI，中國的 EDI 始於 20 世紀 80 年代末。EDI 是將業務流程按一個公認的標準從一臺計算機傳輸到另一臺計算機的電子傳輸方法，這大大減少了紙張票據的數量，被稱為「無紙貿易」。20 世紀 90 年代前的大多數 EDI 是通過租用的電線在專用增值網（VAN）上實現的，而不是通過互聯實現的。

2. 第二階段：基於互聯網的電子商務

20 世紀 90 年代中期以後，隨著互聯網的迅猛發展，商務貿易活動也進入了互聯

網，從最初僅僅是利用電子郵件功能發布日常商務通信，到利用網路發布企業信息，使公眾通過互聯網獲得企業的產品與服務信息。

3. 第三階段：E 概念電子商務

進入 2000 年後，電子商務擴展到 E 概念的高度——電子商務實際上是電子信息技術與商務應用的結合。不僅如此，電子信息技術還可以與醫療、教育、軍事、政府等應用領域結合，從而形成有關領域的 E 概念，比如電子教務—遠程教育、電子醫務—遠程醫療、電子軍務—遠程指揮、電子政務、在線銀行、虛擬企業等。對於不同的 E 概念，產生不同的電子商務模式。

8.1.3 電子商務的特點與功能

1. 電子商務的特點

電子商務與傳統商業方式不同，企業不但可以通過網路直接接觸成千上萬的新用戶，和他們進行交易，從根本上精簡商業環節，降低營運成本，提高營運效率，增加企業利潤，而且還能隨時與遍及各地的貿易夥伴進行交流合作，增強企業間的聯合，提高產品競爭力。電子商務與傳統商業方式相比，具有如下特點：

（1）交易虛擬化

通過 Internet 為代表的計算機互聯網路進行的貿易，貿易雙方從貿易磋商、簽訂合同到支付等，無需當面進行，均通過計算機互聯網路完成，整個交易完全虛擬化。對賣方來說，可以到網路管理機構申請域名，製作自己的主頁，組織產品信息上網。而虛擬現實、網上聊天等新技術的發展使買方能夠根據自己的需求選擇產品，並將信息反饋給賣方。通過信息的推拉互動，簽訂電子合同，完成交易並進行電子支付。整個交易都在網路這個虛擬的環境中進行。

（2）交易成本低

電子商務使得買賣雙方的交易成本大大降低，具體表現在：

①距離越遠，網路上進行信息傳遞的成本相對於信件、電話、傳真的成本而言就越低。此外，縮短時間及減少重複的數據錄入也降低了信息成本。

②買賣雙方通過網路進行商務活動，無需仲介者參與，減少了交易的有關環節。

③賣方可通過互聯網路進行產品介紹、宣傳，避免了在傳統方式下做廣告、發行印刷產品等大量費用。

④電子商務實行「無紙貿易」，可減少 90% 的文件處理費用。

⑤企業利用內部網可實現「無紙辦公」，提高內部信息傳遞的效率、節省時間，並降低管理成本。通過互聯網路把其公司總部、代理商，以及分佈在其他國家的子公司、分公司聯繫在一起及時地對各地市場情況作出反應，即時生產，即時銷售，降低存貨費用，採用快捷的配送公司提供交貨服務，從而降低產品成本。

⑥互聯網使買賣雙方即時溝通共需信息，使無庫存生產和無庫存銷售成為可能，從而使庫存成本顯著降低。

⑦傳統的貿易平臺是店鋪，新的電子商務貿易平臺是網吧或辦公室。

（3）交易效率高

由於互聯網路將貿易中的商業報文標準化，使商業報文能在世界各地瞬間完成傳

遞與計算機自動處理，同時原料採購、產品生產、需求與銷售、銀行匯兌、保險、貨物托運及申報等過程無須人員干預就可在最短的時間內完成。電子商務克服了傳統貿易方式費用高、易出錯、處理速度慢等缺點，極大地縮短了交易時間，使整個交易變得快捷與方便。

（4）交易透明化

買賣雙方從交易的洽談、簽約以及貨款的支付、交貨通知等整個交易過程都在網路上進行。通暢、快捷的信息傳輸可以保證各種信息之間互相核對，可以防止偽造信息的流通。

2. 電子商務的功能

電子商務可提供網上交易和管理等全過程的服務，因此具有廣告宣傳、諮詢洽談、網上訂購、網上支付、電子銀行、服務傳遞、意見徵詢、交易管理等各項功能。

（1）廣告宣傳

電子商務可憑藉企業的 Web 服務器和客戶的瀏覽，在 Internet 上發播各類商業信息。客戶可借助網上的檢索工具迅速地找到所需商品信息，而商家可利用網上主頁和電子郵件在全球範圍內作廣告宣傳。與以往的各類廣告相比，網上的廣告成本十分低廉、而給顧客的信息量卻最為豐富。

（2）諮詢洽談

電子商務可借助非即時的電子郵件、新聞組和即時的討論組來瞭解市場和商品信息，洽談交易事務，如有進一步的需求，還可用網上的白板會議來交流即時的圖形信息。網上的諮詢和洽談能超越人們面對面洽談的限制、提供多種方便的異地交談形式。

（3）網上訂購

電子商務可借助 Web 中的郵件交互傳送實現網上的訂購。網上的訂購通常都是在產品介紹的頁面上提供十分友好的訂購提示信息和訂購交互格式框。當客戶填完訂購單后，通常系統會回覆確認信息單來保證訂購信息的收悉。訂購信息也可採用加密的方式使客戶和商家的商業信息不會泄漏。

（4）網上支付

電子商務要成為一個完整的過程，網上支付是重要的環節。客戶和商家之間可採用信用卡帳號進行支付。在網上直接採用電子支付手段將省略交易中很多人員的成本開銷。網上支付將需要更為可靠的信息傳輸安全性控制以防止欺騙、竊聽、冒用等非法行為。

（5）電子銀行

網上支付必需要有電子金融來支持，即銀行或信用卡公司及保險公司等金融單位要提供網上操作的服務。

（6）服務傳遞

對於已付了款的客戶應將其訂購的貨物盡快地傳遞到他們的手中。而有些貨物在本地，有些貨物在異地，電子郵件在網路中進行物流的調配。而最適合在網上直接傳遞的貨物是信息產品，如軟件、電子讀物、信息服務等。它能直接從電子倉庫中將貨物發到用戶端。

(7) 意見徵詢

電子商務能十分方便地採用網頁上的「選擇」「填空」等格式文件來收集用戶對銷售服務的反饋意見。這樣使企業的市場營運能形成一個封閉的回路。客戶的反饋意見不僅能提高售後服務的水平，更使企業獲得改進產品、發現市場的商業機會。

(8) 交易管理

整個交易的管理將涉及人、財、物多個方面，企業和企業、企業和客戶及企業內部等各方面的協調和管理。因此，交易管理是涉及商務活動全過程的管理。

8.1.4 電子商務的分類

電子商務有多種分類方法，比如可以按交易的對象、參與的主體、應用的平臺以及是否在線支付等進行分類。目前應用最廣泛的電子商務分類是按參與交易的對象劃分，可以分為：企業間電子商務（B2B）、企業與消費者之間的電子商務（B2C）、消費者之間的電子商務（C2C）。

1. 企業間電子商務

企業間電子商務，即企業與企業（Business to Business）之間通過 Internet 或專用網方式進行電子商務活動。企業間的電子商務是電子商務三種模式中最值得關注和探討的，因為最具有發展的潛力。

2. 企業與消費者之間的電子商務

企業與消費者之間的電子商務，即企業通過 Internet 為消費者提供一個新型的購物環境——網上商店，消費者通過網路在網上購物和在網上支付。這種模式節省了客戶和企業雙方的時間和空間，大大提高了交易效率，節省了不必要的開支，因此網上購物成為電子商務的一個最熱鬧的話題。

3. 消費者之間的電子商務

消費者之間的電子商務平臺，即通過建立 C2C 商務平臺為買賣雙方（消費者對消費者）提供交易場所。簡單地說，是消費者本身提供服務或產品給消費者，最常見的形態就是個人工作者提供服務給消費者，如保險從業人員、銷售人員的在線服務及銷售網點或是商品競標網站，此類網站由於非企業對消費者，而是由提供服務的消費者與需求服務的消費者私下達成交易的方式。

8.1.5 電子商務交易的三個階段

1. 信息交流階段

對於商家來說，此階段為發布信息階段，主要是選擇優秀商品，精心組織商品信息，建立自己的網頁，讓盡可能多的人瞭解你、認識你。對於買方來說，此階段是去網上尋找商品以及商品信息的階段，主要是根據自己的需要，上網查找所需要的信息和商品，並選擇信譽好、服務好、價格低廉的商家。

2. 簽訂商品合同階段

作為 B2B（商家對商家）模式來說，簽訂合同是完成必需的商貿票據的交換過程。要注意的是數據的準確性、可靠性、不可更改性等複雜問題。作為 B2C（商家對個人客戶）模式來說，這一階段是完成購物過程的訂單簽訂過程，顧客要將選好的商品、

自己的聯繫信息、送貨的方式、付款的方法等在網上簽好後提交給商家，商家在收到訂單後應發來郵件或電話核實上述內容。

3. 按照合同進行商品交接、資金結算階段

這一階段是整個商品交易的關鍵階段，不僅要涉及資金在網上的正確、安全到位，同時也要涉及商品配送的準確、按時到位。在這個階段有銀行業、配送系統的介入，在技術上、法律上、標準上等方面有更高的要求。網上交易的成功與否就在這個階段。

8.1.6 網上零售、網上商城與網上購物

1. 網上零售

網上購物是電子商務應用最普遍、發展最快、最成功的領域之一，與網上購物不可分割的就是網上零售。網上零售是指通過互聯網或其他電子渠道，針對個人或者家庭的需求銷售商品或者提供服務。網上零售（B2C/C2C），即交易雙方以互聯網為媒介的商品交易活動，即通過互聯網進行的信息組織和傳遞，實現了有形商品和無形商品所有權的轉移或服務的消費。

2. 網上零售商店的類型

網上零售商店，即通常認為的網上商城，它是利用電子商務的各種手段，達成從買到賣的過程的虛擬商店，從而減少中間環節，消除運輸成本和代理中間的差價。

網上商城按不同的分類標準可以劃分為不同的類型。

（1）按交易對象分類

按交易對象分類與電子商務模式的類型相同，即 B2B、B2C、C2C 三種。

（2）按交易的商品種類分類

①銷售單一品種商品的網上商城：網上交易的概念興起不久，網上開始出現一些小規模商城。商城的商家們通常只經營一種或很少的幾種商品，種類單一且數量有限。

②綜合型網上商城：銷售單一品種商品的網上商城固然有專業優勢，但在聚集網路人氣方面先天不足，於是有網站將這些小規模商家組織起來，成為一個大的網上商城，為這類商家提供一個展示商品和交易的平臺。比較完善的平臺通常能吸引大量商家，因此商品數量和品種都比較全，而且商家之間存在競爭，消費者在購買時有更多的選擇。

目前，國內比較知名的綜合型網上購物商城有：

京東商城：http：//www.360buy.com

天貓商城：http：//www.tmall.com

卓越網：http：//www.joyo.com

當當網：http：//www.dangdang.com

淘寶網：http：//www. taobao. com

（3）按支付方式分類

①網上支付商城：利用網路支付平臺在網上直接交易，這類商城的支付活動是在網上直接進行的。網上支付是通過國內各大銀行的支付網關進行操作的，採用的是國際流行的 SSL 或 SET 方式加密。安全性是由銀行方面負責的，是完全有保證的。

②網下支付商城：在網下進行支付活動，這類商城通常會給客戶提供多個銀行的

帳號，客戶通過銀行轉帳和郵政匯款等方式來進行支付活動，方便快捷，適合款到發貨的模式。

③貨到付款商城：貨到付款有許多種方式，一種是大家熟悉的 EMS 貨到付款，這種貨到付款是不能驗貨後再付錢的，到貨就必須給錢，或者拒收，郵費由賣家支付；另一種是物流公司的小額代收貨款業務，比如「宅急送」就有針對單位的貨到付款業務。貨到付款業務一般都是送貨到客戶家中，再由物流公司向客戶收錢。京東商城、當當網採用了貨到付款的支付方式。

目前許多網上商城同時可支持網上支付、網下支付、貨到付款等多種形式的支付。

3. 網上購物的步驟

（1）用戶註冊

網路消費者在第一次訪問所選定的網上商店進行購物時，先要在該網上商店註冊姓名、地址、電話、E-mail 等必要的用戶信息，以便網上商店進行相關的操作。

（2）瀏覽產品

網路消費者通過網上商店提供的多種搜索方式如產品組合、關鍵字、產品分類、產品品牌查詢等對商店經營的商品進行查詢和瀏覽。

（3）選購產品

網路消費者按喜歡或習慣的搜索方式找到所需的商品后，可以瀏覽該商品的使用性能、市場參考價格等商品簡介，以及本人在該店的購物積分等各項信息。然後再查詢想要購買的商品編號和品名，並在購物條中輸入所需的數量，單擊「購買」按鈕，即可將商品放入購物車。此時購物者可在購物車中看到自己選購的產品。在確定採購之前，消費者可在購物車中查看、修改選購的商品。

（4）在線支付

若是採用網上支付的方式，則選購完商品后就可按照網頁中的支付提示進行網上付款的操作了。

（5）訂購產品

如果消費者在網上未找到所需的貨物，一般也可以單擊任一頁面上端導航條中「產品求購」，便可進入求購申請頁面，填寫所欲求購產品的詳細信息，然后單擊「確認」按扭，求購信息就自動輸入系統中，在同一時間內傳遞到相關業務部門，部門工作人員將全力以赴進行組貨並及時將信息反饋給用戶。

（6）送貨上門

消費者在確定所需購買的商品后，往往要在顯示的頁面單證中詳細填寫自己的有關信息。商店在確定了用戶所訂購的商品后開具購物發票，並按照消費者的送貨地址在既定時間內送貨上門。

（7）貨到付款

若消費者不使用網上支付或該網上商城不支持網上支付，可採用貨到付款的付款方式。網上商城要求客戶在收到貨物及發票后進行付款，並由配送人員帶回客戶的意見。

8.1.7 網路購物操作案例

【例 8-1】在當當網上購物的操作方法與步驟。在當當網購買一本《電子商務概

論》（作者：朱少林），採取貨到付款方式。

操作步驟如下：

（1）打開 IE 瀏覽器，在地址欄輸入地址 www.dangdang.com 並回車，出現如圖 8-1 所示的當當網主頁。

圖 8-1　當當網主頁

（2）第一次登錄當當網購物，首先需要註冊「我的帳戶」，成為當當網會員。單擊當當網主頁右上方的「新用戶註冊」連結，打開如圖 8-2 所示的「註冊新用戶」對話框。根據相關提示輸入 E-mail 地址（最好是你經常使用的郵箱地址）、昵稱、密碼和驗證碼，單擊「註冊」按鈕。若註冊成功，則返回當當網主頁，並且頁面上多出一條信息「您好，（用戶名）歡迎光臨當當網」，如圖 8-3 所示，表示已成功註冊成為當當網會員，擁有了自己的帳戶，並已登錄當當網。

圖 8-2　「註冊新用戶」對話框

若再次登錄，只需單擊當當網主頁上方的「我的當當」或「我的帳戶」連結，根據登錄對話框輸入 E-mail 地址或呢稱、密碼即可。

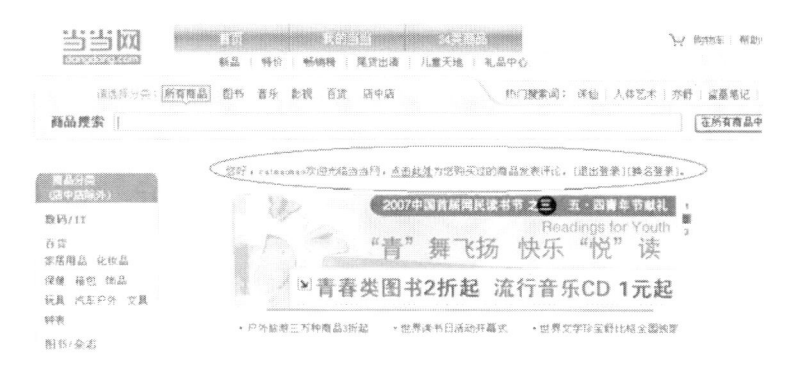

圖 8-3　當當網主頁（用戶已登錄）

（3）在當當網主頁上，可以看到「請選擇分類」的菜單選項，選擇「圖書」選項，在「商品搜索」欄裡輸入「電子商務概論」，出現如圖 8-4 所示的搜索結果頁面。可以看到，有 121 條相關結果，按銷量從高到低排列。

圖 8-4　搜索結果頁面

（4）通過核對作者、出版社或出版時間，選擇需要購買的書籍，如本例中的《電子商務概論》（作者：朱少林）。單擊該書右邊的「購買」按鈕，出現如圖 8-5 所示的購買頁面。

（5）若還要選購其他商品，單擊「繼續挑選商品」按鈕；若只購買這本書，則單擊「下一步」按鈕，進入如圖 8-6 所示的「檢查核對訂單信息」頁面中。此時需要仔細核對訂單金額、購物清單，按要求選擇收貨人信息、送貨方式、禮品包裝、付款方式及發票信息，然后單擊「提交訂單」按鈕。

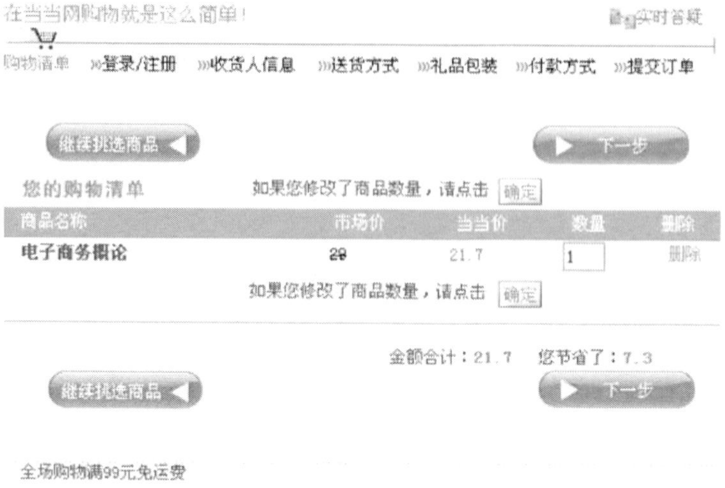

圖 8-5　購買頁面

圖 8-6　「檢查核對訂單信息」頁面

(6) 當出現如圖 8-7 所示的頁面時，表明購買交易成功。

(7) 可以單擊「我的帳戶」連結，查看該書的訂單信息。在如圖 8-8 所示的訂單列表中，單擊「查閱」按鈕，可以看到所訂購的《電子商務概論》（作者：朱少林）的詳細信息。「訂單狀態」欄通常會在 24 小時後變為「審核通過」，在貨到付款後顯示「訂單處理結束」。

圖 8-7 「購買交易成功」頁面

圖 8-8 訂單列表

（8）由於當當網通常採用的是貨到付款方式，因此送貨方會根據填寫的送貨地址和聯繫方式將貨品送到客戶手中。檢驗核對貨品滿意后，方才付款，最終簽收完成交易。

8.2 電子支付與電子銀行

8.2.1 電子支付

1. 電子支付的基本概念

電子支付是指電子交易的當事人，包括消費者、廠商和金融機構，使用安全電子支付手段通過網路進行的貨幣或資金流轉。兩大國際信用卡組織 VISA 和 MASTERCARD 合作制定的安全電子交易（SET）協議定義了一種電子支付過程標準，其目的就是保護萬維網上支付交易的每一個環節。

電子支付與傳統支付方式的區別：

（1）電子支付是通過數字化的方式進行款項支付，傳統的支付方式是通過現金的流轉、票據的轉讓及銀行的匯兌等物理實體來完成款項支付的。

（2）電子支付的工作環境是一個開放的系統平臺，而傳統支付是在較為封閉的系統中運行。

（3）電子支付使用的是最先進的通信手段，而傳統支付使用的是傳統的通信媒介。

（4）電子支付具有方便、快捷、高效、經濟的優勢。

2. 電子支付的模式

目前國內主要存在五種電子支付模式：

（1）充值卡支付：其優勢是直接、實在，用錢直接購買實物，用戶容易接受；但弊端是充值卡主要通過網吧或門市銷售，用戶群體有限，而且渠道建設週期長、成

本高。

（2）銀行與郵政匯款支付：其優勢是渠道成本幾乎為零，任何用戶均可採用；缺點是對最終用戶極其繁瑣、不便，且用戶不能立即使用，而商家對於核對匯款及用戶返回支付充值卡也需要人力支持。

（3）網上銀行：其優勢是快捷、方便、費用即時劃扣，基本不存在壞帳風險，支付成本也較為低廉；但其最大問題是支付過程不能保證百分之百的安全，大多數銀行使用網路支付功能需要用戶到櫃臺辦理申請手續，因此普及程度較低。

（4）第三方支付：比如慧聰的「買賣通」、淘寶的「支付寶」。作為第三方支付平臺解決了銀行無法解決的信用問題，這種服務消除了買賣雙方的擔憂，是得到市場認可的安全模式；但其基本只限於在自己的網站上使用，沒有被推廣和普及。

（5）電話支付：這是固定電話和小靈通用戶通過撥打當地聲訊支付熱線獲得電子帳號，然后憑電子帳號到相應網站購買其收費產品的支付方式。其特點是普及程度高、支付快捷方便、渠道建立快，非常適合互聯網小額產品的支付（每次支付一般在 30 元以下），不足之處是不適合大額產品支付。

8.2.2　電子銀行

1995 年 10 月 18 日，全球首家以網路銀行冠名的金融組織——安全第一網路銀行（Security First Network Bank，簡稱 SFNB）打開了它的「虛擬之門」。從此一種新的銀行模式——電子銀行誕生了，並對 300 年來的傳統金融業產生了前所未有的衝擊。電子銀行業務在中國已開展了 10 多年，在政府積極的倡導下，在國有商業銀行和部分股份制商業銀行的積極推進中，目前已取得了階段性的發展。

1. 中國電子銀行的產生與發展

自 1998 年 4 月 16 日中國首家網上銀行——招商銀行開通至今，短短 10 多年時間，中國的電子銀行業務已經迅速發展起來，形成了網上銀行、電話銀行、手機銀行和多媒體自助銀行的電子銀行體系。

從中國電子銀行的發展看，電子銀行的發展經歷了孕育階段、起步階段、發展階段，現正在積極向著成熟階段邁進，如表 8-1 所示。

表 8-1　　　　　　　　　　國內電子銀行發展階段

階段	時期	電子銀行主要內容
孕育階段	1996—1999 年	建立銀行網站；銀行業務產品介紹；發布金融經濟信息；銀行品牌網上宣傳
起步階段	2000—2005 年	搭建一套電子銀行體系，實現網上銀行、手機銀行、電話銀行；自助終端完成查詢、轉帳、繳費等簡單非現金業務；劃分企業客戶電子銀行和個人客戶電子銀行，分類提供服務；實現 B2B、B2C 網上交易與支付
發展階段	2006—2009 年	網上銀行的理財功能極為豐富：網上股市、基金、外匯、黃金、保險、質押貸款等；電子銀行體系的四個渠道能辦理的繳費項目幾乎涵蓋了日常生活所需到銀行櫃面辦理的各類繳費，分擔了銀行櫃面壓力；電子銀行結算業務範圍、業務量激增；網上銀行安全性能提升；渠道整合、業務創新為發展重點

表(續)

階段	時期	電子銀行主要內容
成熟階段	2010年以後	完備的電子銀行業務管理辦法、操作規程及成熟的政策法律法規；銀行系統形成規範的電子銀行標準；蓬勃發展的電子商務環境

2. 電子銀行產品與服務

截至目前，中國電子銀行的業務主要是基於傳統銀行業務進行的，真正基於互聯網、手機、電話、銀行卡的載體特徵開展的銀行新業務十分有限。從發展狀況看，電子銀行可提供的產品和服務主要包括四類：個人業務、企業業務、信息服務和客戶服務。

（1）個人業務：帳戶管理、代理繳費、跨國理財、外匯交易、股票基金、紙黃金交易、網上貸款、電子e卡（在線支付虛擬帳戶）、銀行卡服務、虛擬保險箱、帳戶餘額短信提示等服務。

（2）企業業務：帳戶管理、結算業務、收款業務、網上信用證、銀行企業對帳業務、企業年金、企業財務室（匯款、基金、國債、外匯）、網上貴賓室服務、支付結算代理、電子商務、網上信息應答系統。

（3）信息服務：電子銀行實現了信息共享。特別是網上銀行通過因特網可以更廣泛地收集和分析最新的金融信息，並通過門戶網站或銀行網到銀行平臺發布信息，使銀行與客戶之間都能相互全面瞭解對方的信用和資產狀況，同時客戶也享受到銀行提供的及時金融信息和產品服務信息。

（4）客戶服務：電子銀行可為客戶提供跨區域和全天候（7×24 小時）的服務，即可以在任何時間、任何地點以任何方式為客戶提供金融服務。打破了傳統銀行受時間、地點和人力等多方面的限制。

8.2.3 網上支付操作案例

【例 8-2】開通招商銀行一卡通大眾版的網上支付功能。招商銀行的網上銀行分為專業版和大眾版。招商銀行的網址為：http://www.cmbchina.com/，諮詢熱線：95555。

開通大眾版的網上支付功能的步驟如下：

（1）攜帶本人有效身分證件和招商銀行卡到招商銀行營業網點填寫《招商銀行網上個人銀行證書申請表》，申請網上個人銀行（專業版），將獲得授權碼，按「使用指南」中的流程進行操作即可。

（2）註冊后，首次使用時，需開通招商銀行大眾版。登錄招行主頁，單擊「個人銀行大眾版」按鈕，如圖 8-9 所示。

（3）選擇銀行卡的開戶地，輸入卡號和查詢密碼以及附加碼，如圖 8-10 所示。

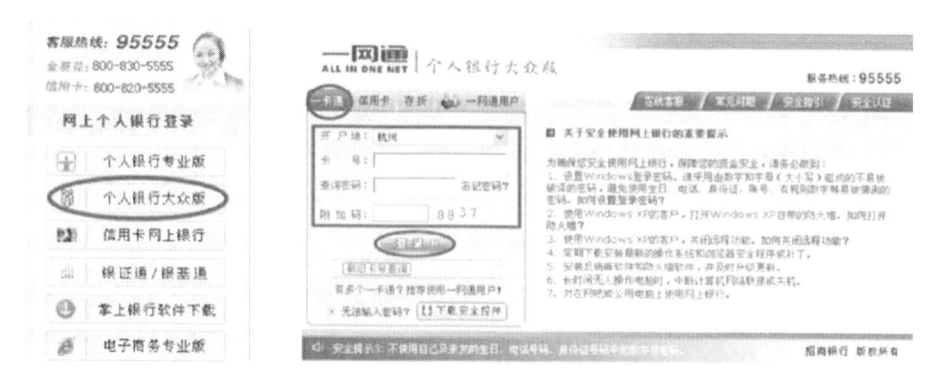

圖 8-9　選擇「個人銀行大眾版」　　　　　圖 8-10　選擇銀行卡的開戶地

（4）登錄后，選擇「網上支付」菜單中的「網上支付申請」命令，如圖 8-11 所示。

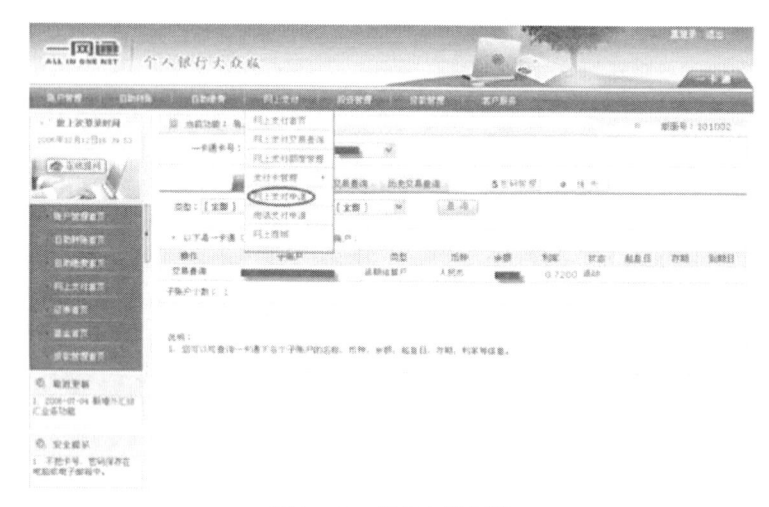

圖 8-11　網上支付申請

（5）選擇一卡通開戶地，如圖 8-12 所示。

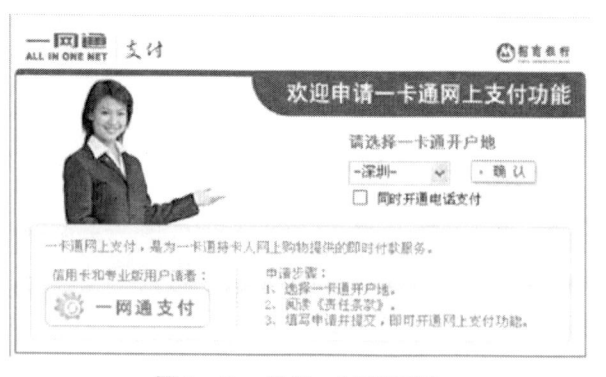

圖 8-12　選擇一卡通開戶地

（6）閱讀《責任條款》后，填寫申請表並提交，隨即開通一卡通的網上支付功能，如圖 8 - 13 所示。

圖 8 - 13　填寫申請表並提交

（7）開通網上支付功能后，登錄大眾版，對用戶的一卡通進行「網上支付額度管理」，設置網上支付每日限額與網上支付額度，如圖 8 - 14 所示。

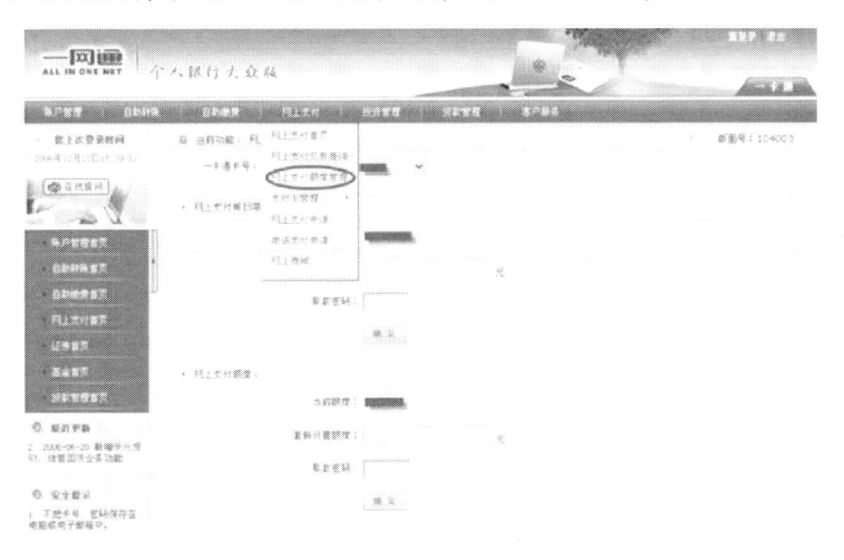

圖 8 - 14　網上支付額度管理

招商銀行主頁與個人網上銀行功能界面，分別如圖 8 - 15、圖 8 - 16 所示。

圖 8-15　招商銀行主頁

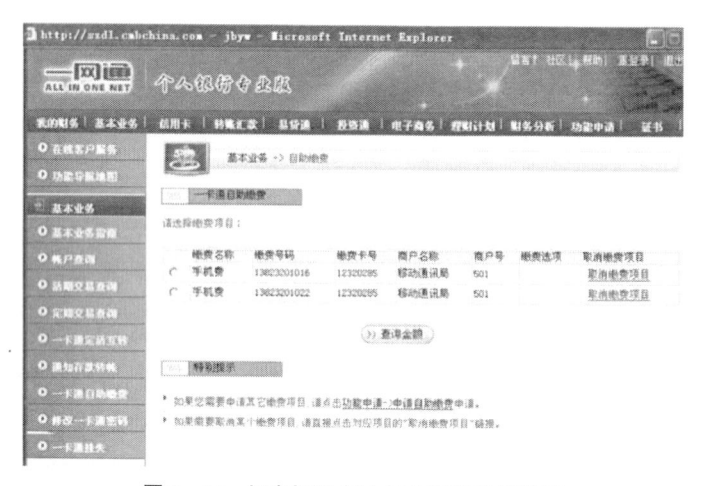

圖 8-16　招商銀行 個人網上銀行功能界面

8.3　電子政務基本知識

8.3.1　電子政務的概念

1. 電子政務的定義

電子政務（Electronic Government Affair，簡稱 EGA）就是國家機關在政務活動中，全面應用現代信息技術、網路技術以及辦公自動化技術公開處理或發布政務，建立政府與人民直接溝通的渠道，增加辦事執法的透明度，實現政府辦公電子化、自動化、網路化，以提高辦公效率，實現政務公開、公平、公正，改善政府形象。實際上就是平常我們所說的政務工作信息化。

2. 實施電子政務的主要目的

電子政務的主要目的是以網路技術為基本手段，面向政府機構的業務模式、管理模式和服務方式的優化和擴展，將信息技術在政府機構的應用從簡單手工勞動提高到工作方式優化的新層次，以建設服務導向型的、和民眾互動的、陽光行政的政府。

3. 電子政務的功能

電子政務作為一種有效手段，在加快政府職能轉變、規範政府行為、降低行政成本、提高行政效能、增強政府監管和服務能力、促進社會監督、創新政府管理等方面必將發揮重要的積極作用。以電子政務建設推進政府管理創新，是推進改革開放和現代政治文明建設的重要環節，也是完善社會主義市場經濟體制的迫切需要。

8.3.2 電子政務的基本內容

1. G to G 電子政務

G to G 電子政務即政府（Government）與政府（Government）之間的電子政務，又稱作 G2G，它是指政府內部、政府上下級之間、不同地區和不同職能部門之間實現的電子政務活動。

2. G to B 電子政務

G to B 電子政務是指政府（Government）與企業（Business）之間的電子政務，又稱作 G2B。企業是國民經濟發展的基本經濟細胞，促進企業發展，提高企業的市場適應能力和國際競爭力是各級政府機構共同的責任。

3. G to C 電子政務

G to C 電子政務是指政府（Government）與公民（Citizen）之間的電子政務，又稱作 G2C，是政府通過電子網路系統為公民提供各種服務的平臺。

8.3.3 電子政務的應用

電子政務應用中，政務是核心，電子化只是政務處理的一種方式。政府機構的政務信息可分為三類：絕密信息類、面向政務相關的信息類、面向社會公眾的信息類。因此政務處理電子化的實現前提就是必須建造一個半開放、半私有的 Extranet 網路通信系統與電子政務營運系統。

1. 政務內網

政府內網是政府內部辦公業務信息網（Intranet），負責處理涉密信息，完成各項業務工作的分析、處理、公文辦理、流轉審批和運行本單位業務等工作，是一個內部局域網，一個完整的政府辦公自動化環境，具體是指我們平時用於公文交換和資料交換的黨政網。

2. 政務外網

政務外網是非涉密網，是政府對外服務的業務專網（Internet），主要營運政府部門面向社會的專業性服務和不需要在內網運行的業務，承擔各級政府、各部門之間非國家秘密的信息交換和業務互動以及其他面向社會的服務。

8.3.4 訪問政府網站操作案例

【例 8-3】訪問成都市政府網站，瞭解有關收費項目的公開信息。

成都市政府的網址為：http：//www.chengdu.gov.cn/。

訪問成都市政府網站的步驟如下：

（1）打開 IE 瀏覽器，在地址欄輸入地址 http：//www.chengdu.gov.cn/ 並回車，出現如圖 8－17 所示的「成都市人民政府門戶網站」主頁。

圖 8－17　成都市政府網站主頁

（2）將光標放在「政務公開」選項上，在「行政權力」中單擊「行政收費項目」，出現如圖 8－18 所示的「成都市政府信息公開」的頁面。

（3）根據需要可選擇相應的信息進行查看。

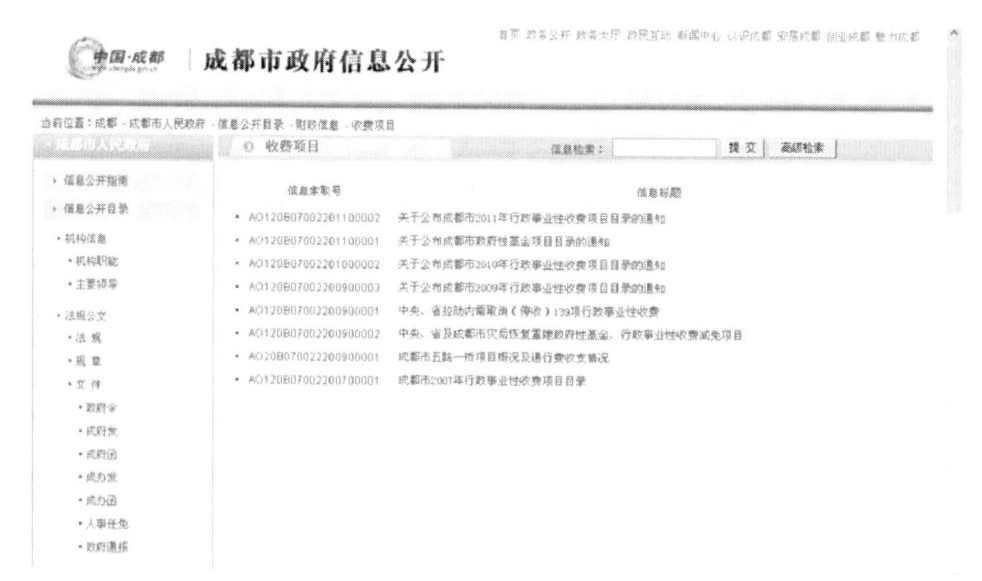

圖 8－18　成都市政府信息公開頁面

【本章小結】

　　從宏觀上講，電子商務是計算機網路的又一次革命，是通過電子手段建立一種新的經濟秩序，不僅涉及電子技術和商業交易本身，還與金融、稅務、教育等社會各層面有緊密的聯繫。從微觀上講，電子商務是指各類具有商業活動的實體利用網路和先進的數字化傳媒技術進行的各類商業貿易活動。

　　本章主要學習和瞭解電子商務的基本概念，包括電子商務的定義、特點、基本要素和發展階段；瞭解電子商務的分類與應用、電子商務交易的三階段；並且理解電子商務中支付的手段與方法，掌握網上購物的基本流程和操作方式；同時還瞭解電子政務的概念和內容。

【思考與討論】

1. 電子商務廣義和狹義的概念分別是什麼？
2. 電子商務與傳統商業方式相比，具有哪些特點？
3. 什麼是電子商務的「四流」？
4. 電子支付與傳統支付方式的區別是什麼？
5. 結合當前電子商務的應用情況，談談電子商務發展的趨勢。
6. 選擇一個綜合型網上商城，操作一筆網上交易。
7. 選擇某一個城市的政府網站，查詢相關的信息。

第 9 章　信息檢索與利用

【學習目標】
- 瞭解信息和信息檢索的基本概念。
- 瞭解信息化素養的內涵與發展。
- 瞭解信息資源的基本概念。
- 瞭解並掌握常見的信息檢索工具。
- 瞭解並能應用數字圖書館。
- 能利用現有信息檢索系統進行中西文信息檢索。

【知識架構】

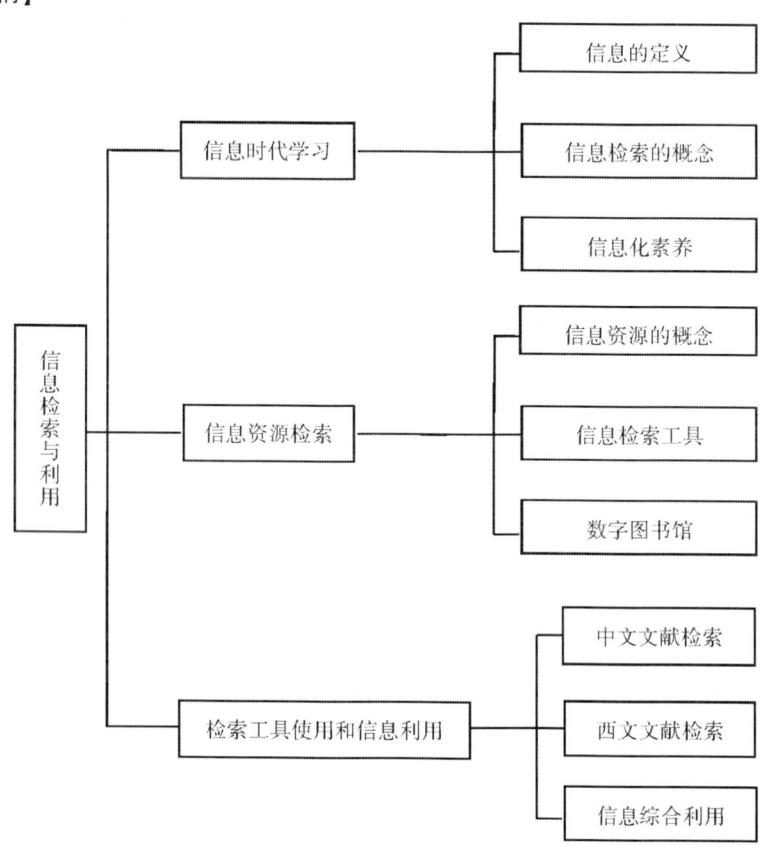

```
                              ┌── 信息的定义
              ┌── 信息时代学习 ─┼── 信息检索的概念
              │                └── 信息化素养
              │
              │                ┌── 信息资源的概念
信息检索与利用 ─┼── 信息资源检索 ─┼── 信息检索工具
              │                └── 数字图书馆
              │
              │                         ┌── 中文文献检索
              └── 检索工具使用和信息利用 ─┼── 西文文献检索
                                        └── 信息综合利用
```

9.1 信息時代的學習與信息檢索

信息檢索（Information Retrieval）是指信息按一定的方式組織起來，並根據信息用戶的需要找出有關的信息的過程和技術。如何在海量的信息資源中檢索出自己所需要的信息，是當代大學生必備的基礎技能，而生活在信息社會，充分利用所收集到的信息需要具備良好的信息素養。信息素養是人的品質之一，它反應了人對信息的利用能力，是人們必須具備的基本素質。

9.1.1 信息時代學習的特點和形式

信息化是當今時代的重要標誌之一，信息的重要性已得到社會的廣泛認識。信息（Information）作為一種資源存在於自然界中。從20世紀40年代末美國科學家仙農（Claude Elwood Shannon）提出信息論以來，信息這一術語逐漸深入人們的工作和生活，隨著人類生產活動、社會活動的擴大，信息的內容也越來越豐富。

1. 信息

目前，對於信息的定義一直存在著多種觀點。有關信息的定義最早可追溯至美國數學家維納（N. Wiener）的《控制論——關於在動物和機器中控制和通訊的科學》，書中提出：「信息就是信息，不是物質也不是能量」。后來他又提出了新的說法：「信息是人和外界互相作用的過程中互相交換的內容的名稱」。1948年，美國科學家仙農在「通信的數學理論」一文中，把信息定義為「熵的減少」，即「能夠用來消除不確定性的東西」。仙農將信息定義為消除不確定性的東西，並提出了計算信息量的表達式，稱其為信息的熵。

信息不是物質和能量，它與事物的運動和變化密切相關，是客觀事物變化所體現的內涵，物質和能量是信息的承載者。信息並非事物本身，而是由事物發生的消息、情報、指令、數據和信號等。在人類社會中，信息是以文字、語言、聲音、圖像、圖形、氣味、顏色、光譜等形式出現的。信息是人類社會賴以生存與發展的必不可缺的基本要素之一。隨著社會前進與經濟的發展，信息的重要性也日益突出明顯。

2. 信息檢索

信息檢索又稱為情報檢索，是指知識的有序化識別和查找的過程。廣義的信息檢索包括信息存儲與檢索，狹義的信息檢索則僅僅指該過程的后半部分，即根據任務的需要，借助檢索工具，從信息集合中找出所需信息的過程。根據不同的標準，信息檢索可以分為不同的類型。

（1）信息檢索的分類

按檢索內容分：有數據信息檢索、事實信息檢索和文獻信息檢索。

按組織方式分：有全文檢索、超文本檢索和超媒體檢索。

按檢索設備分：有手工檢索和機器檢索。

（2）信息檢索的意義

掌握信息檢索的技術和方法，擁有信息鑑別和利用的能力，有利於準確快速查找所需信息、提高科研工作效率。信息檢索技術有助於節約時間、提高科研效率。隨著

科學技術的發展，文獻數量劇增並且學科間相互滲透，科研人員在進行一項科研活動中，需要花費大量的時間查找資料。如果使用信息檢索工具，就能大大節省查找資料的時間，從而加快科研速度，早出科研成果。

3. 信息社會的信息素養

信息素養（Information Literacy）是全球信息化背景下需要人們具備的一種基本能力。信息素養這一概念是信息產業協會主席保羅·澤考斯基於1974年在美國提出的。簡單的定義來自1989年美國圖書館學會（American Library Association，簡稱ALA），它包括：能夠判斷什麼時候需要信息，並且懂得如何去獲取信息，如何去評價和有效利用所需的信息。信息素養同時是傳統文化素養的延伸和拓展，主要由信息意識與信息倫理道德、信息知識以及信息能力組成。信息能力是信息素養的核心，它包括信息的獲取、信息的分析、信息的加工能力。要想成為具有信息素養的人，應該認識到何時需要信息，具有利用、確定、評估和有效地應用所需要信息的能力。從根本意義上說，具有信息素養的人是那些知道知識是如何組織的、如何去尋找信息、如何去利用信息的人。

21世紀是信息化的社會，也就是信息社會。在這個社會中，勞動者應該擁有豐富的知識和信息。知識和信息是這個社會最重要的資源和財富，人類所從事的一切社會活動必須從利用信息資源入手，「信息就是財富」「信息就是時間」，因此我們要注重利用信息，增強信息意識和獲取信息的能力，逐步提高自己的信息素養。

4. 信息時代的學習

教育和學習是社會發展的基礎，具有明顯的時代特徵。當代大學生面對的是知識爆炸和信息技術迅猛發展的信息時代，新的時代要求他們具有較強的信息意識及開拓獲取信息的能力。信息時代的學習是終身學習，是有選擇的快樂學習，是大量利用電子信息和相互合作的學習。所以，信息時代的學習具有以下特徵：終身學習、自主學習、協作學習、開放式學習、個性化多樣化學習和研究型學習。

9.1.2 信息資源及檢索

信息資源是一個發展中的概念，是一個具有豐富內涵的術語，隨著現代信息技術（特別是計算機技術和網路通信技術）和信息資源管理理論的發展和普及而為人們所接受。盧泰宏和孟廣均曾在1992年編譯的《信息資源管理專集》中將美國學者對「信息資源」的理解概述為：信息資源＝文獻信息；信息資源＝數據；信息資源＝多種媒介和形式的信息（包括文字、圖像、聲音、印刷品、電子信息、數庫）；信息資源＝信息活動中各種要素的總稱（包括信息、設備、技術和人等）。從信息資源所描述的對象來看，信息資源由自然信息資源、機器信息資源、社會信息資源、實物型信息資源組成；從信息資源的載體和存貯方式來看，信息資源由天然型信息資源、智力型信息資源、實物型信息資源和文獻型信息資源等構成；從信息資源的內容來看，信息資源由政治、法律、軍事、經濟、管理、科技等信息資源組成；從信息資源的反應面來看，信息資源由宏觀信息資源、微觀信息資源組成；從信息資源的開發程度來看，信息來源由未開發的信息資源（信息原料）和已開發的信息資源組成。

隨著信息技術的進步，信息量越來越驚人，如何從這麼多的信息中提煉出我們需

要的信息呢？這就需要使用信息檢索。「信息檢索」一詞出現於20世紀50年代，信息檢索是指將信息按一定的方式組織和存儲起來，並根據信息用戶的需要找出有關的信息的過程和技術，它包含了存儲和檢索的兩個過程。信息檢索可以分為文獻信息檢索、數值型或事實型信息檢索。文獻信息檢索可以採用全文檢索也可以通過檢索工具和三次文獻進行檢索。數據信息檢索和事實信息檢索一般可以利用字典、辭典、手冊、表譜、圖錄、名錄、年鑒、百科全書、類書、政書和資料匯編等進行檢索。

9.1.3 文獻信息資源

1. 文獻信息資源的特徵

文獻信息資源是目前我們獲得系統知識和科學完整信息的主要來源，是指傳統的介質（紙張、石刻等）和現代介質（如磁盤、光盤、縮微膠片等）記錄和存貯的知識信息。文獻信息資源的載體形式主要有圖書、報紙、期刊、會議資料、光盤資源和縮微資料等。它記錄著數據、理論、方法、假說、經驗和教訓，是人類認識世界和改造世界的基本工具，具有較強的系統性、連續性和穩定性特點。

文獻信息資源有著以下四個重要特徵：

（1）保存性：文獻信息的記錄載體是可長期保存的。

（2）流傳性：文獻信息作為人類進行跨時空交流，認識和改造世界的基本工具，可以被重複使用和流傳。

（3）集成性：文獻通過加工整理可以按照一定的分類方式集成。

（4）發展性：隨著社會的進步，科技的發展，文獻的形式、內容、數量和載體都會不斷發展。

2. 文獻信息資源的分類

文獻信息資源的分類方式很多。文獻信息資源按照其出版形式分為圖書、連續出版物、特種文獻，按照載體形式可分為書寫文獻、縮微文獻、印刷文獻、音像文獻、機讀文獻等。國家標準《文獻類型與文獻載體代碼》（GB3469-83）根據實用標準將文獻分成26個類型，即專著、報紙、期刊、會議錄、匯編、學位論文、科技報告、技術標準、專利文獻、產品樣本、中譯本、手稿、參考工具、檢索工具、檔案、圖表、古籍、樂譜、縮微膠卷、縮微平片、錄音帶、唱片、錄像帶、電影片、幻燈片、其他（盲文等）。

（1）圖書。圖書是文獻中最古老最重要的類型。國家標準（GB13143-91）中解釋為一般不少於49頁並構成一個書目單元的文獻。圖書按照文種分為中文圖書、日文圖書、西文圖書等類型；按照作用範圍分為通俗圖書、教材和參考書等；按照出版帙分為單卷本、多卷本等；按刊行情況分為單行本、叢書、油印本等；按版次分為初版、重版、修訂本等。

（2）連續出版物。連續出版物是指具有統一題名、定期或不定期以分冊形式出版、有卷期或年月標示、計劃無限期連續出版的文獻。它包括期刊、報紙、年度出版物以及其他連續性報告、會議錄、專著性叢刊等。連續出版物和圖書同是最主要的文獻類型。其主要特點是內容新穎、報導及時、出版連續、信息密集、形式一致。

（3）特種文獻：特種文獻是指由特定內容、特定用途、特定讀者範圍、特定出版

發行方式的文獻。它包括學位論文、研究報告、專利、標準、產品樣本、會議錄、檔案和政府出版物。

3. 文獻信息資源的四個級別

按照文獻信息內容加工的層次和信息量的變化情況，文獻信息資源的四個級別為：

（1）零次文獻信息。零次文獻信息源一般不用於公開交流，主要是用於私人之間或者組織內部。如手稿、個人筆記、會議記錄、實驗數據、信件、原始數據和憑證。

（2）一次文獻信息。一次文獻信息資源包含了很多新觀點、新發現、新技術，是創造性勞動成果，如專著、學術論文、科技報告、新聞稿件等，是信息檢索和利用的主要對象。

（3）二次文獻信息。二次文獻信息是對一次文獻加工后所產生的文獻，也可以將它們稱為檢索工具。它包括文摘、題錄、索引等。

（4）三次文獻信息。三次文獻信息是在一次文獻、二次文獻的基礎上進行加工所產生的文獻。它包括綜述、述評、部分工具書（手冊、百科全書等）。

9.1.4　信息檢索途徑與工具

1. 文獻信息檢索途徑

文獻檢索是指依據一定的方法，從已經組織好的大量有關文獻集合中，查出特定的相關文獻的過程，是一種相關性檢索，它不直接解答用戶所提出的技術問題，只提供與之相關的文獻供用戶參考。

文獻檢索的基本途徑有：

（1）題名途徑

題名途徑以書刊名稱或論文篇名編成的索引作為檢索途徑。一般多用於查找圖書、期刊、單篇文獻。

（2）著者途徑

著者途徑是按文獻著者或者團體的名稱或譯者的姓名編製的索引進行查找的一種方法。個人著者，姓在前，名在後，姓用全稱，名用縮寫。

（3）序號途徑

序號途徑是指利用文獻的各種代碼、數字編製的索引查找文獻。如專利號、科學報告號、技術標準號等。

（4）分類途徑

分類途徑是指根據文獻主題內容所屬的學科分類編排。如查找「經濟管理」方面的最新報刊信息，利用的檢索途徑就是分類檢索。

（5）關鍵詞途徑和主題途徑

關鍵詞是指直接從文獻中抽出來的具有實質性意義的詞，它是自由詞。主題詞是經過主題分析，能夠代表文獻主題的規範詞。它們都可以按照字順排列。

（6）其他檢索途徑

根據各學科的不同需要，各自有其獨特的檢索途徑，例如：美國《化學文摘》的分子式索引途徑、專利文獻的專利號索引途徑等，都是適應學科內容特徵檢索文獻的常用而且有效的途徑。

2. 文獻信息檢索工具

隨著文獻數量的日益增長和結構的日益複雜，文獻檢索也越來越艱難。為了提高這項工作的效率，人們創造了相應的專門文獻檢索工具。檢索工具是人們為了充分、準確、有效地利用已有的文獻信息資源而編製的用來報導、揭示、存儲和查找文獻信息資源的工具。包括傳統的二次、三次印刷型檢索工具，面向計算機和網路的聯機數據庫檢索系統、光盤數據庫系統、搜索引擎、FTP、BBS等各種網路檢索工具。

文獻檢索工具的類型按出版形式劃分為：書本式檢索工具、卡片式檢索工具、穿孔式卡片檢索工具、微縮式檢索工具、電子計算機檢索方式。

面向計算機和網路的檢索工具主要包括聯機數據庫、光盤數據庫、各類搜索引擎、文件傳輸協議、電子郵件、遠程登錄、電子公告牌以及網站分類目錄等。

若按收錄範圍劃分，文獻檢索工具分為以下幾種：

（1）綜合性檢索工具。如美國的《科學引文檢索》、中國的《全國報刊索引》等涉及多門科學的文獻。

（2）專業性檢索工具。如美國的《醫學索引》《化學文摘》《生物學文摘》，中國的《中文科技資料目錄》，它們的檢索範圍都是僅限於某一科學領域、專業性強的文獻。

（3）專題性檢索工具。這類文獻只限於某種特定的對象或者專題，專指性強，適合於進行專題檢索，如各單位收藏的文獻檢索工具。

（4）單一性檢索工具。單一性搜索工具是以特定類型的文獻為對象編輯成的檢索工具，如專利文獻等。

9.1.5 數字圖書館

數字圖書館是用數字技術處理和存儲各種圖文並茂文獻的圖書館，實質上是一種多媒體製作的分佈式信息系統。它把各種不同載體、不同地理位置的信息資源用數字技術存貯，以便於跨越區域、面向對象的網路查詢和傳播。它涉及信息資源加工、存儲、檢索、傳輸和利用的全過程。通俗地說，數字圖書館就是虛擬的、沒有圍牆的圖書館，是基於網路環境下共建共享的可擴展的知識網路系統，是超大規模的、分佈式的、便於使用的、沒有時空限制的、可以實現跨庫無縫連結與智能檢索的知識中心。

數字化圖書館的數字信息資源主要有兩種形式：一是本地館藏的數字信息資料；二是網上的信息資源，包括免費使用的和買斷使用權的收費資源等。

目前，大多數數字圖書館能通過統一的界面（如瀏覽器界面）向用戶提供服務，其服務大致可歸納為三部分：

（1）各種數字化的館藏。

（2）商用的光盤數據庫系統和聯機數據庫。

（3）因特網信息資源。

例如，超星數字圖書館（www.ssreader.com）是全球最大的中文數字圖書網之一，它提供海量電子圖書在線閱讀和下載。

9.2 計算機信息檢索

計算機信息檢索是利用計算機系統有效存儲和快速查找的能力發展起來的一種計算機應用技術，它利用計算機技術，通過光盤、聯機或互聯網等現代檢索手段進行信息檢索。計算機信息檢索可以使人們從大海撈針式的手工檢索苦惱中解脫出來，檢索效率顯著提高。計算機信息檢索系統是信息檢索所用的硬件資源、系統軟件和檢索軟件的總合。它能存儲大量的信息，並對信息條目（有特定邏輯含義的基本信息單位）進行分類、編目或編製索引。它可以根據用戶要求從已存儲的信息集合中抽取出特定的信息，並提供插入、修改和刪除某些信息的能力。

9.2.1 計算機信息資源概述

計算機信息資源是以數字代碼方式將圖、文、聲、像等信息存儲在磁光電介質上，通過計算機或具有類似功能的設備來閱讀使用的資料。目前，計算機信息資源主要以文檔或數據庫等數字方式存儲在計算機中。

計算機信息資源不同於以往的印刷型文獻資源和各類視聽資料，主要有以下特點：

（1）存儲介質和傳播形式發生變化。計算機信息資源可以將傳統的圖書、期刊中的文字、圖片以及各類音像資料中的聲音、動態圖像融合在一起，利用數字技術進行製作，存儲在光盤、磁帶或硬盤等載體上。同時以網路作為主要的傳播媒介，即轉變為光信號，利用網路實現同步傳輸。其不僅傳播的速度大大提高，而且傳遞的信息量也超過了傳統的出版物。

（2）以多媒體作為內容特徵。計算機信息資源集文本、圖片、動態圖像、聲音、超連結等多種形式為一體，具體、生動、全方位地向用戶展示主題，用戶可以因此更加深入細緻地瞭解所需信息的內容及其特徵。

（3）信息資源類型多種多樣。計算機信息資源既包括數據庫、電子期刊、電子圖書、電子報紙、專利等正式出版物和學位論文、教學課件等灰色文獻，也涵蓋了新聞組、電子公告板（BBS）等非正式出版的數字信息。信息交流的途徑因此不再是單一化的，而是多層次、全方位的。

（4）多層次的信息服務功能。數字信息資源最初產生時主要的服務功能是信息檢索，發展到今天，已產生了一系列的新功能：主動報導，如期刊目次報導服務；文件傳遞，如 FTP 服務；信息發現，如網路資源學科導航、分類主題指南等；網上討論，如 BBS、新聞組等。這些服務功能擴展了傳統出版物的職能，使數字信息資源得到更大程度、更深入利用。

（5）更新速度快、時效性強。傳統的印刷型出版物一旦出版后，信息的內容就無法更改，必須要修訂后出版新版本。而電子信息資源的更新和發布就容易得多，只要有人負責不斷跟蹤各個領域的最新發展變化，就可以隨時修改內容，每月、每週、每日甚至每時更新，及時發布給用戶。

（6）具備檢索系統，不再像傳統文獻那樣需要逐頁翻查，因而使用方便、快捷。特別是經過進一步加工的正式出版物，如電子期刊、數據庫等，檢索功能均很強大，

可以很快找到所需信息。

（7）不受時間、地域限制，即沒有收藏地點（如圖書館）、收藏時間（開放時間）的局限，可以隨時隨地存取。

9.2.2 計算機信息檢索原理

計算機信息檢索是指利用計算機存儲和信息檢索，即人們在計算機或計算機檢索網路的終端機上，按照用戶輸入的檢索指令、檢索詞或檢索策略，從計算機檢索系統的數據庫中檢索出所需要的信息，並輸出到終端顯示器上，如圖9-1所示。

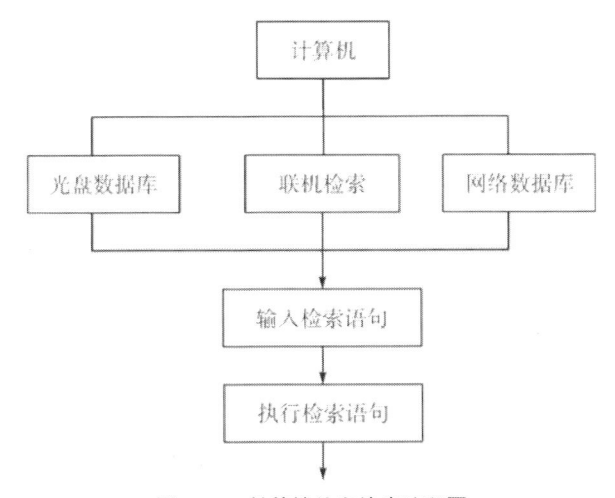

圖9-1 計算機信息檢索流程圖

從廣義上講，計算機信息檢索包括了信息存儲和信息檢索兩個方面。首先利用手工（或計算機自動）將搜索到的文獻資料進行加工、處理，利用檢索語言抽取出文獻的標示如分類號、主題詞、關鍵詞、著者等，然后把這些信息存儲在計算機中，為信息查找提供必要的檢索工具和檢索路徑。其次就是信息檢索，用戶根據檢索課題和主題概念，利用檢索語言，找到檢索路徑和檢索途徑，輸入計算機檢索，計算機在專用檢索程序控制下進行高速的檢索，經過運算，輸出檢索信息。

計算機信息檢索雖然有很多不同的系統之分，比如聯機檢索系統、光盤檢索系統和網路檢索系統等，但是在具體完成一個課題的檢索時，採用的基本步驟相同。

（1）分析檢索課題。明確待查課題的學科專業、主題內容及檢索目標，以及所需要的文獻類型、年限、語種、輸出方式、檢索費用等內容。

（2）選擇檢索系統和數據庫。在明確了信息需要的基礎上，綜合考慮檢索系統的特點、學科範圍、文獻類型、數據庫的專業範圍、存儲年限、檢索費用和使用方法等方面，選擇適合的檢索系統和數據庫。

（3）確定檢索詞。檢索詞（或檢索項）是構成檢索策略的基本元素，同時是進行邏輯配組和編寫提問檢索式的最小單位。在具體選擇檢索時，在所選的數據庫具有主題詞表時，一般總是優先選擇主題詞作為最基本的檢索項目。

（4）編寫檢索表達式。檢索詞通過連接組配符號構成檢索表達式。一個好的檢索

表達式應該非常準確地表達檢索者的檢索意圖。

9.2.3 光盤信息檢索

光盤信息檢索又稱光盤數據庫檢索，即採用計算機作為手段、以光盤作為信息存儲載體和檢索對象進行的信息檢索，是目前應用較為廣泛的一種計算機信息檢索。

光盤數據庫通常是指 CD－ROM 數據庫。CD－ROM 光盤作為大型脫機式數據庫的主要載體，具有存儲能力強、介質成本低、數據可靠性高、便於攜帶等優點。光盤配合計算機和相應的軟件，就構成了光盤檢索系統。

光盤作為一種大容量、低成本的計算機存儲介質，為信息資料的存儲、傳播和利用帶來了極大的方便，國內外都有相當數量的光盤數據庫，種類繁多。國際通用的光盤數據庫分類方式是以數據類型的不同，將光盤數據庫劃分為參考數據庫、源數據庫和混合數據庫。

（1）參考數據庫。參考數據庫是指引用戶到另一信息源以獲得原文或其他細節的一類光盤數據庫。它通常包括書目數據庫和指南數據庫。

（2）源數據庫。源數據庫是指能夠直接提供原始資料或具體數據的數據庫，用戶可以不必再查詢別的信息源的光盤數據庫。它包括全文數據庫、數值型數據庫、文本—數值型數據庫、術語數據庫和圖像數據庫。

（3）混合型數據庫。混合型數據庫是指能夠同時存儲多種不同類型數據的數據庫。它包括多媒體數據庫和超文本數據庫。

9.2.4 聯機信息檢索

聯機檢索（Online Retrieval）是指用戶利用檢索終端，通過通信線路與系統的主機連接，與系統即時對話，從檢索中心獲取所需信息的過程。聯機數據庫檢索系統通常包括檢索終端、通訊網路和聯機檢索中心三個部分。檢索中心是系統的中樞，由中央計算機、聯機數據庫、檢索與管理軟件及相應的檢索服務體制組成。其中，中央計算機又簡稱主機，是聯機系統硬件的核心，包括中央處理機、中央存儲器、通訊部件、控制部件和通道輸入輸出子系統，其功能是在系統軟件和檢索軟件的支持下完成情報的存儲、處理和檢索等操作，對整個系統的運行進行管理和控制。

聯機檢索系統的主要優勢是數據庫數量多、信息量大、內容豐富。數據庫更新快，每日可隨時進行更新，可以很容易檢索到最新文獻。數據庫和系統集中式管理，安全性好，可以在存儲設備上直接處理大量數據。檢索功能強、索引多、途徑多，所有的數據庫使用統一的命令檢索，因此可以同時保證查全、查準，檢索效率和檢索質量高。

聯機檢索系統的主要不足是檢索模式是主從式，即所有的工作都在主機上進行，一旦主機癱瘓，所有系統都將癱瘓，因此對主機的性能要求極高，主機的負擔重，網路擴展性差；多種檢索命令紛繁複雜，用戶難以掌握，必須由專業人員檢索，這種檢索機制不利於在網路環境下擴展為大規模的使用；檢索費用高，每下載一條記錄都要求付相關費用，包括記錄的顯示或打印費、字符費、機時費、通信費，一般用戶因此望而卻步，不敢使用。

聯機檢索系統是利用通信和網路技術實現光盤檢索信息的共享。聯機檢索系統曾

經以電子閱覽室的方式存在於很多高校和科研院所。隨著計算機網路的發展，光盤檢索系統、聯機檢索系統正逐漸被網路檢索所替代，而成為網路檢索的一部分。

目前，聯機檢索系統主要有三種服務方式：追溯檢索、定題檢索和聯機訂購。

9.2.5 網路信息資源檢索

1. 網路信息檢索工具

因特網是在美國 ARPANET（Advance Research Project Agency Net）基礎上建立和發展起來的，目前因特網已經構成了人類歷史上最大的信息資源和網路系統。中國也於 1994 年開始，正式接入因特網，並於同年的 5 月建立和運行中國的域名體系。現在，因特網已經滲透到社會生活的各個方面，提供各式信息服務。如何在這數以億計的信息中，尋找對自己有用的信息，不是一件容易的事情。因此，網路信息檢索工具應運而生，並取得了十足的發展。目前，比較常見的網路信息檢索服務有遠程登錄、文件傳輸服務、電子郵件、電子公告牌、搜索引擎等。

2. 網路信息檢索

以網路為平臺的計算機檢索被稱為網路信息檢索。這種檢索方式可同時使用網上多個主機、甚於所有主機的某種資源而並不需要用戶預先知道它們的具體地址。這極大地拓寬了檢索的空間和信息量，包括各種文獻信息資源及其指向的網路頁面。

網路信息檢索的優勢是信息檢索範圍寬，信息量大，信息檢索的時效性強。網路信息檢索的不足是處理的信息類型繁雜而載體形式多樣，尤其是通過搜索引擎進行網路信息檢索的查準率較低，信息冗余大。

3. 搜索引擎

隨著因特網的迅速發展和網路信息資源的急遽增長，互聯網上的信息是無序的，信息量越大，越難被利用，於是被稱作網路之門的搜索引擎（Search Engine）應運而生。搜索引擎是因特網上的導航工具，通過採集、標引因特網上的資源，提供網路資源的控制與檢索機制，整合網路資源，方便用戶查找信息。搜索引擎本身也是一個 WWW 網站，不同的是，搜索引擎網站的主要資源是描述互聯網資源的索引數據庫和分類目錄。但是如同互聯網上的信息一樣，搜索引擎的發展也是無序的，如何選擇最符合需要的搜索引擎，並通過其在互聯網上找到我們所需要的信息，仍然十分重要。

搜索引擎種類繁多，分別可以按照檢索方式、搜索內容和搜索範圍等方式對搜索引擎進行分類。目前，常用的分類方式還是依其檢索方式將搜索引擎分為關鍵詞搜索引擎和目錄式分類搜索引擎。

關鍵詞搜索引擎是在前臺提供一個檢索入口，用戶通過入口提交查詢請求，系統再將檢索結果反饋給用戶。這一類搜索引擎交互性強，通常具備二次檢索功能，以便用戶逐步接近檢索結果。適合於查找目的明確，並具備一定的數據庫檢索知識的用戶。目前國內著名搜索引擎如百度、北大天網就屬於此類。

目錄式分類搜索引擎是首先依據某種分類依據，建立主題樹分層瀏覽體系，由搜索引擎抓取網上信息之後，對信息進行標引，並將標引後的信息放入瀏覽體系的各大類或子類下面，使這些信息呈現出錯落有致的上下層關係。用戶層層點擊，最終找到自己所需的信息。這類搜索引擎體現了知識概念的系統性，查準率高，但由於人工在

分類標引上的干預，查全率低，分類體系的科學性和標準性亦存在問題。典型的目錄式分類搜索引擎即 Yahoo。

近年來，搜索引擎的一個發展趨勢是，盡可能綜合上述搜索引擎的功能於一身，以便適應不同用戶的不同需求。例如著名的搜索引擎 Google 就是融合兩者的功能於一身。但是這些綜合性的搜索引擎，目前在檢索功能方面也還只是保持某一種功能的強大，並非各方面都很完善。例如 Yahoo，儘管增加了關鍵詞檢索，仍然以其主題分類目錄的功能作為主攻方向。

9.3 中文數據庫檢索

為了能夠方便、快捷、準確地從海量數據中檢索到某學科領域的學術信息，首先要弄清楚需要檢索的學術信息的學科分類；其次要正確地選擇和充分利用各類檢索工具，以便縮小檢索範圍，擴大檢索內涵，增強檢索針對性，提高檢索效率。

學術信息檢索主要包括人文科學、社會科學、自然科學和工程技術四大領域的信息檢索。通常指的文科信息檢索包含了人文科學、社會科學兩個領域的信息檢索。

9.3.1 基礎知識

中國知識基礎設施（China National Knowledge Infrastructure）簡稱 CNKI 工程。CNKI 系列數據庫產品是「中國知識基礎設施」工程的產物。CNKI 工程是以實現全社會知識資源傳播共享與增值利用為目標的信息化建設項目，由清華大學、清華同方共同發起，始建於 1999 年 6 月。CNKI 工程經過多年努力，採用自主開發並具有國際領先水平的數字圖書館技術，建成了世界上全文信息量規模最大的「CNKI 數字圖書館」，並正式啓動建設《中國知識資源總庫》及 CNKI 網格資源共享平臺，通過產業化運作，為全社會知識資源高效共享提供最豐富的知識信息資源和最有效的知識傳播與數字化學習平臺。

CNKI 系列數據庫產品包括源數據庫和專業知識倉庫。源數據庫是指以完整收錄文獻原有形態，經數字化加工，多重整序而成的專業類文獻數據庫，如《中國期刊全文數據庫》《中國優秀博碩士論文全文數據庫》《中國重要會議論文全文數據庫》《中國重要報紙全文數據庫》等。專業知識倉庫是指針對某一行業特殊需求，從源數據庫中提取出相關文獻資源，再補充本行業專有資源共同組成的、根據行業特點重新整序的專業文獻數據庫。如中國醫院知識倉庫、中國企業知識倉庫、中國城建規劃知識倉庫、中國基礎教育知識倉庫等。

9.3.2 操作案例

【例 9-1】中國期刊全文數據庫信息檢索。

中國知識基礎設施系列數據庫產品之一《中國期刊全文數據庫》（China Journal Full-text Database），簡稱 CJFD，是目前世界上最大的連續動態更新的中國期刊全文數據庫，目前收錄 7,600 多種重要期刊，內容覆蓋自然科學、工程技術、農業、哲學、醫學、人文社會科學等各個領域，其中核心期刊 1,735 種，累積期刊全文文獻 1,000 多

萬篇。

通常，機構用戶可以通過三種方式使用數據庫：中心網站包庫、機構內部的鏡像網站、光盤。個人用戶可以通過購買 CNKI 卡使用數據庫，按單篇文獻計價結算。

操作步驟如下：

（1）在 IE 瀏覽器地址欄中輸入地址：http：//www.cnki.net/，打開中國知識網首頁，如圖 9-1 所示。

圖 9-1　中國知識網首頁

（2）分別輸入用戶名和密碼，單擊「登錄」按鈕，打開 CNKI 檢索歡迎頁面（用戶名和密碼可在學校圖書館網頁中獲取）。

（3）單擊「學術文獻總庫」按鈕，打開 CNKI 中國學術文獻網路出版總庫，如圖 9-2 所示。

圖 9-2　CNKI 跨庫檢索首頁

(4) 勾選「中國學術期刊網路出版總庫」，檢索項選擇「題名」，匹配方式選擇「精確」，時間選擇「從 2007 年 1 月 1 日到 2012 年 6 月 4 日」，檢索詞輸入「高頻時間序列」，單擊「檢索文獻」按鈕，打開檢索結果頁面，如圖 9-3 所示。

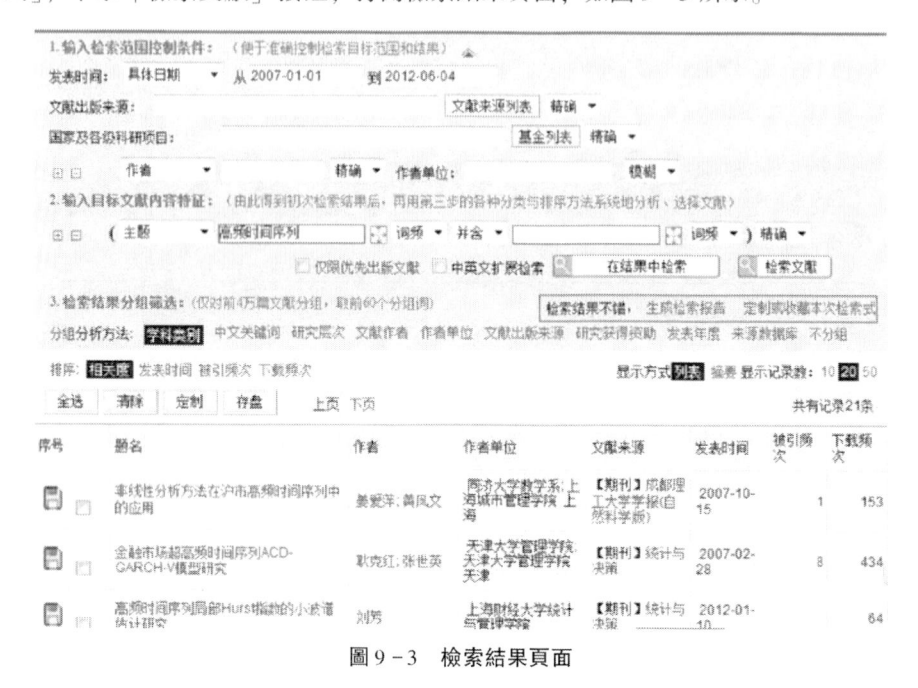

圖 9-3　檢索結果頁面

(5) 單擊檢索結果「金融市場超高頻時間序列 ACD-GARCH-V 模型研究」超級連結，打開文獻相關信息頁面，如圖 9-4 所示。

圖 9-4　文獻相關信息頁面

（6）CNKI 提供了 CAJ（利用閱讀器 Cajviewer 閱讀）格式和 PDF（利用閱讀器 Adobe Reader 閱讀）格式的文件下載。單擊「PDF 下載」，打開文件下載對話框。

（7）單擊「保存」按鈕，打開「另存為」對話框。然后選擇文件保存路徑，單擊「保存」按鈕，文件下載並保存在指定位置。

9.4 西文數據庫檢索

9.4.1 基礎知識

Elsevier 電子期刊全文（ScienceDirect OnSite），即荷蘭愛思唯爾（Elsevier）出版集團 1995 年以來的 1,800 多種期刊的全文，包括 Elsevier 出版集團所屬的 2,200 多種同行評議期刊和 2,000 多種系列叢書、手冊及參考書等，涉及四大學科領域：物理學與工程、生命科學、健康科學、社會科學與人文科學，數據庫收錄全文文章總數已超過 856 萬篇。

9.4.2 操作案例

【例 9-2】Elsevier 電子期刊數據庫信息檢索。

操作步驟如下：

（1）在 IE 瀏覽器地址欄中輸入地址：http://www.sciencedirect.com/，打開 ScienceDirect OnSite 網首頁，如圖 9-5 所示。

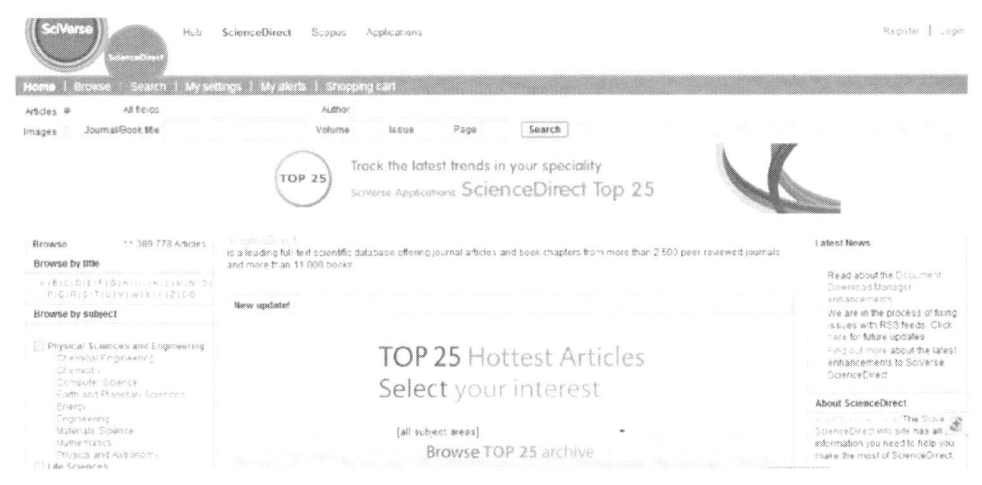

圖 9-5　ScienceDirect OnSite 網首頁

（2）單擊上述頁面右側的 Advanced search，進入高級搜索頁面，如圖 9-6 所示。

（3）在高級搜索「Advanced search」頁面中，用戶可以根據目的資源的來源選擇選項卡，例如：All Sources、Journal、Books 和 Images。這裡選擇「All Sources」選項卡，在「Search」的文本框中輸入「financial」，在其后的類別中選擇「Title」；在關係運算框中選擇「AND」，在其下的文本框中輸入「Southwestern University of finance and economics」，在其后的類別中選擇「Affiliation」，如圖 9-7 所示。

图 9-6 高级搜索页面

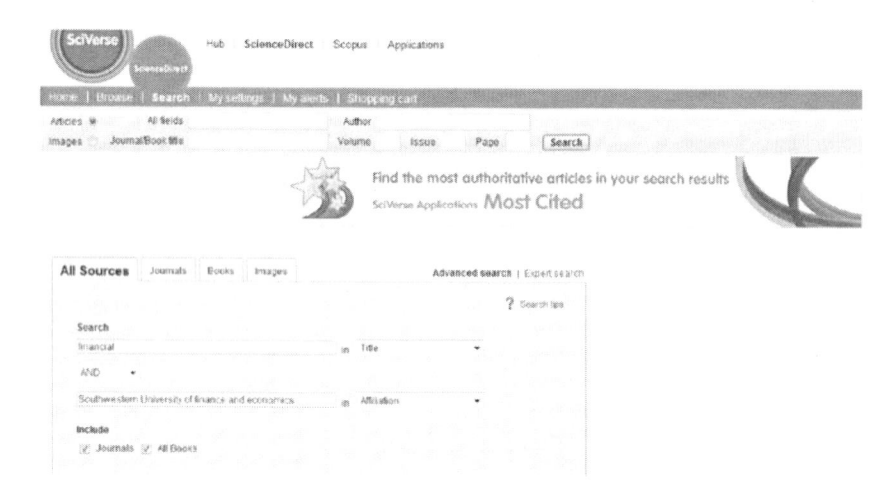

图 9-7 填入搜索内容页面

(4) 在搜索内容的页面中执行搜索命令，得到搜索结果，如图 9-8 所示。

(5) 单击检索结果「Two to tangle: Financial development, political instability and economic growth in Argentina」超级连结，打开文献相关信息页面，如图 9-9 所示。

(6) 单击上述页面中的 PDF 连结，在授权许可下就能全文下载该文献，并保存在指定位置。

9.4.3 特种文献检索

1. 学位论文检索

学位论文是高等院校及科研院所的本科生、研究生为获得学位而撰写的学术性较强的研究论文，是在学习和研究中参考了大量的文献，进行科学研究的基础上而完成

圖9-8 搜索結果頁面

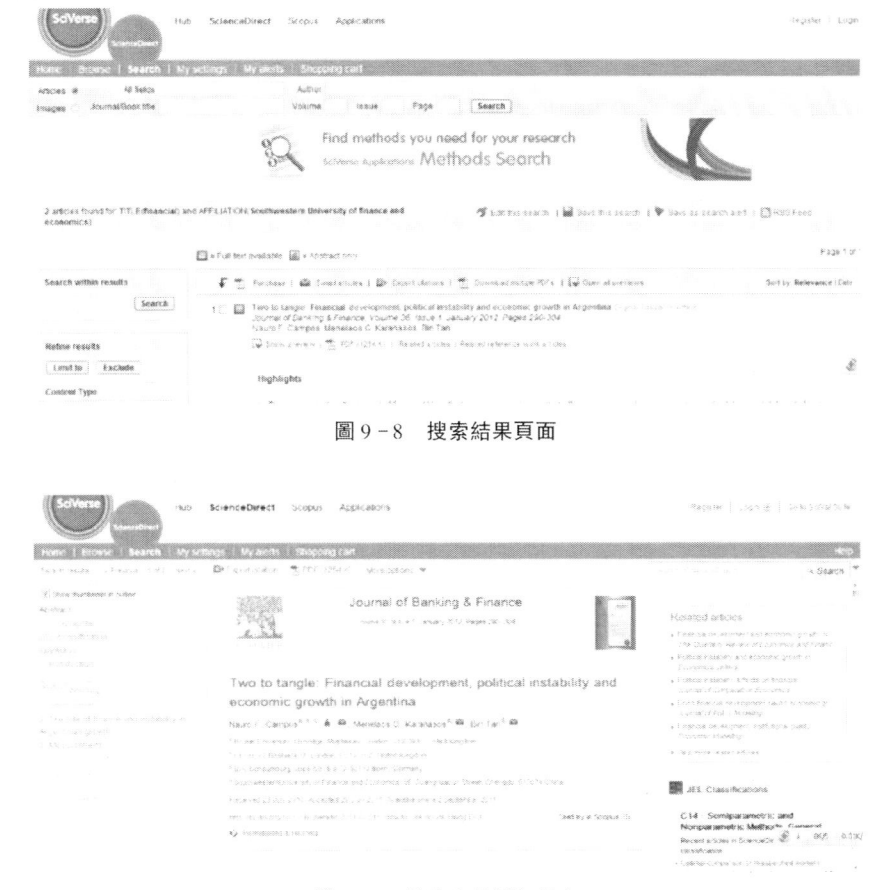

圖9-9 搜索文獻詳細信息

的。在國內，學位論文的檢索可以利用「萬方中國學位論文全文數據」，檢索歐美大學的學位論文可以利用「PQDD博（碩）士論文數據庫」。

2. 科技報告檢索

科技報告是一種極為重要的信息資源。它主要反應了相關學科的科學技術前沿和正在進行中的研究項目。科技報告主要注重記錄科研進展的全過程，多與高科技領域有關，它傳播研究成果的速度很快，並且通常是以內部發行為主，外界較難獲得，對科研和學習顯得格外重要。國際上一些大型的綜合性檢索系統都能夠檢索到科技報告如 EI、INSPECT、DIALOG 等。中國比較常用的有「中國科學技術成果數據庫」和「中國國防科技報告題錄庫」兩個科技報告檢索數據庫。

中國科學技術成果數據庫（CSTAD）是國家科學技術部指定的成果查新數據庫，信息來源於各省、市部委科技管理部門鑒定后報國家科技部的科技成果和星火計劃成果。其內容包括項目名稱、研製單位、研製人、通訊方式、鑒定時間及主持部門、技術簡介、技術水平、技術轉讓條件等，是各信息機構與企業合作及轉讓的重要依據。

中國國防科技報告題錄庫是由中國國防科技信息中心提供數據建立的。其主要包括該單位搜集的科研報告、會議記錄及譯文等，專業範圍涉及核工業、航天、航空、

電子、船舶、兵器等科學技術領域。

3. 會議文獻檢索

會議是一種重要的信息交流渠道。通過閱讀會議論文，可以獲得本學科領域的最新學術研究、產品開發、科研信息等，同時還能夠及時瞭解新政策、新發展和新動態。因此，會議文獻信息資源的檢索和利用頻率很高。

目前的會議文獻形式多樣，通常可以按照出版的時間先后將其劃分為會前文獻、會中文獻和會后文獻三種類型。會前文獻主要是指會議進行之前預先印發給與會代表的論文、摘要或論文目錄。會中文獻包括開幕詞、閉幕詞、演講詞、討論記錄、會議簡報等。會后文獻指會議結束后正式發行的會議論文集。

比較常用的會議文獻檢索系統有中國知識基礎工程（CMKI）的《中國學術會議論文聯合數據庫》、北京文獻信息服務處的《國防科技會議論文庫》。

4. 專利文獻檢索

專利文獻是指記載和說明專利內容的文件資料及相關出版物的總稱。專利文獻有多種形式不同的載體，按照專利文獻的不同功能可以分為一次性專利文獻、二次性專利文獻、三次性專利文獻三大類型。

一次性專利文獻是指詳細描述發明創造內容和權利保護範圍的各種類型的專利說明，它是專利文獻的主體，是最重要的專利文獻形式。二次性專利文獻主要是指各種專利文獻的專用檢索工具，它們是用來查找專利文獻、檢索最新專利信息和瞭解專利審查活動的主要工具書。三次性專利文獻是指按照發明創造的技術主題編輯出版的專利文獻工具書，主要包括專利分類表、分類定義、分類表索引等。

常用的專利文獻網路檢索工具有中華人民共和國國家知識產權局網站（http://www.sipo.gov.cn/）、中國專利信息網（http://www.patent.com.cn/）、PCT國際專利數據庫（http://ipdl.wipo.int）等。

5. 標準文獻檢索

標準文獻（Standard Literature）是一種特殊的文獻，它將科學、技術和實踐經驗的綜合成果作為基礎，為了在一定範圍內獲得最佳秩序，對活動或其結果規定必須共同遵守的規則或特性的文件，由主管機構批准，以特殊形式發布，並作為共同遵守的依據。

標準文獻有多種分類方法，最常見的是按照其適應範圍分為國際標準、區域性標準、國家標準、行業標準、地方標準和企業標準六種類型。

目前，比較常用的國內網路標準文獻檢索系統有萬方數據庫以及中國標準出版社國內標準文獻查詢系統（http://www.bzcbs.com/）。

9.5　信息綜合利用

在進行科研活動時，一方面要借鑑前人和同行的研究成果，或解決問題，或在此基礎上有所創新；另一方面要避免課題的重複研究，浪費無謂的精力和時間。

無論是為課題研究尋找答案，還是為學術論文寫作累積資料，掌握信息檢索的知識，便可以以最少的時間和精力獲得最有用的資料，起到事半功倍的效果。具體地說，

能夠有效地利用現有的資源，熟悉各種檢索方法和重要工具。進而具備檢索信息、評估信息、組織信息及運用信息的能力，同時依照學術論文的格式撰寫報告，是一個大學生進行獨立學習及研究的重要能力與信息素養。

9.5.1 信息的選擇和整理

1. 信息資料的類型

信息資料的類型包括兩大類：一類是直接的、原始的，是有關研究對象的數據、事實甚至是活材料；另一類是間接的，前人或同行對研究對象的論述，是第二手資料。

原始的信息資料是我們研究的主要來源和依據，如科學實驗的數據、經濟商業指數、調查訪問、參加會議等，這些資料在收集過程中，最應該注意的就是客觀性。間接信息資料的重要性主要體現在其對我們的研究工作的啟發和借鑒作用。在搜集他人的論述時，要充分利用發表的圖書、論文、報告。

2. 信息資料的選擇

當利用各種檢索工具找到一些信息資料之後，可以看到有的可以直接獲得全文，有的只有二次文獻線索，還需要據此查找原始文獻。但必須認清這樣的一個事實，即並非所有資料都適合你的研究課題使用，並非所有找尋的資料都是可信的。因此有必要對所找尋的資料加以科學的分析、比較、歸納和綜合研究，進行去粗取精，去僞存真的工作，以決定是否符合研究需要，並從中篩選出可供學術參考的材料。信息資料的選擇要把握以下原則：

（1）以需求為中心。為自己選擇信息資料時，不必考慮他人的立場，只要自己方便使用，不用管別人看法如何。

（2）注意信息資料的可靠性。可靠性是指信息資料的真實性，信息資料是否能正確反應客觀現實。無論是通過閱讀查找的資料，還是在觀察、調查、實驗中獲得的資料，首先都必須保證信息的真實性。對一些第二手材料，一定要核對原文，以免以訛傳訛。對所查資料一定要註明來源與日期。

（3）注意信息資料的典型性。典型是指資料能夠反應事物的本質，具有強大的說服力。任何信息資料都有典型和非典型之分，要根據自己的論文情況，選擇能夠反應論文特色的典型資料。

（4）注意信息資料的新穎性。信息資料的新穎性可以通過文獻的出版年份作為參考，引文數據庫裡可以瀏覽文章的參考書目，從而確定作者是不是參考引用了最新的信息。有些領域進步神速，一兩年前的信息就已經過時了。有的傳統科學領域，舊一點的資料也是可以接受的。

（5）保證信息資料的適用性。資料並不是越多越好，只要能充分說明觀點就行。充分的資料是既要能說明論文的觀點，使讀者對所論述的問題有充足的瞭解，同時又能表明論文作者的研究水平和創造能力。不同的文章對資料的要求是不同的，而且由於科學的不斷發展，新的資料又會不斷地出現，因此，要養成不斷累積資料的好習慣。

3. 信息資料的整理

用戶在對獲取的資料進行整理的過程中需要注意，首先要註明資料的出處，這樣在以後的研究和學習中可以方便的引用。同時這也是尊重原作者，避免抄襲嫌疑。其

次在資料的整理過程中，需要當機立斷，果斷地捨棄無用的和多余的資料，使自己的資料庫有序而不雜亂。

9.5.2　正確地利用信息資源

生活在信息社會，我們要充分利用所收集到的信息。因此，必須有良好的信息素養。信息素養是人的品質之一，它反應了人對信息的利用能力。其建立在個人知識結構之上，是人們所必須具備的基本素質，主要包括：辨識、尋獲、評估、加工使用和創新。

（1）正確辨識信息需求。正確辨識自己所需要信息的目的和實質，並將其正確地表達出來。

（2）迅速獲取所需信息。根據不同的信息需求，選擇適合於自己需求的信息源，以最佳的方式，獲取所需的信息，達到多快好省。

（3）綜合評估已獲信息的能力。對於獲取的信息，根據自身需要，做出恰當的分析和判斷，綜合閱讀信息並辨別其真僞和優劣以及適用程度。

（4）善於加工信息素材的能力。對獲取的各種載體信息要善於識別和熟悉其類型，並進行課題分析和分類以及存儲處理等。

（5）消化吸收穫得知識的能力。生活在信息時代，就需要我們善於捕捉、獲取有用的信息，並正確地運用它創造價值，推動信息社會的發展。

9.5.3　樹立知識產權意識

知識產權是關於工業、科學、文學和藝術領域內以及其他來自智力活動所取得的一種財產屬性的權利。隨著國家政治、經濟、文化、教育等領域的全面開放，經濟全球化進程的不斷加快和科學技術的迅猛發展，知識產權已成為經濟社會發展的重要戰略資源，成為影響一個國家和地區經濟社會發展的關鍵性因素。知識產權問題是信息領域一個不可迴避的問題。

在對信息資料的檢索和利用過程中，培養和樹立知識產權意識是一個十分重要的方面。高等院校不僅要注重大學生信息能力的培養，同時對大學生信息道德的教育也不能忽視。大學生作為創新人才的主力軍，應遵循信息社會的法律法規，尊重他人的知識產權和勞動成果，不隨意下載未經同意使用的軟件或文獻，更不隨意傳播，不侵犯他人的商業秘密、隱私權。在從事信息產業與信息經濟開發活動中，防止計算機病毒，自覺抵制諸如信息洩密、信息犯罪等活動。

【本章小結】

信息檢索是互聯網時代人們獲取信息的基本手段之一。通過本章的學習希望同學們能瞭解和掌握信息的基本概念、信息檢索的概念和內涵、信息化素養的意義和重要性。

學習並掌握信息檢索基本原理，瞭解國內外信息檢索的常用工具，並能利用相關檢索工具檢索獲取與自己專業相關的各類文獻。

【思考與討論】

1. 信息檢索的意義和作用是什麼？
2. 科技信息的主要特徵是什麼？
3. 學校圖書館用戶常用的電子資源有哪些？
4. 簡述信息檢索的基本原理。
5. 列舉幾種常用的英文參考數據庫。
6. 列舉幾種常用的中文參考數據庫。
7. 國內著名的電子圖書館系統有哪幾個？
8. 資料收集過程中要注意些什麼？
9. 在資料的分析與選擇時，應把握哪些原則？

第 10 章　信息安全基礎

【學習目標】
- 瞭解並掌握信息安全的基本概念。
- 瞭解信息安全的等級防護標準。
- 瞭解並掌握計算機病毒的基本概念。
- 掌握常見計算機病毒的防治方法。
- 瞭解網路作為公共媒體的社會責任。
- 瞭解網路應用的職業道德。
- 瞭解國家對互聯網的相關法律和規範。

【知識架構】

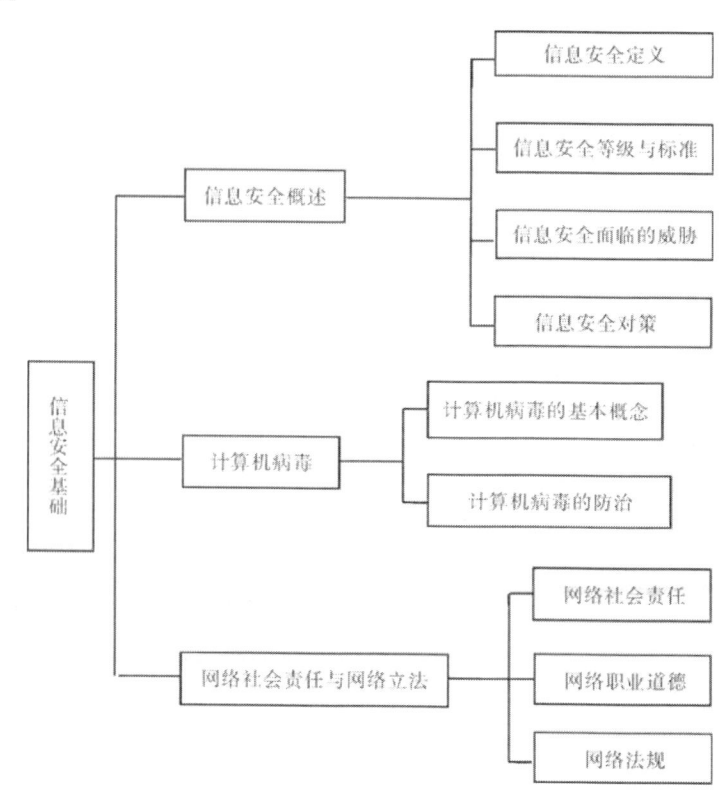

```
                              ┌── 信息安全定义
                              │
                ┌─ 信息安全概述 ┼── 信息安全等级与标准
                │             │
                │             ├── 信息安全面临的威胁
                │             │
                │             └── 信息安全对策
                │
 信息安全基础 ───┼─ 计算机病毒 ─┬── 计算机病毒的基本概念
                │             │
                │             └── 计算机病毒的防治
                │
                │                         ┌── 网络社会责任
                │                         │
                └─ 网络社会责任与网络立法 ─┼── 网络职业道德
                                          │
                                          └── 网络法规
```

10.1　信息安全概述

隨著 Internet 在全世界的普及，人類全面進入信息化社會，政府、軍隊、企業等部門越來越需要利用網路進行信息的傳輸與管理。

10.1.1　信息安全的概念

信息安全是指信息網路的硬件、軟件及其系統中的數據受到保護，不受偶然的或者惡意的原因而遭到破壞、篡改、泄露，系統連續可靠正常地運行，信息服務不中斷。

信息安全主要包括以下七個方面的內容，即需保證信息的真實性、保密性、完整性、可用性、不可抵賴性、可控性和可審查性。

(1) 真實性：對信息的來源進行判斷，能對偽造來源的信息予以鑑別。
(2) 保密性：保證機密信息不被竊聽，或竊聽者不能瞭解信息的真實含義。
(3) 完整性：保證數據的一致性，防止數據被非法用戶篡改。
(4) 可用性：保證合法用戶對信息和資源的使用不會被不正當地拒絕。
(5) 不可抵賴性：建立有效的責任機制，防止用戶否認其行為。
(6) 可控制性：對信息的傳播及內容具有控制能力。
(7) 可審查性：對出現的網路安全問題提供調查的依據和手段。

10.1.2　信息安全等級與評價標準

1. 可信計算機系統評估準則

美國國防部在 1984 年發布了《可信計算機系統評估準則》(Trusted Computer System Evaluation Criteria，簡稱 TCSEC)，即所謂的桔皮書。該準則於 1985 年修訂後重新公布，1989 年又發布了新的版本。

TCSEC 提出了可信計算基 (Trusted Computing Base，簡稱 TCB) 概念，即計算機系統負責執行安全策略的保護機制的全體，由硬件、軟件、固件組成。一個 TCB 由一個或多個在產品或系統上一同執行統一安全策略的部件組成。

TCSEC 的發布主要有以下三個目的：

(1) 為製造商提供一個安全標準，使他們在開發商業產品時加入相應的安全因素；
(2) 為國防部各部門提供一個度量標準，用來評估計算機系統或其他敏感信息的可信程度；
(3) 在分析、研究規範時，為制定安全需求提供基礎。

在 TCSEC 中劃分了七個安全等級：D 級（無保護級）、C1 級（自主安全保護級）、C2 級（控制訪問保護級）、B1 級（標記安全保護級）、B2 級（結構化保護級）、B3 級（安全域保護級）和 A1 級（驗證設計級），其中 D 級的安全級別最低，A1 級安全級別最高。

下面對每個安全等級的內容和要求做簡要說明：

D 級（無保護級）：最低保護等級，它是指不符合要求的那些系統，這些系統不能用於在多用戶環境下處理敏感信息。該級別是為那些經過評估、但不滿足較高評估等

級要求的系統設計的，只具有一個級別。

C1 級（自主安全保護級）：通過將用戶和數據分離，滿足自主需求。它將各種控制能力組合成一體，每一個實體獨立的實施訪問限制的控制能力。用戶能夠保護個人信息和防止其他用戶閱讀和破壞數據，但是還不足以保護系統中的敏感信息。

C2 級（控制訪問保護級）：在這一級別中的系統需要執行比 C1 級系統粒度更細微的自主式訪問控制，使用戶通過登錄程序、安全相關事件的審計和資源隔離等措施單獨地為自己的行為負責。它包括一些客體再使用的規定，以確保存儲在某個對象（如數據緩存）中的信息再分配時，不會泄漏給一個新的用戶。C2 級可視作處理敏感信息所需的最低安全級別。

B1 級（標記安全保護級）：這是第一種需要大量訪問控制支持的級別。系統必須對主要數據結構加載敏感度標籤。系統必須給出有關策略模型、數據標籤和大量主體與客體之間的出入控制的非形式陳述。系統必須具備精確標示輸出信息的能力。

B2 級（結構化保護級）：可信計算基（TCB）必須是被建立在一個形式的安全策略模型上。在 B1 級系統中所採用的自主式和強制式訪問控制被擴展到 B2 級系統中的所有客體和主體。TCB 必須被特別的結構化，授權機制被加強，並需要有特殊化系統管理員和操作員功能以及嚴格的配置管理控制能力。

B3 級（安全域保護級）：TCB 必須調解所有客體到主體的訪問，必須是防竄擾的且足夠小以便分析和測試。對系統結構作了進一步限制，要求支持安全管理員功能，將審計機制擴充到信號的安全相關事件，需要可信系統恢復過程。

A1 級（驗證設計級）：採用了安全策略的形式模型，其功能上等價於 B3 級。然而，形式設計規範和驗證技術必須貫穿於整個開發過程，且必須存在一個可信分配系統。

2. 歐洲 ITSEC 標準

1991 年，西歐四國（英、法、德、荷）提出了信息技術安全評價準則（ITSEC）。ITSEC 首次提出了信息安全的保密性、完整性、可用性概念。它定義了從 e0 級（不滿足品質）到 e6 級（形式化驗證）的 7 個安全等級和 10 種安全功能。

3. 加拿大 CTCPEC 評價標準

CTCPEC 專門針對政府的需求而設計。與 ITSEC 類似，該標準將安全分為功能性需求和保證性需要兩部分。功能性需求共劃分為四大類：機密性、完整性、可用性和可控性。每種安全需求又可以分成很多小類，來表示安全性上的差別，共分為 0～5 級。

4. 美國聯邦準則

在 1993 年，美國發表了《信息技術安全性評價聯邦準則》（FC）。該標準的目的是提供 TCSEC 的升級版本，同時保護已有投資，但 FC 有很多缺陷，是一個過渡標準，後來結合 ITSEC 發展為《聯合公共準則》。

5. 聯合公共準則（CC 標準）

1993 年 6 月，美國、加拿大及西歐四國經協商同意，起草單一的通用準則——CC 標準，並將其推進到國際標準。CC 標準的目的是建立一個各國都能接受的通用的信息安全產品和系統的安全性評價準則，國家與國家之間可以通過簽訂互認協議，決定相互接受的認可級別，這樣能使大部分的基礎性安全機制在任何一個地方通過了 CC 標準

評價后，就可以得到許可進入國際市場，且不需要再作評價。使用國只需測試與國家主權和安全相關的安全功能，從而大幅節省了評價支出並迅速推向市場。CC 標準結合了 FC 及 ITSEC 的主要特徵，它強調將安全的功能與保障分離，並將功能需求分為 9 類 63 族，將保障分為 7 類 29 族。

6. BS7799 標準

BS7799 是英國標準組織（BSI）於 1995 年公布，1998 年和 1999 年兩次修訂。英國信息安全管理的標準包括兩個部分：《信息安全管理體系實施指南》（BS7799－1）和《信息安全管理體系認證標準》（BS7799－2）。BS7799 以商業為定位，並有利於創建信息安全管理的良好基礎。BS7799 沒有詳細地探討技術方面的問題（如防火牆和防病毒產品），但它要求每一個組織都需要四類信息安全保證方式，即組織保證、產品保證、服務供應商保證和商業貿易夥伴保證。它提供了一系列最佳資料安全管理體系的控制方法。BS7799 所提供的資料管理系統可同時運用於工業界和商業界。

BS7799－1 標準目前已正式成為 ISO 國際標準，即《ISO17799 信息安全管理體系實施指南》，並於 2000 年 12 月 1 日頒布。該標準綜合了信息安全管理方面優秀的控制措施，為信息安全提供建議性指南，因此該標準不是認證標準。但在建立和實施信息安全管理體系時，可考慮採取該標準建議性的措施。

BS7799－2 標準目前正在轉換成 ISO 國際標準的過程中，由於該標準是在英國法律法規框架下制定的，要將標準轉換成國際標準，必須考慮適合世界各國信息安全管理方面的法律和法規要求以及國際標準編寫的要求。BS7799－2 標準要求主要用於對信息安全管理體系的認證，因此建立信息安全管理體系時，必要考慮滿足 BS7799－2 的要求。

7. 中國有關網路信息安全的相關標準

國家質量技術監督局與 1999 年 9 月 13 日正式公布了新的國家標準《計算機信息系統安全保護等級劃分標準》（GB17859－1999）。該標準已於 2001 年 1 月 1 日開始實施。GB17859 是建立安全等級保護制度，實施安全等級管理的重要基礎性標準。

GB17859 把計算機信息系統的安全保護能力劃分為五個等級：用戶自主保護級、系統審計保護級、安全標記保護級、結構化保護級和訪問驗證保護級。這五個級別的安全強度自低到高排列，並且高一級包括低一級的安全能力。

各級安全級別的主要標準如下：

第一級，用戶自主保護級。該級實施的是自主訪問控制。訪問控制機制允許命名用戶以用戶或用戶組的身分規定並控制客體的共享，能阻止非授權用戶讀取敏感信息。該安全級別通過自主完整性策略，阻止無權用戶修改或破壞敏感信息。

第二級，系統審計保護級。該級實施的是自主訪問控制和客體重用。與第一級相比，自主訪問控制的粒度可達單個用戶級，能夠控制訪問權限的擴散，沒有訪問權的用戶只能由有權用戶指定對客體的訪問權。身分鑑別功能通過每個用戶唯一標示監控用戶的每個行為，並能對這些行為進行審計。

從用戶的角度來看，系統審計保護級的主要功能有兩個：身分識別和安全審計。

第三級，安全標記保護級。該級在提供系統審計保護級的所有功能基礎上，提供基本的強制訪問功能。可信計算基（TCB）對所有主體及其所控制的客體（如進程、

文件、記錄、設備）實施強制訪問控制。為這些主體及客體指定敏感標記，這些標記是實施強制訪問控制的基礎。

第四級，結構化保護級。該級的可信計算基（TCB）建立於一個明確定義的形式化安全策略模型之上，它要求將第三級系統中的自主和強制訪問控制擴展到所有主體與客體。該級的可信計算基必須結構化為關鍵保護元素和非關鍵保護元素。該級加強了識別機制；支持系統管理員和操作員的職能；提供可信設施管理；增強了配置管理控制。

第五級，訪問驗證保護級。該級的可信計算基（TCB）滿足訪問監視器的需求。訪問監視器仲裁主體對客體的全部訪問，其本身是抗篡改的，並且足夠小能夠分析和測試。為了滿足訪問監視器需求，可信計算基（TCB）在構造時，排除那些實施安全策略來說並非必要的代碼，在設計和實現時將其複雜度降到最小。該級支持安全管理員職能；擴充審計機制，當發生與安全相關的事件時發出信號；提供系統恢復機制。

另外，還有《信息處理系統開放系統互聯基本參考模型第2部分安全體系結構》（GB/T 9387.2，1995）、《信息處理數據加密實體鑑別機制第1部分：一般模型》（GB 15834.1－1995）、《信息技術設備的安全》（GB 4943－1995）等。

10.1.3 信息安全面臨的威脅

信息安全面臨的多數威脅具有相同的特徵，即威脅的目標都是破壞機密性、完整性或者可用性。威脅的對象包括數據、軟件和硬件；實施者包括自然現象、偶然事件、無惡意的用戶和惡意攻擊者。按照威脅的來源，其分為計算機內部威脅和外部威脅。

1. 內部威脅

（1）系統軟件的安全功能較少或不全，以及系統設計時的疏忽或考慮不周而留下的「漏洞」或「破綻」。

（2）數據庫管理系統的脆弱性。由於數據庫管理系統（DBMS）對數據庫的管理是建立在分級管理的模型上的，因此DBMS的安全性不高。

2. 外部威脅

（1）計算機網路的使用對數據造成的安全威脅

計算機網路的發展，使信息共享日益廣泛與深入。但是信息在公共通信網路上存儲、共享和傳輸，會被非法竊聽、截取、篡改或毀壞而導致巨大的損失。

（2）病毒和其他惡意軟件

病毒是一種能自我複製的代碼，可以像生物病毒一樣傳染其他程序。網路中有多種多樣的病毒，這些病毒不斷傳播，嚴重危害信息安全。

（3）自然災害和環境危害

諸如高溫、濕度、照明、火災、地震等，都能破壞信息設施。應制定災難恢復計劃，預防和處理這些災害。

（4）人為因素

據統計，信息系統在經費和生產力方面的損失有一半是由於人為的差錯。這些人為差錯包括對設備和軟件不適當的安裝與管理，誤刪除文件，升級錯誤的文件，將不正確的信息存入文件，忽視口令更換等行為，從而引起信息的丟失、系統的中斷等事故。

10.1.4　信息安全的對策

信息安全是一個涉及多方面的問題，可以說是一個極其複雜的系統工程，不僅僅局限於對信息的加密和通信保密等功能要求。一個成功的信息安全對策應當遵循以下原則：

（1）制定明確而前后一致的信息安全政策和工作程序，評價信息系統的薄弱環節，確認安全隱患。

（2）強制改善已發現的網路和信息系統安全方面的薄弱環節。

（3）強制報告受到的攻擊，更好地發現和交流易受攻擊之處，及時採取改進措施。

（4）進行損失評估，以便恢復遭到攻擊者破壞的信息的完整性。

（5）進行培訓，使用戶瞭解聯網計算機的安全風險並規範執行安全措施，保證網路管理人員和系統管理人員有充分的時間和資源來完成任務。

（6）慎用防火牆、智能卡和其他技術解決方案。

（7）增強事故應對能力，主動發現和應付攻擊行為，跟蹤和追究攻擊者。

10.2　計算機病毒及其防範

計算機與網路技術為信息的獲取、傳輸、處理與利用提供越來越先進方法的同時也為入侵者提供了方便之門，使得計算機與網路中的信息變得越來越容易遭受攻擊，用戶對計算機與網路中信息的安全性也更加擔心，從而帶來了一系列前所未有的風險和威脅。

在醫學上，生物病毒是一類個體微小，結構簡單，具有遺傳、複製、變異、進化等生命特徵的微生物。與醫學上的「病毒」不同，計算機病毒不是天然存在的，而是人為利用計算機軟件和硬件所固有的脆弱性編製的一組指令集或程序代碼，是一種能自我複製或運行的計算機程序，計算機病毒往往會影響受感染計算機的正常運行。

10.2.1　計算機病毒的定義及特徵

1. 計算機病毒的定義

計算機病毒（Computer Virus）最早是由美國計算機病毒研究專家費雷德·科恩（Fred Cohen）博士正式提出的。「病毒」一詞來源於生物學，因為計算機病毒與生物病毒在很多方面有著相似之處。費雷德·科恩博士對計算機病毒的定義是：「病毒是一種靠修改其他程序來插入或進行自身拷貝，從而感染其他程序的一段程序」。

《中華人民共和國計算機信息系統安全保護條例》中明確將計算機病毒定義為：「編製或者在計算機程序中插入的破壞計算機功能或者破壞數據，影響計算機使用並且能夠自我複製的一組計算機指令或者程序代碼。」計算機病毒是一種人為的特製程序，能像生物界的病毒一樣進行自我複製並感染和破壞其他程序。計算機病毒具有很強的感染性、一定的潛伏性、特定的觸發性、嚴重的破壞性等特點。

2. 計算機病毒的結構

計算機病毒一般由以下三個部分構成：

（1）傳染部分——病毒的重要組成部分，主要實施病毒的傳染。
（2）表現部分和破壞部分——對被感染的系統進行破壞，並表現出一些特殊狀況。
（3）激發部分——判斷當前是否滿足病毒發作的條件。

3. 計算機病毒的特徵

計算機病毒會干擾系統的正常運行，搶占系統資源，修改或刪除數據，會對系統造成不同程度的破壞。計算機病毒具有隱蔽性、潛伏性、傳染性、激發性、破壞性、變種性等特徵。

（1）隱蔽性

病毒程序具有很強的隱蔽性，編製技巧相當高，有的時隱時現，變化無常，極具隱蔽性，使人們很難察覺和發現它的存在。

（2）潛伏性

病毒具有依附於其他信息媒體的寄生能力。病毒侵入系統後，一般不立即發作，往往要經過一段時間后才發生作用。病毒的潛伏期長短不一，可能為數十小時，也可能長達數天甚至更久。一旦時機成熟，得到運行機會，就會四處繁殖、擴散，造成更大的危害。有些病毒像定時炸彈一樣，它的發作時間和條件是預先設計好的，比如黑色星期五病毒，等到預定時間或條件具備的時候突然發作，對系統進行破壞。

（3）傳染性

計算機病毒不但本身具有破壞性，更嚴重的是還具有傳染性。傳染性是計算機病毒的基本特性。計算機病毒具有生物病毒類似的特徵，有很強的再生能力。計算機病毒會通過各種渠道從已被感染的計算機擴散到未被感染的計算機。計算機病毒的傳播主要通過文件拷貝、文件傳送、文件執行等方式進行。一旦病毒被複製或產生變種，其速度之快令人難以預防。一旦某臺計算機感染病毒，如果不及時處理，病毒就會在這臺計算機上迅速擴散，計算機病毒可通過各種可能的渠道，如硬盤、移動硬盤、計算機網路去傳染其他計算機。

（4）激發性

許多病毒傳染到某些個對象上後，並不立即發作，而是滿足一定條件後才被控制激發。激發條件可能是時間、日期、特殊的標示符以及文件使用次數等。

（5）破壞性

計算機病毒對系統具有不同程度的危害性。計算機中病毒後，可能會刪除計算機內的文件或對文件進行不同程度的損壞，導致正常的程序無法運行，具體表現在搶占系統資源、刪除磁盤文件、格式化磁盤、對數據文件做加密、封鎖鍵盤、使系統死鎖、干擾運行、甚至摧毀系統等方面。

（6）變種性

某些病毒可以在傳播的過程中自動改變自己的形態，從而衍生出另一種不同於原版病毒的新病毒，這種新病毒稱為病毒變種。源於同一病毒演變而來的所有病毒稱為病毒家族。有變形能力的病毒能更好地在傳播過程中隱蔽自己，使之不易被反病毒程序發現及清除。有的病毒能產生幾十種變種病毒。

10.2.2　計算機病毒的分類

計算機病毒的種類繁多，包括宏病毒、木馬病毒、蠕蟲病毒、黑客病毒、腳本病

毒、后門病毒、系統病毒、病毒種植程序病毒、玩笑病毒、捆綁機病毒等。

1. 按病毒表現性質劃分

（1）良性病毒——此類病毒不包含有立即對計算機系統產生直接破壞作用的代碼，為了表現其存在，只是不停地進行擴散，並不對系統產生破壞，但是會占用系統的存儲空間或占用 CPU 時間，影響系統的性能。

（2）惡性病毒——在其代碼中包含有損傷和破壞計算機系統的操作，具有極大的破壞性，可以破壞系統中的程序和數據，甚至破壞計算機的某些硬件設施。

2. 按病毒入侵的途徑劃分

（1）源碼病毒——在程序的源程序中插入病毒編碼，隨源程序一起被編譯，然後同源程序一起執行。

（2）入侵病毒——病毒入侵時將自身的一部分插入主程序。

（3）外殼病毒——通常感染 DOS 下的可執行程序，當程序被執行時，病毒程序也被執行，進行傳播或破壞。

（4）操作系統病毒——它替代操作系統中的敏感功能（如 I/O 處理、即時控制等），此類病毒最常見，危害性極大。

3. 按感染的目標劃分

（1）引導型病毒——這類病毒只感染磁盤的引導扇區，即用病毒自身的編碼代替原引導扇區的內容。

（2）文件型病毒——感染可執行文件，並將自己嵌入到可執行程序中，從而取得執行權。

（3）混合型病毒——此類病毒既可感染引導扇區，也可感染可執行文件。

4. 其他破壞工具

（1）特洛依木馬（Trojan Horse）——計算機中的木馬程序表面上是完成某種功能的一個程序，而在暗地裡，它還可以做另外一些事情。你可能常常在網上獲得一些免費軟件，下載下來後安在系統上運行，這樣，你的系統便可能中了木馬，比如冰河木馬。系統中了木馬之後，便后門大開，有的木馬程序可以自動聯繫黑客，而有的黑客可在遠程的計算機上利用木馬控制端來獲得你的重要信息，對用戶的機器乃至操作了如指掌，可以破壞系統，甚至控制計算機，不讓你進行任何操作等。木馬不同於病毒，它在對系統進行攻擊時並不進行自我複製。

（2）時間炸彈——一種計算機程序，它在不被發覺的情況下存在於你的計算機中，直到某個特定的時刻才被引發，比如聖誕節、元旦節等特定的日期。

（3）邏輯炸彈——指通過某些特定數據的出現和消失而引發的計算機程序。它可能是一個單獨的程序，也可能它的代碼嵌入在某些軟件上，系統一旦運行，邏輯炸彈便隨時監控系統中的某些數據是否出現或消失，一旦發現所期待的事情發生，邏輯炸彈便「爆炸」。這種「爆炸」可以以用戶看不見的方式發作，比如將系統中的某些數據進行非法的複製和轉移；也可以產生明顯的效果，如系統中的重要文件被破壞，整個系統癱瘓等。

（4）蠕蟲（Worm）——通常是指計算機網路的程序，它通過安全系統的漏洞進入計算機系統。和病毒相同，蠕蟲也能自我複製，但蠕蟲不需要附著在文檔或者可執行

文件上來進行複製。目前常見的蠕蟲都是通過 Internet 上的電子郵件或者是 Web 瀏覽器的系統漏洞來傳播的。它傳到一臺計算機上之後，利用該機器上的某些數據，比如該用戶電子郵件地址簿中的其他郵件用戶的地址以傳遞給其他系統。目前蠕蟲是破壞系統正常運行的主要手段之一。Internet 上的大多數蠕蟲並不對系統進行破壞，但它會占用系統大量的時間和空間資源，使系統性能大大降低，甚至導致系統關閉或重新啓動，如衝擊波、震盪波、灰鴿子等。

10.2.3 計算機病毒的防範

如果出現程序運行速度減慢，無故讀寫磁盤，文件尺寸增加，出現新的奇怪文件，可以使用的內存總數降低，出現奇怪的屏幕顯示和聲音效果，打印出現問題，異常要求用戶輸入口令，硬盤不能引導系統，死機現象增多等都可以考慮是否為病毒影響，應檢測病毒。

計算機病毒隨時都有可能入侵計算機系統，因此，用戶應提高對計算機病毒的防範意識，不給病毒以可乘之機。

計算機病毒的預防主要有以下措施：

（1）注意對系統文件、重要的可執行文件和數據進行寫保護。備份系統和參數，建立系統恢復盤。無論採用多麼好的殺毒軟件，都無法保證計算機完全不受病毒的侵害。計算機感染了病毒而無法啓動時，如果有系統恢復盤，90% 以上的系統數據都可以正常恢復。

（2）經常運行 Windows Update，安裝操作系統的補丁程序。經常給操作系統打「補丁」，以保證系統運行安全。有很多病毒利用系統漏洞或者操作系統和應用軟件的弱點來進行傳播，儘管反病毒軟件能保護用戶不會被病毒侵害，但是，及時安裝操作系統中最新被發現漏洞的補丁，仍然是一個極好的安全措施。

（3）安裝即時監控殺毒軟件，定期升級殺毒軟件和更新病毒庫。殺毒軟件只能查找並清除其病毒庫中包含的「已知」病毒，因此需要定期升級殺毒軟件及其病毒庫，以便查找並清除更多更新的病毒，從而更可靠地保護計算機系統。

（4）定期備份重要的文件。如果計算機被病毒感染，用戶數據遭到破壞，可用備份的文件進行恢復。

（5）不使用來歷不明的程序或數據，不輕易打開來歷不明的電子郵件。對於從 Internet 上下載的一些可執行文件，應事先用殺毒軟件清除病毒或在計算機上安裝病毒防禦系統方可運行。從外部獲取數據前先進行檢查。在打開外部傳過來的數據、文件之前，用戶應該先檢查這些可攜帶病毒媒介的安全性。

（6）綜合各種殺毒技術。同樣是殺毒軟件，不同的軟件都有各自的優點和缺點，因此不要局限於一種殺毒程序。

（7）安裝防火牆，設置訪問規則，過濾不安全的站點。

（8）不要使用盜版軟件，慎用公用軟件和共享軟件，慎裝插件。

（9）慎用各種游戲軟件。

10.3 網路的社會責任與立法

與傳統的報刊、廣播、電視三大媒體相比網路是一種新興媒體，網路被正式稱為「第四媒體」來源於 1998 年 5 月舉行的聯合國新聞委員會年會。網路與前述三種傳統媒體比較存在諸多優勢，例如：具有豐富的傳播形式，具有超文本連結的無限信息範圍。網路傳播是一種高效、靈活、便捷的傳播方式，具有超文本、大容量、開放性的傳播內容，雙向互動的傳播過程使其極受用戶歡迎。網路的這些優勢使得它具有了比傳統媒體優越得多的傳播條件，成為對社會與公眾有巨大影響力的傳播媒介。網路的這些優勢如果運用得好，可以為社會與公眾提供豐富、有效的信息服務；而如果運用得不好，則會產生消極作用，帶來許多負面影響。

10.3.1 網路的社會責任

任何傳媒，不管是傳統媒體還是新興的網路都須擔負社會責任，這是傳媒作為社會公共媒介必須承擔的義務。因為媒體傳播直接關係到國家的政治穩定、社會進步和經濟發展，對受眾的思想和行動會產生直接或間接的影響作用。網路的社會責任主要體現在以下幾方面：

（1）真實而公正地報導和評述新聞，向社會與公眾提供新聞信息，滿足公眾的知情需要。而保證新聞信息的真實性、準確性是社會與公眾對網路傳媒最基本的要求。

（2）維護社會公共利益，做社會與公眾的耳目喉舌。在現代社會，網路作為一種社會輿論載體和公眾輿論渠道理應成為社會與公眾的耳目喉舌，維護社會公共利益是其不可推卸的社會責任。

（3）維護國家安全。促進社會穩定和維護國家安全也是網路的一項重要的社會責任。

（4）網路媒體對社會的監督責任，其具體表現在：一是對政府的監督；二是對社會不良現象的監督；三是對違法、違紀和違反社會公共道德者個人的監督。

（5）履行社會公共文化的使命，不傳播低俗不雅的信息。作為一種社會信息媒介，網路擔負著社會公共文化的使命，應當自覺地傳播有助於促進積極、健康、有益的社會公共文化的內容，自覺抵制消極的、不健康的和有害的文化垃圾，這也是網路一項不容忽視的社會責任。

10.3.2 計算機職業道德規範

信息安全問題是一個與信息化進程相伴而生的問題，隨著信息化水平的提高，信息安全問題將更加突出。我們可以充分利用信息技術的發展來提高信息安全的能力，對抗信息攻擊；也可以加強信息領域的有效管理，避免或減少信息安全事故的發生；還可以用法律措施來約束人們的行為，預防和制止信息犯罪。但無論是技術對策、管理對策、還是法律對策，都是外在的控制措施，而不能從根本上阻止信息犯罪。因此，要從根本上消除信息安全隱患，杜絕信息犯罪行為的發生，必須以人為本，加強信息安全教育，使人們在思想上建立一道防範信息安全犯罪的屏障。

當前計算機犯罪和違背計算機職業規範的行為非常普遍，已成為嚴重的社會問題，不僅需要加強計算機從業人員的職業道德教育，而且也要對每一位公民進行計算機職業道德教育，增強人們遵守計算機道德規範意識。提倡計算機的職業道德不僅有利於計算機信息系統的安全，而且也有利於對整個社會中的個體利益的保護。

1. 計算機從業人員遵守的職業道德規範

（1）不應該用計算機去傷害他人。
（2）不應該影響他人的計算機工作。
（3）不應該到他人的計算機裡去窺探。
（4）不應該未經他人許可的情況下使用他人的計算機資源。
（5）不應該剽竊他人的精神作品。
（6）應該注意正在編寫的程序和正在設計的系統的社會效應。
（7）應該始終注意使用計算機是在進一步加強對同胞的理解和尊敬。

2. 計算機用戶的注意事項

作為計算機的普通用戶，在使用過程中要注意計算機信息系統的安全，防止病毒的入侵，同時應該注意：

（1）不要蓄意破壞和損傷他人的計算機系統設備及資源。
（2）不要製造病毒程序，不要使用帶病毒的軟件，更不要有意傳播病毒給其他計算機系統（傳播帶有病毒的軟件）。
（3）要採取預防措施，在計算機內安裝防病毒軟件；要定期檢查計算機系統內的文件是否有病毒，如發現病毒，應及時用殺毒軟件清除。
（4）維護計算機的正常運行，保護計算機系統數據的安全。
（5）被授權者對自己享用的資源負有保護責任，密碼不得泄露給外人。

計算機網路正在改變著人們的行為方式、思維方式乃至社會結構，它對於信息資源的共享起到了無與倫比的巨大作用，並且蘊藏著無盡的潛能。但是網路的作用不是單一的，在它廣泛的積極作用背後，也有使人墮落的陷阱，這些陷阱產生著巨大的反作用。其主要表現在：網路文化的誤導，傳播暴力、色情內容；網路誘發不道德和犯罪行為；網路的神祕性「培養」了計算機「黑客」。

3. 計算機網路上的行為約束

中國公安部公布了《計算機信息網路國際聯網安全保護管理辦法》來約束人們使用計算機以及在計算機網路上的行為，其中規定任何單位和個人不得利用國際互聯網製作、複製、查閱和傳播下列信息：

（1）煽動抗拒、破壞憲法和法律、行政法規實施的。
（2）煽動顛覆國家政權，推翻社會主義制度的。
（3）煽動分裂國家、破壞國家統一的。
（4）煽動民族仇恨、破壞國家統一的。
（5）捏造或者歪曲事實，散布謠言，擾亂社會秩序的。
（6）宣言封建迷信、淫穢、色情、賭博、暴力、凶殺、恐怖，教唆犯罪的。
（7）公然侮辱他人或者捏造事實誹謗他人的。
（8）損害國家機關信譽的。

(9) 其他違反憲法和法律、行政法規的。

但是，僅靠制定法律來制約人們的所有行為是不可能的，也是不實用的。相反，應依靠道德來規定人們普遍認可的行為規範。人們在借助網路進行社交時，只有恪守人類社會的普遍價值理念，才可能形成和諧的網路社會，並使網路社會與現實社會協調發展。網路道德正是要解決人與虛擬社會以及現實社會的關係問題，其作用體現在三個方面：一是左右網路價值判斷，即明辨是非美醜；二是影響網路行為的準則和模式；三是控制網路世界裡的情感和情緒。

網路道德體系建設嚴重滯后，在網路時代，應該將「網德」納入公民道德建設範疇，加大網路道德的研究及宣教力度。構建網路道德立足於三方面需要：一是網民本身的需要，目前中國網民已超過1億，網路道德能夠確保網路行為的合社會性；二是互聯網健康發展的需要，要淨化網路空間、樹立網路新風就必須大力提倡網路道德；三是建設社會主義精神文明和構建社會主義和諧社會的需要。

10.3.3 網路信息安全立法現狀

目前，中國網路安全的保障主要依靠技術上的不斷升級，實踐過程中大多是強調用戶的自我保護，要求設立複雜密碼和防火牆。但是，網路安全作為一個綜合性課題，涉及面廣，包含內容多，無論採用何種加密技術或其他方面的預防措施，都只是給實施網路犯罪增加一些困難，不能徹底解決問題。單純從技術角度只能被動地解決一個方面的問題，而不能長遠、全面地規範、保障網路安全。而且，防範技術的增強可能會激發某些具有好奇心態的人在網路犯罪方面的興趣。因此，從根本上對網路犯罪進行防範與干預，還是要依靠法律的威嚴。通過制定網路法律，充分利用法律的規範性、穩定性、普遍性、強制性，才能有效地保護網路使用者的合法權益，增強對網路破壞者的打擊處罰力度。

事實上，中國對信息網路的立法工作一直十分重視。自1996年以來，政府已頒布實施了一系列有關計算機及國際互聯網路的法規、部門規章或條例，內容涵蓋國際互聯網管理、信息安全、國際信道、域名註冊、密碼管理等多個方面。如1996年2月1日頒布的《計算機信息網路國際聯網管理暫行規定》，同年4月9日原郵電部就公共商用網頒布的《中國公共計算機互聯網國際聯網管理辦法》以及《計算機信息網路國際聯網出入口信道管理辦法》等。但隨著網路應用向縱深發展，原來頒布實施的一系列網路法律法規中，已有部分明顯滯后，一些關於網路行為的認定過於原則或籠統，缺乏可操作性。

在國外，保障網路安全的立法工作已經逐漸普及。美國1987年通過了《計算機安全法》，1998年5月又發布了《使用電子媒介作傳遞用途的聲明》，將電子傳遞的文件視為與紙介質文件相同。德國制定了《信息和通信服務規範法》。英國制定了《監控電子郵件和移動電話法案》。日本從2000年2月13日起開始實施《反黑客法》，規定擅自使用他人身分及密碼侵入電腦網路的行為都將被視為違法犯罪行為，最高可判處10年監禁。俄羅斯1995年通過了《聯邦信息、信息化和信息保護法》，2000年6月又由聯邦安全會議提出了《俄羅斯聯邦信息安全學說》，並於2000年9月經普京總統批准發布，以確保遵守憲法規定的公民的各項權利與自由；發展本國信息工具，保證本國產品打入國際市場；為信息和電視網路系統提供安全保障；為國家的活動提供信息保證。

目前，世界各國政府正在尋求提高信息安全的法律手段。中國也正在積極採取措施，對原有的法規進行相應的修改。在這一作用力的推動下，人們將會看到越來越多的安全法規出抬。當前，建設一個較為完善的網路法規應當在以下幾個方面有所規範：

(1) 網路資源的管理：域名管理、網路系統的構建。

(2) 網路內容信息服務：信息發布網站和電子公告牌的登記、審查、篩選，對網路用戶言論的控制等。

(3) 電子商務及相關約定：契約與商業約定、使用人與網路服務業間的使用契約、網路服務業彼此間的約定、如何簽訂契約等。

(4) 對憲法保障的基本權利產生的新影響：著作權、隱私權、商業秘密、商標權、名譽權、肖像權、專利權以及財產權、生命權等。

除此之外，網路立法還應注意兩方面問題：

首先，網路立法要強制與激勵並行。網路立法要能促進網路健康發展，就要對網路經濟的優點、弊端、趨勢有深入細緻的調研，才能制定出科學、合理、有生命力、真正適合網路發展需要的規範。網路法不僅要具有一般法律的強制性，還應具有激勵性。立法者在擬定網路法律規範時，不僅要考慮如何確定否定式的消極性法律後果，而且應當考慮如何確定肯定式的積極性的法律後果。網路信息傳播快而且覆蓋面大，法律保護的目的是鼓勵傳播，繁榮創作，保護和促進網路業和知識產權的共同健康發展。

其次，網路立法還要考慮到規範實現的可能性。要使網路規範與網路技術發展相銜接，使制定出的規範能夠被有效地、低成本地貫徹實施，避免法律規範成為不切實際的空中樓閣或勞民傷財的根源。只有符合網路高效、廉價特點的法律規範，才是有生命力的網路法律規範。

10.3.4 中國網路信息安全的相關政策法規

隨著計算機系統的廣泛應用和社會信息化的發展，信息服務業朝著多樣化、綜合化、網路化的方向發展，計算機系統安全的立法工作也越來越不容忽視。目前中國已經制定了一些直接針對計算機安全和國際互聯網安全的法律、法規，用來規範人們的行為。其中重要的法律、法規有：《中華人民共和國計算機信息網路國際聯網管理暫行規定》《中華人民共和國計算機信息網路國際聯網管理暫行規定實施辦法》《中國互聯網路域名註冊暫行管理辦法》《中國互聯網路域名註冊實施細則》《中華人民共和國計算機信息系統安全保護條例》《關於加強計算機信息系統國際聯網備案管理的通告》《中華人民共和國電信條例》《互聯網信息服務管理辦法》《從事放開經營電信業務審批管理暫行辦法》《電子出版物管理規定》《關於對與國際聯網的計算機信息系統進行備案工作的通知》《計算機軟件保護條例》《計算機信息網路國際聯網出入口信道管理辦法》《計算機信息網路國際聯網的安全保護管理辦法》《計算機信息系統安全專用產品檢測和銷售＋許可證管理辦法》《計算機信息系統國際聯網保密管理規定》《科學技術保密規定》《商用密碼管理條例》《中國公用計算機互聯網國際聯網管理辦法》《中國公眾多媒體通信管理辦法》《中華人民共和國保守國家秘密法》《中華人民共和國標準法》《中華人民共和國反不正當競爭法》《中華人民共和國國家安全法》《中華人民

共和國海關法》《中華人民共和國商標法》《中華人民共和國人民警察法》《中華人民共和國刑法》《中華人民共和國治安管理處罰條例》和《中華人民共和國專利法》等。

　　制定這些法律法規的同時，明確了對違法犯罪的法律責任和處罰問題。中國在刑法修訂時補充了有關計算機犯罪的相關條款，初步具備了處罰計算機犯罪的法律依據。

　　中國雖然已經初步制定了一些信息政策法規，但就保護信息安全而言，總體還處於起步階段，還沒有形成一個具備完整性、適用性、針對性的法律體系。這個法律體系的形成，一方面要依賴於中國國家信息化進程的發展，來構成國家經濟發展的基礎；另一方面要依賴對信息化和信息安全的深刻認識，以及技術和法學意義上的超前研究。最終才能反應到以國家意志方式體現的上層建築的立法上來。

　　計算機軟件是當今社會最基本的技術基礎之一，其重要性也日顯突出，對它的保護也受到人們越來越多的關注。著作權法是目前世界各國針對計算機軟件採用的最普遍的法律保護模式。著作權法主要針對計算機軟件的「作品性」進行保護，並不保護軟件的思想以及其「功能性」。專利法是繼著作權法之後日益受到重視的一種軟件保護方式。專利法賦予具備「三性」條件的同硬件結合的計算機軟件專利權。而商標法從商業標記和商業信譽等角度出發，為軟件提供一定的保護。商業秘密法則是人們最早用來保護計算機軟件的法律手段，至今仍作為上述法律的重要補充來實現對計算機軟件的保護。

　　1990年9月中國頒布了《中華人民共和國著作權法》，把計算機軟件列為享有著作權保護的作品；1991年6月頒布了《計算機軟件保護條例》，規定計算機軟件是個人或者團體的智力產品，同專利、著作一樣受法律的保護，任何未經授權的使用、複製都是非法的，按規定要受到法律的制裁。

　　人們在使用計算機軟件或數據時，應遵照國家有關法律規定，尊重其作品的版權，這是使用計算機的基本道德規範，具體內容包括：

（1）使用正版軟件，堅決抵制盜版，尊重軟件作者的知識產權。
（2）不對軟件進行非法複製。
（3）不為了保護自己的軟件資源而製造病毒保護程序。
（4）不擅自篡改他人計算機內的系統信息資源。

10.4　安全軟件應用案例

10.4.1　軟件介紹

1.「360安全衛士」軟件概述

　　「360安全衛士」是一種應用於計算機網路安全的工具軟件，擁有電腦體檢、查殺木馬、清理插件、修復漏洞、系統修復、電腦清理、優化加速、管理應用軟件等功能，同時提供系統診斷、阻止彈出插件、清理使用痕跡以及系統還原等輔助功能，並且能提供系統的診斷報告，方便用戶及時瞭解系統問題所在，為計算機用戶提供全方位的系統安全保護。「360安全衛士」可在其官方網站 http：//www.360.cn 下載。

2. 軟件界面介紹

啓動「360 安全衛士」安裝程序，選擇安裝路徑，按照提示單擊「下一步」按鈕，即可完成「360 安全衛士」的安裝。安裝完畢，運行「360 安全衛士」，其主界面如圖 10－1 所示。

圖 10－1 「360 安全衛士」主界面

10.4.2 操作案例

【例 10－1】利用「360 安全衛士」對系統進行診斷和修復。

操作步驟如下：

（1）啓動「360 安全衛士」，在主界面，選擇工具欄中的「查殺木馬」功能，單擊「快速掃描」按鈕，開始自動掃描和清除系統中的木馬和惡意軟件，如圖 10－2 所示。如果時間充裕，可單擊「全盤掃描」按鈕，對系統進行完全掃描。

圖 10－2 「查殺木馬」界面

（2）掃描結束，查找出來的安全威脅將顯示在完成列表中，由用戶選擇是否對這些安全威脅做進一步的處理，如圖 10－3 所示。

圖 10－3　掃描結果界面

【例 10－2】利用「360 安全衛士」修復系統漏洞。

操作步驟如下：

（1）啓動「360 安全衛士」，在主界面，選擇工具欄中的「修復漏洞」功能，軟件自動對計算機系統存在的安全漏洞進行掃描，如圖 10－4 所示。

圖 10－4　修復漏洞

（2）掃描完成，軟件將系統存在的安全漏洞以列表形式展示出來，用戶可根據需要對需要下載的補丁選擇下載和安裝，也可以全部選擇所有補丁由軟件自動下載和安裝，如圖 10－5 所示。

（3）補丁安裝完成後，如果需要補丁立即生效，系統提示重啓計算機，用戶可以

圖 10-5　下載和安裝補丁

根據需求立即重啓或是稍后手動重啓計算機來完成修復工作。

【本章小結】

　　信息安全是人類利用信息的重要目標之一，只有安全的利用信息才能讓信息為人類服務。信息安全的主要目的是確保信息的完整性、保密性和可用性。信息安全的概念和技術是隨著人們的需求和計算機、通信與網路等信息技術的發展而不斷發展的。本章主要介紹信息安全的概念和基本技術，從而使讀者對信息安全有較為全面的認識；同時，簡要介紹用戶在參與到互聯網相關活動中時的各種行為規範和準則。

　　通過本章的學習希望同學們能瞭解和掌握信息安全的基本概念，信息安全面臨的相關威脅和對策；學習並掌握計算機病毒的基本概念，簡單的病毒防治方法。最後通過對信息安全重要性的學習和瞭解，希望同學們樹立正確的網路社會責任觀，具備良好的網路職業道德，學會利用相關網路法規來規範和約束自己的網路行為並保護自己的網路信息資源不受到侵害。

【思考與討論】

1. 信息安全的概念是什麼？談談對當前信息安全的認識。
2. 簡述病毒的概念及其分類。用戶在使用計算機過程中有哪些措施用來防禦病毒？
3. 什麼是訪問控制技術？它有哪些機制？如何實現？
4. 如何預防黑客的攻擊？談談對黑客的認識。
5. 數字簽名和傳統的手寫簽名有何異同點？數字簽名機制有兩個，簡述各自的優缺點。
6. 簡要概括網路的社會責任。思考如何在上網過程中遵守和維護網路責任。
7. 計算機職業道德建設與規範的作用在今天越來越重要，談談你的個人看法。

第 11 章 數據庫應用基礎

【學習目標】
- 瞭解數據庫系統的作用。
- 掌握數據庫系統的基本構成。
- 瞭解數據庫系統開發的基本過程。
- 瞭解 E-R 圖及其作用。
- 瞭解 ORACLE 數據庫管理系統的基本結構和基本工具。
- 掌握關係數據庫系統的基本概念。
- 掌握利用 SQL 語言建立基本表、索引和視圖。
- 掌握利用 SQL 語言對基本表的操作和對視圖的應用。

【知識架構】

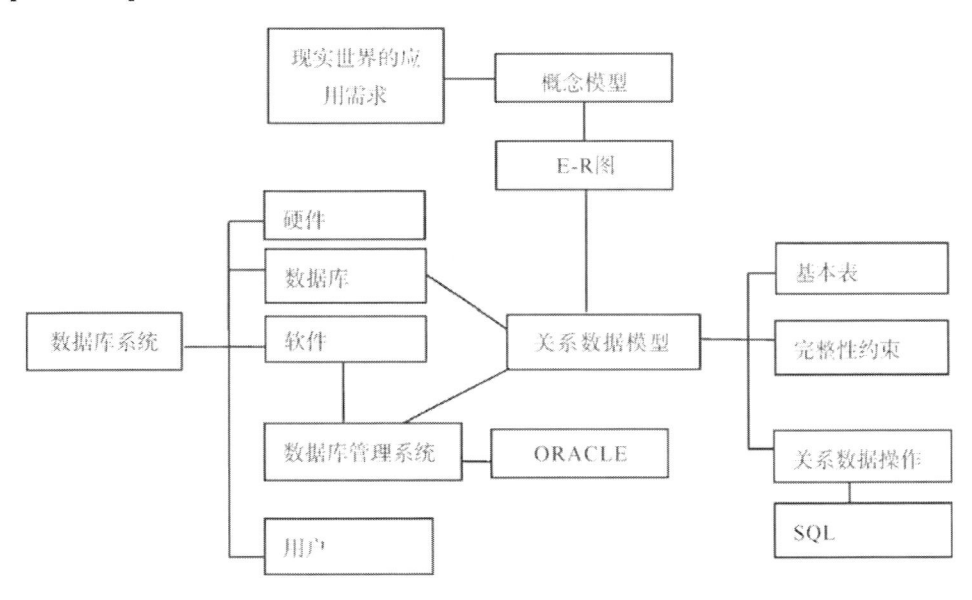

11.1 數據庫系統基礎

當今已進入到一個信息時代，從個人的生活、學習、工作到企業的營運、社會的發展無不打上了信息的烙印。

我們外出買票可以使用交通卡，可以網上訂票，可以電話訂票；在學校就餐、購物、洗衣可以使用校園卡；買東西可以到淘寶、當當進行網上購物；選課、借書、信息檢索、投資股票等也無一不是通過信息系統來完成。

企業從最早的工資系統到財務系統、辦公自動化系統，再到目前的 ERP（企業資源規劃）系統、CRM（客戶關係管理）系統、SCM（供應鏈管理）系統、BI（商務智能）系統，信息化已經涵蓋了企業經營管理的各個角落。

銀行領域在信息化發展進程中一直處於領先地位，目前，商業銀行的信息化系統總體上可以分為核心業務系統和外圍系統兩部分。銀行核心業務系統就是面向銀行各類業務的交易處理系統，通過交易處理，驅動會計核算和支付清算，最終達到集成化處理後臺業務的目標。各個銀行核心業務系統包含的具體業務並不完全一致，但大體上一般包括存款系統、貸款系統、國際業務系統、支付清算系統、資金交易系統和衍生業務系統等。外圍系統又可以分為三部分：信息管理類系統、渠道業務系統和其他系統。信息管理類系統與決策、管理和業務相關，以提高效率和規避風險為目的，主要包括辦公自動化系統、信貸審批系統、銀行財務系統（非客戶）、檔案系統等；渠道業務系統是商業銀行面向市場和客戶的窗口，也是對外服務的渠道，包括櫃面服務、電話銀行、手機銀行、網上銀行、企業銀行和自助服務終端（ATM 和 POS）、銀聯交易、區域性通存通兌和同城跨行通存通兌等。其他系統主要包括現代化支付系統、同城交換系統、第三方存管清算系統等。

信息系統在各個行業得到了極大的普及，在我們的生活中什麼地方還沒有信息化？這恐怕越來越難以回答。

信息系統是支持數據的輸入、存儲、訪問、處理、結果展現的人機交互式計算機系統。目前，數據庫技術是信息系統的基礎，信息系統也就是數據庫系統。

11.1.1 數據、信息與數據處理

在數據庫系統中，數據有哪些類型？存放在哪裡？如何存儲？由誰管理？以什麼方式對數據進行存取？這些問題都是數據庫系統需要解決的基本問題。

數據是人們用於描述事物特徵的物理符號，它包括三個方面：數據形式、數據內容和數據語義。數據形式即數據的「類型」，包括數字、文字、圖形、圖像、聲音等多種類型；數據內容即數據的「值」；數據的語義即數據的「含義」，是數據所反應的客觀事實，沒有語義，數據也就失去了意義，只能成為「垃圾」。例如：如果沒有明確以下字符形式的數據（王偉，男，金融）表示的含義，則它就不能稱為真正的數據，因為不知道它所描述的客觀事實。相同形式的數據可以表達不同的含義，例如上述數據可以表示「王偉是一名金融專業的男學生」，也可以表示「王偉是一名金融專業的男教師」等。

信息是一種被加工為特定形式的數據，這種數據形式對接收者來說是有意義的，而且對當前和將來的決策具有明顯的或實際的價值。可以說數據是信息的具體表現形式，信息則是數據的語義及其有意義的體現。數據和信息是不可分割的，在一些不是很嚴格的場合，對信息和數據沒有嚴格的區分，有時甚至當作同義詞來使用，如信息處理與數據處理、信息採集與數據採集等。

數據處理是對各種數據進行收集、整理、存儲、加工（例如：編碼、計算、排序、篩選、分類、匯總、檢索）和傳播的一系列活動的總合。數據處理技術經歷了人工處理階段、文件系統處理階段，於20世紀60年代末以下述事件為標誌開始進入數據庫處理階段。

1968年，美國IBM公司推出第一個基於層次模型的商用數據庫管理系統IMS（Information Management System）。

1969年，美國數據系統語言協會（Conference On Data System Language，簡稱CODASYL）下屬的數據庫任務組（Data Base Task Group，簡稱DBTG）發布了DBTG報告，基於網狀模型確定並建立了數據庫系統的許多概念、方法和技術。

1970年，美國IBM公司San Jose研究室的研究員E. F. Codd發表論文，首次提出了數據庫系統的關係模型，奠定了關係數據庫的理論基礎。

我們現在實際使用的數據庫系統都是基於關係模型的數據庫系統。四十多年來，數據庫技術得到了快速發展，目前，面向對象的數據庫系統、分佈式數據庫系統、並行數據庫系統、多媒體數據庫系統、數據倉庫與數據挖掘已經成為數據庫技術的重要研究領域。

11.1.2 數據庫與數據庫系統

1. 數據庫

數據庫（DataBase，簡稱DB）是存放數據的倉庫，這個倉庫在計算機的存儲設備上。數據庫中往往存儲大量的數據，滿足整個組織各種用戶的需要。為了高效地存取這些數據，正如人們在現實生活中對物品分門別類的進行組織存放，數據庫中的數據往往按一定的格式來存放，具有較小的冗余度。嚴格地講，數據庫是長期儲存在計算機內、有組織、可共享的大量數據的集合。數據庫中的數據按一定的數據模型組織、描述和儲存。

2. 數據庫管理系統

數據庫管理系統（DataBase Management System，簡稱DBMS）是專門負責對數據庫中的數據進行統一管理和控制的系統軟件。數據庫管理系統將應用程序和數據庫中數據結構的變化進行適當隔離，只要用戶的數據需求沒有改變，數據庫中數據結構的任何變化都不會影響到應用程序。數據庫管理系統提供相應的語言和機制實現對數據庫的集中管理和控制，是數據庫名副其實的管家。

3. 數據庫系統

數據庫系統是使用數據庫的計算機系統，一般由計算機硬件設備、數據庫、軟件、數據庫用戶等部分組成。數據庫系統的構成如圖11－1所示。

（1）硬件設備和數據庫

數據庫和所有的軟件都存放在計算機的存儲設備上，並且需要在運行效率上滿足多個用戶的需要，因此數據庫系統對硬件資源的要求較高，包括要求計算機具有足夠大的內存，用於存放操作系統、DBMS的核心模塊、數據緩衝區及應用程序；有足夠大和安全性好的磁盤或磁盤陣列等存儲設備存放數據及數據備份和軟件；有運算能力強大的中央處理器和通信能力強大的I/O通道。

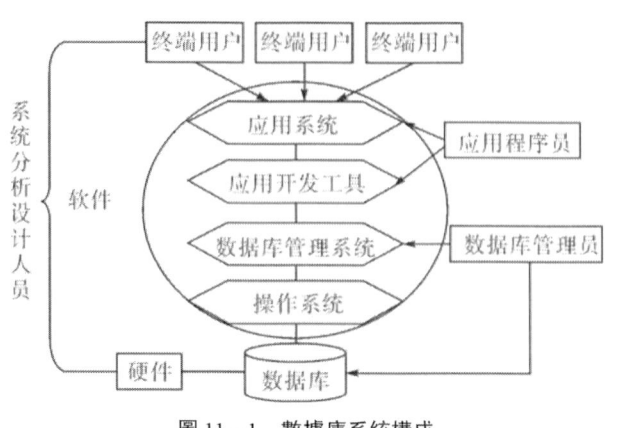

圖 11-1　數據庫系統構成

（2）軟件

數據庫系統的軟件主要包括：操作系統作為基礎軟件支持 DBMS 運行；數據庫管理系統完成數據庫的管理和控制；高級語言及其編譯系統用於開發應用程序；應用程序滿足特定業務需求。其中，數據庫管理系統是數據庫系統的核心。

（3）數據庫用戶

數據庫用戶通常包括以下幾類人員：

數據庫管理員（DBA）：負責整個數據庫的規劃和設計，並利用數據庫管理系統對數據庫進行全面管理、維護和控制。

系統分析員：主要負責應用系統的分析設計，配合 DBA，並指導應用程序員的工作。

應用程序員：按照系統分析員的設計要求，利用某種編程語言和開發工具編寫和調試應用程序。

終端用戶：通過使用應用程序完成特定的業務。

11.1.3　數據模型概述

在現實世界有許多模型，這些模型都是對現實世界中某種對象特徵的模擬和抽象，比如飛機模型、汽車模型。數據模型也是一種模型，是對數據的建模，而數據又是對客觀世界的描述，因此，可以說數據模型是對我們關注的某個特定現實世界的模擬，例如銀行存款數據模型就是對現實世界中某銀行的存款相關業務進行的抽象模擬，描述這些業務涉及的數據、數據之間的聯繫、數據的組織結構、存取方式等。

建立一個飛機模型或汽車模型，往往需要先繪製圖紙，再準備或購買材料，根據圖紙製作模型。數據模型所要模擬的客觀世界更加複雜，因此建立數據模型也需要一個繪製圖紙的中間過程，即數據模型有兩個層次：第一個層次是概念模型，從用戶的角度認識並抽象現實世界中的人、物、活動、概念等，並用相應的術語和工具進行描述；第二個層次是結構數據模型（通常簡稱數據模型），從計算機系統的角度對數據建模。

1. 概念模型

概念模型是對特定現實世界進行分析、抽象、歸納的結果。在概念模型中主要使用實體和聯繫兩大類術語來描述現實世界，並使用 E－R 圖來表示。

（1）實體（Entity）

實體是現實世界中客觀存在並可相互區別的「物體」或「事件」，例如，每個在銀行存款的客戶、每個存款帳戶、每筆存取款或轉帳的明細記錄都是一個實體。不同的實體可以通過某些方面的不同特徵（即屬性）相互區別。

（2）屬性（Attribute）

實體所具有的某一方面的特徵稱為屬性，實體往往通過一組屬性來描述。例如：銀行存款客戶實體可能具有身分證號、姓名、性別、出生日期、職業、家庭地址等屬性。

（3）域（Domain）

每個屬性都有一個合理的取值範圍，這個取值範圍就稱為域，即域是具有一組相同數據類型的值的集合。例如：性別屬性的域為（「男」「女」）或代表男女的（「M」「F」）等。

（4）候選碼（Candidate Key）和主碼（Primary Key）

描述實體的屬性有多個，但它們的重要性不同。候選碼、主碼是對屬性重要性的一種描述。

取值能夠唯一標示一個實體的最簡屬性組稱為實體的候選碼。候選碼既具有標示一個實體的唯一性，也具有表達形式上的最簡性（或最小性）。例如：（身分證號）是銀行存款客戶實體的候選碼，如果假定同一性別的客戶不會重名，則（姓名、性別）也是銀行存款客戶實體的候選碼。

一個實體可能存在多個候選碼，根據實際需要，選定其中一個候選碼作為唯一標示一個實體的主碼。

（5）實體集（Entity Set）

具有相同屬性的實體構成的集合稱為實體集。例如，全體銀行存款客戶構成一個實體集。

（6）實體型（Entity Type）

對實體集中所有實體共同特徵的描述稱為實體型，用實體名及其屬性名集合來表示。實體型實際上就是實體集的類型，是對實體集的描述。例如銀行存款客戶實體型表示為：銀行存款客戶（身分證號、姓名、性別、出生日期、職業、家庭地址）。

（7）聯繫

在現實世界中，事物與事物之間以及事物內部都是有聯繫的，而這些聯繫反應在信息世界中即表現為實體集之間的聯繫和實體集內部的聯繫，最普遍的是兩個實體集之間的聯繫，這種聯繫從兩個實體集元素的數量對應關係方面可以分為一對一、一對多、多對多三種。

如果實體集 A 中的一個實體至多同實體集 B 中的一個實體相聯繫，實體集 B 中的一個實體至多同實體集 A 中的一個實體相聯繫，則稱二者之間存在一對一聯繫，記為 1：1。

如果實體集 A 中的一個實體同實體集 B 中的多個實體相聯繫，而實體集 B 中的一個實體至多同實體集 A 中的一個實體相聯繫，則稱二者之間存在一對多聯繫，記為1：m。

如果實體集 A 中的一個實體同實體集 B 中的多個實體相聯繫，實體集 B 中的一個實體也同實體集 A 中的多個實體相聯繫，則稱二者之間存在多對多聯繫，記為 m：n。

另外，從實體集之間的邏輯關係方面，多個實體集之間還可能具有父子關係。

2. E-R（實體—聯繫）圖

E-R 圖是常用的一種概念模型表示工具，通過特定的圖形符號來表示實體和聯繫相關的術語。一般用矩形表示實體型，用橢圓形表示屬性，用菱形表示聯繫，在屬性名下加下劃線表示主碼中的屬性，用線段連接上述各部分。例如，銀行存款業務的概念模型可以表示為圖 11-2 所示的 E-R 圖。

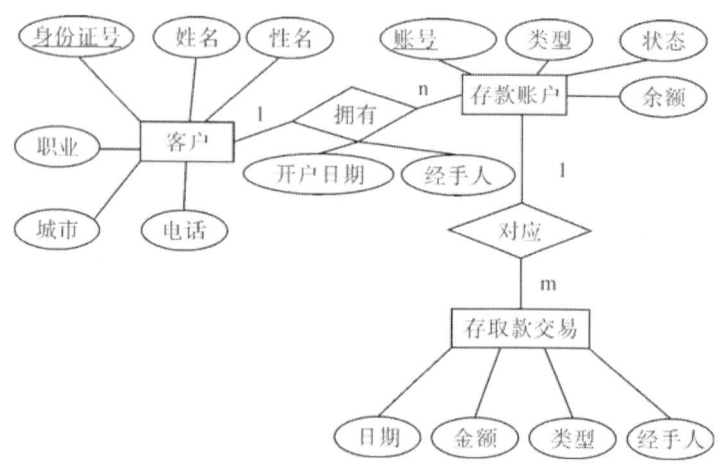

圖 11-2　銀行存取款業務概念模型 E-R 圖

3. 數據模型三要素

數據模型從計算機角度精確地描述系統的靜態特性、動態特性和完整性約束條件，是數據庫系統的核心和基礎。數據模型通常具有數據結構、數據操作和數據的約束條件三個要素。

（1）數據結構

數據結構用於描述數據庫的組成對象以及對象之間的聯繫，是數據模型最重要的方面。在數據庫系統中，往往根據數據結構的類型來命名數據模型。例如：基於表結構的關係數據模型、基於樹結構的層次模型和基於圖結構的網狀模型。我們目前的數據庫系統都支持關係數據模型。

（2）數據操作

數據操作描述對數據庫中的對象允許執行的操作，主要有檢索和更新（包括插入、刪除、修改）兩大類。數據模型必須定義這些操作的確切含義、操作符號、操作規則（如優先級）以及實現操作的語言。

(3) 數據的約束條件

數據的約束條件描述數據及其聯繫應滿足的制約規則，數據模型應該提供定義完整性約束條件的機制。

4. 關係數據模型

關係數據模型結構簡單，操作方便，而且具有嚴格的數學理論基礎，是目前數據庫系統普遍支持的一種數據模型。

(1) 關係數據模型的數據結構

關係數據模型的數據結構就是我們平時常用的二維表，專業術語稱為關係。基本概念如圖 11-3 所示。

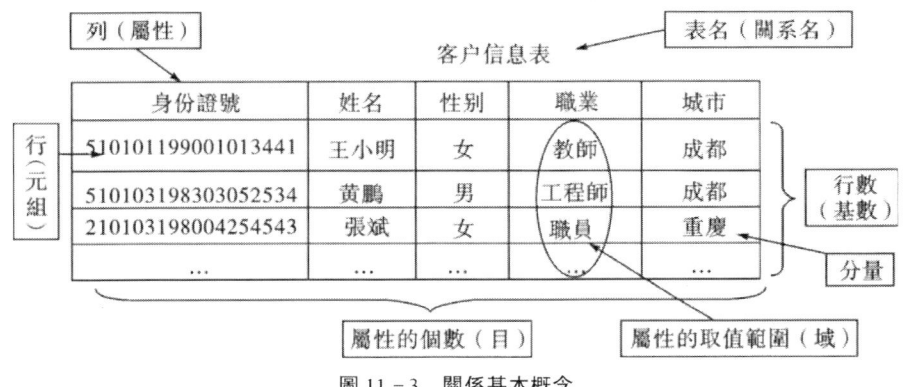

圖 11-3 關係基本概念

簡單地講，二維表由表名、行和列構成，與此相對應，關係中涉及以下術語：

① 元組（Tuple）和基數（Cardinality）

二維表中的行稱為元組。概念模型的一個實體轉化為關係模型的一個元祖。二維表的行數（或元組的個數）稱為關係的基數。

② 屬性（Attribute）和目（Degree）

二維表的列稱為屬性，每個屬性有一個唯一的屬性名，各屬性不能重名。關係包含的屬性的個數稱為關係的目或度。

③ 域（Domain）

屬性的取值範圍稱為域，即一組具有相同數據類型的值的集合。每個屬性對應一個域，不同的屬性可以具有相同的域。

④ 分量（Item）

屬性在每個元組中對應的取值稱為元組的一個分量。如果一張二維表的每個分量都是不可分的數據項，即只有一個取值，則這張二維表就是一個關係。

⑤ 候選碼（Candidate Key）和主碼（Primary Key）

取值能夠唯一代表一個元組的最小屬性組稱為候選碼，根據實際需要，從候選碼中任選一個作為主碼。候選碼和主碼同概念模型中的回應概念一致。

⑥ 關係模式

現實世界中的任何實體都有它所屬的類型，對實體的稱呼實際上就包含了類型的名稱，例如一張桌子、一個學生、一門課程。同樣的，二維表或關係也有它所屬的類

型，在關係模型中，對二維表或關係類型的描述就稱為關係模式（即關係模式描述了關係的類型）。

表的類型包括哪些要素呢？總體上可以分為兩大類，一類是表的結構（即空表），包括表名（關係名）、欄目名（屬性名）；另一類是填表說明，說明表中數據應滿足的約束條件，包括每列應填寫的數據含義和範圍（域）、不同列之間取值的約束關係（數據依賴關係）。因此，關係模式可以歸納為包含五個元素的五元組，表示為：R（U，D，DOM，F）。

其中，R 為關係名，U 為屬性組，D 為屬性的取值範圍（域），DOM 為屬性與域的對應關係（說明哪個屬性的取值範圍是哪個域），F 為關係應滿足的約束條件。

由於 D 和 DOM 根據實際環境很容易確定和理解，所以也可以將關係模式表示為三元組：R（U，F），又因為 F 的表達比較專業，一般用於關係模式的設計領域，因此一般情況下，也可以簡單的將關係模式表示為二元組 R（U），即 關係名（屬性 1，屬性 2，…，屬性 n），例如圖 11－3 所示二維表的關係模式為：

存款客户（身分證號、姓名、性別、職業、城市）

一個關係實際上就是關係模式在某一時刻的狀態或內容，是關係模式的一個取值。按照一定的規則可以將 E－R 圖表示的概念模型轉化為關係模型，基本轉換規則如下：

· 實體型轉換為一個關係。

· 一個一對多聯繫可以選擇與多方實體型轉化后的關係合併（在關係中加入 1 方實體型的主碼）。

· 一個多對多聯繫轉換為一個獨立的關係。

圖 11－2 所示的 E－R 圖可轉化為如圖 11－4 所示的關係模型，其中，deposit 的主碼為（account_no，oper_date）。

客户表customer

属性名	含义	类型	长度	要求
Customer_id	身份证号	字符	18	主码
Cust_name	姓名	变长字符	20	非空
Cust_phone	电话	变长字符	13	
Cust_gender	性别	字符	1	"M"男"F"女
Cust_job	职业	变长字符	30	
Cust_city	所在城市	变长字符	30	

存款账户表account

属性名	含义	类型	长度	要求
Customer_id	身份证号	字符	18	
Account_no	账号	字符	8	主键
balance	余额	数值	14,2	
build_date	开户日期	日期	10	
Acct_type	账户类型	字符	1	"0"活期，"数字"表示定期月数"
status	账户状态	字符	1	"0"正常，"1"挂失，"2"销户
Staff_id	经手人	字符	18	

存、取款明细表deposit

属性名	含义	类型	长度	要求
Account_no	账号	字符	8	
Oper_date	发生日期	日期		
amount	金额	数值	11,2	
oper_type	类型	字符	1	"C"存款"Q"取款
Staff_id	经手人	字符	18	

圖 11－4 銀行存取款關係模型

（2）關係數據模型的數據操作

前面已經提到「關係數據模型應用數學方法來處理數據庫中的數據」，關係操作和數學操作有緊密關係。在關係數據模型中，所有的關係操作都是數學的集合操作，即操作的對象和結果都是集合，關係看作元組的集合，而不是屬性的集合（集合要求元

素必須是同類型的，關係的元組肯定類型相同，而屬性的類型則不一定）。

關係操作要通過關係操作語言來實現，關係操作語言是非過程化的語言，只需要描述操作要求，而不用描述操作的過程。關係操作語言大體可以分為關係代數（用對關係的代數運算來表達關係操作的要求）、關係演算（用關係謂詞來表達關係操作的要求）和 SQL（Structured Query Language，實際應用的標準關係操作語言）三大類。

關係模型中常用的關係操作包括查詢和更新（具體包括增、刪、改操作）兩類，其中查詢的表達能力尤其重要，關係查詢分為傳統的集合運算（具體包括並、交、差運算）和專門的關係運算（具體包括選擇、投影、連接、除）。

在銀行存取款案例中，如果要查詢所有「成都」的客戶，需要在 customer 表中選擇滿足 cust_city =「成都」的所有行，這種從表中選擇部分行構成查詢結果的操作稱為選擇。

如果要查詢所有客戶的身分證號、姓名和電話，則需要在 customer 表中選擇所有行的 customer_id、cust_name、cust_phone 三列，這種從表中選擇所有行的部分列構成查詢結果的操作稱為投影。

如果要查詢所有帳戶及其發生的所有存取款歷史信息，則需要將 account 和 deposit 表中的信息從水平方向上進行對接形成一個大表，大表中的屬性包括兩個表的所有屬性，大表中的行這樣得到：對 account 表中的每一行，逐行檢查 deposit 表中的每一行，如果它們的帳號 account_no 相同，則從水平方向上連成一行放入查詢結果集合。這種將兩張表按照某種條件（例如帳號相同）從水平方向上拼接成一張大表的操作稱為連接，上述查詢的連接條件表示為 account. account_no = deposit. account_no。這種連接條件中使用比較符「=」的連接稱為等值連接；實際上，「=」兩邊進行比較的往往是相同的屬性，這樣在等值連接的結果中就會出現重複列，為此，在等值連接中引入了一種稱為自然連接（Natural Join）的特殊連接操作：將兩張表中的同名屬性相等作為連接條件，並將等值連接結果中的重複列只保留一份。

選擇、投影、連接操作示意圖如圖 11-5 所示，等值連接和自然連接操作對象和結果實例如圖 11-6 所示。

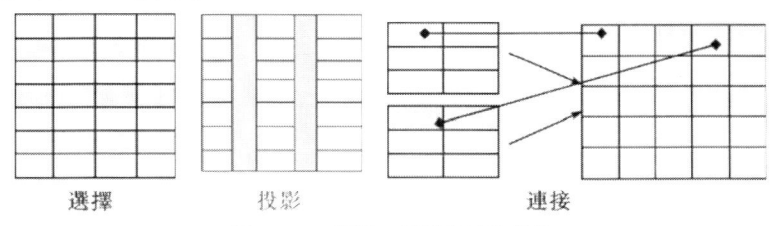

圖 11-5 選擇、投影與連接操作

（3）關係數據模型的完整性約束

關係模型的完整性約束是為了保證關係中數據的正確性、完整性和相容性，對關係及其操作作出的一系列約束。其中，最重要也最常用的是以下三類完整性約束：實體完整性約束、參照完整性約束和用戶自定義完整性約束。

①實體完整性約束（Entity Integrity Rule）

一個基本關係通常對應現實世界的一個實體集，一個元組對應一個實體。在構成

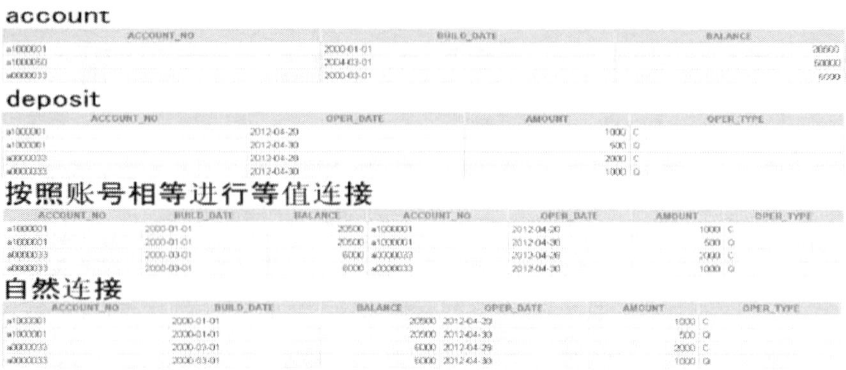

account

ACCOUNT_NO	BUILD_DATE	BALANCE
a1000001	2000-01-01	20500
a1000050	2004-03-01	60000
a0000033	2000-03-01	6000

deposit

ACCOUNT_NO	OPER_DATE	AMOUNT	OPER_TYPE
a1000001	2012-04-29	1000	C
a1000001	2012-04-30	500	Q
a0000033	2012-04-29	2000	C
a0000033	2012-04-30	1000	Q

按照账号相等进行等值连接

ACCOUNT_NO	BUILD_DATE	BALANCE	ACCOUNT_NO	OPER_DATE	AMOUNT	OPER_TYPE
a1000001	2000-01-01	20500	a1000001	2012-04-29	1000	C
a1000001	2000-01-01	20500	a1000001	2012-04-30	500	Q
a0000033	2000-03-01	6000	a0000033	2012-04-29	2000	C
a0000033	2000-03-01	6000	a0000033	2012-04-30	1000	Q

自然连接

ACCOUNT_NO	BUILD_DATE	BALANCE	OPER_DATE	AMOUNT	OPER_TYPE
a1000001	2000-01-01	20500	2012-04-29	1000	C
a1000001	2000-01-01	20500	2012-04-30	500	Q
a0000033	2000-03-01	6000	2012-04-29	2000	C
a0000033	2000-03-01	6000	2012-04-30	1000	Q

圖 11－6　等值連接與自然連接

關係的多個屬性中，用候選碼的取值作為元組唯一性的標示；包含在任何一個候選碼中的屬性稱為主屬性。因此，元組的唯一性最終通過主屬性的取值表現出來，這就要求主屬性的取值必須是一個具有唯一性的具體的值，而不能是一個「不知道」或「無意義」或「不確定」的值（即空值），這就是實體完整性約束的內容，可以簡單表達為：關係的主屬性非空。

②參照完整性約束（Reference Integrity Rule）

在銀行存款案例中，有客戶表 customer、存款帳戶表 account、存取款明細表 deposit。帳戶表中 customer_id 欄是否可以出現一個在客戶表 customer_id 欄中不存在的值？存取款明細表的 account_no 欄是否可以出現一個在存款帳戶表的 account_no 欄中不存在的值？答案顯然是否定的，帳戶表中 customer_id 欄的填寫必須參照客戶表 customer_id 欄的取值，存取款明細表的 account_no 欄的填寫必須參照存款帳戶表的 account_no 欄中的值。這種表間的參照關係在關係模型中用外碼來表示。

如果關係 R 的一組屬性 K 不是關係 R 的候選碼，但需要參照某一關係 S 的一個候選碼，則稱該屬性組 K 是關係 R 的外碼（注意：R 和 S 可以是同一個關係）。

上述客戶表 customer 的主碼為 customer_id，存款帳戶表 account 的主碼為 account_no、存取款明細表 deposit 的主碼為（account_no，oper_date）。在存款帳戶表 account 中，customer_id 就是外碼，在存取款明細表 deposit 中，account_no 就是外碼。

外碼用來體現關係之間的引用關係，參照完整性約束就是對外碼取值的一種約束。簡單的講，參照完整性約束的內容就是：外碼的取值要麼為空值，要麼取它所參照的候選碼的一個值。

在存取款明細表 deposit 中，account_no 是外碼，但同時也是主屬性，它只能取參照的 account 表中的 account_no 的值。

③用戶自定義完整性約束

用戶定義的完整性約束就是針對某一具體應用的約束條件，反應某一具體應用所涉及的客觀事實。例如在上述隱含存取款案例中，客戶性別只能取值為 F（表示女）和 M（表示男）、存款余額和發生額必須大於 0，等等。

在對關係進行更新操作（即插入、刪除和修改操作）時，數據庫管理系統會檢查數據是否滿足上述三類完整性約束條件。

11.2 關係數據庫標準語言 SQL

SQL（Structured Query Language）結構化查詢語言是一個通用的、功能極強的關係數據庫標準操作語言。

11.2.1 SQL 概述

1. SQL 語言及標準

SQL 語言是 1974 年由 Boyce 和 Chamberlin 提出的，最早用於 IBM 的 San Jose 研究室，該研究室在 20 世紀 70 年代后期研製的著名的關係數據庫管理系統原型系統 System R 中實現了 SQL 語言。由於 SQL 功能豐富，語言簡捷，倍受用戶及計算機界歡迎，被眾多計算機公司和軟件公司所採用。經各公司的不斷修改、擴充和完善，SQL 語言最終發展成為關係數據庫的標準語言。

1986 年至今，美國國家標準協會（ANSI）和國際標準化組織（ISO）制定了一系列的 SQL 標準，它們是 SQL－86、SQL－89、SQL－92、SQL－99 和 SQL－2003，使 SQL 標準的內容也越來越豐富、完善，以適應不斷變化的技術需求。

為了使 SQL 完成更複雜的任務，各主要數據庫廠商對標準 SQL 進行了一定的擴充和修改，增加了部分非標準 SQL 語句和函數。Oracle 公司支持的擴充後的 SQL 語言稱為 PL/SQL。

SQL 語言主要有以下幾個方面的特點：

（1）SQL 集數據定義、數據操縱、數據控制幾大功能於一體。

（2）SQL 高度非過程化。用戶只要提出「做什麼」，而無需瞭解「怎麼做」。

（3）SQL 採用集合操作方式，即操作對象、操作結果都是元組的集合。

（4）以同一種語法結構提供兩種使用方式。聯機交互方式即用戶直接輸入 SQL 命令完成對數據庫的各種操作，嵌入式方式即將 SQL 語言嵌入到高級語言（例如 C，C＋＋，Java 等）程序中使用。

（5）語言簡潔，易學易用。

2. SQL 主要命令動詞

SQL 功能強大，集數據定義、數據操縱、數據控制幾大功能於一體，其命令並不太多，用 9 個動詞即完成數據庫的核心功能，如表 11－1 所示。

表 11－1　　　　　　　　　　SQL 主要命令動詞

SQL 功能	動　　詞
數據定義	CREATE, DROP, ALTER
數據查詢	SELECT
數據操縱	INSERT, UPDATE, DELETE
數據控制	CRANT, REVOKE

3. SQL 語言使用注意事項

（1）SQL 語言是大小寫無關的。SQL 命令中的命令動詞、關鍵字、表名、列名既可以大寫，也可以小寫。但 SQL 命令中涉及的字符數據是大小寫敏感的。

（2）每個 SQL 語句用半角分號「;」結束。語句中使用的標點符號都是英文半角符號。

（3）在 SQL 語句中字符數據用半角單引號「'」括起。

（4）各數據庫廠商對標準 SQL 進行了一定的擴充和修改，增加了部分非標準 SQL 語句和函數。例如，Oracle 中的 DESC 命令、TO_CHAR（）、TO_DATE（）函數等。

11.2.2　SQL 數據定義功能

SQL 定義的主要對象包括基本表、索引和視圖三類，其中後兩者都是基於基本表的，因此通常不提供修改功能，視圖的建立基於查詢操作。SQL 主要定義語句如表 11－2 所示。

表 11－2　　　　　　　　　SQL 主要數據定義語句

操作對象	操作方式		
	創建	刪除	修改
基本表	CREATE　TABLE	DROP　TABLE	ALTER　TABLE
視圖	CREATE　VIEW	DROP　VIEW	
索引	CREATE　INDEX	DROP　INDEX	

1. 定義基本表

定義基本表包括定義表的名稱、欄目（即屬性）和完整性約束。具體語法如下：

CREATE TABLE ＜表名＞（

＜列名＞ ＜數據類型＞ [＜列級完整性約束條件＞]

[, ＜列名＞ ＜數據類型＞ [＜列級完整性約束條件＞]]

…

[, ＜表級完整性約束條件＞]

）；

（1）Oracle 常用數據類型

數據類型規定了表中每個欄目的大的取值範圍，定義數據類型時往往同時定義取值的長度。不同的 DBMS 支持的數據類型不完全相同，對相同數據類型的表示也不完全一致。Oracle 中常用的主要數據類型及其表達如表 11－3 所示。

表 11－3　　　　　　　　　　Oracle 主要數據類型

數據類型		含義
字符型	CHAR（n）	長度為 n 的定長字符串，n 最大 2000
	VARCHAR2（n）	最大長度為 n 的變長字符串，n 最大 4000

表11-3(續)

數據類型		含義
數值型	NUMBER（p，d）	P 表示最大有效數位（不包括符號、小數點） d 表示小數位數
日期型	DATE	ORACLE 固定按 7 字節長度保存，包括年月日時分秒
大對象型	CLOB	文本大對象，例如大的帶格式的文本文檔
	BLOB	二進制大對象，例如圖片
	BFILE	二進制大文件，例如視頻，文件保存在數據庫外，數據庫中只保存文件名及指向存儲位置的指針

CHAR(n) 與 VARCHAR2(n) 的區別：CHAR(n) 類型的屬性不論取多長的字符，實際占用空間都為 n 字節，長度不足 n 時后面以空格填充；VARCHAR(n) 類型的屬性實際占用空間以該屬性實際取值長度為標準。

在 Oracle 中，日期型數據往往借助於 to_date( ) 函數來表達，例如 2012 年 05 月 01 日可以表示為 to_date('2012-05-01','yyyy-mm-dd')，即將字符數據『2012-05-01』轉換為日期數據。其中，yyyy 表示四位年份，mm 表示兩位月份，dd 表示兩位日。另外，SYSDATE 可以表示系統當前日期。

Oracle 中也支持 SQL 標準的 INT、FLOAT、REAL、VARCHAR(n) 等類型，但會將它們自動轉化為相應的 NUMBER 和 VARCHAR2(n) 類型。

（2）Oracle 常用完整性約束

Oracle 支持的完整性約束內容如下：

·實體完整性約束：PRIMARY KEY

·參照完整性約束：FOREIGN KEY（外碼）REFERENCES 被引用表名（主碼）

如果被引用表中修改了主碼的值或刪除了一行，則可能破壞當前表的參照完整性約束，例如：帳戶 ACCOUNT 表的 CUSTOMER_ID 列引用了客戶表 CUSTOMER 表的主碼。現在一個客戶「510101199002013445」已經開立了一個存款帳戶「A00001」，當在 CUSTOMER 表中刪除了該客戶的信息或者把客戶身分證號修改為一個新值時，都會破壞 ACCOUNT 表的參照完整性約束。對這類問題，可以指定三種處理方式：

NO ACTION：不允許對 CUSTOMER 表進行修改或刪除操作。

CASCADE（級聯）：允許對 CUSTOMER 表進行修改或刪除操作，但同時對 AC-COUNT 表中對應的行進行相同的操作。

SET NULL：允許對 CUSTOMER 表進行修改或刪除操作，但同時將 ACCOUNT 表中對應的行的 CUSTOMER_ID 設為空值。

在 Oracle 中，銀行為 NO ACTION 處理方式，可以指定在對被引用表進行刪除操作時進行級聯操作，形式為 ON DELETER CASCADE。

·用戶定義的完整性約束：

取值非空：NOT NULL

取值唯一：UNIQUE

取值滿足一定的條件：CHECK（條件），例如客戶性別屬性 CUST_GENDER 只能

取值為「F」或「M」，在 SQL 中表示為：

　　check（cust_gender='F' or cust_gender='M'）

　　上述約束如果只涉及一個屬性，則既可以作為列級完整性約束，也可以作為表級完整性約束，但參照完整性約束一般都放在表級。當 PRIMARY KEY、NOT NULL、UNIQUE 作為表級完整性約束時，必須在其后指定具體的屬性名。

　　如果一個約束中涉及多個屬性，則該約束必須放在表級。例如，帳號 ACCOUNT_NO 和發生日期 OPER_DATE 構成存取明細表 DEPOSIT 的主碼，該約束必須放在 DEPOSIT 的表級，形式為：

　　PRIMARY KEY（ACCOUNT_NO，OPER_DATE）

　　為方便對約束的維護，在定義約束時可以為每個約束定義一個名字，形式為：

　　CONSTRAINT　<約束名>　　<約束內容>

　　例如上述 DEPOSIT 表的主碼約束可以表示為：

　　CONSTRAINT　deposit_pk　PRIMARY　KEY（ACCOUNT_NO，OPER_DATE）

（3）定義列的隱含值

　　指定一列的隱含值形式為：DEFAULT　<隱含值>

　　在向 CUSTOMER 表中添加數據時，如果沒有指定 CUST_GENDER 列的值，若想讓 DBMS 自動填入「M」（即「男」），則在定義 CUST_GENDER 列時可以指定隱含值，形式為：DEFAULT『M』。即指定隱含值一般放在列級約束之前。

【例 11-1】前述銀行存款案例的三個表的定義如下：

CREATE TABLE customer（

cust_id CHAR（18）　　constraint　cust_pk　primary key，

cust_name　VARCHAR2（20）　　constraint　cust_ntnull　not null，

cust_city　VARCHAR2（30），

cust_phone　VARCHAR2（13），

cust_gender CHAR（1）constraint cust_fm check（cust_gender =『M』or cust_gender =『F』），

cust_job　varCHAR2（30））；

CREATE TABLE　account（

CUSTOMER_ID CHAR（18），

ACCOUNT_NO CHAR（8）constraint acct_pk primary key，

BALANCE NUMBER（14，2）default 0，

BUILD_DATE DATE，

acct_type NUMBER（2，0）default 0，

STATUS CHAR（1）DEFAULT 0　constraint acct_status　check（status in（'0'，'1'，'2'）），

staff_id VARCHAR2（12），

constraint acct_fk_cus foreign key（customer_id）references customer（customer_id）on delete cascade）；

　　CREATE TABLE　deposit（

ACCOUNT_NO CHAR（8），

amount NUMBER（11，2）default 0，

oper_DATE DATE，

oper_type CHAR（1）default 'c'，

staff_id VARCHAR 2（12），

constraint deposit_fk_acc foreign key（account_no）references account）；

（4）查看表的結構

在 Oracle 的 SQL * PLUS 工具中，使用 Desc 可以查看已經定義的表的結構。

例如：查看上述新建的 CUSTOMER、ACCOUNT 和 DEPOSIT 表的結構，可以用以下命令：

Desc customer

Desc account

Desc deposit

2. 修改基本表

在 Oracle 中，修改基本表的語句格式如下：

增加屬性或約束：

ALTER TABLE 表名　ADD　列定義；

ALTER TABLE 表名　ADD CONSTRAINT ＜表級完整性約束＞；

刪除屬性或約束：

ALTER TABLE 表名　DROP COLUMN 列名；

ALTER TABLE 表名　DROP　CONSTRAINT ＜完整性約束＞；

修改屬性：

ALTER TABLE 表名　modify　列名　新的數據類型和長度

【例 11-2】將 deposit 表的 amount 列的最大有效數位由 11 改為 14。

ALTER TABLE deposit　MODIFY　amount NUMBER（14，2）；

在 customer 表中增加一列 cust_street 記錄客戶所在的街道，為 ACCOUNT 表增加一列 branch_id 記錄客戶的開戶分行編碼。

ALTER TABLE customer ADD cust_street VARCHAR2（20）；

ALTER TABLE account ADD branch_id　CHAR（4）；

3. 建立索引

索引是對基本表中一個或多個列的值進行排序，並建立其與表中相應行的對應關係，它是一個單獨的數據庫對象。建立索引的目的是為了加快查詢速度。

Oracle 中創建索引的一般格式為：

CREATE [UNIQUE] INDEX ＜索引名＞

　　ON ＜表名＞（＜列名＞[＜次序＞][，＜列名＞[＜次序＞]] …）；

索引可以建在基本表的一列或多列上，各個列名之間用逗號分隔。每個＜列名＞後面還可以用＜次序＞指定索引值的排列次序，包括 ASC（升序）和 DESC（降序）兩種，默認值為 ASC。UNIQUE 表明該索引的每一個索引值只對應唯一的數據記錄。

【例 11-3】對表 customer 根據職業 cust_job 建立升序索引 idx_job。

CREATE INDEX idx_job ON customer（cust_job）;

索引建立后，DBMS 根據查詢需要選擇使用。

4. 刪除基本表和索引

當確定基本表或索引不再使用時，可以通過以下 DROP 命令刪除。

DROP TABLE ＜表名＞ ;

DROP INDEX ＜索引名＞;

對存在引用（或稱參照）關係的表的刪除需要注意刪除的順序，例如 account 表引用了 customer 表，deposit 表引用了 account 表，在刪除時，應先刪除 deposit，再刪 account，最後刪除 customer 表。

11.2.3 SQL 數據查詢功能

數據查詢是數據庫的核心操作。雖然 SQL 語言的數據查詢只有一個 SELECT 命令動詞，但卻具有靈活的使用方法和豐富的功能。

1. SELECT 語句基本格式

SELECT ＜目標列表達式＞［，…］

FROM ＜表名＞［，…］

［WHERE ＜條件表達式＞］

［GROUP BY ＜列名＞［HAVING ＜組條件表達式＞］］

［ORDER BY ＜列名＞［ASC｜DESC］］;

SELECT 語句的結果也是一張表，通常稱為查詢表。SELECT 語句的六個子句分別描述了查詢的不同方面的特徵，其中，SELECT 子句和 FROM 子句是必須的，其他子句根據查詢的具體需要選擇使用，但各子句的順序不能顛倒。上述每個子句的含義如下：

SELECT 子句：指定查詢結果表中包含的屬性或表達式，多個屬性或表達式之間以逗號隔開。

FROM 子句：指定查詢對象表，多個對象之間以逗號隔開，可以為表指定別名，形式為 FROM ＜表名＞ ＜別名＞。

WHERE 子句：指定對象表中需要查詢的行滿足的條件。

GROUP BY 子句：分組統計。對表中滿足查詢條件的行按指定列分組，值相等的行為一個組。通常會在每組中使用集函數（即完成統計功能的函數）。

HAVING 短語：在 group by 分組統計結果中篩選出滿足指定條件的組。

ORDER BY 子句：對查詢結果按指定列的指定順序排序，該子句只能放在 select 語句的最後。

2. 單表查詢

（1）查詢部分屬性

【例 11-4】查詢每個存款客戶的身分證號和姓名。

select cust_id, cust_name

from customer;

（2）查詢所有屬性

為簡化表達，SQL 中用「*」表示表中所有屬性。

【例 11-5】查詢所有存款客戶的基本信息。

SELECT *

FROM Customer;

（3）取消結果表中的重複記錄

SQL 中通過在 SELECT 子句中使用 distinct 關鍵字取消查詢結果表中的重複記錄。

【例 11-6】查詢存款客戶分佈在哪些職業。

SELECT DISTINCT cust_job

FROM customer;

（4）查詢經過計算的表達式與屬性重命名

查詢結果表中不僅包括查詢對象中的屬性，也可以是經過計算的表達式結果，但表達式結果所在的列沒有具體有意義的屬性名，此時可以為該列在結果表中重新命名，也稱別名，格式為：

<表達式>　<別名>　或者 <表達式>　as　<別名>

【例 11-7】查詢每個客戶的出生日期。

在 customer 表中並沒有客戶出生日期列，但在其身分證號中包含出生日期，在 Oracle 中可以借助取子串函數 substr（字符數據，子串起始位置，子串長度）來從身分證號中提取出生日期。

Select customer_id, cust_name, substr（customer_id, 7, 8）　cust_birth

From customer;

該例中，結果表的第三列的屬性名為 cust_birth，內容為客戶的出生日期。

（5）帶條件的單表查詢

若要在數據表中找出滿足某些條件的行時，則需使用 WHERE 來指定查詢條件。查詢條件的表達如表 11-4 所示。

表 11-4　　　　　　　　　　　　　where 查詢條件

運算符	含義	舉例
=、>、<、>=、<=、!=、<>	比較大小	balance > 100,000
BETWEEN …AND…	是否在範圍內	balance between 20,000 and 100,000 相當於：balance >= 20,000 and balance <= 100,000
IN、NOT IN	是否在集合內	cust_job in ('教師', '工程師')
LIKE、NOT LIKE	字符模糊匹配	cust_job like '% 師'
IS NULL、IS NOT NULL	是否為空值	cust_name is not null
NOT、AND、OR	多重條件	balance > 20,000 and balance < 100,000

【例 11-8】查詢所有來自「成都」的客戶信息。

select *

from customer

where cust_city = '成都';

【例 11-9】查詢所有來自「成都」的職業為「教師」的客戶信息。

select *

from customer

where cust_city = '成都' and cust_job = '教師';

【例 11-10】查詢余額大於 100,000 或小於 20,000 的帳戶信息。

select *

from account

where balance < 20000 or balance > 1000

【例 11-11】查詢職業為「教師」「工人」「工程師」的客戶信息。

select *

from customer

where cust_job in ('教師', '工程師', '工人');

【例 11-12】查詢沒有填寫聯繫電話的客戶的身分證號和姓名。

select customer_id, cust_name

from customer

where cust_phone is null;

【例 11-13】查詢 2012 年新開的所有帳戶的信息。

帳戶表中開戶日期 build_date 為日期型，不能直接和 2012 進行比較，在 Oracle 中可以使用 to_char（build_date，'yyyy'）先將開戶日期的年份轉化為字符數據，再和 2012 進行比較。

SELECT *

FROM account

WHERE to_char（build_date，'yyyy'）='2012';

【例 11-14】查詢位於「成都」市「青羊大道」的客戶的基本信息。

該例中涉及 customer 表的 cust_street 列，但條件不是精確相等，而是在 cust_street 列中只要包含「青羊大道」即可，這是一種字符數據的模糊查詢。在 SQL 中使用以下形式表達模糊查詢：

字符型列名　like　『模板』

其中，『模板』中會用到兩個通配符 % 和 _（下劃線）：

%：表示任意長度的字符串。

_：表示任意一個字符。在 Oracle 中，_表示一個英文字符或一個漢字，根據列中該通配位置的具體類型自動確定。

Select *

From customer

Where cust_city = '成都' and cust_street like '% 青羊大道 %';

(6) 統計查詢

在實際應用中，往往不僅要求將表中的記錄查詢出來，還需要在原有數據的基礎上進行統計計算。SQL 提供了統計函數，常用的統計函數如表 11-5 所示。在這些函

數中，如果指定了 DISTINCT，在計算時要取消指定列中的重複值。

表 11-5　　　　　　　　　　　SQL 統計函數

函數名稱	功　能
AVG（［DISTINCT］＜數值型列名＞）	按列計算平均值
SUM（［DISTINCT］＜數值型列名＞）	按列計算值的總和
COUNT（［DISTINCT］＜列名＞） COUNT（＊）	按列統計值的個數 統計行數
MAX（［DISTINCT］＜列名＞）	求一列中的最大值
MIN（［DISTINCT］＜列名＞）	求一列中的最小值

在聚合函數中遇到空值時，除 COUNT（＊）外，都跳過空值，僅處理非空值。須特別注意的是，在 WHERE 子句中是不能用聚合函數作為條件表達式的。

【例 11-15】統計所有帳戶中的最高餘額和最低餘額。

select max（balance）最高余額，min（balance）最低余額

from account；

【例 11-16】統計位於「成都」市的客戶數。

select count（＊）

from customer

where cust_city ='成都'；

【例 11-17】統計在銀行開戶的客戶數。

select count（distinct customer_id）

from account；

思考：這裡的 DISTINCT 為什麼不能省略？

在上述例子中，都是將表中所有滿足條件的行（或者所有行）作為一個組處理，在一個組上進行指定的統計。如果需要將表中所有滿足條件的行（或者所有行）分成若干組，對每個組分別進行統計，則要使用分組統計，用 GROUP BY 子句。

分組統計的關鍵是確定分組屬性、匯總屬性、統計函數。

【例 11-18】一個客戶可以開立多個存款帳戶，統計每個客戶開立的存款帳戶數。該例中，分組屬性為客戶身分證號，匯總屬性為帳號，統計函數用於統計個數。

select customer_id，count（account_no）開戶數

from account

group by customer_id；

【例 11-19】統計每個客戶的總存款額。

select customer_id，sum（balance）余額合計

from account

group by customer_id；

如果需要從分組統計結果中再選擇滿足條件的組，則要用到 HAVING 子句。

【例 11-20】統計總存款額大於 100,000 的客戶的身分證號及其總存款額。

```
select customer_id, sum (balance)
from account
group by customer_id
having sum (balance) >100,000;
```

注意：在帶有 GROUP BY 子句的查詢語句中，SELECT 子句中只能出現：分組屬性、統計函數、常量。換句話說，SELECT 子句中出現的屬性必須包含在分組屬性中；HAVING 子句總是在 GROUP BY 子句之后，不可以單獨使用。

(7) 對查詢結果排序

當需要對查詢結果排序時，可用 ORDER BY 子句對查詢結果按一個或多個查詢列的升序（ASC）或降序（DESC）排列，默認值為升序。排在后面的屬性指定的順序只有在排在前面的屬性的值相同時才起作用。

【例 11-21】查詢所有客戶基本信息，結果按 cust_city 升序排序，cust_city 相同的按照 cust_job 降序排序。

```
select *
from customer
order by cust_city, cust_job desc;
```

3. 連接查詢

當一個查詢同時涉及兩個及以上表時，一般使用連接查詢。連接查詢主要包括內連接和外連接兩種。

(1) 內連接

內連接的表達方式有以下兩種方式（以兩個表連接為例）：

方式一：

SELECT <查詢目標列>

From <表1>, <表2>

where <連接條件>

方式二：

SELECT <查詢目標列>

FORM <表1> join <表2> on <連接條件>

或者使用自然連接：

SELECT <查詢目標列>

FORM <表1> natural join <表2>

在方式一和方式二的非自然連接表達中，需要注意：對於兩個表都有的同名字段，必須用表名或別名加以限制。使用形式為：

<表名>.<屬性名>

在方式二的自然連接表達中，由於自然連接結果中取消了重複屬性，因此不能使用<表名>.<屬性名>的形式。

【例 11-22】查詢每個帳戶的帳號、客戶姓名和帳戶余額。

```
select cust_name, account_no, balance
from customer c, account a
```

where c. customer_id = a. customer_id;

或者：

select cust_name, account_no, balance

from customer c   join account   a on c. customer_id = a. customer_id;

或者：

select cust_name, account_no, balance

from customer natural join   account;

(2) 外連接

在 Oracle 中，外連接也分為左外聯、右外聯和全外聯。表達形式為：

SELECT ＜查詢目標列＞

FORM ＜表1＞   left｜right｜full   outer join ＜表2＞   on   ＜連接條件＞

【例 11-23】查詢每個客戶的姓名、身分證號及其開立的定期存款帳號及帳戶餘額。

select cust_name, c. customer_id, account_no, balance

from customer c left outer   join   account a on c. customer_id = a. customer_id and acct_type ＞0;

思考：acct_type ＞0 是否可以放在 where 子句中？

4. 嵌套查詢和集合查詢

一個 SELECT 查詢的結果是一張表，表有可以看作元組的集合。因此，在 SELECT 查詢的六個子句中，FROM、WHERE、HAVING 三個子句中可以嵌入另一不帶 ORDER BY 子句的查詢語句，這就形成了嵌套查詢。

兩個集合之間可以進行並、交、差運算，因此兩個 SELECT 查詢之間也可以進行並、交、差運算，這就形成了集合查詢。

嵌套查詢和集合查詢的具體內容請參見數據庫相關書籍。

11.2.4 SQL 的數據更新功能

SQL 的數據更新功能包括數據插入、修改和刪除。

1. 插入數據

如果要向表中插入一個具體的行，可以使用以下格式的 SQL 命令：

INSERT INTO ＜表名＞ [(＜屬性1＞ [,＜屬性2＞, …])] VALUES (＜值1＞ [,＜值2＞, …]);

INSERT 語句中屬性的排列順序可以任意指定，但當指定屬性名時，VALUES 子句值的排列順序必須和指定屬性名的排列順序一致，個數相等，數據類型一一對應。

如果要將一個查詢的結果插入一張表，則可以使用以下格式的 SQL 命令：

INSERT INTO ＜表名＞ [(＜屬性1＞ [,＜屬性2＞, …])] ＜查詢語句＞

查詢語句中 SELECT 子句指定的屬性的個數及相應屬性的類型和長度,必須與 INTO 后指定的屬性相容。

INTO 語句中沒有出現的屬性名，新記錄在這些屬性上將取空值。

如果 INTO 子句沒有指定屬性名，則插入的新記錄的值順序必須和表定義的屬性順

序一致，而且必須在每個屬性上都有值。

如果 INTO 子句指定了屬性，則必須包含表中具有主碼和非空約束的屬性。

【例 11-24】向 customer 表中插入一個新客戶信息：

客戶身分證號：510106199006035443

姓名：李峰

電話：13512345678

性別：男

INSERT INTO customer（customer_id，cust_name，cust_phone，cust_gender）
VALUES（'510106199006035443'，'李峰'，'13512345678'，'M'）；

2. 修改數據

修改數據的 SQL 命令格式為：

UPDATE　＜表名＞

SET　＜屬性名 1＞＝＜新值表達式＞［，＜屬性名 2＞＝＜新值表達式＞…］

［WHERE　＜條件＞］；

如果不指定 WHERE 條件則表示修改表的所有行。

【例 11-25】將身分證號為「510106199006035443」的客戶的城市修改為重慶。

UPDATE customer

SET cust_city ='重慶'

WHERE customer_id ='510106199006035443'；

3. 刪除數據

使用 DELETE 語句可刪除表中的一個或多個記錄，語法格式為：

DELETE FROM ＜表名＞

［WHERE ＜條件＞］；

如果不指定 WHERE 條件則表示刪除表的所有行。

【例 11-26】刪除表 ACCOUNT 中 STATUS 為「2」的帳戶信息。

DELETE　FROM　account

WHERE STATUS ='2'；

11.2.5　視圖

視圖是一個虛表，在數據庫中只存放視圖的定義，而不存放視圖對應的數據。視圖也可以理解為命名的查詢表。

1. 定義視圖

定義視圖的 SQL 命令為：

CREATE VIEW ＜視圖名＞［（屬性名 1，屬性名 2，…）］AS　　＜SELECT 查詢語句＞；

如果 SELECT 查詢語句的 SELECT 子句中包含經過計算的表達式，而且沒有為該表達式指定別名，則必須在視圖名后指定每個屬性的屬性名。

【例 11-27】建立單個帳戶餘額大於 100,000 元的大客戶視圖，視圖中包含客戶的身分證號、姓名、性別、職業、帳號、帳戶餘額。

```
CREATE VIEW bigcustomer AS
SELECT c. customer_id, cust_name, cust_gender, cust_job, account_no, balance
FROM customer   c, account a
WHERE c. customer_id = a. customer_id and balance > 100000;
```

視圖建立后，可以當作基本表來使用。只是對視圖的所有操作最終都轉化為對相應基本表的操作，因此，對有些視圖的更新操作如果不能轉化為對相應基本表的操作則不允許執行，即有些視圖是不可以進行更新操作的。

2. 刪除視圖

視圖如果不再需要可以通過 DROP VIEW ＜視圖名＞進行刪除。

【例 11 – 28】刪除上述 bigcustomer 視圖。

```
DROP VIEW    bigcustomer;
```

【本章小結】

數據庫系統在社會的各個領域得到了廣泛應用，一個數據庫系統主要包括硬件和數據庫、數據庫管理系統、應用程序及其他系統軟件、數據庫用戶等部分，其中，數據庫是數據庫系統的基礎，數據庫管理系統是對數據庫進行管理和操作的專門軟件。

數據模型是對客觀世界的模擬，反應了數據庫中數據的組織方式。人們首先對客觀世界進行抽象建立概念模型，並用 E – R 圖表達實體及實體之間的聯繫，然後將概念模型轉化為在計算機上可以實現的、由具體數據庫管理系統管理的結構數據模型（簡稱數據模型）。數據模型包括數據結構、數據操作、數據完整性約束三大要素，根據採用的數據結構的不同，數據模型可分為層次模型、網狀模型、關係模型、面向對象模型等，其中，關係模型是目前最流行的數據模型。

關係數據模型以二維表（或關係）作為基本數據結構，以集合方式進行數據操作，滿足實體完整性約束、參照完整性約束和用戶定義完整性約束。目前，關係模型的標準操作語言是 SQL，SQL 功能強大，將數據定義、數據操作和數據控制集為一體，但又簡單易學，得到各數據庫廠商的支持，而且隨著數據庫技術的發展，SQL 標準也不斷完善。目前數據庫領域市場佔有額最大的廠商是 Oracle（甲骨文）公司，其數據庫產品功能強大，版本多樣，適合大、中、小各類用戶。

【思考與討論】

根據本章銀行存取款業務最終案例表（注意是修改表結構后的最終表，customer 表中包含了 cust_street 屬性，ACCOUNT 中包含了 branch_id 屬性），利用 SQL 命令完成以下任務：

1. 將自己作為客戶加入客戶信息表。

2. 在編碼為「0101」和「0102」的分行為自己各開立一個存款帳戶（帳號為學號后跟 01 和 02），帳戶初始余額為 0，開戶日期為當前日期，其他信息自行確定。

3. 向自己剛剛開立的兩個存款帳戶中各存入 10,000 元和 20,000 元（注意：既要保存交易明細，也要修改余額）。

4. 為在「0101」銀行開立的上述帳戶轉增利息，利率為 5%。

5. 從在「0101」銀行開立的上述帳戶中支取 2000 元。
6. 為表 ACCOUNT 增加一個列：close_date，存放銷戶日期。
7. 列出余額大於 10,000 元的各個帳戶的帳號和余額，結果按余額降序排列。
8. 列出「成都」市的客戶存款余額總和。
9. 查詢所有活期存款帳戶的帳號、余額。
10. 列出位於「重慶」市「解放碑」的客戶的身分證號、姓名、性別。
11. 按分行統計存款總額。
12. 列出存款總額大於 100,000 元的客戶的身分證號碼、姓名。
13. 列出沒有填寫街道的客戶的姓名和聯繫電話。

第12章 軟件技術基礎

【學習目標】
- 瞭解算法與程序的基本概念。
- 瞭解程序設計語言及其發展。
- 瞭解面向對象程序設計的基本知識。
- 瞭解軟件危機與軟件工程的基礎知識。
- 瞭解可視化程序設計的基本方法。

【知識架構】

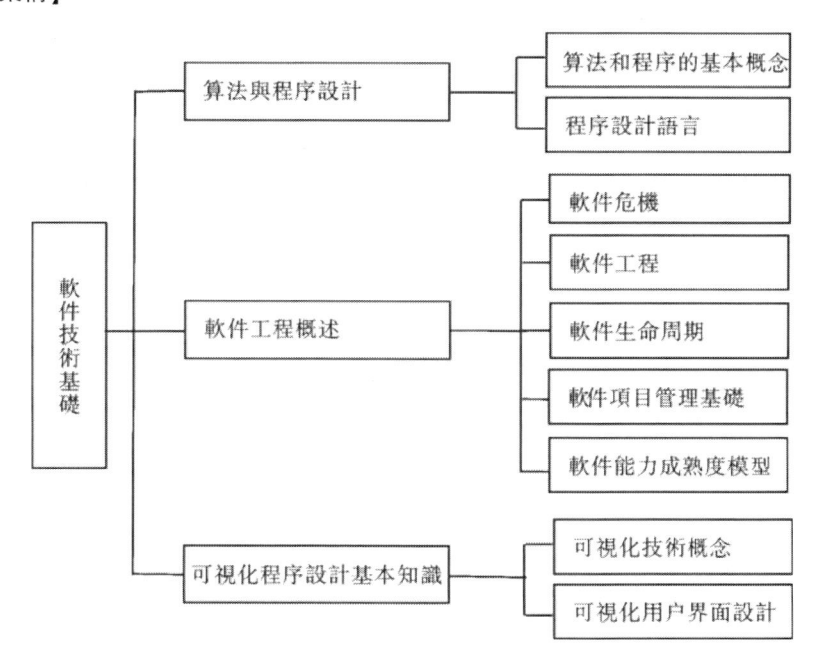

```
                        ┌─── 算法和程序的基本概念
           ┌─ 算法與程序設計 ─┤
           │            └─── 程序設計語言
           │
           │            ┌─── 軟件危機
           │            ├─── 軟件工程
軟件技術基礎 ─┼─ 軟件工程概述 ─┼─── 軟件生命周期
           │            ├─── 軟件項目管理基礎
           │            └─── 軟件能力成熟度模型
           │
           │                   ┌─── 可視化技術概念
           └─ 可視化程序設計基本知識 ─┤
                               └─── 可視化用戶界面設計
```

12.1 算法與程序設計

12.1.1 算法的定義及特徵

1. 算法的定義

所謂算法,可以理解為對特定問題求解步驟的描述。算法可以利用程序流程圖、

N-S圖、程序設計語言等多種工具來描述。如果用程序設計語言來描述算法，那麼描述的結果就是程序。

【例12-1】計算 (3+2×5) × (4÷2) 的具體方法和步驟。

具體方法及步驟如下：

① 輸入表達式 (3+2×5) × (4÷2)。

② 計算 2×5，得到結果數據 10。

③ 計算 3+10，得到結果數據 13。

④ 計算 4÷2，得到結果數據 2。

⑤ 計算 13×2，得到結果數據 26。

⑥ 輸出結果數據 26。

⑦ 工作結束。

2. 算法的特徵

算法應具有以下特徵：

（1）確定性。算法描述的每一個操作步驟都必須是確定的，不能具有語義上的「二義性」。

（2）有限性。算法必須保證數據處理過程是在有限步驟內完成，並輸出結果。

（3）可行性。算法必須保證數據處理過程的每一個具體的操作步驟在現有的技術水平上是可控制的，並且是可實現的。

（4）輸入。一個算法描述的是一個數據的處理過程，這個數據的處理過程應該有原始數據。這部分原始數據稱為算法的輸入數據（簡稱「輸入」）。

（5）輸出。數據處理過程結束，應該得到結果數據。結果數據將對這個數據處理過程的外部產生影響，這個影響稱為算法的輸出數據（簡稱「輸出」）。

3. 關於算法描述的討論

算法是一種解決問題的思路、方法和步驟。算法這種思想不能僅僅保存在人們的腦海裡，還應能通過某種人們都可以連接和接受的形式或語言表示出來。只有將算法表示出來後，算法才變得可以交流、傳播和使用。中學數學老師在課堂上教我們怎樣解一元二次方程時，實際上就是將解一元二次方程的算法用自然語言描述出來，我們通過理解這個算法的自然語言的描述而理解一元二次方程的算法。

描述算法的工具有多種。除了可以用自然語言描述算法外，還可以用計算機能理解的語言（計算機語言）描述。用自然語言這種工具描述的算法，比較容易在人和人之間交流。用計算機語言描述的算法，可以讓計算機按算法解決實際問題。

除了用自然語言、計算機語言描述算法外，算法還可以用其他一些工具來描述，比如程序流程圖、N-S 圖等。

不管用什麼方法描述算法，算法的思路、方法、步驟不能因描述方法的變化而變化。也就是說，可以用不同的工具表示同一個算法，不同的表示在邏輯上是等價的。

12.1.2 程序與程序設計語言

1. 程序的概念

一條指令的功能是非常有限的，但如果將多條指令按一定順序排列起來，並將這

個指令序列保存在存儲器中，這個指令序列就是一個程序。如果控制器依次從存儲器中取出程序的指令，並將其執行，這就是程序被執行的概念。計算機執行程序的結果是計算機按程序進行了一次比較複雜的數據處理工作後得出的。如果程序是按用戶給出的解決某個問題的算法而由相關指令序列構成的，那麼這個程序實際上就是對一個特定算法的描述。當然這個描述是計算機系統能夠理解和使用的。

計算機系統能夠理解的最基本、最直接的語言，就是計算機硬件系統（主要是控制器）對應的所有指令的集合。這個集合被稱為計算機系統的指令系統。用指令系統作為工具描述的算法就是程序。

2. 程序設計語言的定義

所謂程序設計語言，是指既能夠被計算機系統理解和使用，又適合用來描述算法的計算機語言。計算機系統的指令系統就是基本的「程序設計語言」。

除了計算機系統可以直接理解和應用的語言外，還存在著另外一些語言，這些語言很適合用來描述算法，但計算機系統卻不能直接理解和使用。這些語言雖然不能被計算機系統直接理解和使用，但用它描述的算法可以被另外的一些語言翻譯程序處理，產生邏輯上功能等價的、計算機系統可以直接理解的指令代碼序列（也就是前面所說的「程序」）。通過這樣的等價轉換，許多本來不能被計算機系統理解和使用的，但又非常適合算法描述的語言也可以用來編寫程序了。這些語言也就成了程序設計語言。用這些語言來描述算法，關鍵是需要先產生語言翻譯程序。

3. 程序設計語言的分類

程序設計語言多種多樣，根據程序設計語言的特點，可以將程序設計語言分為不同的類型。按照程序設計語言與具體的計算機系統之間關係的緊密程度，可以將計算機語言分為機器語言（第一代語言）、匯編語言（第二代語言）、高級語言（第三代語言）等。

（1）機器語言

機器語言是邏輯上與具體的計算機系統關係最密切的語言，實際上可以將計算機系統的指令系統看成是機器語言的核心部分。機器語言和具體的計算機系統是一一對應的，用某一種計算機系統的機器語言編寫的程序，不能在另一種計算機系統上運行。

計算機系統只能理解、保存和處理二進制代碼。機器語言的指令是以二進制代碼的形式表現的。雖然計算機系統能夠非常方便地理解和使用二進制代碼序列，但人們要熟悉、理解和使用二進制代碼序列則非常困難。

【例12-2】一個由二進制代碼序列構成的程序。

11000111
01000101
11111100
00000001
00000000
00000000
00000000
11000111

```
01000101
11111000
00000010
00000000
00000000
00000000
10001011
01000101
```

(2) 匯編語言

匯編語言是一種符號語言，匯編語言由匯編指令系統構成。人們學習、使用匯編語言顯然比使用機器語言更方便。

【例12-3】一個由匯編指令序列構成的程序。

Mov dword ptr［ebp-4］，1

Mov dword ptr［ebp-8］，1

Mov eax，dword ptr［ebp-4］

Add eax，dword prt［ebp-8］

Mov dword ptr［ebp-0ch］，eax

和機器語言類似，匯編語言也是邏輯上與具體的計算機系統關係較為密切的語言。很多匯編語言的指令和機器語言的指令是一一對應的。很顯然，計算機系統是無法直接理解和使用匯編語言的。用匯編語言編寫的程序稱為「匯編語言源程序」。這種程序必須從匯編語言轉換為機器語言，才能被計算機系統理解和執行。這個轉換過程稱為「匯編」，匯編的結果是「目標語言程序」。

由於匯編語言和計算機系統關係緊密，很多匯編指令和機器指令又有對應關係，因此，匯編語言程序到機器語言程序的轉換比較容易。

儘管匯編語言以符號指令代替了二進制代碼指令，在一定程度上簡化了用戶學習、記憶、理解、使用的難度。但是匯編語言仍然是面向計算機系統的語言，要使用匯編語言編寫程序，用戶必須對匯編語言對應的計算機系統的硬件結構非常清楚。

(3) 高級語言

高級語言也是一種符號語言，由一系列的高級語句構成。

【例12-4】一個由高級語言語句序列構成的程序。

Int a = 1；

Int b = 2；

Int c = a + b；

機器語言和匯編語言都是面向機器的語言，而高級語言完全脫離了具體的計算機硬件系統的結構。用戶學習和使用高級語言的時候，完全可以不關心具體的計算機硬件系統的情況，而只考慮語言對算法的描述問題。很顯然，計算機系統是無法直接理解和使用高級語言的。用高級語言編寫的程序稱為「高級語言源程序」。這種程序必須通過從高級語言轉換為機器語言，才能被計算機系統理解和執行。這個轉換過程稱為「編譯」，編譯的結果是「目標語言程序」。

由於高級語言與計算機系統的關係不密切，因此用戶只要能掌握一兩種高級語言便可以長期使用高級語言編寫各種各樣的程序，而不管計算機系統的發展變化。不僅如此，用戶使用一種高級語言編寫的程序能夠在不同的計算機系統上運行。高級語言的出現，使得計算機應用在廣大工程技術人員中得以廣泛普及。

4. 程序設計語言的發展

程序設計語言經歷了機器語言、匯編語言、高級語言的發展歷程之後，第四代語言的概念被提了出來。人們希望第四代程序設計語言能夠克服高級語言必須使用過程化的符號形式和語言規則編寫程序的弱點，能夠用非過程化的方法來描述算法，從而自動生成程序。

隨著對新一代程序設計語言研究的深入，一些新的技術和思想應運而生。比如面向對象的軟件開發技術、可視化的程序開發技術等。

5. 結構化程序設計

結構化程序設計方法的特點是自頂向下、逐步求精和模塊化。結構化程序包括順序結構、條件結構和循環結構三種基本結構。結構化程序設計主要強調的是結構化程序清晰易讀、易於理解，程序員能夠進行逐步求精和測試，以保證程序的正確性。

6. 面向對象程序設計

面向對象程序設計改變了應用程序面向過程的開發方式，把重點放在對象之間的聯繫上，而不是具體實現的細節。在面向對象的程序設計中，對象是組成軟件的基本元件。對象可以用來表示客觀世界的任何實體，對象的操作稱為方法或服務。每一個對象可看成是一個封裝起來的獨立元件，在程序中擔負某個特定的任務，面向對象程序設計將對象的細節隱藏起來。從外面只能看到對象的外部特徵，根本無須知道數據的具體結構以及實現操作的具體算法。對象的內部，即處理能力的實行和內部狀態，對外是不可見的。從外面不能直接使用對象的處理能力，也不能直接修改其內部的狀態。對象的內部狀態只能由其自身改變。這就是類的封裝性。

繼承是面向對象方法的一個主要特徵。繼承是使用已有的類定義作為基礎建立新類的定義技術。繼承分為單繼承和多重繼承。單繼承是指一個類只允許有一個父類，即類等級為樹型結構。多重繼承是指一個類允許有多個父類，多重繼承的類可以組合多個父類的性質構成所需要的性質。

採用面向對象技術開發的應用系統的特點主要包括：

（1）與人類習慣的思維方式一致。

（2）穩定性強。

（3）可重用性好。

（4）可維護性好。

（5）易於開發大型軟件產品。

採用面向對象技術開發的應用系統並不能提高系統的運行速度，也不能減少存儲量。

12.2 軟件工程概述

12.2.1 軟件危機

在早期的計算機應用中，人們需要計算機系統解決的問題大多是一些數值計算問題。解決這類問題的軟件系統的結構一般比較簡單，軟件系統的性能也比較容易測試。因此，最初的軟件開發方式一般是以個體程序設計人員為主，程序設計人員在指定的計算機上用機器語言或匯編語言設計和編製規模較小的專用程序。在最初的設計中，比較強調程序的執行效率和程序設計的技巧，而較少考慮程序的可讀性和可維護性。

隨著計算機應用水平的發展，需要計算機系統解決的問題也越來越複雜，軟件系統自然也變得越來越龐大和複雜。在單個程序設計人員很難承擔較大型的軟件系統開發任務時，程序設計人員分工合作，共同開發較大型的軟件系統是必然的選擇。但這種合作只是一種低層次的作坊式的生產方式，完全沒有從根本上改變個體程序開發時期的傳統作風。軟件作為一種產品，沒有相應的質量標準。軟件系統的開發方式和技術嚴重滯後於計算機硬件生產水平和社會的要求。於是，軟件危機出現了。

為了克服軟件危機，出現了軟件工程學。在軟件工程學思想的指導下，人們按工程學的基本原理來組織和實施軟件系統的開發工作。軟件開發進入了軟件工程時期。

12.2.2 軟件工程

在 20 世紀 60 年代末期，人們意識到軟件危機的出現。在 70 年代初期開始著手解決軟件危機問題。「計算機軟件工程學」（簡稱「軟件工程」）就是在解決「軟件危機」的研究和實踐中興起的。「軟件工程」的核心是，試圖採用工程的概念、原理、技術和方法來開發和維護軟件系統。

軟件工程是利用計算機及相關科學成果，利用管理科學的原理並借助於傳統的工程方法來設計、開發、運行、維護和管理軟件系統的系統方法。軟件工程是應對軟件危機的有效方法。人們使用軟件工程是希望通過技術人員和管理人員的合作，生產出達到預期功能效果的、滿足用戶使用需要的、具有經濟效益的軟件系統。

軟件工程的基本目的如下：

(1) 降低軟件的開發成本。
(2) 實現軟件的功能。
(3) 保證軟件的質量。
(4) 保證軟件的開發進度。
(5) 提高軟件的適應性。
(6) 提高軟件的可維護性。

以上各指標可能存在衝突，在實際的軟件項目中要根據具體情況加以協調。

軟件工程框架包括三個方面：目標、活動和原則，如圖 12-1 所示。

根據軟件工程的思想，在軟件系統的開發工程中，計劃和管理是至關重要的，技術則從屬於管理。每一步的工作均要標準化、規範化、文檔化，軟件系統的開發過程能否順利進行不再取決於某一個人的參與或退出，而取決於軟件系統開發單位的軟件

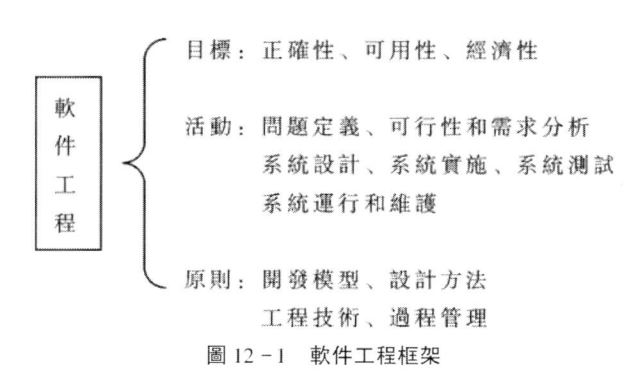

```
          ┌ 目標：正確性、可用性、經濟性
          │
   ┌──┐   │ 活動：問題定義、可行性和需求分析
   │軟│   │       系統設計、系統實施、系統測試
   │件│ ─┤        系統運行和維護
   │工│   │
   │程│   │ 原則：開發模型、設計方法
   └──┘   │       工程技術、過程管理
          └
         圖 12-1  軟件工程框架
```

開發能力的成熟程度及對軟件開發過程的管理與控制。

按照軟件工程學的觀點，一個完整的軟件系統不僅包括一整套供計算機系統執行所必須的計算機化了的數據信息（簡稱為程序），還應包括一整套供計算機領域的技術人員和用戶使用的非計算機化的文檔資料。

軟件工程強調規範化，軟件開發方法應提供軟件系統開發的處理模型。該模型必須具體地描述出開發工作應該作些什麼、工作如何進行、由誰來做、用什麼方法來實現以及何時完成等。

12.2.3 軟件生命週期

軟件的生存週期是軟件工程最基本的重要概念。軟件產品和其他產品的生產一樣，都要經過分析、設計、製造、檢測和運行使用等階段。通常，把軟件從開始研製（形成概念）到最終軟件被廢棄這整個過程稱為軟件的生命週期。一般來講，軟件生命週期可被劃分為系統規劃、系統分析、系統設計、系統實施、系統測試、系統運行、系統維護等階段。

根據執行軟件週期中組織軟件工程活動的不同方法，軟件工程模型可分為：瀑布模型、螺旋模型、演化模型等。

1. 瀑布模型

瀑布模型又稱為「線性模型」，是一種早期的軟件工程模型，如圖 12-2 所示。瀑布模型的基本思路是：在軟件項目中，軟件開發單位根據軟件生命週期的各階段開展工作。在確保前一階段的工作完成後，再進行下一階段的工作。每個階段的工作不回溯、不重複。

根據瀑布模型的特點（連續無反饋）可以看出，對於每一個階段來說，前一個階段工作的正確無誤是至關重要的。因此，瀑布模型不能很好地適應那些需求不易確定和多變的軟件項目的開發。由於大項目在軟件開發的前期階段，人們很難詳細地瞭解系統的許多細節，從而在項目進行過程中常會出現需求變化。因此，瀑布模型適用於小系統開發項目，而不適用於大、中型軟件系統開發。

2. 螺旋模型

螺旋模型是瀑布模型的發展，是為了克服瀑布模型的不足而開發的一種軟件工程模型。螺旋模型是在瀑布模型的基礎上，允許回溯和重複。螺旋模型如圖 12-3 所示。

图 12-2　瀑布模型

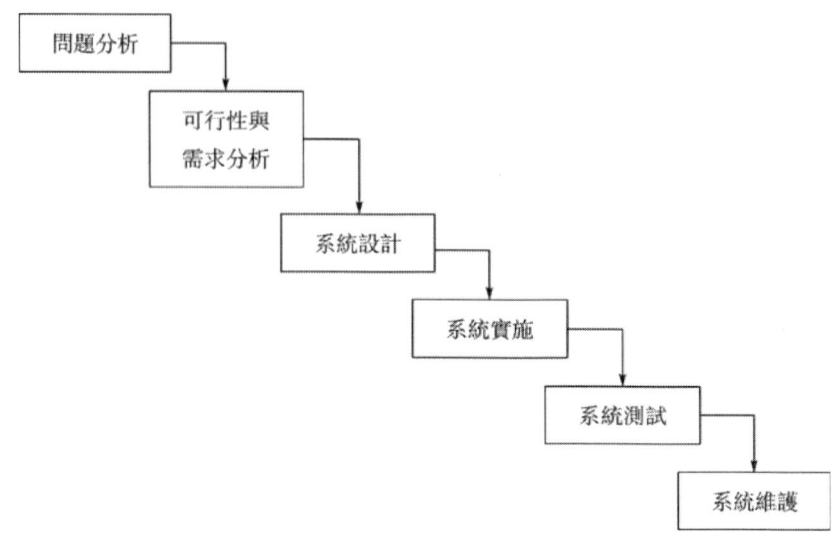

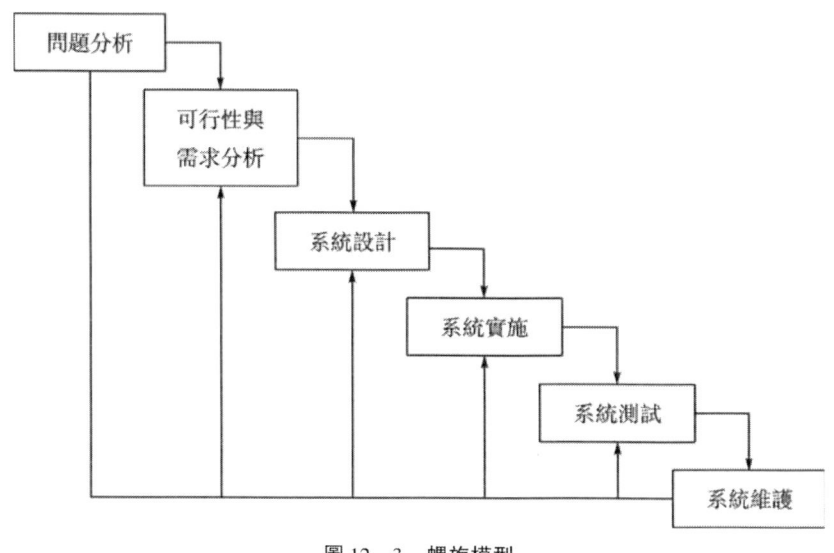

图 12-3　螺旋模型

3. 演化模型

演化模型的基本思想是：首先建立系统原型或建立一个子系统，快速将系统原型展现给用户并征求意见。在原型系统上，软件开发单位逐步增加软件系统的功能或逐步完善软件系统。瀑布模型是一种典型的整体开发模型，而演化模型是一种典型的非整体开发模型。

12.2.4　软件项目管理基础

软件项目管理是软件工程方法和项目管理相结合的产物。软件项目管理的对象是

以軟件為產品的項目過程。軟件項目管理概念來源於軟件項目失控。

軟件產品的固有特點（比如抽象性、高度複雜性、缺陷難以檢測性、缺乏統一開發標準等）是產生軟件失控的根源。軟件失控項目是指軟件系統在開發過程中遇到了難以克服的困難，導致軟件開發過程無法有效地被控制和管理，軟件系統無法達到預期的功能指標或經濟指標，無法在規定時間完成。產生軟件失控的具體原因多種多樣，比如在進行軟件項目工程的前期需求分析不明確（或不準確），軟件開發計劃制定沒有充分考慮到相關因素對軟件系統開發過程的影響，採用了不合適的新技術，組織機構上的問題，甲方和乙方的交流與溝通問題等。軟件項目管理的目的就是希望解決軟件項目失控問題，開發出用戶滿意的軟件產品。

軟件項目管理的具體內容包括：軟件項目需求管理、軟件項目估算與進度管理、軟件項目配置管理、軟件項目風險管理、軟件項目質量管理、軟件項目資源管理等。

12.2.5 軟件能力成熟度模型

從大量的實踐中發現，軟件項目能否成功最重要的因素之一是實施軟件項目的組織控制和管理軟件項目過程的能力怎樣。軟件組織的過程能力如何衡量，軟件組織的過程能力水平高低與否，軟件組織應該怎樣改進自己的過程能力，軟件過程能力成熟度模型回答了這些問題。軟件能力成熟度模型（CMM）是評價軟件組織的軟件過程狀況，幫助其提高軟件過程的成熟程度的一種體系。

1. CMM 的主要用途

（1）檢查和分析軟件組織存在的問題，幫助其提高軟件過程能力的水平，提升過程能力成熟度等級。

（2）幫助軟件組織制訂改進軟件過程的計劃，提高軟件開發質量。

（3）鑑別軟件組織的能力和資格，為選擇軟件組織承擔軟件開發任務提供依據。

2. 成熟度等級

（1）初始級：無序、混亂的軟件開發。

（2）可重複級：有序的開發過程，可重複成功經驗。

（3）已定義級：具有標準化的軟件開發過程。

（4）已定量管理級：軟件過程和軟件產品質量被定量描述，並被定量控制。

（5）優化級：具有事先防範缺陷和持續改進過程控制水平的能力。

CMM 要求軟件過程能力成熟度的提升是一個循序漸進的過程。軟件組織如果要想不斷地提升軟件開發水平，就應在達到某一個成熟度等級後，向更高一個等級能力邁進。

12.3 可視化程序設計基本知識

12.3.1 可視化技術的概念

所謂可視化技術，就是在軟件開發和應用過程中，能夠支持所見即所得的技術。在原有的程序設計模式中，程序員要查看程序運行結果，必須要運行程序。而對結果不滿意時，又必須修改源程序代碼。可視化程序設計技術能改變原有的模式，程序員

在設計程序的時候不用運行程序便可以看到程序的運行結果，特別是在用戶界面的設計方面，目前可視化技術已經成為主流。

12.3.2 可視化用戶界面設計操作案例

Visual FoxPro 6.0 是一款小型數據庫管理系統。下面以 Visual FoxPro 6.0 為工具，用可視化的方法創建應用程序的用戶界面。

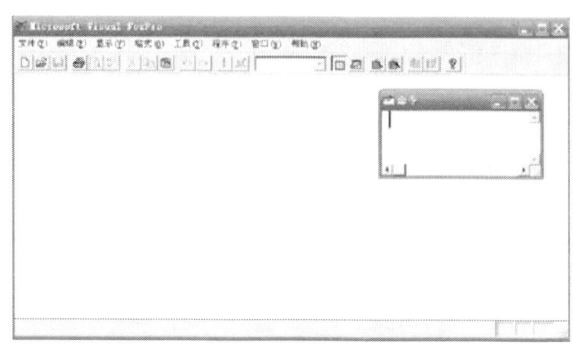

（1）啟動 Visual FoxPro 6.0 程序，打開 Visual FoxPro 程序窗口，如圖 12-4 所示。

圖 12-4　Visual FoxPro 6.0 程序窗口

（2）單擊「工具欄」上的「新建」按鈕，打開「創建」對話框，如圖 12-5 所示。

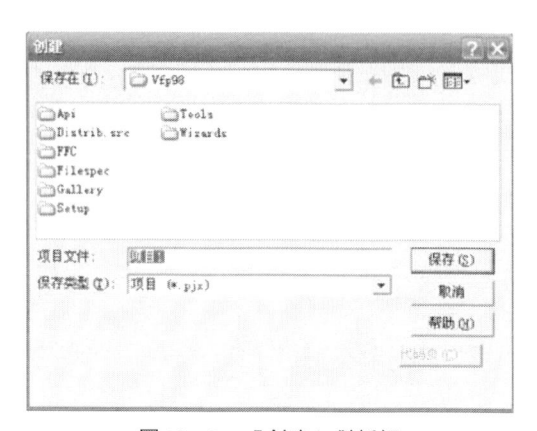

圖 12-5　「創建」對話框

（3）選定「項目」類型，單擊「保存」按鈕，出現「項目管理器」窗口，如圖 12-6 所示。

（4）單擊「文檔」選項卡，選定「表單」類型，單擊「新建」按鈕，打開「表單設計器」窗口，如圖 12-7 所示。

（5）對表單進行如圖 12-8 所示的編輯，用這個表單作為程序的首界面。

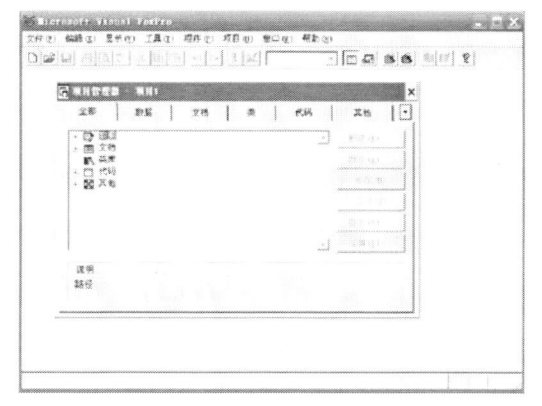

圖 12-6 「項目管理器」窗口

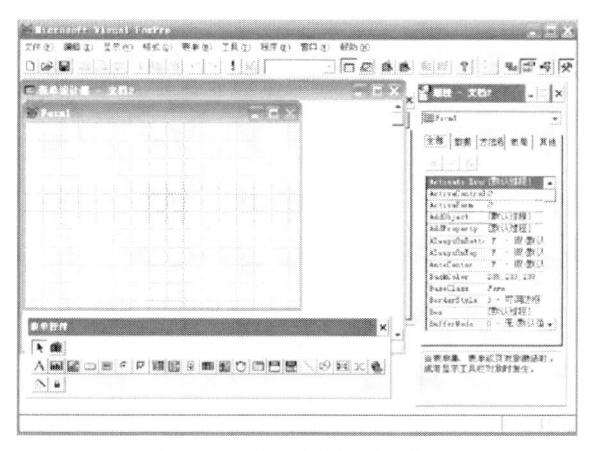

圖 12-7 「表單設計器」窗口

圖 12-8 創建並編輯一個表單

(6) 運行表單，運行效果如圖 12-9 所示。可以看出，表單設計和表單運行的情況是一致的。

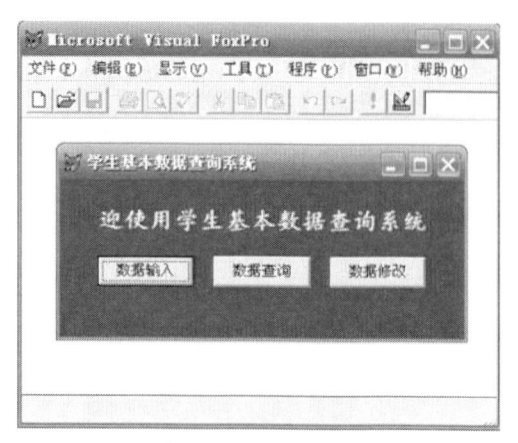

圖 12-9　運行表單

【本章小結】

　　早期，人們需要計算機系統解決的問題大多是一些數值計算問題。解決這類問題的軟件系統的結構一般比較簡單，軟件系統的性能也比較容易測試。因此，最初的軟件開發方式一般是以個體程序設計人員為主。隨著計算機應用水平的發展，需要計算機系統解決的問題也越來越複雜，軟件系統自然也變得越來越龐大和複雜。在單個程序設計人員很難承擔較大型的軟件系統開發任務時，程序設計人員分工合作，共同開發較大型的軟件系統是必然的選擇。但這種合作只是一種低層次的作坊式的生產方式，完全沒有從根本上改變個體程序開發時期的傳統作風。軟件作為一種產品，沒有相應的質量標準。軟件系統的開發方式和技術嚴重滯后於計算機硬件生產水平和社會的要求。於是，軟件危機出現了。

　　為了克服軟件危機，出現了軟件工程學。在軟件工程學思想的指導下，人們按工程學的基本原理來組織和實施軟件系統的開發工作。軟件開發進入了軟件工程時期。

　　本章主要介紹算法、程序、程序設計語言、軟件工程等基礎知識，以及可視化技術與可視化程序設計等內容。

【思考與討論】

1. 什麼叫算法？算法有哪些特徵？
2. 什麼叫程序？程序設計語言主要可分為幾類？
3. 程序主要有哪幾種結構？
4. 簡述軟件能力成熟度模型。
5. 簡述可視化技術的特點。
6. 軟件工程的主要內容有哪些？何為軟件危機？
7. 軟件生命期可以分為幾個時期？每個時期可分為幾個階段？各階段的主要任務是什麼？產生哪些文檔或成果？都有哪些基本方法？

國家圖書館出版品預行編目(CIP)資料

信息化辦公基礎 / 冉文、胡常建 主編.
-- 第一版.-- 臺北市：崧燁文化，2018.08
　面；　公分
ISBN 978-957-681-588-1(平裝)
1.辦公室自動化
494.8　　　　107014297

書　　名：信息化辦公基礎
作　　者：冉文、胡常建 主編
發行人：黃振庭
出版者：崧博出版事業有限公司
發行者：崧燁文化事業有限公司
E-mail：sonbookservice@gmail.com
粉絲頁　　　　　　　網　址：
地　　址：台北市中正區重慶南路一段六十一號八樓 815 室
8F.-815, No.61, Sec. 1, Chongqing S. Rd., Zhongzheng Dist., Taipei City 100, Taiwan (R.O.C.)
電　話：(02)2370-3310　傳　真：(02) 2370-3210
總經銷：紅螞蟻圖書有限公司
地　　址：台北市內湖區舊宗路二段 121 巷 19 號
電　話：02-2795-3656　　傳真：02-2795-4100　網址：
印　刷：京峯彩色印刷有限公司（京峰數位）
　　　本書版權為西南財經大學出版社所有授權崧博出版事業有限公司獨家發行電子書繁體字版。若有其他相關權利及授權需求請與本公司聯繫。
定價：700 元
發行日期：2018 年 8 月第一版
◎ 本書以POD印製發行